编审委员会

中国科学技术大学精品教材

物理学史二十讲

WULIXUESHI ERSHIJIANG

胡化凯　编著

中国科学技术大学出版社

内 容 提 要

本书是在中国科学技术大学科技史专业研究生课程讲义《物理学史》的基础上修订编写而成，讲述中国物理学史和西方物理学史两部分内容。中国物理学史包括：中国古代在力学、热学、声学、光学和电磁学方面的认识成就；明清时期西方物理学知识传入中国的情况；20世纪上半叶物理学在中国的初步建立过程；激光物理学、原子核物理学和粒子物理学在中国的建立和发展情况。西方物理学史包括：古希腊和中世纪欧洲人对物理现象的认识；牛顿力学、热力学、电磁学和光学在近代的建立过程；20世纪初期相对论和量子力学的建立过程。全书力求展示中国和西方物理学发展的历史脉络。

本书可作为高等院校科技史专业、科学哲学专业或其他相关专业的研究生教材使用，也可作为大学生科技人文素质选修课的教材使用，同时也可供从事科学史、物理学和科学哲学等方面工作的人员参考。

图书在版编目(CIP)数据

物理学史二十讲/胡化凯编著.—合肥：中国科学技术大学出版社，2009.1(2022.7重印)
(中国科学技术大学精品教材)
ISBN 978-7-312-02308-8

Ⅰ.物… Ⅱ.胡… Ⅲ.物理学史 Ⅳ.O4-09

中国版本图书馆CIP数据核字(2008)第201530号

中国科学技术大学出版社出版发行
安徽省合肥市金寨路96号，230026
http://press.ustc.edu.cn
https://zgkxjsdxcbs.tmall.com
安徽国文彩印有限公司

开本：710 mm×960 mm 1/16 印张：24 插页：2 字数：470千
2009年1月第1版 2022年7月第5次印刷
定价：60.00元

总　序

2008年是中国科学技术大学建校五十周年。为了反映五十年来办学理念和特色，集中展示教材建设的成果，学校决定组织编写出版代表中国科学技术大学教学水平的精品教材系列。在各方的共同努力下，共组织选题281种，经过多轮、严格的评审，最后确定50种入选精品教材系列。

1958年学校成立之时，教员大部分都来自中国科学院的各个研究所。作为各个研究所的科研人员，他们到学校后保持了教学的同时又作研究的传统。同时，根据"全院办校，所系结合"的原则，科学院各个研究所在科研第一线工作的杰出科学家也参与学校的教学，为本科生授课，将最新的科研成果融入到教学中。五十年来，外界环境和内在条件都发生了很大变化，但学校以教学为主、教学与科研相结合的方针没有变。正因为坚持了科学与技术相结合、理论与实践相结合、教学与科研相结合的方针，并形成了优良的传统，才培养出了一批又一批高质量的人才。

学校非常重视基础课和专业基础课教学的传统，也是她特别成功的原因之一。当今社会，科技发展突飞猛进、科技成果日新月异，没有扎实的基础知识，很难在科学技术研究中作出重大贡献。建校之初，华罗庚、吴有训、严济慈等老一辈科学家、教育家就身体力行，亲自为本科生讲授基础课。他们以渊博的学识、精湛的讲课艺术、高尚的师德，带出一批又一批杰出的年轻教员，培养了一届又一届优秀学生。这次入选校庆精品教材的绝大部分是本科生基础课或专业基础课的教材，其作者大多直接或间接受到过这些老一辈科学家、教育家的教诲和影响，因此在教材中也贯穿着这些先辈的教育教学理念与科学探索精神。

改革开放之初，学校最先选派青年骨干教师赴西方国家交流、学习，他们在带回先进科学技术的同时，也把西方先进的教育理念、教学方法、教学内容等带回到中国科学技术大学，并以极大的热情进行教学实践，使"科学与技术相结合、理论与实践相结合、教学与科研相结合”的方针得到进一步深化，取得了非常好的效果，培养的学生得到全社会的认可。这些教学改革影响深远，直到今天仍然受到学生的欢迎，并辐射到其他高校。在入选的精品教材中，这种理念与尝试也都有充分的体现。

中国科学技术大学自建校以来就形成的又一传统是根据学生的特点，用创新的精神编写教材。五十年来，进入我校学习的都是基础扎实、学业优秀、求知欲强、勇于探索和追求的学生，针对他们的具体情况编写教材，才能更加有利于培养他们的创新精神。教师们坚持教学与科研的结合，根据自己的科研体会，借鉴目前国外相关专业有关课程的经验，注意理论与实际应用的结合，基础知识与最新发展的结合，课堂教学与课外实践的结合，精心组织材料、认真编写教材，使学生在掌握扎实的理论基础的同时，了解最新的研究方法，掌握实际应用的技术。

这次入选的50种精品教材，既是教学一线教师长期教学积累的成果，也是学校五十年教学传统的体现，反映了中国科学技术大学的教学理念、教学特色和教学改革成果。该系列精品教材的出版，既是向学校五十周年校庆的献礼，也是对那些在学校发展历史中留下宝贵财富的老一代科学家、教育家的最好纪念。

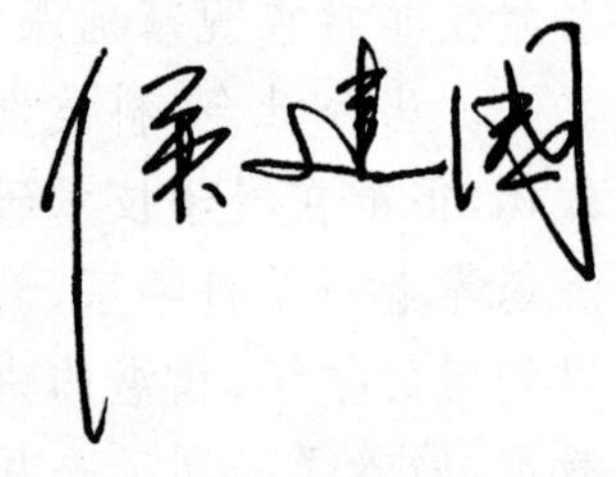

2008年8月

前　言

中国科学技术大学科学技术史学科点自20世纪80年代初建立以来，每年都给科技史专业研究生开设物理学史课程，也给本科生开设过一些物理学史选修课。笔者从1995年以来一直承担这门课的讲授任务，本书即是在授课讲稿的基础上修改补充而成的。

物理学史是研究物理学发生和发展的历史。众所周知，物理学是在欧洲文化传统中建立起来的，因此物理学史的主要内容是介绍这门科学在西方发生和发展的历史。但是，在明代末期西方物理学知识开始传入中国之前，中国古人在长期的生活和认识活动中也对物理现象进行了大量的观察和探索，积累了丰富的经验知识，并有许多发明和创造。中国古人的这些认识成果在一定程度上解决了古人面对的一些物理学问题，反映了中国古人的智慧。虽然中国古人的物理学认识活动没有对近现代世界物理学的发展产生直接的作用，但它作为中华民族科学探索历史的一个组成部分，我们有必要了解和研究。另外，自20世纪初期以来，物理学作为一门独立的学科在中国已经历了近百年的建设和发展，并取得了丰硕的成果，这一发展历程也值得我们去了解和认识。因此，本书讲述的内容包括中国物理学史和西方物理学史两个部分。

本书共20章。前10章介绍中国物理学史，内容包括：中国古代在力学、热学、声学、光学和电磁学方面的认识成就；明清时期西方物理学知识传入中国的情况；20世纪上半叶物理学在中国的初步建立过程以及激光物理学、原子核物理学和粒子物理学在中国的建立和发展情况。后10章介绍西方物理学史，内容包括：古希腊人对物理现象的认识；中世纪欧洲人对物理现象的认识；牛顿力学、热力学、电磁学和光学在近代的建立过程；20世纪初期相对论和量子力学的建立过程。中国现代物理学史是个尚未被充分研究的领域，激光物理学、原子核物理学和粒子物理学在中国发展的历史，目前研究的并不充分，因此本书对这些内容的介绍只是初步的，目的是借此反映新中国建立后物理学在我国发展的一些情况。

史料是反映史实的基础。学习物理学史应尽可能掌握一些基本史料。为了准确地反映历史信息，本书尽量收录了一些典型的文献资料，力求以史料说话。这样，读者可以根据史料作出自己的理解和判断。

科学思想是科学史中最有价值的内容，物理学史也不例外。本书力图尽量阐明一些重要的物理学思想和研究方法，为此在有关章节中着重介绍了古希腊科学证明方法的建立、牛顿的科学研究方法、爱因斯坦的科学思想和哥本哈根学派的量子力学思想等内容，对其他一些思想性内容也作了适当的介绍和分析，着重展示物理学发展的历史脉络和思想演变过程。

本书吸收引用了大量已有的研究成果，包括中国科学院自然科学史研究所戴念祖先生主编的《中国科学技术史》物理学卷，自然科学史研究所王冰先生所著《中外物理交流史》，华东师范大学蔡宾牟和袁运开先生主编的《物理学史讲义——中国古代部分》，清华大学郭奕玲和沈慧君先生编著的《物理学史》，清华大学向义和先生所著《物理学基本概念和基本定律溯源》，天津大学杨仲耆和首都师范大学申先甲先生主编的《物理学思想史》，北京大学潘永祥和杭州大学王锦光先生主编的《物理学简史》，谢邦同先生主编的《世界近代物理学简史》等。这些成果都为本书的编写提供了支持和帮助。另外，书中也参考了中国科学技术大学科学技术史专业一些研究生的学位论文，例如胡升华、仪德刚和张逢的博士论文，吉晓华、汪志荣和丁兆君的硕士论文等。凡引用的内容，书中均已注明。同时，研究生陈崇斌、邹经培和丁兆君帮助查找了一些资料，并参与了第八、第九和第十讲的部分撰写工作。对于诸位先生和研究生的帮助，笔者表示诚挚的感谢。

由于水平所限，书中一定存在不少缺点和错误，恳请读者批评指正。

胡化凯

2008年2月

目　录

上篇　中国物理学史

下篇　西方物理学史

中国物理学史

第一章　中国古人对力学现象的认识
第二章　中国古人对热现象的认识
第三章　中国古人对声学现象的认识
第四章　中国古人对光学现象的认识
第五章　中国古人对电磁现象的认识
第六章　明清时期西方物理学知识向中国的传播
第七章　20世纪上半叶物理学在中国的建立
第八章　激光物理学在中国的建立和发展
第九章　原子核物理学在中国的建立和发展
第十章　粒子物理学在中国的建立和发展

第一章　中国古人对力学现象的认识

物理学是研究物质的基本构成及其运动规律的科学。在中国古代的科学认识活动中没有形成与近现代物理学相对应的独立学科。虽然中国古代很早就有"物理"一词，但它泛指万物之理。《庄子·知北游》指出："天地有大美而不言，四时有明法而不议，万物有成理而不说。圣人者，原天地之美而达万物之理。""达万物之理"即是认识宇宙万物的道理。荀子说："凡以知，人之性也；可以知，物之理也。"[①]人有认识事物的能力，而事物因自身有理才可以被认识；认识事物，就是认识其中的"物理"。中国古代至少有三部以"物理"命名的著作，即晋代杨泉所撰《物理论》、明代王宣（虚舟）所作《物理所》以及明代方以智撰写的《物理小识》。这三本书的内容都包括天文、地理、物候、农学、生物、医学、金石、器用、方术等各个方面，正所谓"圣人官天地，府万物，推历律，定制度，兴礼乐，以前民用，化至咸若，皆物理也。"[②]由此可见，中国古代所说的物理是指万物之理，内容包括自然科学的各个方面。尽管如此，当我们考查中国古人对物理现象的认识历史时，仍然只能按照现代科学所界定的学科范围去总结古人的有关认识。

中国古人对于时间和空间的性质有了初步的认识，发明的漏刻计时方法相当精确，发明的弩机和总结的三点一线瞄准方法符合力学原理，发明的各种机械自动装置富有特色，习惯于用"势"表示各种物理现象的原因，对于物体相对运动现象进行了大量的观察和描述，对于水的浮力和虹吸作用有巧妙的运用，凡此等等。这些都体现了中国古人对力学的认识和相关的实践活动。

---

① 荀子·解蔽.诸子集成本.

② 方以智.物理小识.总论.

第一节 对于时间和空间的认识

从直观上看,时间和空间是物体存在的场所和运动变化的条件。古人要在经验认识基础上形成正确的时空概念,不仅需要对二者的性质有比较正确的认识,而且需要具备一定的抽象思维能力。中国古人虽然对于时间和空间的认识相当早,形成了一些经验性概念,但并没有真正认识二者的本质。尽管如此,中国古人在这方面还是取得了一些有价值的结果。

一、关于时间和空间的定义及其性质

早在春秋战国时期,中国人即对于时间和空间概念给出了定义,《管子》、《庄子》、《尸子》和《墨经》中都有相关的论述。中国古代称空间为宇,称时间为宙,时间和空间合称宇宙。但在古代文献中,宇和宙还有其他意思,如宇是屋檐,宙是栋梁和天空;因此古人有时也以宇宙表示天地、空间,如王勃《滕王阁序》:"天高地迥,觉宇宙之无穷。"

《管子·宙合篇》最先讨论了宇宙空间的大小,其中写道:"天地,万物之橐也;宙合有橐天地,天地苴万物,故曰万物之囊。宙合之意,上通于天之上,下泉于地之下,外出于四海之外,合络天地以为一裹。散之至于无间,不可名而山,是大之无外,小之无内,故曰有橐天地。""橐"是口袋,"苴"是包容的意思。天地是包裹万物的大口袋,宙合是包裹天地的大口袋。宙合在四方上下都是无限的,天地万物都包含其中。它大至无外,包络一切;小至无内,无处不有。所以宙合是个空间概念。

《庄子·庚桑楚》给出了空间和时间的明确定义:"有实而无乎处,有长而无乎本剽……有实而无乎处者,宇也;有长而无本剽者,宙也。"其中"实"是存在,"处"是方域,"长"是持续过程,"本"为开始,"剽"通标,为末端。有实际存在却没有一定界限,有存在过程却没有开始和终结;实际存在而没有一定界限,这就是宇,即空间;无始无终的持续过程,这就是宙,即时间。《庄子》给出的时间和空间定义相当抽象,揭示了空间无处不在,时间无时不有的基本属性。

中国古代比较流行的时空定义是《尸子》中的"上下四方曰宇,往古来今曰宙。"①这里明确表达了空间具有长宽高三维性，时间具有一维单向性。这种定义既简明又符合人们的直观认识，因而被古人普遍接受。汉代《淮南子·齐俗训》也说："往古来今谓之宙，四方上下谓之宇。"

战国时期《墨经》用"久"和"宇"分别表示时间和空间。《墨子·经上》说："久，弥异时也；宇，弥异所也。"《墨子·经说》对此解释道："久，古今旦暮；宇，东西家南北。"显然，墨家通过举例的形式说明什么是时间，什么是空间。此外，《墨经》还提出了时刻的概念："始，当时也；""时，或有久，或无久。始当无久。""始"表示开端，是时刻；"久"表示持续过程，是时间。

由上述可见，中国古人关于时间和空间的定义还停留在经验认识层次上，没有将时空与物质的存在联系在一起。

对于时间和空间的性质，中国古人也有一定的认识。

《庄子·庚桑楚》认为空间无处不在，时间无始无终。东汉张衡也指出："宇之表无极，宙之端无穷。"宋代朱熹对前人的认识进行了总结。他说："四方上下曰宇，古往今来曰宙。无一个物似宇样大，四方去无极，上下去无极，是多少大！无一个物似宙样长久，亘古亘今，往来不穷。"②空间广袤无垠，时间往来无穷，它们都是无限的。这就是中国古人的时空观。

《论语》记载："子在川上曰：逝者如斯夫，不舍昼夜。"孔子感叹时光的流逝如东去的江水一样昼夜不停。《庄子·秋水篇》指出："年不可举，时不可止。"《淮南子·原道训》也指出："时之反侧，间不容息，先之则太过，后之则不逮。夫日回而月周，时不与人游。故圣人不贵尺之璧，而重寸之阴，时难得而易失也。""间不容息"，说明时间流逝是连续的；"先之则太过，后之则不逮，"说明时间按照自己固有的属性流逝，提前了则它还未到来，退后了则它已经过去；"日回而月周，时不与人游，"说明时间的运行是客观的，独立于人的意识之外。这些论述说明，中国古人已经初步认识到时间流逝的单向性、均匀性和客观性。

二、时间和空间的测量

中国古代采用漏刻、圭表和日晷等工具测量时间，用圭臬、指南车、记里鼓车和指南针等测量空间。

中国古代最重要的计时仪器之一是漏刻。漏，指漏壶；刻，指箭刻；箭，是标有时间刻度的标尺。漏刻的工作原理是根据漏壶中水位下降的速度来计量时间的流

---

① 尸佼撰. 清孙星衍辑. 尸子. 卷下. 四部备要本.

② 朱子全书. 卷四十九. 理气一·太极.

逝过程。这种计时方法在中国起源相当早。据梁代《漏刻经》记载:“漏刻之作,盖肇于轩辕之日,宣乎夏商之代。”《隋书·天文志》也说:“昔黄帝创观漏水,制器取则,以分昼夜。”古人可能从观察容器漏水现象得到启发,从而发明了漏刻。根据《周礼》记载,周代即设有掌管漏刻计时的专职人员,称为“挈壶氏”。《周礼·夏官·挈壶氏》说:“挈壶氏,掌挈壶以令军井……凡军事,悬壶以序聚柝。凡丧,悬壶以代哭者。皆以水火守之,分以日夜。及冬,则以火爨鼎水而沸之,而沃之。”“柝”是古代巡夜时用以报更的木梆。“悬壶以序聚柝”,是根据漏刻测量的时辰而击梆报时。冬天,为了避免漏刻中的水结冰,要用火将水加热。为了提高时间测量的精度,古人设计了形式多样、用途不一的各种漏刻,有形制不同的秤漏、灯漏、碑漏、宫漏、几漏、盂漏、莲花漏等等,还有用于不同目的的田漏、马上漏、行漏舆等。这些漏刻设计新颖,构思巧妙。例如北魏道士李兰《漏刻法》描述秤漏:“以器贮水,以铜为渴乌,状如钩曲,以引器中水,于银龙口中吐入权器。漏水一升,秤重一斤,时经一刻。”秤漏是通过称量流入受水壶中水的重量变化来计量时间。它在运用漏刻控制水的流量基础上,又增加了流水重量控制因素,因而使计时精度和灵敏度都得到明显提高。据现代学者模拟实验研究,中国古代的漏刻计时可以达到相当高的精度,一昼夜误差一般不超过一分钟左右[①],有的漏刻甚至“可达每昼夜误差小于 20 秒的精度”[②]。

圭表是中国古代用以测量日影以判断时间和空间方位的简单仪器。《周礼·夏官·土方氏》记载:“土方氏掌土圭之法,以致日景。”“景”,即影。圭本是一种玉制长条形的礼器,帝王诸侯举行典礼时使用。《周礼》所说的土圭是一种石或玉制的短尺[③],古人根据其日影的长短判断季节的变化。《周礼·地官·大司徒》也载:“大司徒之职……以土圭之法,测土深,正日景,以求地中。日南则景短,多暑;日北则景长,多寒;日东则景夕,多风;日西则景朝,多阴。日至之景,尺有五寸,谓之地中。”一年四季日影的长短会不停地变化,夏季影短,冬季影长,古人由此确定季节的更替。经过长期的实践,后来古人把圭和表固定在一起,构成圭表测时装置。圭被沿着南北方向水平放置在地面上,表是一根与圭垂直的直立木杆,立于圭的南端。古代也称表为臬或槷。表受日光照射,其影投在圭上,通过测量日影长短即知时间的变化。《宋史·律历志》说:“观天地阴阳之体,以正位辨方,定时考闰,莫近乎圭表。”正方位,定时闰,即是测量空间和时间。

---

① 华同旭. 中国漏刻. 合肥:安徽科学技术出版社,1991:215.

② 李志超,毛允清. 漏刻精度的实验研究. 中国科学技术大学学报,1982 年 6 月增刊.

③ 陈遵妫. 中国天文学史. 下册. 上海:上海人民出版社,2006:1221.

古代天文观测常用的一种测时仪器是日晷。日晷是由圭表测影演变而成。立表测影，当表影指向正北的瞬间即定为正午。但这种方法在一天中只能得到一个读数，所以它只能用来校正漏刻的快慢。后来将表端投影在一个时角坐标平面上，就可以根据表影在时角坐标上的位置变化得到白天任何时刻的读数。这就是日晷，也称日规或日圭。

战国时期的技术著作《考工记・匠人》描述了一种测量东西方向的简便方法，其中写道："匠人建国，水地以悬，置槷以悬，视以景。为规，识日出之景，与日入之景。昼参诸日中之景，夜考之极星，以正朝夕。"清代戴震注释说："水地者，以器长数尺承水，引绳中水而及远，则平者准矣。立植以表所平之方，悬绳正直，则度水面距地者准矣。""水地"，是测量水平方向；"悬"，是悬吊重物形成垂线，使表（即槷）与水平方向垂直。"朝夕"，即东西。在地面上竖立一根标杆，以标杆根部为圆心，以适当的长度为半径画一圆形，观测并记下日出和日入时标杆的投影在圆周上的两个交点，将这两个交点之间连成一线即是东西方向，将两交点连线平分，找出其中点，从中点到标杆根部的连线即是南北方向。运用这种方法，白天很容易确定东西和南北方向。《淮南子・天文训》也记载了一种立表测影"正朝夕"的方法，但其方法不如《考工记》的简便。

中国古人还发明了指南车（也称司南车）和指南针测量方向，发明了记里鼓车测量空间长度。传说黄帝时已有人制造了指南车，但不可信。《三国志・魏书》记载，明帝时马钧曾奉诏制造过指南车。《晋书・舆服志》对指南车的形制有大致的描述，其中写道："司南车，一名指南车，驾四马，其下制如楼，三级，四角金龙衔羽葆，刻木为仙人。衣羽衣，立车上，车虽回运而手常指南。"①由此可以了解指南车的大致形状，但不知其内部结构。《宋史・舆服志》对燕肃和吴德仁所制造的指南车的内部结构作了详细描述。它是利用齿轮传动系统将车轮与司南木人联系起来，从而实现指南的效果②。《晋书・舆服志》也记述了记里鼓车："记里鼓车，驾四，形制如司南，其中有木人执槌向鼓，行一里则打一槌。"③《宋史・舆服志》详细描述了卢道隆和吴德仁制作的记里鼓车的内部结构，它也是利用齿轮传动机构实现记里击鼓功能的④。

人类在时间和空间中生活和认识事务，因此对于时空的认识具有重要的意义。

① 晋书.卷二五.舆服志:755.

② 宋史.卷一四九.舆服志:3491.

③ 晋书.卷二五.舆服志:756.

④ 宋史.卷一四九.舆服志:3494.

以上仅是举例介绍了中国古人在这方面的认识和实践活动,除此之外还有很多内容值得讨论。例如,明末清初方以智关于宇和宙相互关系的论述,极富中国传统文化的特色。方以智在《物理小识》中写道:"《管子》曰,宙合,谓宙合宇也。灼然宙轮于宇,则宇中有宙,宙中有宇。春夏秋冬之旋轮,即列于五方之旁罗盘。"[①]中国古代盛行五行说(木、火、土、金、水),并且习惯于将五行与五方(东、南、中、西、北)和四季(春、夏、秋、冬)相对应,东方属木,对应春季;南方属火,对应夏季;西方属金,对应秋季;北方属水,对应冬季。如此则时间运行一年与空间运转一周同步,"春夏秋冬之旋轮,即列于五方之旁罗盘",借此即建立了时空对应关系。由此古人形成了一种思维习惯,把一年四季季节的变化与东南西北四种方位联系在一起。古人认为,季节的轮流交替在空间中展示,空间的方位变化在季节中体现,因此方以智说"宇中有宙,宙中有宇"。尽管方氏的这种认识与现代物理学的时空相互联系理论有着本质的差别,但仍不失为一种有趣的表述。

第二节　简 单 机 械

中国古人创造了数量巨大和种类繁多的机械装置,其中杠杆和弓弩的运用体现了简单的力学知识。此外,中国古代很早就有关于机械人的设想和相关发明创造。这些内容既属于力学范畴,也富有特色。

一、杠杆

杠杆装置是人类运用比较早的一种简单机械。运用机械工作可以省力和提高工作效率,这是机械发明的本质。《庄子·天地篇》描述了一个故事:"子贡南游于楚,反于晋,过汉阴,见一丈人方将为圃畦,凿隧而入井,抱瓮而出灌,搰搰然用力甚多而见功寡。子贡曰:'有械于此,一日浸百畦,用力甚寡而见功多,夫子不欲乎?'为圃者卬而视之曰:'奈何?'曰:'凿木为机,后重前轻,挈水若抽,数如泆汤,其名为槔。'为圃者忿然作色而笑曰:'吾闻之吾师,有机械者必有机事,有机事者必有机心,机心存于胸中则纯白不备。纯白不备则神生不定,神生不定者道之所不载也。吾非不知,羞而不为也。'子贡瞒然惭,俯而不对。"槔是古人发明的一种符合杠杆原

① 方以智.物理小识.卷二.

理的提水器械，即在井旁立一木柱，其上系一横向长木杆，杆的短端系附一块重物，长端用绳索系着汲水的桶或瓮。用这种装置提水浇地，既省力，又高效。《庄子·天地篇》指出，机械可以使人“用力少而见功多”，这是关于机械本质特性的最早表述。浇田老人的话，代表了道家对于机械技术的态度。使用机械可以获得巧力，但道家反对运用它。因为他们认为机械的运用会使人产生投机取巧的心理，破坏人的淳朴天性。子贡的言论代表了儒家对机械技术的态度。尽管历史上未必真正发生过《庄子·天地篇》描述的这种事情，但这个故事反映的儒道两家对于机械技术的态度则是符合各自的思想认识的。

古代对于杠杆之类的装置有多种称呼，除槔之外，还有机、衡、桥等。汉代刘向《说苑·反质》记载：“卫有五丈夫，俱负缶而入井灌韭，终日一区。邓析过，下车为教之曰：‘为机重其后，轻其前，名曰桥。终日灌韭，百区不倦。’”邓析所说的“桥”也是杠杆提水装置。

古代最常见的杠杆装置是秤，即权衡。“秤上曰衡，秤锤曰权。”[①]《汉书·律历志》指出：“衡权者，衡，平也；权，重也。衡所以任权而均物，平轻重也。”权衡是利用杠杆结构衡量物体的轻重。《荀子·礼论》写道：“衡诚悬矣，则不可欺以轻重。”《慎子》也记载：“悬于权衡，则毫发之不可差。”[②]这说明古人利用杠杆装置称量物体可以达到很高的精确度。在这类实践认识的基础上，战国时期墨家对杠杆平衡现象进行了理论总结。《墨经》指出，“衡，加重于其一旁，必捶，权重相若也。相衡，则本短标长。两加焉，重相若，则标必下，标得权也。”杠杆平衡时，在一端增加重量，杆必向加重的一端下垂。因为原来平衡时，是权重相当的；在一端加重，则破坏了原来平衡的条件。“本”为阻力臂，“标”为动力臂，“本短标长”，是不等臂杠杆。当其平衡时，若在两端同时增加等量的重物，则标端必下垂，因为“标得权也”。《墨经》对杠杆平衡现象的描述非常准确，道理说得也很清楚。这是中国古代关于杠杆原理最精彩的论述。《墨经》的产生时代应不晚于古希腊的阿基米德时代，后者给出了杠杆原理的数学证明，墨家则没有走向这一步。

“转万斛之舟者，由一寻之木；发千钧之弩者，由一寸之机。”[③]运用杠杆装置可以以小制大，以弱胜强。中国古人由此相信，任何事物只要掌握了其机窍，就可控制其行为。正因如此，五代道士谭峭曾经发出这样的豪言壮语：“得天地之纲，知阴

---

① 礼记·月令.诸子集成本.

② 慎子·慎子逸文.诸子集成本.

③ 谭峭.化书.道藏，23:594.

阳之房，见精神之藏，则数可以夺，命可以活，天地可以反覆。”[1]这种驾驭天地、控制生命的豪迈气概，是道教精神的集中反映。而这种精神的产生与杠杆等机械技术应用的启发不无关系。

二、弓弩

弓箭是人类最早发明使用的冷兵器之一。关于弓箭的发明，中国古代有很多传说。《周易·系辞传》记载：“黄帝尧舜……弦木为弧，剡木为矢，弧矢之利，以威天下。”《山海经》记载：“少皞生般，般始为弓矢。”《荀子·解蔽篇》也记载：“倕作弓，浮游作矢，而羿精于射。”这些说法都不可考证，只能说明中国弓箭发明和使用的历史相当悠久。

至迟在战国时期，中国人发明了制造复合牛角弓的技术，从而大大提高了弓的弹性势能储存能力和使用寿命。《周礼·冬官·考工记》记载了复合牛角弓的制作工艺，其中写道：“弓人为弓，取六材必以其时，六材既聚，巧者和之。干也者，以为远也；角也者，以为疾也；筋也者，以为深也；胶也者，以为和也；丝也者，以为固也；漆也者，以为受霜露也。”这里说明了干(木或竹)、角(牛角)、筋、胶、丝和漆六种材料在复合弓中的作用。这种制作弓的技术一直保持到清代末期。

大约战国时期，中国人在弓箭制作技术基础上发明了弩。《墨子·备高临》有关于“连弩”的描述。弩是在弓上加一个臂，用以承载弓弦的拉力和放置箭矢，在臂的底端安装机牙和望山，用以控制箭的瞄准和发射。机牙是一种简单的杠杆机构，望山是立于横臂上的小标尺，战国秦汉时期称之为仪。弩的主体结构包括弓体、弩臂和弩机。弩机由钩弦的牙、加固弩机整体结构的郭、望山和悬刀等部件组成(图1.1)。汉代刘熙《释名》对弩做了比较全面的描述：“弩，怒也，有势怒也。其柄曰臂，似人臂也；钩弦者曰牙，似齿牙也；牙外曰郭，为牙之规郭也；下曰悬刀，其形然也。合名之曰机。言如机之巧也，亦言如门户枢机开阖有节也。”弩与弓相比有三大优点，一是提高了储存弹性势能的能力，二是利用望山便于瞄准，三是箭矢可以连发或多发。因此其威力比弓箭大许多倍。唐代《神机制敌太白阴经》描述车弩时写道：“车弩为轴转车，车上定十二石弩弓，以铁钩连轴，车行轴转引弩持满弦，挂牙上弩，为七衢：中衢大箭一簇，长七寸围五寸，箭笴长三尺围五寸，以铁叶为羽，左右各三箭，次差小於中箭，其牙一发，诸箭皆起，及七百步所中，城垒无不崩溃，楼橹亦颠坠”。[2] 由此足见弩的威力。

---

① 谭峭. 化书. 道藏，23：594.

② 唐代神机制敌太白阴经. 卷四. 攻城具篇.

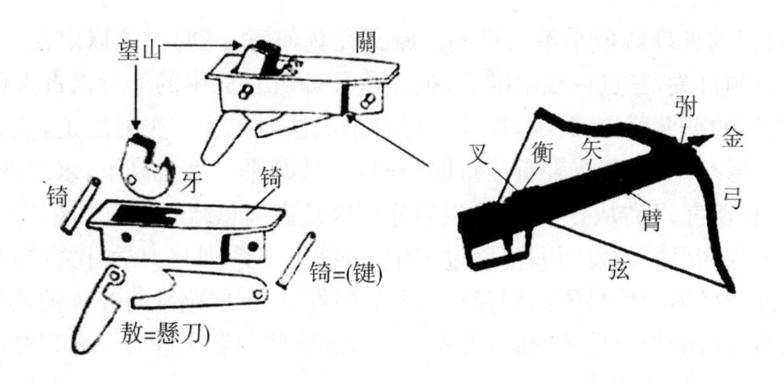

图 1.1　弩机结构

在长期的弓弩使用过程中，古人总结了弩的瞄准方法。《淮南子·真俶训》写道："今夫善射者有仪表之度，如工匠有规矩之数，此皆所得以至于妙。"仪表即望山。利用仪表进行瞄准，可以提高箭矢的命中率。《后汉书》记载，陈王刘宠善弩射，十发十中。书中说他掌握了射箭的秘法，这种方法"以天覆地载，参连为奇。又有三微三小。三微为经，三小为纬，经纬相将，万胜之方，然要在机牙。"①宋代沈括对此解释道："参连为奇，谓以度视镞，以镞视的，参连如衡，此正是勾股度高深之术也。三经三纬，则设之于堋，以志其高下左右耳。"②"参连为奇"，即望山标度、箭端和目标三点在一直线上。用三点一线方法瞄准，弩臂长度、望山瞄准刻度标高、望山瞄准刻度与箭镞的联线这三者构成一个三角形，沈括指出这三者符合三角勾股定理（图 1.2）。关于"三经三纬"，《后汉书》和《梦溪笔谈》都语焉不详。英国李约瑟推测"三微三小"是中国古代的网格式瞄准具，一个安装于弩臂前端，一个安装于

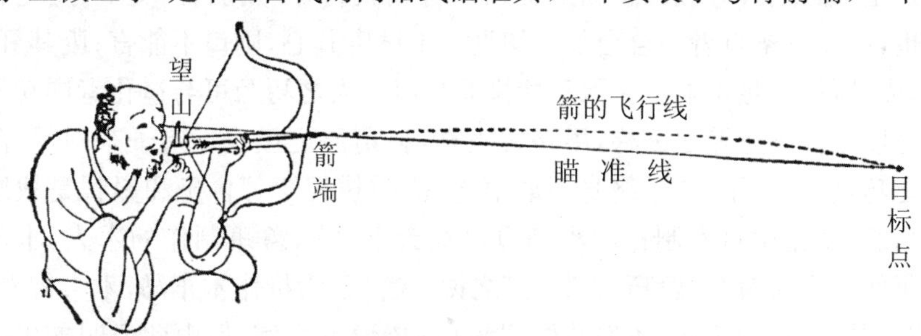

图 1.2　弩机瞄准

① 后汉书. 卷五十.

② 沈括. 梦溪笔谈. 卷十九. 上海：上海书店出版社，2003.

弩臂后部[①]。这种理解似乎不太正确。原文究竟何意，一时尚难以定论。“机牙”是发射的控制机关，三点一线瞄准后，扳动机牙即可发矢中的。所以古人说“要在机牙”。明代的军事著作《武编》描述弓弩射击方法时也说：“夫射之道，从分望敌，合以参连。弩有斗石，矢有轻重。石取一两，其数乃平。远近高下，求之铢分。道要在斯，无有遗言。”[②]“从分望敌，合以参连。”这是古人总结的射击之道。

中国古人在弓弩的发明和使用过程中，总结了一系列与力学有关的知识。弓弩的使用涉及弓体弹性势能的储存与弓力的测量、目标的瞄准与箭矢的杀伤力、箭矢的形状与飞行的稳定性等问题，古人为了解决这些问题采取了一系列办法，其中都含有一定的力学知识。

三、机械人

大约从晋代开始，有关机械人的描述不断见诸于各种文献。《列子》原为战国列御寇所作，原书已不可考。现存《列子》系晋代人重新整理而成，《列子·汤问篇》描述了一个关于机械人的精彩故事：“周穆王西巡狩，越昆仑，不至弇山。反还，未及中国，道有献工人名偃师，穆王荐之，问曰：‘若有何能？’偃师曰：‘臣唯命所试。然臣已有所造，愿王先观之。’穆王曰：‘日以俱来，吾与若俱观之。’翌日，偃师谒见王。王荐之，曰：‘若与偕来者何人邪？’对曰：‘臣之所造能倡者。’穆王惊视之，趋步俯仰，信人也。巧夫鎮其颐，则歌合律；捧其手，则舞应节。千变万化，惟意所适。王以为实人也，与盛姬内御并观之。技将终，倡者瞬其目而招王之左右侍妾。王大怒，立欲诛偃师。偃师大慑，立剖散倡者以示王，皆傅会革、木、胶、漆、白、黑、丹、青之所为。王谛料之，内则肝、胆、心、肺、脾、肾、肠、胃，外则筋骨、支节、皮毛、齿发，皆假物也，而无不毕具者。合会复如初见。王试废其心，则口不能言；废其肝，则目不能视；废其肾，则足不能步。穆王始悦而叹曰：‘人之巧乃可与造化者同功乎？’诏二车载之以归。夫班输之云梯，墨翟之飞鸢，自谓能之极也。弟子东门贾、禽滑厘闻偃师之巧，以告二子，二子终身不敢语艺，而时执规矩。”鲁班和墨翟是战国时期著名的巧匠，墨翟用竹木制作的小鸟可以在天上飞[③]，鲁班制作的木人、木车马可以自行驱使。当时有“鲁般巧，亡其母”之说。鲁班“为母作木车马，木人御者，机关备俱，载母其上，一驱不还，遂失其母。”[④]这种传说不可信，但由此说明鲁班确实是

---

① 李约瑟. 中国科学技术史. 第五卷六分册. 钟少异，等译. 北京：科学出版社，2002：118.

② 四库全书. 子部. 武编. 卷五：727-414.

③ 韩非子·外诸说上. 诸子集成本.

④ 王充. 论衡·儒增篇. 诸子集成本.

当时公认的能工巧匠。尽管鲁班和墨翟的技术水平很高，但与偃师制作机械人的水平相比还相差很远。偃师用革、木、胶、漆之类材料制作的机械人不仅能“歌合律”，“舞应节”，“千变万化，惟意所适”，而且还能“瞬其目”，嬉戏周穆王的“左右待妾”。现实中不可能制造出这种机械人。这显然是个编造的故事，但这个故事中关于机械人的大胆设想则是非常可贵的。这可能是记载世界技术史中有关机械人思想的最早文字。

据西晋傅玄所著《傅子》记载，三国时马钧确实制造过机械人。当时有人给魏明帝献“百戏”，其中的木制人物不能动作。马钧受魏明帝之诏，制作了可以动作的木人百戏。马钧“以大木雕构，使形若轮。平地旋之，潜以水发焉，设歌乐舞象，至令人击鼓吹箫。作山岳，使木人跳丸、掷剑、缘絙倒立，出入自在。百官行署，舂磨斗鸡，变巧百端。”①

晋代陆翙《邺中记》记载了石虎制作金佛像和木道人的情形，其中写道：“石虎性好佞佛，众巧奢靡，不可纪也。尝作檀车，广丈余，长二丈，四轮。作金佛像坐于车上，九龙吐水灌之。又作木道人，恒以手摩佛心腹之间。又十余木道人，长二尺余，皆披袈裟绕佛行。当佛前，辄揖礼佛，又以手撮香投炉中，与人无异。车行则木人行，龙吐水。车止则止。”②

唐代张鷟《朝野佥载》记载：“将作大匠杨务廉，甚有巧思，尝于沁州市内刻木作僧。手执一碗，能自行乞。碗中钱满，关键忽发，自然作声云：‘布施’。市人竞观，欲其作声，施者日盈数千矣。”

宋代李昉《太平广记》也记载有木人百戏表演：“若此等七十二势，皆刻木为之。或乘舟，或乘山，或乘平洲，或乘盘石，或乘宫殿。木人长二尺许，衣以绮罗，装以金碧，及作杂禽兽鱼鸟，皆能运动如生，随曲水而行。又间以妓航，与水饰相次，亦作十二航。航长一丈阔六尺。木人奏音声，击磬撞钟，弹筝鼓瑟，皆得成曲。及为百戏，跳剑舞轮，升竿掷绳，皆如生无异。其妓航水饰，亦雕装奇妙，周旋曲池，同以水机使之。”③

中国古代关于制作各种机械自动装置的记载很多，除了机械人之类的发明之外，非常著名的还如诸葛亮设计的木牛流马等。这类巧技代代相传，绵延不绝。据记载，清代徽州人黄履庄制作的木人“能自行走，手足皆自动”；制作的木狗“置门侧，卷卧如常，惟人入户，触机则立吠不止，吠之声与真无二，虽黠者不能辩其真与

① 三国志. 卷二九. 杜夔传：裴松之. 中华书局校点本. 第三册. 807.

② 四库全书. 史部载记类.

③ 李昉. 太平广记. 卷二二六. 中华书局. 1961：1735-1736.

伪也；”制作的木鸟“置竹笼中，能自跳舞飞鸣，鸣如画眉，凄越可听”；制作的双轮小车“长三尺许，约可坐一人，不烦推挽能自行。行住，以手挽轴旁曲拐，则复行如初。随住随挽，日足行八十里。”①

中国古代这类关于机械人性能的记载，肯定有夸张不实之处，但也并非都是虚构，其中含有一部分真实的内容，反映了古人的巧思和技术水平。

第三节 力与势

力是物体运动状态变化的原因，力的种类很多，如重力、弹力和摩擦力等。中国古人通常用力这个概念表示能力、体力等。物体受到重力的作用，其稳定性与其形状和放置的状态有关。一些物体受到拉力作用会产生变形，其形状的改变与受到的作用力有关。中国古人创造了“势”这个概念。古人既用它表示政治权势，也用其表示重力势能等物理内容。古人在这些方面的认识，既有社会文化内涵，也有物理意义。

一、对力的认识

战国时期，墨家著作《墨经》给出了力的明确定义：“力，刑之所以奋也。”《经说》解释道：“力，重之谓下。举重，奋也。”“刑”同形，指形体、物体；“奋”原意表示鸟类展翅、振作，指物体的状态改变。如此理解，《墨经》是说力是使物体改变状态的原因。这是说明力的作用。如果认为原文的“刑”指人体，则《墨经》是说人体奋动即产生力。这是说明力的产生。究竟《墨经》的原意是哪一种，现在已难以断定。《经说》用重力说明什么是力，把重物举起就要用力。许慎《说文解字》：“力，筋也。象人筋之形。治功曰力。”前一句说明力的形状，后一句说明力的作用，即力具有做功的本领。东汉王充在《论衡·效力篇》中专门讨论了各种力，其中举例说：“夫垦草殖谷，农夫之力也；勇猛攻战，士卒之力也；构架斫削，工匠之力也；治书定薄，佐史之力也；论道议政，贤儒之力也。”由此可见，汉代人以力泛指人的各种本领、技能、能力。这种用法还不是物理学意义上力的概念。

汉代人已经有了合力的初步概念。《淮南子·主术训》说：“积力所举，则无不

① 张秉伦，胡化凯，等. 徽州文化全书. 徽州科技卷. 合肥：安徽人民出版社，2005：190.

胜也;""力胜其任,则举之者不重也。""积力"即合力。同文又说:"夫举重鼎者,力少而不能胜也,及至其移徙之,不待其多力者。"古人认识到,移动一个物体比举起它所需要的力要小。明代茅元仪在《武备志》中明确提出了合力概念:"合力者,积众弱以成强也。今夫百钧之石,数十人举之而不足,数人举之而有余,其石无加损,力有合不合也。故夫堡多而人寡者必并,并则力合,力合则变弱为强也。"茅元仪所举的例子是力学现象,但他论述"合力"是要说明军事目的的。

中国古人还认识到人不能将自己举起来。《荀子·王道篇》指出:"虽有国士之力,不能自举其身,非无力也,势不可也。"《韩非子·观行篇》也强调:"有乌获之力,而不得人助,不能自举。"乌获是古代一位大力士。汉代王充也说:"古之多力者,身能负荷千钧,手能决角伸钩,使之自举,不能离地。"[①]至于为何人不能自举,荀子说因为"势不可也"。

二、势

"势"也是中国古代一个有一定物理内涵的概念。《孙子兵法·势篇》写道:"激水之疾,至于漂石者,势也。势如彍张,节如发机。"孙子认为,湍急的激流可以漂移石块是因其有势。"彍张"是拉满弓,"节"是控制,"机"是弩机。张满的弓具有很大的威力,只要千钧一发就可产生很大的杀伤作用。从现代物理学来看,激流具有动能,张满的弓具有势能。《孟子·告子上》写道:"今夫水,搏而跃之可使过颡,激而行之可使在山,是岂水之性哉?其势则然也。""颡",即额。水受到搏击可以跃溅到人额的高度,汹涌的激流可以翻越小山坡。孟子认为,击水和激流之所以能如此,因其有势。荀子指出:"虽有国士之力,不能自举其身,非无力也,势不可也。"[②]韩非子也认为,"乌获轻千钧而重其身,非其身重于千钧也,势不便也。"[③]古人认为,人不能自举是因为势不可。从物理学上看,人不能自举是因为内力不做功。古人当然无法达到这种认识水平。重物被举起一定高度即具有势能,可以做功。不被举起,则无势能。对此,古人已有所认识。西汉淮南王刘安所著《淮南子·兵略训》中有一段话即表达了这种认识高度。其中说:"加巨斧于桐薪之上,而无人力之举,虽顺招摇,挟刑德,而弗能破者,以其无势也。"无论多么巨大的斧子,不将其举起一定高度,它连最容易劈裂的桐木也劈不开,因其无势。这里的势相当于重力势能。

重物在水上乘舟则浮,失舟则沉。古人也用势解释这种现象。韩非子说:"千

---

① 王充.论衡·效力篇.诸子集成本.

② 荀子·王道.诸子集成本.

③ 韩非子·观行.诸子集成本.

钧得船则浮，锱铢失船则沉，非千钧轻而锱铢重也，有势之于无势也。”[1]锱铢是古代很小的钱币。汉代杨泉在《物理论》中也说：“鸿毛一羽，在水而没者，无势也；黄金万钧，在舟而浮者，托舟之势。”这里所说的势，当指浮力。

古人发现，行星接近太阳时运行得快，远离太阳时运行得慢。他们也用势说明这种现象的原因。五代王朴《旧五代史》指出：“星之行也，近日而疾，远日而迟；去日极远，势尽而留。”[2]其中的势，类似于太阳对于行星的控制作用。

中国古代以势解释各种物理现象的例子很多，除上述之外还如“强弩之末，势不能穿鲁缟者也；”[3]“得势之利者，所持甚小，其存甚大；所守甚约，其制甚广。是故十围之木，持千钧之屋；五寸之键，制开阖之门。岂其材之巨小足哉？所居要也。”[4]只要处于有利之势，即可以小制大，以约制广。十围大的木柱可支撑千钧重的房宇，五寸大小的门闩可控制一扇大门的开阖，之所以如此，在于它们处于重要的位置。这种观点，含有朴素的控制论思想。

从这些引文可以看出，势是个物理内涵丰富的概念，古人用其解释各种物理现象，但从未对其给出明确的定义。

三、重心与平衡

中国古代有一种著名的劝诫器具名曰“欹器”。《文子・守弱篇》写道：“三皇五帝有劝戒之器，名曰侑卮。其中即正，其盈即覆。”“侑”有劝勉之意，“卮”是一种器皿。侑卮即欹器。古代欹器，也叫攲器、侑卮、宥坐之器等。汉代刘向《说苑》把宥坐之器写作右坐之器。侑、宥与右同音相通。侑卮或宥坐之器意为放在座位右边作为劝诫的器具。欹器具有“虚则攲，中则正，满则覆”的特点。《荀子・宥坐篇》记载了孔子与欹器的故事：“孔子观于鲁桓公之庙，有欹器焉。孔子问于守庙者曰：‘此为何器？’守庙者曰：‘此为宥坐之器。’孔子曰：‘吾闻宥坐之器者，虚则攲，中则正，满则覆。’孔子顾谓弟子曰：‘注水焉！’弟子挹水而注之，中而正，满而覆，虚而攲。孔子喟然而叹曰：‘吁！岂有满而不覆者哉！’子路曰：‘敢问持满有道乎？’孔子曰：‘聪明圣知，守之以愚；功被天下，守之以让；勇力抚世，守之以怯；富有四海，守之以谦。此所谓挹而损之之道也。’”“攲”是倾斜。欹器空腹时倾斜，装一半水时直立，装满水时倾倒。据说西安半坡遗址出土一只六千年前的陶罐具有这种特性。

---

① 韩非子・功名. 诸子集成本.
② 旧五代史. 卷百四十历志. 第六册. 1866.
③ 三国志・蜀书・诸葛亮传.
④ 淮南子・主术训. 诸子集成本.

这只陶罐小口、鼓腹、尖底，腹的中段有两个耳环，是系着绳子使用的。根据性能可以推测，这种陶罐的重心随着装水情况的不同，有三个变动的位置：空腹时重心不在陶罐的中轴线上，而是在两耳连线的下方和中轴线的侧旁；装上一半水时重心在两耳连线的下方和中轴线上；装满水时重心在两耳连线的上方和中轴线的侧旁。尽管古代文献将欹器的历史说的很早，但并不能说明几千年前的制陶工匠已经懂得了重心与平衡的关系，自觉地制作出具有这种特性的欹器。很可能是某个陶匠无意中制造了一个不符合使用要求的陶罐，用其汲水时发现只能装半罐水。某个文人受此启发，从而描绘出一个"虚而攲，中而正，满而覆"的欹器来。由此不断被后人模仿，成为一种劝诫器具。据荀子记载，孔子由欹器的物理特性提炼出持满不覆的人生哲理。作为一种劝诫工具，欹器一直受到古人的重视。据史籍记载，从魏晋至宋代，许多人都曾制造过欹器。如晋代杜预、北齐信都芳、隋代耿询、唐代马待封、宋代燕肃等，都制造过这种器物。

欹器的特性反映的是物理内容，但古人将其作为"座右铭"看待，无人深究其中的力学含义。中国古代关于重心与平衡的理论总结，最早见于《淮南子·说山训》，其中写道："下轻上重，其覆必易。"物体的重心越高越不稳固，这既是经验总结，也是理论表述。

四、对于弹性的认识

在长期的弓箭制造和使用过程中，古人对物体的弹性有了一定的认识。战国时期的《考工记》最早对制作弓的材料及其性能进行了比较全面的总结，其中"弓人"篇写道："材美，工巧，为之时，谓之参均。角不胜干，干不胜筋，谓之参均。量其力，有三均。均者三，谓之九和。九和之弓，角与干权，筋三侔，胶三锊，丝三邸，漆三斞。""参"即三，"不胜"即相称，侔、锊、邸及斞都是古代衡量单位。材料精良，技艺精巧，制作适时，称为三均；角与干相称，干与筋相称，称为三均；称量弓力，有三均。三个三均，谓之九和。九和之弓，角与干相称，用筋三侔，用胶三锊，用丝三邸，用漆三斞。《考工记》未说明"量其力，有三均"是何意。根据《天工开物·佳兵》记载："凡试弓力，以足踏弦就地，秤钩搭挂弓腰，弦满之时，推移秤锤，所压则知多少。"可见"量其力"就是用秤称量弓力(图 1.3)。

图 1.3 《天工开物》试弓定力

东汉经学家郑玄在注释《考工记》"量其力，有三均”时写道:“参均者,谓若干胜一石,加角而胜二石,被筋而胜三石,引之中三尺。假令弓力胜三石,引之中三尺,弛其弦,以绳缓擐之,每加物一石,则张一尺,故书胜。”唐代贾公彦在郑玄注释的基础上又进一步疏解道:“此言谓弓未成时,干未有角,称之胜一石;后又按角,胜二石;后更被筋,称之即胜三石。引之中三尺者,此据干、角、筋三者俱,总称物三石,得三尺。若据初空干时,称物一石,亦三尺;更加角,称物二石,亦三尺;又被筋,称物三石,亦三尺。郑又云假令弓力胜三石,引之中三尺者,此即三石力弓也。必知弓力三石者,当弛其弦,以绳缓擐之者,谓不张之,别以一条绳系两箫,乃加物一石张一尺,二石张二尺,三石张三尺。”[1]郑玄和贾公彦的注疏都有关于弓和弦的伸张量与拉力关系的描述,前者说“每加物一石,则张一尺”;后者说“加物一石张一尺,二石张二尺,三石张三尺”。这种表述与英国物理学家胡克对于弹性定律的论述相似,但无论是《考工记》的作者还是郑玄和贾公彦,均未达到像胡克那样对于物体伸长量与其受力成线性正比关系的清醒认识。而且事实上,弓的伸张量与其受力也不满足严格的线性正比关系。因此,尽管郑玄和贾公彦对于弓体弹性的描述很有意义,反映了古人对于弹性的一定认识,但仍然不能将其与胡克弹性定律等量齐观。胡克是自觉探索物体弹性变形与受力的一般规律,而郑玄和贾公彦仅仅是就事论事去解释《考工记》。他们的出发点和认识背景都有很大差别。

第四节　对机械运动的认识

中国古人对于机械运动现象进行了长期的观察和探讨,形成了一些经验性的认识。

一、对于运动的一般认识

《墨经》给出了机械运动的一般定义:“动,或徙也。”其中“或”,即域。墨家认为,运动是物体位置的迁移。《墨经》还指出:“行修以久,说在先后;”“行者必先近而后远。远近,修也;先后,久也。民行修必以久也。”“远近”是空间距离,“先后”是时间长短。运动的距离长,需要的时间即久。墨家的这些认识都是正确的。

中国古人在计算路程时知道运用速度与时间相乘的方法,但他们并没有提出

---

① 周礼注疏·考工记.郑玄注.贾公彦疏.十三经注疏本.

速度概念。《管子·乘马篇》写道:“天下乘马服牛,而任之轻重有制。有一宿之行,道之远近有数矣。”知道一夜的行程,即可求出数夜的总行程。《九章算术·盈不足》中有许多算题都是求解运动学问题。例如:“今有良马与驽马,发长安至齐。齐去长安三千里。良马初日行一百九十三里,日增十三里。驽马初日行九十七里,日减半里。良马先至齐,复还迎驽马。问:几何日相逢及各行几何?”由运动学知识可知,良马做匀加速运动,驽马做匀减速运动,知道了总路程、二者的初速度和加速度,运用加速运动公式很容易求解此题。古人运用算术技巧也能得出结果,“答曰:十五日一百九十一分日之一百三十五而相逢。良马行四千五百三十四里一百九十一分里之四十六,驽马行一千四百六十五里一百九十一分里之一百四十五。”此外还如:“今有垣厚五尺,两鼠对窜。大鼠日一尺,小鼠也日一尺。大鼠日自倍,小鼠日自半。问几何日相逢,各窜几何?”“今有垣高九尺。瓜生其上,蔓日长七寸;瓠生其下,蔓日长一尺。问几何相逢?瓜、瓠各长几何?”[①]这些都是运动学内容,反映了古人对于运动现象的认识。

《墨经》有一条内容说:“凡重,上弗挈,下弗收,旁弗劫,则下直。拖。或害之也。”[②]“劫”,是掠夺,干扰;“拖”,同拖,曳引。一个重物,上面不系着它,下面不托着它,侧面不干扰它,会竖直下落。如果拖曳它,则会破坏这种运动状态。这是关于自由落体现象的描述。

《考工记·辀人》指出:“劝登马力,马力既竭,辀犹能一取焉。”辀即车。行驶的马车,当马停止牵引时,车仍然能向前移动一段距离。这是对惯性的描述。

王充《论衡·效力篇》对物体的斜面运动有所描述,其中写道:“重任之车,强力之牛乃能輓之。是任车上阪,强牛引前,人力推后,乃能升踰。如牛羸人罢,任车退却,还堕坑谷,有破覆之败矣。”“阪”即斜坡,“羸”是病弱。载重的车子沿斜坡上行,需强力牵引,若牵引力不足则会车坠坑中。《论衡·状留篇》还写道到:“车行于陆,船行于沟,其满而重者行迟,空而轻者行疾……任重,其取进疾速,难矣。”车船载重量大,要快速行进,即需要更大的牵引力;同样大的牵引力,载重量少,车船的行进速度即快。王充的这些总结是正确的。

二、地动而人不觉

汉代人已认识到,我们居住的大地是恒动不止的,但人感觉不到其在运动。汉代纬书《尚书纬·考灵曜》指出:“地有四游。冬至地上行北而西三万里,夏至地下

---

① 九章算术.卷七.盈不足.

② 墨经·经说.诸子集成本.

行南而东三万里，春秋两分其中矣。地常动移而人不知，譬如人在大舟中闭牖而坐，舟行不觉也。”[①]《尚书纬》原书已不存在，现有几种辑佚本，各家关于这段话的文字有所不同，但意思基本一致。该书的作者认为，大地一年四季做四游，从冬至开始由南向北运行一千五百里，到了春分时由东向西运行一千五百里，到了夏至时由北向南运行一千五百里，到了秋分时由西向东运行一千五百里，重新回到上一个冬至开始点。由此构成一个闭合路线，年年周而复始。“牖”是窗户。人生活在大地上而感觉不到地在运动，就像人坐在封闭的船舱里感觉不到船在运动一样。既然人感觉不到大地的运动，如何判断其有四游？汉代人回答说：“地动则见于天象”。[②] 古人根据一年四季所观察到的天象变化，推测大地在不停地运动。

1632年，伽利略在其出版的《两大世界体系的对话》中描述了发生在一个封闭的船舱里的力学现象：“把你和一些朋友关在一条大船甲板下的主仓里，再让你带几只苍蝇、蝴蝶和其他小飞虫。然后，挂上一个水瓶，让水一滴一滴地滴到下面一个宽口罐里。船停着不动时，你留神观察，小虫都以等速向各个方向飞行，鱼向各个方向随便游动，水滴滴进下面的罐子中。你把任何东西扔给你的朋友时，只要距离相等，你向这一方向不比向另一方向用更多的力。你双脚齐跳，无论向哪个方向跳过的距离都相等。当你仔细观察了这些情况后(虽然当船停止时，事情无疑一定是这样发生的)，再使船以任何速度前进，只要运动是匀速的，也不忽左忽右地摆动。你将发现，所有上述现象丝毫没有变化。你无法从其中任何一个现象来确定，船是运动还是停着不动。”[③]伽利略的目的是要说明，就像根据封闭的船舱里发生的力学现象无法判断船的运动情况一样，根据地球上发生的力学现象也无法判断地球的运动情况。在这里，伽利略实际上提出了相对性原理，即物体的运动是相对的，在任何一个做匀速直线运动的参照系里，物体运动遵从相同的力学规律。

《尚书纬》的表述虽然不如伽利略的论述充分，但在思想认识上有类似之处。

三、相对运动现象

观察和描述运动现象需要选择参考系，同一种运动现象，相对于不同的参考系，观察得出的结论是不同的。中国古人对相对运动现象有大量的观察和描述。古人认为，日月在天上自西向东运行，天自东向西运转，前者运行得慢，后者运行得

① 陶宗仪．说郛辑．尚书纬·考灵曜．

② 春秋纬·运斗枢．

③ 伽利略．关于托勒密和哥白尼两大世界体系的对话．上海外国自然科学哲学著作编译组，译．上海：上海人民出版社，1974：242-243．

快,结果看上去日月在随着天向西运行。王充记述了古人对于这种现象的争论:"儒者论曰:天左旋,日月之行,不系于天,各自旋转。难之曰:使日月自行,不系于天,日行一度,月行十三度。当日月出时,当进而东旋,何还始西转?系于天,随天四时转行也。其喻若蚁行于硙上,日月行迟,天行疾,天持日月转,故日月实东行,而反西旋也。"①硙是石磨。王充以旋转的石磨比喻天的运行,以逆着石磨旋转方向爬行的蚂蚁比喻日月。《晋书·天文志》对此作了进一步论述:"天旁转如推磨而左行,日月右行,随天左转,故日月实东行,而天牵之以西没。譬之蚁行磨石之上,磨左旋而蚁右去,磨疾而蚁迟,故不得不随磨以左回焉。"②

晋代葛洪指出:"见游云以西行,而谓月之东驰。"③《隋书·天文志》也说:"仰游云以观,日月常动而云不移。"④这些都是对日月和游云相对运动的描述。王重民辑《敦煌曲子词集》中有关于船的相对运动的描述:"五里竿头风欲平,张帆举棹觉船行。柔橹不施停却棹,是船行。满眼风波多陕灼,看山恰似走来迎。仔细看山山不动,是船行。"⑤

五代道士谭峭描述了旋转运动的相对性:"作环舞者,宫室皆转;瞰回流者,头目自旋。"⑥作旋转运动的人,会看到周围的物体在作相反方向的转动;观察回旋涡流运动的人,会觉得自己在作相反方向的自旋运动。他并且指出,产生这种感觉"非宫室之幻惑也,而人自惑之;非回流之改变也,而人自变之。"谭峭认为,这种现象的产生是人"自惑"和"自变"的结果。这实际上是说,旋转运动的相对性产生了上述相反的感觉。

这些关于相对运动现象的描述虽然没有说出物理现象的本质,但仍然是有意义的,反映了古人在这方面的认识情况。

第五节　对于流体的认识

中国古人对浮力作用进行过长期的观察,总结了一些经验知识,并有不少巧妙

---

① 论衡·说日篇.诸子集成本.

② 晋书.卷十一.天文志引周髀.中华书局校点.第二册.

③ 葛洪.抱朴子·内篇·塞难.诸子集成本.

④ 隋书.卷十九.天文志.

⑤ 敦煌曲子词集(修订本).王重民,辑.商务印书馆,1956:31.

⑥ 谭峭.化书.卷一.环舞.

的运用。古人对虹吸作用也有巧妙的运用。

一、对浮力的认识

浮力现象是生活中常见的力学现象之一。中国古代最早对这类现象进行初步讨论的是《庄子·逍遥游》,其中说:“且夫水之积也不厚,则其负大舟也无力。覆杯水于坳堂之上,则芥为之舟。置杯焉则胶。水浅而舟大也。”水的浮力大小与其深度有关,水深能承受大而重的物体,水浅只能承受小而轻的东西。一杯水倒在地上,形成的小水坳,只能使草芥在上面漂浮。杯子放在小水坳里就会粘住,因为“水浅而舟大”。《庄子》的这种经验认识是正确的。

《墨经》中有关于浮力现象的描述。其中《经下》写道:“荆之大,其沉浅也,说在具。”《经说下》对此解释道:“形沉,形之贝也,则沉浅非形浅也,若易五之一。”“荆”即形,指物体;“具”和“贝”疑是“见”字之误。物体沉于水中,看上去沉入的深度较浅。目前,科学史界对这句话有不同的理解,有人认为它隐含了浮力定律的意思①,也有人认为它描述了水对于光的折射现象。② 由于现已难以确知其中文字是否正确,因而很难准确理解其真实的含义。

战国时期慎子说:“燕鼎之重乎千钧,乘于吴舟,则可以济。所托者,浮道也。”③这里的“浮道”其实是指浮力。汉代杨泉也说:“鸿毛一羽,在水而没者,无势也;黄金万钧,在舟而浮者,托舟之势。”④其中的“势”也是指浮力。北齐刘昼指出:“缀羽于金铁,置之于江湖,必也沈溺、陷于泥沙;非羽质重而性沈,所托沈也;载石于舟,置之江湖,则披风截波,汎飏长涧,非石质轻而性浮,所托浮也。”羽毛本来可以漂浮在水上,将其捆附于金铁之上在水中则沉,并非羽毛本性如此,而是其所依附的金铁性沉;石头载于舟中,可以漂泊江湖,并非石头具有浮性,而是其所依附的舟具有浮性。由此刘昼得出结论:“是以观之,附得其所,则重石可浮”;“附失其所,则轻羽沦溺”。⑤

二、浮力的应用

古人“见窾木浮而知为舟”⑥。中国古代流传有曹冲称象的著名故事。陈寿

---

① 戴念祖.中国科学技术史(物理学卷).北京:科学出版社,2001:85.

② 李志超.墨经光学第九条:折射的定量观察.自然科学史研究,2002,(4):80.

③ 慎子.逸文.诸子集成本.

④ 杨泉.物理论.引自唐代马总.意林.卷五.四部备要本.

⑤ 刘昼.刘子.卷四.

⑥ 淮南子·说山训.诸子集成本.

《三国志》载:“邓哀王冲,字仓舒,少聪颖歧嶷,生五六岁,智意所及,有若成人之智。时孙权曾致巨象,太祖欲知其斤重,访之群下,咸莫能出其理。冲曰:置象大船之上,而刻其水痕所至,称物以载之,则校可知矣。太祖大悦,即施行焉。”[①]先载大象于舟中,刻记舟沉入水中的深度,然后牵走大象,称量重物装载舟中,待舟沉下水中同样的深度时,舟中重物即是大象的重量。这是对于浮力的运用。

中国古代还有利用浮力称量大猪的传说。据宋代成书的吴曾《能改斋漫录》引《苻子》记载:“予按《符子》曰:朔又献燕昭王以大豕,曰养奚若,使曰豕也……王乃命豕宰养之,十五年大如沙坟,足不胜其体。王异之,令衡官桥而量之,折十桥,豕不量。命水官浮舟而量之,其重千钧。……乃知以舟量物,自燕昭王时已有此法矣,不始于邓哀王也。”[②]燕昭王生活于战国早期,比曹冲早四、五百年。历史学家陈寅恪经过考证认为,曹充称象之类的故事系由印度佛教故事流传中国演化而成,历史上本无此事[③]。季羡林也持同样看法。[④]

不过,《宋史·僧怀丙传》记载僧人怀丙利用浮力打捞铁牛的故事则是事实。《僧怀丙传》写道:“河中府浮梁用铁牛八维之,一牛且数万斤。后水暴涨绝梁,牵牛没于河。募能出之者。真定僧怀丙以二大舟实土,夹牛维之,用大木为权衡状钩牛,徐去其土,舟浮牛出。”[⑤]浮梁即浮桥。因河水暴涨将桥头的铁牛冲没于河中,僧人怀丙先将两只大船装满土,浮于铁牛的两侧,用一根大木,木中间用绳索系缚铁牛,木两端搭在船上,然后逐渐除去船中的土,随着船体上浮,水下的铁牛即被提起。吴曾《能改斋漫录》卷三《河中府浮桥》也有类似记载:“英宗时,有真定僧怀丙,请于水浅时以絙系牛于水底,上以大木为桔槔状,系巨舰于其后。俟水涨,以土石压之,稍稍出水,引置于岸。”

清代郑光祖《一斑录》中有关于打捞海底铜炮的记载,书中写道:“芸台阮公抚浙时,平海盗,获安南大铜炮。最精壮,甚爱之。其重二千觔。兵船载过海州玉环厅三盘海面,遭飓沉溺海底,深二十丈,无可捞取。觅得鄞人善泅水者任昭才,令图之。伻用八巨绳,入水下系于炮上;用八船:空四船,而以四船满载碎石,紧系四绳。将碎石运过空船,则重船变轻,提炮上升数尺矣。又以彼四绳紧系彼四船。运石更换,渐次提炮,及于水面。”[⑥]阮公即阮元(1764—1849),字芸台,江苏仪征人,

① 陈寿. 三国志. 卷二十. 魏书二十·邓哀王冲传. 第二册:580.

② 吴曾. 能改斋漫录. 卷二. 以舟量物.

③ 陈寅恪. 三国志. 曹冲华佗与佛教故事. 寒柳堂集. 上海:上海古籍出版社,1982:157-161.

④ 季羡林. 中印文化交流简论//佛教与中印文化交流. 南昌:江西人民出版社,1990:149-200.

⑤ 宋史. 卷四百六十二. 僧怀丙传. 第三十九册.

⑥ 郑光祖. 一斑录·杂述四·海底捞炮.

曾任浙江巡抚。任昭才打捞铜炮的方法与怀丙打捞铁牛的方法基本相同，稍有差别的是用八只船分两批轮番装卸船中的碎石，这样打捞的效果会更好。

三、虹吸作用的利用

虹吸现象是利用大气压强作用将水通过导管从一处引到另一处。中国古人对于虹吸现象也有巧妙的利用。北魏道士李兰制作的秤漏即运用了虹吸管引水。他“以铜为渴乌，状如钩曲，以引器中水。”[①]渴乌即虹吸管。唐代杜佑在其《通典》中描述了渴乌隔山取水的方法：“以大木竹筒雌雄相接，勿令泄漏，以麻漆封裹，推过山外，就水置筒，入水五尺。即于筒尾取松桦干草，当筒放火，火气潜通水所，即应而上。”[②]将打通关节的大竹子逐个连接起来作为虹吸管，将一端插入水中数尺，将另一端置于火旁烘烤，并以麻布之类的软物堵塞开口(杜佑的记载忽略了这一步操作)，等火烘烤一段时间之后拔下堵塞物，水即从管口流出。宋代曾公亮《武经总要前集》和明代王祯《农书》等都有利用虹吸作用引水的描述。

此外，古人对于液体表面张力现象也有所观察。唐代道士张志和在《玄真子》中写道：“荷水为珠，其圆也非规，而不可方者，离乎著也。”[③]荷叶上的水滴象明珠一样晶莹圆润，其滚圆的形体并非用规制作而成，而是因为水滴对荷叶有离而不附的趋势之故。水滴有离开其附着面的趋势，是一种液体表面张力效应。张志和对这种现象进行了非常细致的观察，并作出了比较合理的解释，实属难能可贵。宋代程大昌在《演繁露》中描述露珠色散现象时说：“凡雨初霁或露之未晞，其余点缀于草木枝叶之末，欲坠不坠，则皆聚为圆点，光莹可喜，日光入之，五色具足，闪烁不定。”露珠“聚为圆点”即是液体表面张力现象。

---

① 徐坚. 初学记. 卷二十五. 器物部・漏刻.

② 杜佑. 通典. 卷一百五十七. 渴乌隔山取水.

③ 张志和. 玄真子. 外编. 道藏本.

第二章　中国古人对热现象的认识

热学是研究物质热运动的规律及其应用的一门科学。火的发明和利用是人类文明进步的重要标志。无论是中国还是西方都有用火的悠久历史。古人掌握了取火方法，在生活和生产实践中观察到大量的热现象，由此逐步积累了一些热学知识。中国古人发明了一系列巧妙的生火方法，并对火的形成原因给出了自己的解释。在经验认识的基础上，古人对火进行了分类，对于各种火的性质进行了总结。这些认识对于古代生活和生产实践具有指导意义。道士在炼丹活动中发明了火药。火药和火箭的发明及应用，对人类文明和军事的发展做出了重要贡献。汉代人进行的鸡蛋壳加热飞升实验和夏造冰的探讨，体现了古人的探索精神。此外中国古人还发明和使用了一系列判断温度及测量空气湿度的方法。

第一节　古代的生火方法及对生火原因的解释

火的使用是人类技术史上的一项伟大发明，它对人类社会的发展具有无法估量的促进作用。在长期的生活和生产实践中，中国古人发明了多种生火方法。

一、摩擦法

摩擦法是运用两物体之间的快速摩擦运动而生温起火的一种原始生火方法。古代文献中对此有很多记载。例如：

《管子·轻重戊篇》："燧人作钻燧取火，以熟荤臊。"

《庄子·外物篇》："木与木相摩则燃。"

《韩非子·五蠹篇》："钻木取火，以化腥臊。"

汉代《淮南子·说林训》："槁竹有火，弗钻不焦。"

《淮南子·原道训》："两木相摩而燃，金火相守而流……自然之势也。"

清代方以智《物理小识》:“取火于竹,以干竹破之。布纸灰,而竹瓦覆上。竹穿一孔,更以竹刀往来切其孔上,三四回,烟起矣;十余回,火落孔中,纸灰已红。”

摩擦木料或干竹都能生火。古人称摩擦生火的工具为“木燧”。《礼记·内则》记载:“右佩玦、……木燧。”古人将木燧作为一种日常生活工具,随身佩带。摩擦生火方法的发明时间很早,比较原始,效率比较低。金属材料被开发使用后,大约在商周时代古人发明了聚集日光生火的方法。

二、聚光法

中国古代关于利用金属反射镜或透镜聚集日光生火的记载也很多。古人称取火的金属反射镜为金燧,称取火的透镜为火珠,一般统称各种取火的工具为阳燧。古代文献的有关记载如:

《周礼·秋官》:“司烜氏掌以乎燧,取明火于日。”

《礼记·内则》:“左佩纷、……金燧。”

《论衡·乱龙篇》:“铸阳燧,取火于日。”

《淮南子·天文训》:“阳燧见日,然而为火。”

东汉高诱和许慎对《淮南子》作注时,进一步说明了阳燧取火的具体方法。高诱注曰:“取金杯无缘者熟摩令热,日中时以当日,以艾就之,则燃得火。”这说明,当时人们已认识到一般的凹形金属反射面都可以对日聚光取火。许慎注曰:“日高三、四丈,持以向日,燥艾承之寸馀,有顷焦,吹之则得火。”

汉代及其以前,利用日光取火的工具主要是金属凹面反射镜,同时也有少数用天然透明物聚集日光取火者。《管子·侈靡篇》载有“珠者,阴之阳也,故胜火。”唐代房玄龄对此注曰:“珠生于水而有光鉴,故为阴之阳。以向日则火烽,故胜火。”《管子》所说的取火珠,当为某种形似球状的透明物,而不是蚌生的珍珠。因为珍珠表面虽有反光效果,但其反射光发散,无法聚焦取火。

西汉时期,淮南王刘安的门客中有一帮追求炼丹成仙的方士。这些人著有《淮南万毕术》一书,其中记载了一种透光取火方法:“削冰令圆,举以向日,以艾承其影,则火生”。这是一种用冰制成的凸透镜。西晋张华《博物志》也有与此类似的记载。《淮南万毕术》仅用十六个字即把透镜的材料、形制及操作方法讲述得准确而明白,尤其一个“影”字说出了古人对焦点的初步认识。冰遇火即熔,但《淮南万毕术》的作者偏用其取火。此法构思新颖,设计巧妙,堪称是一项杰出的光学实验。

自《淮南万毕术》之后,有关“冰镜取火”的记载几乎历代不绝,但真正通过实验加以验证者却不多见。清代徽州人郑复光于1819年成功地重复了这一实验。他在《费隐与知录》中记录了自己的实验过程:“问:‘《博物志》云:削冰令圆,向日,以艾承景,则有火。何理?'曰:'余初亦有是疑。后乃试而得之。盖冰之明澈不减水晶,而取火之理在乎镜凸'。嘉庆己卯,余寓东淘,时冰甚厚,削而试之,甚难得圆,或凸而不光平,俱不能收光。因思得一法:取锡壶底微凹者,热水旋而熨之,遂光明如镜,火煤试之而验,但须日光盛,冰明莹形大而凸稍浅(径约三寸,外限须约二尺),又须靠稳不摇方得,且稍缓耳。盖火生于日之热,虽不系镜质,然冰有寒气能减日热,故须凸浅径大,使寒气远而力足焉。"郑复光不仅证实了汉代这一记载的可靠性,而且对冰镜的制法、尺寸大小和聚光性能等都有了进一步的认识。

魏晋时期的《太清金液神丹经》有关于利用天然晶体聚光取火的记载,其中写道:"有火珠,大如鹅鸭子,视之如冰,著手中,洞洞如月光照人掌,夜视亦然。以火珠白日向日,以布艾之属承其下,须臾见火光从珠中直下,漉漉如屋留下物,勃然烟发,火乃燃。犹阳燧之取火也。"①这是关于透镜取火的重要资料。

《旧唐书》卷一九七《南蛮西南蛮传》记载:"范头黎遣使献火珠,大如鸡卵,圆白皓洁,光照数尺,状如水精,正午向日,以艾承之,即火燃。"《新唐书·南蛮传》也载:"婆利者,直环王东南,……多火珠,大者如鸡卵,圆白,照数尺,日中以艾藉珠,辄火出。"这些记载说明,天然晶体火珠多产于中国境外的南方,它具有很好的取火效果。

明代李时珍在《本草纲目》中对透镜取火现象进行了总结。他写道:"火珠,《说文》谓之火齐珠,《汉书》谓之玫瑰。《唐书》云:东南海中有罗刹国,出火齐珠,大者如鸡卵,状类水精,圆白,照数尺,日中以艾承之则得火。"②尺寸比较大的天然晶体比较少见,中国古代透明玻璃的制造技术也一直不高,一般不容易制作透明的聚光镜,因此中国古代火珠取火方法的应用不多见。

利用金属反射镜或晶体透镜聚集日光取火,虽然效率较高,但需要有充足的阳光,容易受到天气条件的限制。

三、敲击法

不知从什么时间开始,中国古人发明了利用铁制火镰敲击燧石(火石)生火的方法。对此,古代文献也有相关记载。

《关尹子·二柱篇》:"石击石即光;""金之为物,击之得火。"

《关尹子·五鉴篇》:"来干我者,如石火穷顷。"

刘昼《新论·惜时篇》:"人之短生,犹如石火。"

---

① 道藏.第十八册:760.

② 李时珍.本草纲目.卷八.金石部·水精.

唐代刘言史与孟郊《煎茶诗》:“敲石取鲜火,汲泉避腥臊。”

唐代规定,武官五品以上者带火石袋,随身携带火镰、火石,以备军中之急需。①

宋代苏颂和沈括所作《苏沈良方》中述及针灸取火时说:“凡取火者,宜敲石取火,或水精镜子于日得者太阳火为妙。天阴,则以槐木取火亦良。”

方以智《物理小识》卷二:“破石,以钢镰刮之,则火星出,纸煤承之即燃。”

明代,这种敲击火石取火的方法在军事上获得了发展和应用。茅元仪和宋应星都描述过地雷、水雷等爆炸物以钢镰撞击火石点火的方法。茅元仪在《武备志》中称这种发火装置为“钢轮匣”。它是利用坠石下落带动钢轮转动,钢轮与火石摩擦,从而产生火星引燃火线,使地雷或水雷爆炸。这是当时很先进的武器自动点火装置。现代的手动打火机,其发火部件与“钢轮匣”类似。

敲击法取火不受天气条件限制,相当方便,被中国古人长期使用。20 世纪 60 年代一些农村购买不到火柴,农民仍然运用这种方法取火生活。

四、引火柴

约在唐代末期,中国人发明了一种利用硫磺物质与烬火接触而燃火的方法。

五代陶谷《清异录》记载:“夜中有急,苦于作灯之缓,有智者批杉条,染硫磺,置之待用。一与火遇,得焰穗然,即神之,呼‘引光奴’。今遂有货者,易名‘火寸’。”②

明代陶宗仪《南村辍耕录》也载:“杭人削松木为小片,其薄如纸,溶硫磺涂木片顶分许,名曰‘发烛’,又曰‘淬儿’。盖以发火及灯烛用也。”③

中国的这种发明可以说是近代摩擦式火柴的前身。1680 年,英国化学家波义耳将磷质材料涂在粗糙的纸上,并用小木棒一端蘸附少许硫磺,将木棒的硫磺端轻擦纸上的磷质材料即可燃火,由此产生了近代火柴。

五、原始的活塞式点火器

云南省景颇族的祖先发明了一种类似活塞式点火器的工具。他们用牛角加工成具有圆筒形内腔的套筒,用木料磨制成一根圆柱形木杆,木杆圆柱的直径等于或略小于圆筒的内径,使木杆插入圆筒中刚好弥合无缝隙;木杆的长度略短于圆筒的深度,使其插入圆筒后顶端仍有一小段空腔。取火时,使木杆前端粘附艾绒,一手握住套筒,一手将木杆插入套筒并急速向前推进,随即拔出木杆,艾绒即燃。口吹

① 旧唐书.卷四十五.舆服制.第六册:1953.

② 陶谷.清异录.载说郛.卷六十一.

③ 陶宗仪.南村辍耕录.卷五.发烛.

艾绒，即燃起火苗。[①]

据说景颇族的这种取火器曾由东南亚传入欧洲。法国数学和力学家拉普拉斯曾以玻璃筒代替牛角筒，以玻璃杆代替木杆，在欧洲最早发明了压缩空气点火法。[②]

六、生火原因的解释

为何阳燧向日即生火，两木相摩则燃烧？中国古人对于各种生火的原因也进行过思考。针对不同的情况，他们给出了不同的解释。

1. 同类感应说

古人认识到，阳燧取火的必要条件是承日光照射，所取之火来自太阳。至于太阳之火为何能招之即来，瞬间而至？古人用同类感应的观念加以解释。他们认为，太阳和阳燧均属阳性事物，同类事物之间会产生感应作用，阳燧取火就是这种感应作用的结果。《淮南子·天文训》解释阳燧取火时写道："物类相动，本标相应，故阳燧见日则燃而为火。"东汉炼丹家魏伯阳在《周易参同契》中也说："阳燧以取火，非日不生光；方诸非星月，安能得水浆。二气玄且远，感化尚相通。"古代文献中有不少这种说法，都是以同类感应说解释阳燧取火现象。

2. 热气释放说

古人认为火是热气。《淮南子·天文训》即认为："积阳之热气生火，火气之精者为日；积阴之寒气为水，水气之精者为月。"王充在《论衡》中也说："火与温气同，水与寒气类。"宋代理学家朱熹也认为"火只是温热之气。"方以智的学生揭宣也强调："日火皆气也。"[③]火是热气，因此古人认为钻木取火就是热气的释放过程。北齐刘昼说："金性苞水，木性藏火，故炼金则出水，钻木而生火。"[④]隋代萧吉也说："木生火者，木性温暖，火伏其中，钻灼而出，故木生火；""唯火钻灼方出者，火是太阳之气，温故乃生。"[⑤]唐代道书《玄圃山灵·秘箓》写道："火者，天地之阳气所变化也。一精于太阳，藏性于草木，色赤，盛于南方。"[⑥]唐代道书《黄帝内经素问补注释文》也认为，"热甚之气，火运盛明，故曰热生火。火者，盛阳之生化也。"[⑦]这些记载都反映了古人的思想认识。

---

① 戴念祖. 中国科学技术史. 物理学卷. 北京：科学出版社，2001：430.

② 田大里(J. Tyndall). 声学. 卷一. 傅兰雅，徐建寅，译.

③ 方以智. 物理小识. 卷三.

④ 刘子·崇学.

⑤ 萧吉. 五行大义. 卷二.

⑥ 玄圃山灵·秘箓. 道藏. 第十册：738.

⑦ 黄帝内经素问补注释文. 卷三十九. 道藏. 第二十一册：254.

3. 运动生热说

大约从唐代开始，人们用运动生热说解释摩擦生火和敲击生火现象。五代道士谭峭明确认为："动静相摩，所以化火也。"[①]宋代理学家程颐说："动极则阳形也，是故钻木戛竹皆可以得火。夫两物者未尝有火也，以动而取之故也。击石火出亦然。"[②]明代初期叶子奇也认为："两木相摩则火，至动而后生也。"[③]方以智也说："今以两木相摩，久之得温，久之得火。"[④]这些都是以运动说明生火的原因。

第二节　关于火的分类及对热性质的认识

随着经验知识的不断积累，古人开始对各种燃火现象进行归纳和总结，提出了初步的分类理论，并对不同类型的火的燃烧性质进行了总结，对热的特性也有所认识。

一、对于火的分类

南宋蔡沈首先把火分为六类："火之质也，曰木火，曰石火，曰雷火，曰油火，曰虫火，曰磷火。"[⑤]蔡沈将发光现象都看作火，并且根据生火的不同材料进行分类。其实，雷火是闪电，虫火和磷火都不是火。

李时珍在《本草纲目》中将火分为阴阳两大类和天地人三小类，总共有十二种火。它们具体是："天之阳火二：太阳，真火也；星精，飞火也。天之阴火二：龙火也，雷火也。地之阳火三：钻木之火也，击石之火也，戛金之火也。地之阴火二：石油之火也，水中之火也。人之阳火一：丙丁君火也。人之阴火二：命门相火也，三昧之火也。"[⑥]星精即流星，龙火和雷火都是闪电，"戛金之火"是敲击金属产生的火，"水中之火"是生物发光体，并非真正的火。受阴阳理论和五行学说的影响，古人认为人体内也有火，不过这并非物理学意义上的火。

---

① 谭峭. 化书·动静.

② 河南程氏粹言卷. 二.

③ 叶子奇. 草木子·管窥篇.

④ 方以智. 物理小识. 卷三.

⑤ 蔡沈. 洪范皇极·内篇.

⑥ 李时珍. 本草纲目·火部.

古人对于火的分类，有合理的成分，也有不正确的内容，反映了当时的经验认识。李时珍在阴阳分类理论基础上，对各类火的燃烧属性作了总结。他指出，“诸阳火遇草而焫，得木而燔，可以湿伏，可以水灭。诸阴火不焚草木而流金石，得湿愈焰，遇水益炽。以水折之，则光焰指天，物穷方止；以火逐之，以灰扑之，则灼性自消，光焰自灭。”[①]“阴火不焚草木而流金石”，是指雷击导电现象；油类燃火后温度比较高，洒到火上的水很快被高温分解成氢和氧气，用水难以扑灭；以灰扑之，快速将火苗与空气隔绝即可熄灭。李时珍的这些经验总结，基本上是正确的。

二、对热性质的认识

《淮南子·诠言训》论述圣人观物处世之道时提倡“圣人之接物，千变万轸，必有不化而应化者”，该书作者还根据火的本性不随季节变化的例子论证自己的观点。书中写道：“夫寒之与暖相反，大寒地坼水凝，火弗为衰其暑；大热铄石流金，火弗为益其烈。寒暑之变，无损益于己，质有之也。”南朝刘勰也有与此相似的论述：“火之性也，大寒惨凄，凝冰裂地，而炎气不为之衰；大热煊赫，燋金铄石，而炎气不为之炽者，何也？有自然之质，而寒暑不能移也。”[②]这两段论述反映了作者对于火的性质的认识。其含义有两点：其一，火的热度不因外界环境变化而变化。冰天雪地，火不会减其热度；炎夏酷暑，火不会增其温暖；其二，火不因寒暑之变而损益其威力，是因为火有其不可变革的基本属性，古人名之为“质”。

古人认为，气候的变化也是由冷热两种因素决定的。宋代《道枢》中写道：“寒热温凉，形中有气者也；云雾雨露，气中有象者也。地之气上腾，斯升而为云，散而为雨矣；天之气下降，斯散而为雾，凝而为露矣。积阴过，则其露为霜，其雨为雪；积阳过，则其雾为烟，其云为霞。”[③]其中所说的阴和阳，代表自然界的冷与热两种作用，它们的彼此消长变化决定了一年四季的气候变化。

第三节　沸水造冰实验和鸡蛋壳飞行实验

中国古代文献中记载有一些与热学有关的传说和实验，其中比较著名的有“夏

---

① 李时珍. 本草纲目·火部.

② 刘勰. 新论·大质. 古今图书集成·乾象典. 第九十九卷.

③ 道枢. 道藏. 第二十册:42.

造冰”和“鸡蛋壳升空”实验，反映了古人的思想认识和探索精神。

一、沸水造冰实验

战国秦汉时期的典籍盛传“夏造冰”之说。一些典型记载如下：

《庄子·徐无鬼》：“我得夫子之道矣。吾能冬爨鼎而夏造冰矣。”

《关尹子·七釜篇》：“人之力可以夺天地造化者，如冬起雷，夏造冰。”

《列子·周穆王篇》：老成子“能存亡自在，憣校四时，冬起雷，夏造冰。”

《淮南子·览冥训》：“以冬铄胶，以夏造冰。”

这些典籍都未说明夏造冰的方法。汉代《淮南万毕术》给出了夏造冰的具体方法。该书写道：“取沸汤置瓮中，密以新缣，沈井中三日，成冰。”其中“瓮”是一种盛水的容器，“缣”是一种致密的布绢，“沸汤”即烧开的水，“沈”即“沉”。全句的意思是：将沸水装入瓮中，用新织的细布封口，沉入井水中，过一段时间后取出，瓮中的水即结成冰。《汉书·五行志》解释冰雹的成因时也说：“盛阳雨水温暖而汤热，阴气胁之不相入，则转而为雹……故沸汤之在闭器，而湛于寒泉则为冰。”此后，三国孟康、唐代段成士等都作过类似的论述。唐代道士成玄英注疏《庄子》时说：“盛夏，以瓦瓶盛水，汤中煮之，悬瓶井中，须臾成冰。”这显然采用了《淮南万毕术》的说法。五代道士谭峭在《化书》中也说：“汤盎投井，所以化雹也。”明代方以智在《物理小识》中说：“《万毕术》有凝水石作冰法。陈眉公言以水晶煮水，入井得冰。智按其理，不必凝水石与水晶也，凡瓶水煮之及沸，即坠入井底，则六月亦能成冰。”这些史料说明，从汉代至明清，人们都认为沸水可以造冰。

从热学原理上来看，《淮南万毕术》记载的夏造冰实验存在气体绝热膨胀降温过程，符合“焦耳—汤姆孙效应”，可以获得一定的降温效果。在一个小口大腹的陶罐内装上一定量的沸水，用细密的丝织品包扎罐口，此时罐中充满了水蒸气，然后立即将罐沉入井中。井水使罐中的水蒸气温度下降，水蒸气逐渐凝结，罐中气压也随之下降。待罐中温度与井水平衡时，从井中取出陶罐。因罐内压强低于大气压，在大气压力作用下，空气透过罐口的布丝间隙向内渗入，这是空气绝热减压膨胀过程，具有吸热作用，从而使罐中温度进一步下降。近年来有人根据《淮南万毕术》中这条记载进行了模拟实验研究，结果虽未结冰，但有明显的降温效果。[①]《淮南万毕术》作者也许造成了冰，也许未造成冰。但可以肯定，他们必定做过这种实验，而且获得了明显的降温效果。

任何一个实验的设计都有其指导思想和理论根据。从《淮南子》的有关论述，

---

① 李志超.天人古义.郑州：河南教育出版社，1995：322-325.

我们可探讨“夏造冰”或“沸水造冰”的思想基础。《淮南子·览冥训》说：“故至阴飂飂，至阳赫赫，两者交接成和而万物生焉。众雄而无雌，又何化之所能造乎？此不言之辨，不道之道也……以冬铄胶，以夏造冰”。这是用阴阳对立统一的思想解释“夏造冰”。夏日井中的冷水与密封的沸水构成阴阳对立的态势，中国古人认为事物的阴阳属性相克相生，相制相化。《淮南万毕术》中的造冰实验，正是运用了阴阳对立转化思想。谭峭《化书》中的一段话比较充分的表达了这种思想：“动静相摩所以化火也，燥湿相蒸所以化水也，水火相勃所以化云也，汤盎投井所以化雹也，饮水雨日所以化虹霓也。”谭峭甚至认为，只要掌握了自然界阴阳变化的契机，人类就能做到“阴阳可以召，五行可以役，天地可以别构，日月可以我作。”

二、鸡蛋壳飞升实验

《淮南万毕术》记载了一条材料：“艾火令鸡子飞”。汉代高诱对此注释道：“取鸡子去壳，燃艾火内空中，疾风高举，自飞去；”又说：“取鸡子去其汁，燃艾火内空卵中，疾风，因举之飞。”[①]这是利用热气对流原理，使鸡子升空的实验。“艾”即艾草，一种草本植物，其叶加工成艾绒，为古代灸法治病的燃料。这两条注文对鸡蛋壳的处理各不相同。前一种是把鸡蛋的外壳去掉，只留内层的软衣。后一种是不把外壳去掉。前者较轻，后者较重。在鸡蛋壳下端开个小孔，将艾草点燃由小孔放入壳内，壳内的空气受热膨胀，通过小孔向下排出，由此产生一种反向推力；同时壳内气体受热膨胀，比重减小，因而获得一个向上的浮力。鸡蛋壳受这两种力的共同作用。今人按照热气体对流原理所做的模拟实验表明，如果艾火产生的热气流较大，向上有一股冲力，借此可能使鸡蛋的软衣升起一定的高度，再借助于“疾风”的吹动，可使其在空中飞起。但如果不把鸡蛋外壳去掉，蛋壳的重量可能大于向上的升力，则难以飞起。

《淮南万毕术》的这种记载引发了后人不断探索，直到宋代还有人做这类实验研究。北宋时期，赞宁《物类相感志》中有一段与《淮南万毕术》类似的记载：“鸡子开小窍，去黄白了，入露水，又以油纸糊了，日中晒之，可以自升，离地三四尺。”在日光照射下，鸡蛋壳中的露水会蒸发成蒸汽，当蒸汽由小窍或油纸缝隙喷出时，即产生一种反向推力；当蒸汽全部喷出后，推力也随之消失。

欧洲人在 17 世纪做过鸡蛋壳升空的游戏。英国科学史家李约瑟(J. Needham)在其《中国科学技术史》中有过描述：“17 世纪的欧洲人欢度复活节时，曾做过蛋壳升空的游戏，其方法极简单，但要有点诀窍。先将蛋黄、蛋清由小孔吸尽，将壳

---

① 李昉. 太平御览. 卷七三六. 方术部. 卷九二八. 羽族部. 淮南万毕术.

烘干。然后由小孔注入少许水,并以蜡封小孔。这样的蛋壳在炎日下逐渐呈不稳状态,逐渐变轻而终于飘浮起来,飘浮极短时间后即行下落。这是因为水蒸气、壳内气体膨胀,空气先通过壳上微细小孔排出。待小孔蜡经过日晒而溶化,小孔成了排气孔,蛋壳内空气适足使壳升空一个极短的时间,待蒸汽排尽,空气再渗入后,蛋壳即行落下。”[①]欧洲这种游戏与中国古代的“艾火令鸡子飞”非常类似。

《淮南万毕术》中“艾火令鸡子飞”这类实验启发后人发明了孔明灯。中国古代关于孔明灯的记载很少,难以考证其产生的确切年代。据说五代时莘七娘随夫出征入闽,作战中曾用孔明灯作为军事信号。这种灯是用竹和纸作成方形灯笼,底盘上燃以松脂油。所以这种灯又叫松脂灯,在四川则称孔明灯。当松脂油燃烧的热气充满灯中时,灯即可扶摇直上。为纪念莘七娘,闽西北农村一直有放松脂灯的传统,并称之为七娘灯。中国古代关于孔明灯的称谓很多,如飞灯、天灯、云灯、云球等。中国古代的蛋壳飞升实验和孔明灯的应用,符合喷气反向推进原理。

第四节　温度和湿度的测量

热现象与人们的生活和生产活动息息相关,大气的湿度变化也对人们的生活产生一定的影响。中国古人在长期的实践活动中总结了各种判断温度的方法,也发明了一些测量空气湿度的方法。

一、温度测量

古人说“见一叶落而知岁之将暮,睹瓶中之冰而知天下之寒。”[②]观察事物的变化,可以知道季节的变换和气候的变化。古人通过观察金属冶炼过程中的颜色变化,可以判断被加热金属的温度。《考工记》对此总结道:“凡铸金之状,金与锡,黑浊之气竭,黄白次之;黄白之气竭,青白次之;青白之气竭,青气次之。然后可铸也。”现代科学揭示,不同物质有不同的气化点,由此可以根据气化物质的光谱颜色判断其温度的高低。另外,同一种物质,随着加热温度的升高,其颜色也会先后变为暗红色、橙色、黄色、白色。《考工记》描述金属熔炼过程散发的气体,由黑浊而黄

① Joseph Needham. Science and Civilization in China. 14(2):596.

② 淮南子·说山训. 诸子集成本.

白，而青白，而纯青，是符合科学道理的。

明代学者朱载堉对于判断温度的方法做了进一步总结。他指出，“至于火候、气色，乃铸工之细务……凡用金为器，必和之以锡。初炼之时，火色黑浊者，秽杂尚多也。炼去秽杂，火色变而为黄白，亦未净洁也。熔炼即久，变而青白，稍净而未净也。白色尽去，火色纯青，则其炼之至精，然后可用以铸焉。”[①]这里所说的“火候”和“气色”是指根据颜色判断温度的方法。

明代宋应星在《天工开物》中描述了烧砖过程对于炉温的控制方法，书中说：“凡砖成坯之后，装入窑中。所装百钧，则火力一昼夜；二百钧，则(火力)倍时而足。凡烧砖，有柴薪窑，有煤炭窑。用薪者，出火成青黑色；用煤者，出火成白色。凡柴薪窑，巅上偏侧凿三孔，以出烟。火足止薪之后，泥固塞其孔。然后使水转泑。凡火候，少一两则泑色不光；少三两则名嫩火砖，本色杂现，他日经霜冒雪，则立成解散，仍还土质。火候多一两，则砖面有裂纹；多三两，则砖形缩小拆裂、屈曲不伸，击之如碎铁，然不适于用。……凡观火候，从窑门透视内壁，土受火精，形神摇荡，若金银熔化之极然。”[②]“两”是一种重量单位，古人也用其作为火候的单位。这里虽然用了量化表示，但实际上并不准确。

古代道士炼丹活动也用火候表示加温状况。汉代丹经《黄帝九鼎神丹经》卷一提到九种丹药制法皆须“先以马通糠火，去釜五寸温之”，后用“猛火飞之”。其道理在于，丹鼎加药后，为了防止丹药从结合部的缝隙中漏出，要用六一泥密封固济。先用“马通糠火”(文火)加热，使固济物凝结牢固，然后才能逐渐加大火力，以至“猛火”(武火)，使得炼丹反应充分进行。一般来讲，“先文后武”是炼制丹药的通用规则。炼丹所用燃料主要有马粪(也称马通、马矢)、牛粪、糠、苇薪、木炭、煤(碳或烟煤)等。文火用马通或糠，武火用木炭或煤。使用同一种燃料时，文火与武火的控制体现在对燃料用量的把握上。如木炭，火力较大的武火通常要用数十斤，火力温养的文火则只需数两即可。唐《九转灵砂大丹资圣玄经》记载道：“凡作二气砂，从寅时下火四两，卯时六两，辰时半斤。如此续续一斤，二斤，三斤，用去皮净炭二十四斤即止。加火添汤，至申酉之间其砂自结。后养火三时辰。”该书“灵砂大丹父母文火之候”记载：“凡养灵砂火候者，第一日顶火二两；第二日顶火三两；第三日顶火四两；第四日顶火五两，边火四两，共计九两；第五日顶火四两，边火各一两，共计下火半斤。”[③]这里的“养火”，是指加微热相当长时间，使炼丹反应缓慢进行。

---

① 朱载堉. 律学新说·嘉量篇第二.

② 宋应星. 天工开物. 卷中. 陶埏.

③ 九转灵砂大丹资圣玄经. 道藏. 第十九册：3.

古代养蚕，需要用温水浴蚕种。所用水的温度不能太高或太低，古人一般用自己的身体测试水温高低。宋代陈旉《农书》描述调适浴蚕种的水温时说："调温水浴之，水不可冷，亦不可热，但如人体适可。"[①]养蚕时需要控制室内温度，古人也是以体温判断。元代《王祯农书》指出："需着单衣，以为体测。自觉身寒，则蚕必寒，使添熟火；自觉身热，蚕亦必热，约量去火。"

这些测温方法，虽然都是经验行为，但比较实用有效。

二、空气湿度测量

空气湿度的变化，会引起一些物体形状的变化。另外，不同材料的物体在同样湿度下，所产生的形态变化程度也不相同。因而人们可以根据某些物体的变化情况判断空气燥湿的程度。

古人发现，琴弦的发音会随着空气的燥湿而变化。《淮南子·本经训》指出："风雨之变，可以音律知之。"天气的晴雨干湿会使琴弦中的张力发生变化，从而引起琴弦的音调发生变化。东汉王充也指出："天且雨，蝼蚁徙，蚯蚓出，琴弦缓。"[②]这些记载说明，至少在汉代，人们已经能够有意识地从琴弦音调的变化判断天气的变化。

中国大约在西汉时期发明了天平式空气验湿装置。不同物质对于空气中的水分有不同的吸收能力。《淮南子·泰族训》指出："湿之至也，莫见其形而炭已重矣。"古人发现，空气潮湿时，干燥木炭的重量会增加。《淮南子·天文训》也认为："阳气为火，阴气为水。水胜，故夏至湿；火胜，故冬至燥。燥故炭轻，湿故炭重。"古代天平式验湿器，就是把对于空气中的水分具有不同吸收能力的两种物质分别悬于等臂天平的两端而制成的。《淮南子·说山训》说："悬羽与炭，而知燥湿之气。"该书《说林训》也有与此相同的说法。这是关于中国古代天平式验湿器的最早记载。将羽毛和木炭分别悬挂于等臂杠杆的两端，使其平衡；当空气湿度发生变化时，因两端重物对空气中水分的吸收能力不同而引起其重量的改变，从而导致天平失衡。据此即可判断空气燥湿的程度。除了这种用羽和炭做成的验湿器之外，汉代人还用土与炭以及铁与炭等材料做成天平式验湿器。《汉书·李寻传》说："政治感阴阳，犹如铁炭之低仰，见效可信者也。"三国孟康《李寻传》注："《天文志》云悬土炭也，以铁易土耳。先冬夏至，悬铁炭于衡各一端，令适停。冬，阳气至，炭仰而铁低。夏，阴气至，炭低而铁仰。以此候二至也。"这条史料详细说明了不同季节，随

---

① 陈旉. 农书. 收蚕种之法篇.

② 论衡·变动篇. 诸子集成本.

着空气湿度的变化，验湿天平的失衡变化情况。这种验湿装置是汉代一项有科学意义和实用价值的发明创造。在欧洲，公元15世纪才有人在天平的一端悬挂羊毛，另一端悬挂等量的石头来测量空气的干湿①。

第五节　火药和火箭的发明

火药是中国古代重要的技术发明之一。它不仅能够猛烈地燃烧，而且在进行燃烧的同时还会产生大量的气体，发生骤然的体积膨胀而形成爆炸。火药的燃爆反应不仅能够在空气中进行，在隔绝空气的情况下一经点燃仍可发生。它既可以用来制造炸弹和地雷之类的武器，也可以用于制作炮弹的发射剂和火器的推进剂。中国古代的道家在炼丹实践中发明了火药。

一、火药的发明

通常的黑火药由硝、硫、炭三种基本成分组成。这三种成分的比例、纯度和粉碎程度不同，会影响火药的燃烧力、爆炸力和燃烧速度。中国火药的发明，源自道教炼丹术②。大约在唐代晚期(9世纪末或10世纪初)，道士在炼丹实践中逐步发明了火药③。在唐代道教炼丹著作《诸家神品丹法》和《铅汞甲庚至宝集成》收录的“伏硫磺法”配方中，已有硝石、硫磺和炭的成分。含有这些材料的炼丹物质在烧炼过程中容易爆炸。当点燃这类混合物进行伏火试验时，就可能发生爆炸，造成丹鼎毁坏甚至人员伤亡。这类现象启发古人将这些材料组合在一起用于军事目的，由此形成了正式的火药。中国的原始火药是由硝、硫、炭三种基本组分构成的，即硝石、硫(雄、雌)黄和木炭。第一批正式的火药配方出现在宋代曾公亮等于1040年开始纂修的军事著作《武经总要》中，其中记载了三种火药配方。该书给出的“火炮火药法”配方是：“晋州硫黄十四两，窝(倭)黄七两，焰硝二斤半，麻茹一两，干漆一两，砒黄一两，定粉一两，竹茹一两，黄丹一两，黄蜡半两，清油一分，桐油半两，松脂十四两，浓油一分……旋旋和匀，以纸五重裹衣，以麻缚定，更别熔松脂敷之，以炮

① Cajori F. A History of Physics，1982：53

② 冯家升．火药的发明和西传．上海：上海人民出版社，1957：3-12.

③ 赵匡华，周嘉华．中国科学技术史．化学卷．北京：科学出版社，1998：450.

放。”其中桐油、干漆、松脂等是较木炭更易燃烧的含碳物质，不仅可代替木炭，同时还兼做火药球的粘合剂；砒黄为剧毒物质，会产生有毒的烟雾。

中国医药方剂根据“君臣佐使”理论确定各种药物的配伍比例。“主病谓之君，佐君之谓臣，应臣之谓使。”①古人把医疗中起主要作用的药物称为君药，臣药是对君药起辅助作用的药物，佐使之药的作用也一样。后来，炼丹士和火药制造者也把这种理论用于火药配方上。《火龙经》是明代初期的火攻全书，其中“火攻之要法”对于火药的“君臣佐使”药性描述的相当清楚。书中说：“火攻之药，硝、硫为之君，木炭以为臣，诸毒为之佐，诸气药为之使。然必知药性之宜，斯得火攻之妙。硝性主直，磺性主横，炭性主火。性直者，主远击，硝九而磺一。性横者，主爆击，硝七而磺三。柳为炭，其性最锐；枯杉为炭，其性尤缓，箬叶为炭，其性尤燥。”明代宋应星在《天工开物》中也指出：“火药以硝石、硫磺为主，草木灰为辅。硝性至阴，硫性至阳。阴阳两神物相遇于无隙可容之中。其出也，人物膺之，魂散惊而魄齑粉。凡硝性主直，直击者硝九而硫一；硫性主横，爆击者硝七而硫三。……地雷……所谓横击，用磺多者。”②

古人在长期的实践过程中，通过对火药燃烧和爆炸现象的观察，也积累和总结了一些相关的热学知识。

二、火箭的发明

原始的火箭是中国最先发明的。三国时期的典籍中已有关于原始火箭的记载。《魏书》(辑本)记载：诸葛亮“进兵攻(司马)昭，起云梯冲车以临城，昭于是以火箭逆射其云梯，梯燃，梯上之人皆烧死。”不过，当时的火箭只是在箭矢上附着油脂、松香之类的易燃物，点燃后发射出去引燃目标，实际上是一种带火的箭。

火药发明之后，大约在宋代中国人发明了用火药燃烧喷射推进的火箭。明代初期的《火龙经》中有关于火箭、神枪箭的描述。明代抗倭名将戚继光在《练兵实纪杂集》中描述了火箭的制造方法，书中写道：“卷褙纸作筒，以药筑之，务要实如铁。以钻钻孔，务要直。孔斜则放去亦斜……每头长五寸许，所钻药线孔必三分之二。太浅则出不急或坠；太深则火突箭头之前，遂不复行。钻孔需大，可容三线，则出急而平。否则，线少火微，出则不利。”③火箭的药线孔位于箭筒的末端。它既用于装药线，以便引燃火药；同时在火药点燃后，该孔又成为火箭筒的喷射气流孔。火箭

---

① 黄帝内经素问·至真要大论.

② 宋应星.天工开物.卷十五.佳兵.

③ 戚继光.练兵实纪杂集.卷五.军器解上·火箭解.

筒内的火药点燃后，产生的气体从药线孔中快速喷出，推动箭体向前飞行。

中国人在明代已经发明了多种类型的火箭。茅元仪在《武备志》中对各种火箭制作技术进行了总结，并将各种火箭一一绘图表示，其中有飞刀箭、飞枪箭、飞剑箭、燕尾箭、一筒多箭、双向火箭、火箭飞弹、二级火箭等①。

关于一筒多箭，《武备志》描述道："编篾为笼，中空圆眼，约长四尺，外糊纸帛，内装四十九矢。以薄铁为镞。卷纸为筒，长二寸许。前装烧火，后装摧火，缚于箭上，顺风放去，势如飞蝗。……务首尾轻重相等，则去远。"②

关于双向火箭，《武备志》描述说："用竹篾筐长四尺二寸，围五尺，糊厚纸，油刷。火箭杆长四尺，镞长一寸五分。箭翎上钉铁坠，长四寸，取其发矢远、稳。笼内二头安井字火箭。火线露出，总线一条盘住。临用一齐点火。利于山坡向下飞摧，其势莫支。"③

关于火箭飞弹，茅元仪称之为"神火飞鸦"，《武备志》写道："用细竹篾为篓，细芦亦可，身如斤余鸡大。宜长不宜短。外用棉纸封固，内用明火炸药装满。又将棉纸封好，前后装头尾。又将表纸裁成两翅，钉牢两旁，似鸦飞样。身下用大起火四支斜钉，每翅下两支。鸦背上钻眼一个，放进药线四根，长尺许，分开钉连。四起火底内，起火药线头上另装扭总一处。临用先燃起火。飞远百余丈。将坠地，方着鸦身，火光遍野。"④

关于二级火箭，《武备志》描述道："用毛竹五尺，去节，铁刀刮薄，前用木雕成龙头，后雕龙尾。口宜向上。其龙腹内装神机火箭数枚，龙头上留眼一个，将火箭上药线俱总一处。龙头下两边用半斤重火箭筒两个，其筒大门宜下垂，底宜向上，将麻皮鱼胶缚定。龙腹内火箭药线由龙头引出，分开两处，用油纸固好、装订，通连于火箭筒底上。龙尾下两边亦用火箭筒两个，一样装缚。其四筒药线总会一处、捻绳。水战可离水三四尺燃火，即飞水面，二三里去远，如火龙出于江面。筒药将完，腹内火箭飞出，人船俱焚。"⑤

《武备志》还描述了一种"飞空沙筒"火箭："其制度不一，用河内流出细砂……每斗用药一升，炒过听用。铳用薄竹片为身，外用起火两筒，交口颠倒缚之，连身共长七尺，径一寸五分，鳔麻缠绑一处。前筒口向后，后筒口向前，为来去之法。前用爆竹一个，长七寸，径七分，置前筒头上，药透于起火筒内，外用夹纸三五层作圈，连

① 茅元仪. 武备志. 卷一二六. 火器图说五.
② 茅元仪. 武备志. 卷一二六. 火器图说五.
③ 茅元仪. 武备志. 卷一二七. 火器图说六.
④ 茅元仪. 武备志. 卷一三一. 火器图说十.
⑤ 茅元仪. 武备志. 卷一三一. 火器图说十.

起火粘为一处。爆竹处圈装前制过砂，封糊严密，顶上用薄倒须枪……放时先点前起火，用大竿竹作溜子，照敌放去，刺彼篷上，彼必齐救。信至爆裂，砂落伤目无救。向后起火发动，退回本营，敌人莫识。”①从这种火箭的性能来看，它既是一种二级火箭，也是一种双向火箭。

中国古人在热学方面的认识和技术发明的内容很多，以上只是列举了一些例子。除此之外，还有不少有意义的内容，其中比如原始的保温方法。南宋洪迈《夷坚甲志》记载：“张虞卿者，文定公齐贤裔孙，居西京伊阳县小水镇，得古瓦瓶于土中。色甚黑，颇爱之。置书室养花。方冬极寒，一夕忘去水，意为冻裂。明日视之，凡他物有水者皆冻，独此瓶不然。异之。试之以汤，终日不冷。张或与客出郊，置瓶于箧，倾水瀹茗，皆如新沸者。自是始知秘。惜后为醉仆触碎。视其中，与常陶器等，但夹底厚二寸。有鬼执火以燎，刻画甚精。无人能识其为何物也。”②这件器物底部有两层，中间厚二寸。制作时其夹层中有空气，经高温烧制过程，空气已被蒸发殆尽，由此即形成了二寸厚的真空隔热层，起到了很好的保温效果。这可以说是今日保温瓶技术的雏形。此外，方以智《物理小识》也记载了一种保温方法：“冰在暑时以厚絮裹之，虽置日不化。惟见风始化。”③以厚絮包裹可以防止热的辐射传导，这种保温方法至今仍被人们运用。

① 茅元仪. 武备志. 卷一二九. 火器图说八.

② 洪迈. 夷坚甲志. 卷十五. 伊阳古瓶. 四库全书本.

③ 方以智. 物理小识. 卷二

第三章　中国古人对声学现象的认识

声学是研究声音的产生、传播、接收及其效用的科学。语言的产生和发展，乐器的研制与应用，为中国古人的声学实践创造了条件。中国在宋代即有了"声学"一词。沈括在《梦溪笔谈》中解释乐器共鸣现象时说："此声学至要妙处也。今人不知此理，故不能极天地至和之声。"①

中国古人对于声音现象进行了长期的观察和探索，对于声音的形成和传播、乐器的形状与发音关系以及乐器共鸣现象等，都有一定的经验认识和总结。中国古代社会比较重视音乐活动，制造了种类繁多的乐器，长期的音乐实践使古人在音律学方面进行了深入的研究，发明了十二平均律。十二平均律是一项具有世界水平的科学成就，至今仍然是人类乐器设计所遵循的基本原理。

第一节　对于声音的认识

声音的产生和传播是声学研究的基本内容，中国古人在这方面积累了丰富的经验知识。

一、声和音的区别

在中国古代，声、音二字所表达的意思是有区别的。声是指响度，泛指人的听觉器官能够感受到的物理现象。《说文解字》说："声，从耳。"音是指声调，是有频率变化的声响组合。

战国时期，《礼记·乐记》讨论声和音的产生及其区别时指出："音之起，由人心生也。人心之动，物使之然也。感于物而动，故形于声；声相应，故生变；变成方，

---

① 沈括. 梦溪笔谈. 卷六.

谓之音。”又说：“凡音生，生人心者也。情动于中，故形于声，声成文，谓之音。”其中“方”是比拟，可比，相近；“文”是色彩交错，文采，纹理。声发生变化，形成某种特征才是音。古人认为，音表达一定的情感，人受外界事物感动，产生心理变化，把这种变化以声的形式表达出来即形成音。

中国古代盛行五声音阶：宫(do)、商(re)、角(mi)、徵(sol)、羽(la)。古代音乐多以五声谱曲。《说文解字》对音解释道：“音，声也。生于心，有节于外谓之音。宫、商、角、徵、羽，声也。丝、竹、金、石、匏、土、革、木，音也。”丝、竹、金、石、匏、土、革、木是古代八种制造乐器的材料，被称为“八音”，丝是制造琴瑟之类弦乐器的材料，竹是制造笙竽之类管乐器的材料，金是制造编钟之类乐器的材料，石是制作磬的材料，匏是制作吹奏乐器的葫芦，土是制作陶埙之类乐器的材料，革是制作鼓的材料，木是制作柷等乐器的材料，它们代表八类乐器。每一种乐器演奏时会发出各种有旋律的声，所以古人称之为“音”。汉代郑玄也指出：“宫、商、角、徵、羽，杂比曰音，单出曰声。”[①]南北朝音乐家黄侃也说：“单声不足，故杂变五音，使交错成文，乃谓为音也。”[②]

这些文献说明，古人已认识到，声是组成音的要素，音是有旋律的声。

二、声音的形成

东汉时期，王充对人说话发音的道理进行了探讨。他指出：“人所以言语呼吸者，气括口舌之中，动摇其舌，张歙其口，故能成言。譬犹吹箫笙，箫笙折破，气越不括，手无所弄，则不成音。夫箫笙之管，犹人之口舌也，手弄其孔，犹人之动舌也。”[③]王充认为，人能发声是由于口中有气，舌在气中摆动即产生声音。他并且以箫笙之管发声与人口舌发声进行类比，以此说明口舌发声的道理。

唐代人对于声音的形成有了更进一步的认识。成书于唐代的《乐书要录》明确指出：“形动气彻，声所由出也。然则形气者，声之源也。声有高下，分而为调……假使天地之气噫而为风，速则声上，徐则声下，调则声中。”“形”即物体，“彻”是通达。形和气是声之源。空气运动的速度快则声高，慢则声低。这些认识基本上是正确的。

五代道士谭峭在《化书》中强调指出：“气动则声发，声发则气振，气振则风

---

① 礼记正义·乐记.郑玄，注.十三经注疏本.

② 史记.卷二十四.乐书.

③ 王充.论衡·论死篇.诸子集成本.

行。”[①]物体的运动引起空气振动，空气振动而产生声音。谭峭的认识是正确的。

宋代张载探讨了声音形成的原理，对各种声音现象进行了总结。他在《正蒙》中写道：“声者，形气相轧而成。两气者，谷响雷声之类。两形者，桴鼓叩击之类。形轧气，羽扇敲矢之类。气轧形，人声笙簧之类。是皆物感之良能，人皆习之不察尔。”[②]“轧”是逼迫。张载认为，形与气相互倾轧即生产声音。形与气的相互作用有气与气、形与形、形与气、气与形四种类型，张载分别举例作了说明。

明代宋应星进一步探讨和总结了各种发声现象。他在《气论》中写道：“气本浑沦之物，分寸之间亦具生声之理。然（气）不能自为声。是故听其静满，群籁息焉。及夫冲之有声焉，飞矢是也；界之有声焉，跃鞭是也；振之有声焉，弹弦是也；劈之有声焉，裂缯是也；合之有声焉，鼓掌是也；持物击物，气随所持之物而逼及于所击之物有声焉，挥椎是也。当其射，声不在矢；当其跃，声不在鞭；当其弹，声不在弦；当其裂，声不在帛；当其合，声不在掌；当其挥，声不在椎。微茫之间一动，气之征也。”宋应星指出，空气是产生声音的必要条件，但仅有空气还不能发声，必须有物体使空气产生激荡才能发声，飞矢对空气产生冲击作用，跃鞭使空气分界，弹弦使空气振动，裂缯使空气劈开，如此等等都是改变空气的状态。他还进一步指出：“凡以形破气而为声也，急则成，缓则否；劲则成，懦则否。”“盖浑沦之气，其遇逢逼轧，而旋复静满之位，曾不移刻。故急冲急破，归措无方，而其声方起。若矢以轻掷，鞭以慢划，弦以松系，帛以寸裁，掌以雍容而合，椎以安顿而亲，则所破所冲之隙，一霅优扬还满，究竟寂然而已。”[③]物体对空气的搅动必须快捷才能有声，动作缓慢则不会形成声音。

三、声音的传播

谭峭在《化书》中讨论了声音的传播现象。他认为：“耳非听声也，而声自投之。谷非应响也，而响自满之。耳，小窍也；谷，大窍也；山泽，小谷也；天地，大谷也。一窍鸣，万窍皆鸣；一谷闻，万谷皆闻。”[④]声音能够自己传播到人的耳朵里，回响在山谷间。无论是耳孔内之小窍，还是天地间之大谷，都有声音存在。谭峭进一步指出，声音之所以能够到处传播，是由于空气的缘故：“气由声也，声由气也；”“声导气……气含声。相导相含，虽秋蚊之翾翾，苍蝇之营营，无所不至也。”[⑤]由于空气中

---

① 谭峭. 化书. 卷二.
② 张载. 正蒙・动物篇.
③ 宋应星. 论气・气声.
④ 谭峭. 化书. 卷一.
⑤ 谭峭. 化书. 卷一.

含有声,声的传播引导着空气的运动,如此"相导相含",则使声音由近及远传布开来,虽秋蚊之声也会"无所不至"。结合上文所说的"气动则声发,声发则气振," 可以看出,谭峭对于声音传播过程的认识是基本正确的。

宋应星认为:"物之冲气也,如其激水然。气与水,同一易动之物。以石投水,水面迎石之位,一拳而止,而其文浪以次展开,至纵横寻丈而犹未歇。其荡气也,亦犹是焉,特微渺而不得闻耳。"①他把物体对于空气的激荡与投石激水引起的波浪扩散现象相类比,说明物体的振动在空气中传播也会产生类似水波一样的现象。

声源的振动会引起周围空气的振动,形成声波。声波在空气中传播遇到大的屏障物时,会被反射回来,形成回声。回声是一种常见的声学现象。但是在一般情况下,回声的响度不大,人们不易察觉。在群山环抱的峡谷中回声非常明显。唐代道书《太上一乘海空智藏经》记载和讨论了回声现象。该书写道:"若深山邃谷,林障重叠,如此之处发一小声,响还极大。若小屋小器,如此之处,发一大声,响还犹小。以何因缘声俱不异而应有差。又如空地,虽发音声而无响应,何此处徒发巨声了无响应者? ……发声之始,大小是同,报响之声随处而异。"②在深山幽谷中,林障重叠,发出的声波在四周反射回来形成叠加,听到的回声变大。此即"发一小声,响还极大"的原因。在小屋之内发声,声波反射效果不明显,因此形成"发一大声,响还犹小"的现象。而在四周无屏障的空地上发声,不会产生声音反射现象,因此"无响应"。《太上一乘海空智藏经》描述的三种情况都是正确的,只是古人无法回答为什么会产生这种现象。

唐代道书《太上老君说报父母恩重经》还探讨了回声与原声的音质关系,书中指出:"其声清者,其响必净;声不清者,其响必浊。"③其中"响"是指回声。发出的声音清,其回声亦清;发出的声音浊,其回声亦浊。这是符合声学道理的。

清代郑光祖在《一斑录》中写道:"气有所震而成声。前有墙一曲,声为勒转必相应。若墙外有圈洞,则愈甚。故山多之处,应声百出其变也。空旷之地,壁立数寻巨石,人贴石而立,则隔石发火枪而不闻,声不到也。"④这里描述的也是声音的传播和屏蔽现象。

中国古人对于声音的探讨,虽然含有不少正确的内容,但仍然属于经验性认识,理论水平不高。

---

① 宋应星.论气·气声.

② 道藏.第一册:613.

③ 道藏.第十一册:470.

④ 郑光祖.一斑录.卷三.物理·声影皆有微理.

第二节　乐器发音

古代声学知识的产生和发展，与乐器的制作有着密切的关系。中华民族远在新石器时代，已能制作一些简单的乐器。1986年，河南省舞阳县贾湖遗址考古发掘出20多支公元前7 000～6 000左右的骨笛，其中有能演奏4声音节和完整5声音节的5孔、6孔笛，能演奏6声和7声音节的7孔笛，能演奏完整的7声音节和7声音节以外的变音的8孔笛。从测量音程的音分关系中显示，它们已具有纯律、五度律和十二平均律的因素。这是目前世界上出土年代最早、保存最完整、出土个数最多、还能用以演奏的乐器。① 西安半坡仰韶文化遗址出土的一音孔陶埙，开闭音孔，可以发出3小度的两个音。周代《诗经》中记载的乐器已有29种，其中有埙、钥、箫、管、笙、琴、瑟、磬、鼓、钟等，有吹奏乐器、弹拨乐器和打击乐器。1978年，湖北隋县曾侯乙墓出土了公元前443年左右入葬的120多件乐器，其中有总重达2 500多公斤的65件编钟。这套编钟音域达到五个八度，能独立演奏，也可与现代乐队合奏。此外，曾侯乙墓出土的乐器中还有十二管、十四管、十八管三种不同规格的系列竹簧乐器以及排箫和琴等。这些都表明，早在战国以前，古人已能运用各种材料制作乐器，从音乐实践中懂得通过调节管或弦的长短来改变音律，已能在实践经验的基础上利用共鸣作用和管内空气振动作用使簧片等发出各种不同的声音。

一、弦乐器

中国早期的弦乐器是琴瑟之类的弹拨乐器，唐代又发展出胡琴之类的拉弦乐器。弦乐器的音调与频率成正比，而频率与弦长成反比，所以音调与弦长成反比。古人没有频率的概念，而是通过调整弦的长短和粗细来控制音调。《淮南子・本经训》写道："风雨之变，可以音律知之。"王充《论衡・变动篇》指出："琴弦缓"，"天且雨"。空气潮湿会使琴弦松缓，音调降低。琴弦缓与急，其实是弦中的张力发生了变化。《淮南子・缪称训》指出："治国譬若张瑟，大弦绽则小弦绝矣。""绽"是紧张。

---

① ZHANG Ju-zhong，XIAO Xing-hua，Lee Run-kuan. The early development of music：Analysisof the Jiahu bone flutes，Antiquity，78(302).

同一架瑟，如果将发低音的大弦音调调的太高，发高音的小弦也必须随之调高音调，这样小弦就会因张力过大而绷断。《淮南子·泰族训》也指出："张瑟者，小弦急而大弦缓。"用同样的力调弦，小弦已经张的很紧了，而大弦还处于松缓状态。改变弦的缓急，实际上是改变弦中的张力。弦的发音与其张力的平方根成正比。东汉蔡邕指出："凡弦急则清，慢则浊"。[①] 宋代何薳在《春渚纪闻》中也写道："缓其商弦，与宫同音"[②]。这些都是关于琴弦缓急与音调高低的经验认识。

《韩非子·外储说》论述弦乐器发声时指出："夫瑟以小弦为大声，以大弦为小声。"所谓弦的大小是指其粗细，"大声"和"小声"是指音调的高和低。古代的琴弦由蚕丝做成，古人通过每根弦所用蚕丝的根数多少以控制其粗细。唐代司马贞在《史记》"索引"中指出，"宫弦最大，用八十一丝"；商弦"用七十二丝"；角弦"用六十四丝"；征弦"用五十四丝"；羽弦"用四十八丝"。[③] 这一组数字是根据"三分损益法"计算出的五音弦长。古人也用这种方法确定各音弦的粗细，这是古代确定弦的粗细的传统方法[④]。此外，古人还用"缠弦"法制作粗弦。沈括《梦溪笔谈》记载："琴中宫、商、角皆用缠弦，至徵则改用平弦"。[⑤] 所谓缠弦，即在弦线外再用线缠绕；平弦是不再外加缠线的弦。用缠弦方法增加弦的粗度，降低其发音。这种方法仍然被今天的钢琴等弦乐器普遍采用。

二、管乐器

管乐器发音是由于管中空气柱振动的结果，管的长短不同决定了其中的空气柱长度不同。由现代物理学知识可知，管内空气柱的振动频率与管长成反比。中国古人也认识到了管乐器发音清浊与管之长短的关系。

汉代学者蔡邕指出："箫长则浊，短则清。以蜡密实其底而增减之，则和管而成音。"[⑥]浊是低频音，清是高频音。《晋书·律历志》也指出："歌声浊者，用长笛长律；歌声清者，用短笛短律。"唐代《乐书要录》同样指出："凡管长则声浊，短则清。"[⑦]这些都是对管乐器发音的经验总结。

其实，管乐器的音调高低与吹气的强弱也很有关系。同一支管，用大力气吹，

---

① 蔡邕. 月令章句. 中华书局校点本. 第十一册.

② 何薳. 春渚纪闻. 卷八. 杂书琴事.

③ 史记. 卷二十四. 乐书.

④ 戴念祖. 中国科学技术史. 物理学卷. 北京：科学出版社，2001：357.

⑤ 沈括. 梦溪笔谈·补笔谈. 卷一. 乐律.

⑥ 蔡邕. 月令章句. 中华书局校点本. 第十一册.

⑦ 乐书要录. 卷五.

可以发出比正常情况高八度的音。古人对此也有所认识。汉代刘熙说："竹曰吹，吹，推也，以气推发其声也。"[①]宋代沈括指出：吹管"用气有轻重"。[②]明代朱载堉强调指出："吹律人勿用老弱者，气与少壮不同，必不相协，然非律不相协也。"[③]吹奏律管校正乐器时，老弱者吹奏气力不足，会使律管走调失真。

三、打击乐器

中国古代的打击乐器有鼓、磬、钟等。古人对其形制与发音的关系也有一些经验性认识。

鼓的发音高低是由鼓膜振动在鼓腔内产生共鸣决定的。战国时期称制作鼓的匠人为韗人。《考工记·韗人》指出："鼓大而短，则其声疾而短闻；鼓小而长，则其声舒而远闻。""声疾而短闻"，指声音高而持续的时间短；"声舒而远闻"，指声音低而持续的时间长。

《考工记·磬氏》记载了磬的形制："磬氏为磬，倨句一矩有半。其博为一，股为二，鼓为三。叁分其股博，去一以为鼓博。叁分其鼓博，以其一为之厚。已上，则摩其旁；已下，则摩其端。""倨句"即磬上股与上鼓之间的夹角(图3.1)。"已上"指发音太高，"摩其旁"是摩锉磬板的厚度，使其变薄；"已下"指发音太低，"摩其端"是摩锉磬的两端，使其缩短。根据现代声学可知，磬的发音属于板振动，其频率与板的厚度成正比，与磬的股长与鼓长之和的平方成反比。所以古人通过"摩其旁"降低发音，"摩其端"提高发音的做法是符合声学原理的。

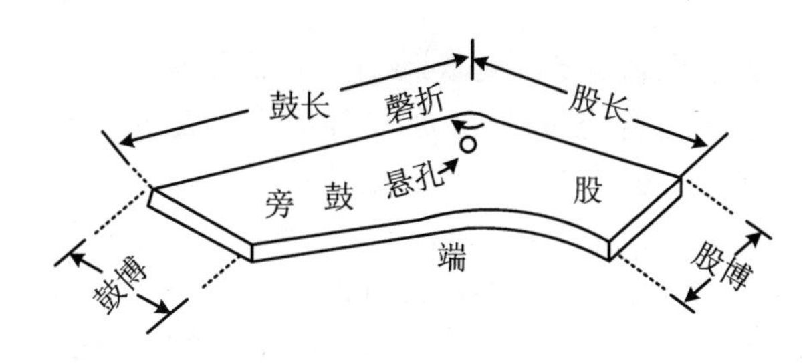

图3.1　磬

编钟是中国古代的大型乐器，单只钟多呈合瓦形，受敲击时产生壳体振动。《考工记·凫氏》对于钟的形状、各个部位的名字以及形状与发音的关系都给予了

① 刘熙. 释. 卷七. 释乐器. 四库全书本.

② 沈括. 梦溪笔谈·补笔谈. 卷一. 乐律.

③ 朱载堉. 律吕精义内编. 卷五. 新旧律实验第七.

说明。如关于发音，其中指出："薄厚之所振动，清浊之所由出，侈弇之所由兴；""钟已厚则石，已薄则播，侈则柞，弇则郁，长甬则震。""已"是过分，太。钟壁太厚，则音如击石；钟壁太薄，则发音颤抖发散。"侈"指钟口偏宽。"柞"通"咋"，声大而外扬。钟口偏大，则声音发咋。"弇"，指钟口小腹长，"郁"即声音郁结。钟口偏小，则声音抑郁不出。《考工记》又说："钟大而短，则其声疾而短闻；钟小而长，则其声舒而远闻。"

上述古代关于乐器形状与发音关系的论述，基本上都属于经验总结，反映了古人对音乐声学知识的认识。

第三节　声音共振现象

声音共振也称"共鸣"，是一种重要的物理现象。当两个发声物体的固有频率相同或具有简单的整数比关系时，一个发声体振动，相距一定距离的另一发声体也会随之振动，此即共鸣现象。中国古人对于声音共振现象有着长期的认识，积累了一定的经验知识。

一、乐器共鸣

中国最早记载声音共振现象的文献是《庄子·徐无鬼》，书中写道："为之调瑟，废一于堂，废一于室，鼓宫宫动，鼓角角动，音律同矣。夫或改调一弦，于五音无当也，鼓之，二十五弦皆动。"其中"废"是放置的意思，"五音"指宫、商、角、徵、羽。将两架瑟分别放置于正堂和侧室中，弹拨正堂中那架瑟上发宫音的弦，放在侧室中另一架瑟的宫音弦也随之发生振动。弹宫弦如此，弹角弦、商弦等均如此。这是乐器共鸣现象。《庄子》在上述描述中还记录了基音与泛音的共振现象，即弹奏不属于五音中的任何一音时，这个音在二十五根弦上对应的泛音都会随之振动起来。

汉代《淮南子·诠言训》对基音与泛音现象作了进一步的探讨，书中指出："徵音非无羽声也，羽音非无徵声也。五音莫不有声，而以徵羽定名者，以胜者也。"汉代高诱对此注释道："徵音之中有羽声，而以徵音名之者，羽音微，以着言者也。"《淮南子》的作者和高诱都注意到了基音与泛音之间的强度关系。古人对乐器发音的定名是以基音最强为根据，即比较所发诸音，根据"胜"者确定其名。

由《庄子》等典籍的记载可知，中国早在战国秦汉时期，已认识到基音与泛音的存在,并对它们之间的共振现象有一定的认识。

两个乐器为何会产生共鸣现象？对此古人用同类感应观念加以解释。《庄子·渔父篇》指出:“同类相从,同声相应,固天之理也。”《吕氏春秋》也认为:“类同相召,气同相合,声比则应,鼓宫而宫动,鼓角而角动。”[①]高诱为《吕氏春秋》作注时写道:“鼓,击也。击大宫而小宫应,鼓大角而小角应,言类相感也。”这种同类感应观念是古代解释声音共鸣现象的基本理论。《史记》和汉代以后的许多古籍也都持这种观点。汉代董仲舒对声音共振现象作了较为全面的总结。他指出:“气同则会,声比则应,其验皦然也。试调琴瑟而错之,鼓其宫,则他宫应之。鼓其商,而他商应之。五音比而自鸣,非有神,其数然也。美事召美类,恶事召恶类,类之相应而起也……物故以类相召也……故琴瑟报弹其宫,他宫自鸣而应之。此物之以类相动者也。其动以声而无形,人不见其动之形,则谓之自鸣也。又相动无形则谓之自然。其实非自然也,有使之然者也。”[②]

沈括在《梦溪笔谈》中也描述了乐器共鸣现象。他写道:“予友人家有一琵琶,置之虚室,以管色奏双调,琵琶弦辄有声应之,奏他调则不应。宝之以为异物。殊不知此乃常理。二十八调但有声同者即应。”[③]沈括也指出,声同则应,这是自然常理。此外,沈括还记载了判断乐器上各弦发生共振的方法。他在《梦溪笔谈》中写道:“琴瑟弦皆有应声。宫弦则应少宫,商弦则应少商,其余皆隔四相应。今曲中有声者,须依此用之。欲知其应者,先调其弦令声和,乃剪纸人加弦上,鼓其应弦,则纸人跃,他弦即不动。声律高下苟同,虽在他琴鼓之,应弦亦振。此之谓正声。”[④]这种用小纸人判断哪根弦发生共振的方法是非常巧妙的。欧洲直到17世纪才有人开始用纸游码演示声音共振现象。不仅小纸人,羽毛等轻纤之物都可用以判断琴弦的共振。宋代周密《癸辛杂记·续集》记载了用羽毛判断各弦共振的方法:“琴间指一与四,二与五,三与六,四与七相应。今凡动第一弦,则第四弦自然而动。试以羽毛轻纤之物,果然。此气之自然相感之妙。”

二、声音共振现象的消除

由于古人认识了同声相应的道理,当两件器物产生共鸣时,要消除这种现象,只要改变其中一者的结构,使二者发音不同即可。据刘宋时期刘敬叔《异苑》记载,

---

① 吕氏春秋·有始览.诸子集成本.

② 董仲舒.春秋繁露.卷十三.同类相动.

③ 沈括.梦溪笔谈.卷六.

④ 沈括.梦溪笔谈.补笔谈.卷一.

晋代博物学家张华曾根据同声感应的道理消除了铜澡盘与宫钟的共鸣现象。书中记载:"晋中朝有人畜铜澡盘,晨夕恒鸣如人扣。乃问张华。华曰:'此盘与洛钟宫商相应。宫中朝暮撞钟,故声相应。可错令轻,则韵乖,鸣自止也。'依其言,即不复鸣。""乖"是违背,不一致。用锉刀锉掉一部分铜澡盘的物料,就改变了其重量和几何结构,使其发音与宫殿里钟的发音不一致,即可消除二者共鸣现象。张华的认识和做法是正确的。

唐代韦绚《刘宾客嘉话录》记载了一个故事:"洛阳有僧,房中磬子夜辄自鸣,僧以为怪,惧而成疾。求术士百方禁之,终不能已。曹绍夔素与僧善,适来问疾,僧具以告。俄顷,轻击斋钟,磬复作声,绍夔笑曰:'明日盛设馔,余当为除之。'僧虽不信其言,冀其或效,乃力置馔以待。绍夔食讫,出怀中错,鑢磬数处而去,其声遂绝。僧苦问其所以,绍夔曰:'此磬与钟律合,故击彼应此。'僧大喜,其疾便愈。"江湖术士因不懂同声相应之理,虽施千方百计终不能止磬之鸣。曹绍夔因知晓声同则应的道理,轻易地破除了这一现象。

声音共鸣是两个固有频率相同的物体之间通过声波而产生的受迫振动现象。古人没有振动频率的概念,不可能了解声音共振的物理机制,但古人已经知道音调与发音体的几何形状有关,已认识到律同则声同,声同则相应。据此,他们即可解释共鸣现象,指导有关实践。

第四节 音律知识

音乐是人类文明社会不可缺少的一类重要艺术。音乐艺术最基本的要素是节奏和旋律。远古社会的原始音乐只有简单生硬的节奏,而无旋律,即所谓"乐而无转"。随着社会的进步和音乐活动的发展,中国大约在殷商时期产生了宫、商、角、徵、羽五声音阶。约在周代,古人逐步发明了十二律(黄钟、大吕、太簇、夹钟、姑洗、仲铝、蕤宾、林钟、夷则、南吕、无射、应钟)。十二律是把一个八度音程分为 12 个半音,从第一律到第十二律,按一定的生律方法,产生各律之间的半音关系。在长期的音乐实践中,古人逐渐发现,各个音律之间存在着某种数理关系,即各律相应的发音体之间存在一定的几何尺寸关系。只有掌握了这种关系,对乐器进行定律和生律才有可能。这种运用数理方法定律和生律的理论及其实践探索,形成了古代的乐律学。

一、五声和十二律

中国古代最早形成的是五声音阶：宫(do)、商(re)、角(mi)、徵(sol)、羽(la)。后来在五声基础上，增加变徵(fa)和变宫(si)，构成了七声音阶。尽管有七声音阶，但变徵和变宫很少运用，社会流行的还是五声音阶。这种现象可能与商周时期流行的尚五意识有关。种种迹象表明，“五”在中国上古文明中，是个极为重要的数字，受到某种特殊的偏爱。古人习惯于用五计量和规范各种事物，养成了一种把各种事物作五元化分类的思维定式。五声音阶的形成可能与这种思维方式有一定关系。

十二律提出后，古人将其分别与一年中十二个月份相对应，并与阴阳学说相结合，以论证各律的意义。古人将十二律中的六个奇数半音(黄钟、太簇、姑洗、蕤宾、夷则、无射)称为阳律，六个偶数半音(大吕、夹钟、仲铝、林钟、南吕、应钟)称为阴吕。十二律与五声音阶和七声音阶的对应关系见表3.1。

音乐的本质是和谐。中国古代提倡治理国家也像演奏音乐一样和谐。《国语·周语》指出：“夫政象乐，乐从和，和从平。声以和乐，律以平声。”[①]中国古代相当重视音乐的教化功能。《国语·周语》记载了周代乐官伶洲鸠回答周景王问律的一段对话，其中说：“古之神瞽考中声而量之以制，度律均钟，百官轨仪，纪之以三，平之以六，成于十二，天之道也。夫六，中之色也，故名之曰黄钟。所以宣养六气、九德也。由是第之：二曰太簇，所以金奏赞阳出滞也。三曰姑洗，所以修洁百物，考神纳宾也。四曰蕤宾，所以安靖神人，献酬交酢也。五曰夷则，所以咏歌九则，平民无贰也。六曰无射，所以宣布哲人之令德，示民轨仪也。为之六间，以扬沉伏，而黜散越也。元间大吕，助宣物也。二间夹钟，出四隙之细也。三间仲吕，宣中气也。四间林钟，和展百事，俾莫不任肃纯恪也。五间南吕，赞阳秀也。六间应钟，均利器用，俾应复也。律吕不易，无奸物也。”其中前六个是阳律，后六个是阴吕，合称律吕。从这段文字可以看出古人赋予十二律的文化内涵和教化功能。

表3.1 十二律与五声音阶和七声音阶

律名	黄钟	大吕	太簇	夹钟	姑洗	仲吕	蕤宾	林钟	夷则	南吕	无射	应钟	清黄钟
今日音名	C	♯C	D	♯D	E	F	♯F	G	♯G	A	♯A	B	C
五声音节	宫		商		角			徵		羽			清宫
七声音节	宫		商		角		变徵	徵		羽		变宫	清宫

① 国语·周语.

十二律各有对应的发音律管，各管的长短遵循一定的比率。所以东汉蔡邕说："律，率也，声之管也……截竹为管，谓之律。律者，清浊之率法也。声之清浊，以长短为制。"①早期的律管，古人凭听觉判断其是否符合标准。后来发展成以数学方法计算其发音与管长的关系。正所谓"古之为钟律者，以耳齐其声。后不能，则假数以正其度，度数正，则音亦正矣。"②

二、三分损益生律法

乐器演奏时，只有能够"旋宫转调"才能奏出美妙的乐章，而要满足这一要求，乐器的制造必须遵循一定的乐律学规律。我国在春秋时期即用"三分损益法"计算律管的长度，以实现乐器的"旋宫转调"。战国时期古人将"三分损益法"用于十二律的生律计算。但古人很快发现，运用此法生律并不太准确，会产生一定的误差，致使乐器无法准确地实现"还原返宫"。为了消除这一误差，从战国至明代，许多人都付出了艰辛的劳动，但结果都不理想。

在现存古代文献中，《管子·地员篇》最早提出了用三分损益法计算五音的弦或管长。书中写道："凡将起五音，凡首，先主一而三之，四开以合九九，以是生黄钟小素之首，以成宫。三分而益之以一，为百有八，为徵；不无有三分而去其乘，适足以是生商；有三分而复于其所，以是成羽；有三分去其乘，适足以是成角。"此即三分损益法。此法是以一条弦或管的长度为基础，依次增加三分之一和减少三分之一，即轮流乘以 2/3 和 4/3，得到不同的长度，形成不同的音高，这样形成的五个音即构成一个五声音阶。其计算方法是：令黄钟宫音的弦长为 $1\times3\times3\times3\times3=9\times9=81$；则徵音弦长为 $81\times4/3=108$；商音弦长为 $108\times2/3=72$；羽音弦长为 $72\times4/3=96$；角音弦长为 $96\times2/3=64$。其中徵音的弦长最长，所以这是五声徵调音阶。其他四音对主音的频率比是，徵：羽：宫：商：角 = 1：9/8：4/3：3/2：27/16。产生这些音的弦长比值均为 2/3 或 4/3。因为弦长与频率成反比，所以它们之间的频率比均为 3/2（即五度）或其倍数。因此，由三分损益法得出的五声音阶是由许多相差五度的音相生而成。由此可见，三分损益法就是五度相生法。《管子·地员篇》确定宫音的长度后，增加三分之一为徵音长度，形成五声徵调音阶。也可以在确定宫音的长度后，减少三分之一为徵音长度，这样形成的五音中，宫音的长度最长，由此即构成了五声宫调音阶。《史记·乐书》给出的五音计算方法即如此："九九八十一以为宫。三分去一，五十四以为徵。三分益一，七十二以为商。三分去

① 蔡邕．月令章句．中华书局校点本．第十一册．

② 蔡邕．月令章句．中华书局校点本．第十一册．

一,四十八以为羽。三分益一,六十四以为角。”①

由五声音阶再加上变徵和变宫两个半音即构成七声音阶。为了旋宫转调的需要,再加上一些半音,使在一个八度音之间包含十二个半音,即组成十二律。古人也是用三分损益法计算十二律的弦长或管长。《吕氏春秋·季夏记·音律篇》给出了十二律的最早计算方法,其中写道:“黄钟生林钟,林钟生太簇,太簇生南吕,南吕生姑洗,姑洗生应钟,应钟生蕤宾,蕤宾生大吕,大吕生夷则,夷则生夹钟,夹钟生无射,无射生仲吕。三分所生,益之一分以上生;三分所生,去其一分以下生。黄钟、大吕、太簇、夹钟、姑洗、仲吕、蕤宾为上,林钟、夷则、南吕、无射、应钟为下。”所谓“三分所生”就是将基音的弦(或管)长三等分,“上生”就是将其长度增加三分之一,“下生”就是将其长度减少三分之一,由此确定另一律的长度。以此类推,交替进行十二次,得出比基音约略低一倍或高一倍的音。如此即完成了一个音阶中十二律的计算。

《淮南子·天文训》也给出了十二律的计算方法,其中写道:“黄钟之律,九寸而宫音调。因而九之,九九八十一,故黄钟之数立焉。……黄钟为宫,宫者音之君也。故黄钟位子,其数八十一,主十一月,下生林钟。林钟之数五十四,主六月,上生太蔟。太蔟之数七十二,主正月,下生南吕。南吕之数四十八,主八月,上生姑洗。姑洗之数六十四,主三月,下生应钟。应钟之数四十二,主十月,上生蕤宾。蕤宾之数五十七,主五月,上生大吕。大吕之数七十六,主十二月,下生夷则。夷则之数五十一,主七月,上生夹钟。夹钟之数六十八,主二月,下生无射。无射之数四十五,主九月,上生仲吕。仲吕之数六十,主四月,极不生。”这一组十二律的数值不完全符合三分损益法,其中黄钟、林钟、太蔟、南吕、姑洗符合三分损益法,应钟、蕤宾、大吕、夷则、夹钟、无射、仲吕的数值与三分损益法计算值略有差别,如应钟的理论值应是 42.666 67,而不是 42,蕤宾、大吕、夷则等的数值是在三分损益法基础上又采用了四舍五入方法,以取整数。

此外《史记·律书》和《汉书·律历志》都有关于十二律相生的计算方法。《吕氏春秋》、《淮南子》、《史记》和《汉书》关于十二律相生的次序均相同,都是根据三分损益法按照黄钟、林钟、太簇、南吕、姑洗、应钟、蕤宾、大吕、夷则、夹钟、无射、仲吕、清黄钟的次序依次相生。所不同的是,各书从黄钟开始,有的是上生(即“三分所生,益之一分”),如《吕氏春秋·音律》;有的是下生(即“三分所生,去其一分”),如《淮南子·天文训》;前者由蕤宾经过连续两次上生得到夷则,后者由应钟经过连续两次上生和一次下生得到夷则;而《汉书·律历志》则从黄钟开始依次采用下生和

① 史记. 卷二十五. 律书.

上生交替方式,没有采用连续两次上生的做法。秦汉时期,各家采用不同的生律方法,所得到的音域不同,但各家确定的十二律相生次序是固定的。

以三分损益法计算十二律相生,会产生一定的误差,不能返宫,即从起始音黄钟出发,经过七次上生和五次下生而得到的清黄钟与黄钟的弦(或管)长不是准确的倍半关系。如果令黄钟弦长为 9 寸,由三分损益法计算所得的清黄钟长度却是 4.439 4 寸,而不是 4.50 寸。这种长度误差会产生相应的发音误差。为了消除这种误差,从汉代到明代,几乎历代都有人企图探索新的方法。例如,汉代学者京房从黄钟开始,用三分损益法连续计算 60 次,得到六十律;刘宋时期太史钱乐之在京房六十律基础上又推演到三百六十律。这样做,徒然增加了计算的复杂性,并未能有效地解决音律误差问题。南北朝时期的乐律家何承天采取了另一种思路,他把用三分损益法计算十二律所产生的误差值平均分为十二份,分别加在十二律的各律上。这样虽然使十二律的最后一律能够回到出发律上,即使清黄钟与黄钟的弦(或管)长满足倍半关系,但是这样做造成了各律间音程的紊乱,结果使转调更加困难。在明代朱载堉发明十二平均律之前,古人一直未能很好地解决这个问题。

三、十二平均律

如何消除十二律的计算误差,已成为中国古代音律学的一大难题。明太祖朱元璋的九世孙、郑恭王朱厚烷之子——朱载堉(1536—约 1611)最终解决了这一难题。朱载堉经过长期潜心钻研,著有《乐律全书》、《律吕正论》、《律吕质疑辩惑》、《嘉量算经》等书。《乐律全书》汇集了其十七种乐律著作,其中的《律学新说》和《律吕精义》是其重要的代表作。在这些著作中,他在总结前人失败教训的基础上,抛弃了传统的三分损益法,另创“密率新法”,通过精密计算和反复实验,于 16 世纪末(1584 年左右)创立了可以精确消除音程误差的十二平均律。

朱载堉的十二平均律,实质上是把一个八度音分成 12 个音程相等的半音,顺次组成 12 个等程律,故称十二平均律。十二平均律是现今世界各国乐器设计所通用的音律学原理,被称为“标准音律”,其首创之功属于朱载堉。

朱载堉在《律吕精义》中给出了十二平均律的详细计算方法,其中写道:“度本起于黄钟之长,即度法一尺。命平方一尺为黄钟之率。东西十寸为勾,自乘得百寸为勾幂;南北十寸为股,自乘得百寸为股幂;相并,共得二百寸为弦幂。乃置弦幂为实,开平方法除之,得弦一尺四寸一分四厘二毫一丝三忽五微六纤二三七三〇九五〇四八八〇一六八九,为方之斜,即圆之径,亦即蕤宾倍律之率;以勾十寸乘之,得平方积一百四十一寸四十二分一十三厘五十六毫二十三丝七十三忽〇九五〇四八八〇一六八九为实,开平方法除之,得一尺一寸八分九厘二毫〇七忽一微一纤五〇〇二七二一〇六六七一七五，即南吕倍律之率；仍以勾十寸乘之，又以股十寸乘之，得立方积一千一百八十九寸二百〇七分一百一十五厘〇〇二毫……为实，开立方法除之，得一尺〇五分九厘四毫六丝三忽〇九纤……即应钟倍律之率。盖十二律黄钟为始，应钟为终，终而复始，循环无端。此自然真理，犹贞后元生，坤尽复来也。是故，各律皆以黄钟正数十寸乘之为实，皆以应钟倍数十寸〇五分九厘四毫六丝三忽〇九纤……为法除之，即得其次律也。安有往而不返之理哉。旧法往而不返者，盖由三分损益，算术不精之所致也。"[①]这段记载表述的计算方法如下：

设黄钟正律的长度为一尺，其二倍的长度为二尺；以一尺为勾，一尺为股，用勾股定理求弦长，得

$$(10^2+10^2)^{1/2}=10\times 2^{1/2}(\text{寸})=1.414\,213\,562\,373\,095\,048\,801\,689(\text{尺})$$

这个数值也是蕤宾正律的二倍，即蕤宾倍律的长度。以勾 10 寸乘蕤宾倍律，再将此乘积开平方，得

$$(10\times 10\times 2^{1/2})^{1/2}=10\times 2^{1/4}(\text{寸})=1.189\,207\cdots\cdots(\text{尺})$$

该值为南吕倍律的数值。将此数值乘以勾 10 寸，再乘以股 10 寸后，将乘积开立方，得

$$(10\times 10\times 10\times 2^{1/4})^{1/3}=10\times 2^{1/12}(\text{寸})=1.059\,463\cdots\cdots(\text{尺})$$

该值是应钟倍律的长度。省略号表示小数点后有二十四位数字。十二律以黄钟为始，应钟为终，周而复始，循环无端。因此，如果要计算十二律中某一律的数值，只要以比某律高一律的数值乘以黄钟正律 10 寸，再除以应钟倍律数 10.594 63……寸，即可得到某律。其他各律以此类推。朱载堉称应钟倍律值为"密律"，也就是通常所说的半音。

朱载堉在《律学新说》中总结十二平均律的计算方法时说："创立新法：置一尺为实，以密率除之，凡十二遍。"[②]他用的黄钟弦长是 1 尺，倍黄钟长度是 2 尺，因此构成完全八度音程的弦长比值为 2∶1。从倍黄钟的弦长 2 尺开始，运用平均律经过 12 次运算，最终得出正黄钟的弦长为 1 尺。长度减少一半，则频率增加一倍，所以音高增加八度。

实际上，朱载堉的上述计算方法是将表示八度音程的弦长之比 2 开平方，再开平方，又开立方，得到了 2 的 12 次方根值（1.059 463……），即应钟倍律数值。然后，将八度比值 2 连续除以应钟倍律数值，累除 12 次，即得到八度内十二个等程音的音高。因此，十二平均律实际上就是以 $\sqrt[12]{2}$ 为公比数的等比数列。用现代数学形

---

① 朱载堉. 律吕精义・内篇. 卷一. 不用三分损益第三.

② 朱载堉. 律学新说. 卷一. 密率律度相求第三.

式可将朱载堉的计算方法简洁表示为

$$T_n / T_{n+1} = \sqrt[12]{2}, \qquad n = 1,2,3,\cdots,12$$

当 $T_1 = 2, n = 1$ 时，$T_2 = 2^{11/12}$；当 $n = 12$ 时，$T_{13} = 1$。按照现代音律学的表示方式，朱载堉的计算结果可以表示成表 3.2。①

表 3.2

律名	倍律弦长尺	对主音的音程值分	相当今日音名
黄钟	2.000 000	0	C
大吕	1.887 748	100	#C
太蔟	1.781 797	200	D
夹钟	1.681 792	300	#D
姑冼	1.587 401	400	E
仲吕	1.498 307	500	F
蕤宾	1.414 213	600	#F
林钟	1.334 839	700	G
夷则	1.259 921	800	#G
南吕	1.189 207	900	A
无射	1.122 462	1 000	#A
应钟	1.059 463	1 100	B
清黄钟	1.000 000	1 200	C

朱载堉十二平均律是在八度音之间分成十二个音程相等的半音。可以用任何一律作为主音组成各调的音阶，它们的音程都是一样的。相邻各律之间的等音程性，使其对于任何曲调都能应用，转调自如，十分有利于曲调的创作和乐器的制作，具有很高的科学性和实用价值。

朱载堉的十二平均律是中国古代一项伟大的科学发现，可惜它未受到当时社会的应有重视。十二平均律未在明代获得推广应用，朱载堉撰写的关于十二平均律的著作也被皇家打入冷宫，一直冷落了二百余年之久。因此这一重要音乐成就未能及时发挥其对人类音乐活动进步的推动作用。

欧洲人发明十二平均律的时间至少比朱载堉晚了半个世纪，但他们很快将其

① 戴念祖. 中国物理学史大系・声学史. 长沙：湖南教育出版社，2001：301-302.

推广应用，解决乐器制造中的实际问题。十二平均律也由此而被推广传播到世界各地。不少学者认为，欧洲的十二平均律很可能是受到朱载堉理论的启发而提出的。英国科学史家李约瑟(Joseph Needham)即认为，明代西方来华的传教士很可能把朱载堉的十二平均律研究成果传到了欧洲，使欧洲人将其加以推广应用。传播者只需用这样的一句话就可以将朱载堉的重要思想传到西方："中国人用平均律非常准确地给琴调音。他们只要将第一个音的弦长除以$\sqrt[12]{2}$，就得到第二个音的弦长，然后再除以$\sqrt[12]{2}$就得到第三个音的弦长，以此类推，直至得到完全八度的第十三个音的弦长。"[①]

中国古代音律学的研究方法是将乐器演奏实验与数学计算相结合，并且进行反复的计算和验证，这是一种科学的研究方法。正是沿着这样一条正确的研究路线，经过数代人不懈的努力，到了明代，在前人研究工作的启发下，朱载堉运用自己的聪明才智继续钻研，最终解决了音律学上的重大难题，取得了世界级的重要成就。

---

① 李约瑟(Joseph Needham). 中国科学技术史. 第四卷. 第一分册. 北京：科学出版社，2003：211.

第四章　中国古人对光学现象的认识

光学是研究光的本性、光的传播和接收、光与物质的相互作用及其应用的一门科学。中国古人对于光的直线传播、光的反射和折射、镜面成像和色散现象等都有一定的认识，积累了丰富的经验知识。战国时期《墨经》的几何光学知识，汉代《淮南万毕术》的原始潜望镜技术，道教徒的多面镜组合成像方法，透光镜的技术发明，元代赵友钦的光学实验研究等，这些都是富有特色的光学认识成果。

第一节　《墨经》光学知识

《墨经》是战国时期墨家学派的学术著作，集中反映了墨家在物理、数学和逻辑学等方面的认识成就。《墨经》中有一部分内容讨论几何光学现象，包括影的形成、光与影的关系、光的直线传播、小孔成像、光的反射、平面镜成像、凹面镜成像、凸面镜成像等。《墨经》包含《经上》、《经下》、《经说上》和《经说下》四篇，"经说"是对"经"的内容进行解释。关于光学的内容主要集中在《经下》和《经说下》。

一、影与物的关系

物体被光照射即产生影像。这是最常见的光学现象。《庄子・天下篇》中有个故事说："有畏影恶迹而去之走者，举足愈数而迹愈多，走愈疾而影不离身，自以为尚迟，疾走不休，绝力而死。"一个人为了摆脱自己的影子而疾走不休，以至于累死。这个故事反应了远古先民对于形与影关系的无知。影是形的反映，形影相随，不分不离。

关于形与影的关系，《经下》指出："景之小大，说在柂正远近。"《经说下》解释道："景：木柂，景短大；木正，景长小。光小于木，则景大于木；非独小也，远近。""景"，即影。"柂"，作斜。这是说明物体受光照射，其影之长短与物体正放或斜放、物体与发光体之间的距离、发光体的大小都有关系。

《列子·说符篇》也指出:“形枉则影曲,形直则影正。然则枉直随形而不在影。”中国的道教徒常利用形与影的关系比喻说明因果报应的道理,因此道教典籍中有不少讨论形影关系的内容。唐代道书《太上一乘海空智藏经》指出:“影皆由于形,形长影长,形短影短,形大影大,形小影小。影之为质,不得离形,形之巨细,不得藏影。”①该书中还有一条资料表达了对于光、形、影三者关系更深入的认识,其曰:“形值斜光,其影即长;形值正光,其影即短;形不值光,其影不见。以是因缘,形不为殊,影则长短有无之异。”②其中“值”是逢、遇之意。这里提出了“斜光”和“正光”两个概念,分别表示光斜射和正射物体。同一物体,被光斜着照射时,其影则长;被光正着照射时,其影则短;不受光照射时,即无影可见。由此得出结论:物体的影长还是影短,取决于光是斜射还是正射。中国古代没有提出明确的“光线”概念,因而限制了几何光学认识的进一步发展。《墨经》中有“光之人煦若射”之语,表达了光的直线行进性。上述道书中提出的“斜光”和“正光”概念,已隐约含有“光线”思想。

《经下》指出:“景不徙,说在改为。”《经说下》解释道:“景 :光至,景亡;若在,尽古息。”“徙”是移动,“为”是行为、作为,“尽古息”是一直存在。这是指出物体阴影位置的改变,不是由其自身移动造成的,而是物体和光改变行为造成的。先秦时期,“影不移”是名家的一个辩论命题。《庄子·天下篇》记载的惠施二十一个辩题中即有:“飞鸟之影未尝动也。”《列子·仲尼篇》也引公孙龙语:“有影不移。”又引公子牟语:“影不移者,说在改也。”这说明墨家和名家都认识到了“影不移”的道理。

《经下》指出:“景二,说在重。”《经说下》解释道:“景:二光夹一光;一光者,景也。”这里描述的是本影与半影现象。当两个光源同时照射一个物体时,形成两个影子,二者会有一部分重叠,重叠的部分影浓,称为“本影”,不重叠的部分影淡,称为“半影”。

《经下》描述了一种投影现象:“景迎日,说在抟。”《经说下》解释道:“景:日之光反烛人,则景在日与人之间。”“抟”,作转。影在日与人(物)之间。只有日光被反射后,反射光照射物体,其投影才会迎着日,在日与物体之间。所以,这里描述的是反射光成影现象。

---

① 道藏.第一册:613.

② 道藏.第一册:613.

二、成像现象

《墨经》中有四条资料分别描述了小孔成像、平面镜成像、凹面镜成像和凸面镜成像现象。

关于小孔成像,《经下》指出:"景到,在午有端,与景长,说在端。"《经说下》解释道:"景:光之人,煦若射;下者之人也高,高者之人也下。足敝下光,故成影于上,首敝上光,故成影于下。在远近有端与于光,故景库内也。"其中,"景",即影;"到",即倒;"午",表示纵横交错,清代段玉才《说文解字》注:"古者横直交互谓之午。""端",即端点。《说文》:"射,弓弩发于身,而中于远也。""煦若射",表示光沿着直线由近及远,疾速似箭。此条经文和经说描述的是小孔成像现象。物体在光的照射下,经过小孔后会形成一个倒立的像,如图4.1所示。《墨经》的描述不仅形象,而且也相当准确,指出上光与下光交汇于一点("端"),像的大小即与其距交点的远近有关。

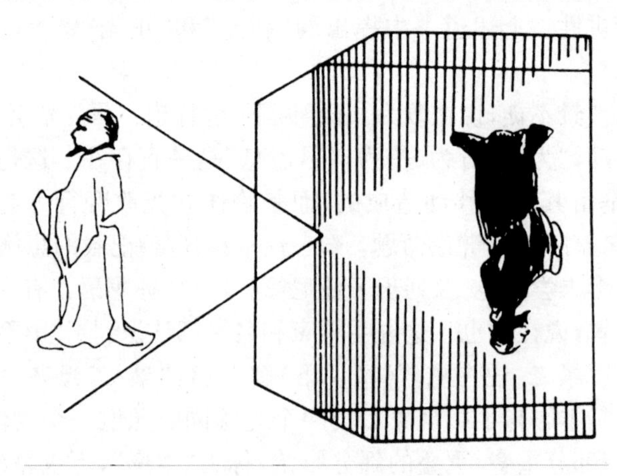

图4.1 小孔成像

关于平面镜成像,《经下》指出:"临鉴而立,景到。多而若少,说在寡区。"《经说下》解释道:"临正鉴,景寡。貌能(态)、黑白、远近、柂正、异于光。鉴景,就当俱,去亦当俱。鉴者之臭,于鉴无所不鉴,景之臭无数,而必过正,故其同处其体,俱然鉴分。"此条内容描述的是平面镜成像[①]。但由于历史原因,其中文字可能有讹脱之处,因此今日已无法准确予以解释。其中,经文"临鉴"的"鉴"是指以静水为镜,"到"即倒。经说中的"正鉴"是平面镜。平面镜成像时,物体接近镜面,其像也接近

① 钱临照.论墨经中关于形学力学与光学知识.物理通报,1950,(3).

镜面；物体远离镜面，像也远离镜面；物与像的方向总是相反。所以说，“鉴景，就当俱，去亦当俱”。这里反映了平面镜成像的对称性。①

关于凹面镜成像，《经下》指出：“鉴洼，景一小而易，一大而正，说在中之外内。”《经说下》解释道：“鉴，中之内：鉴者近中，则所鉴大，景亦大；远中，则所鉴小，景亦小而必正；起于中缘正而长其直也。中之外：鉴者近中，则所鉴大，景亦大；远中，则所鉴小，景亦小而必易，合于中而长其直也。”其中，“鉴洼”即凹面镜，“易”是倒，“中”是指凹面镜球心与焦点之间的一段距离，近似于焦点。“中之内”一句描述的是物体在焦点以内时，成大而正立的虚像；“中之外”一句描述的是物体在球心以外时，成小而倒立的实像。这里描述的物像变化过程是正确的。除了这两种情况外，凹面镜成像还有第三种情况，即物体在球心与焦点之间时，成大而倒立的实像。

关于凸面镜成像，《经下》指出：“鉴团，景一。”《经说下》解释道：“鉴：鉴者近，则所鉴大，景亦大；其远，所鉴小，景亦小；一而必正。景过正故招。”“鉴团”指凸面镜。凸面镜反射成像，所成的像总是正立、缩小的虚像。物体接近镜面，像大一些；物体远离镜面，像小一些。

由现代物理学知识可知，《墨经》关于各种成像现象的描述是正确的。

另外，《经下》中有一条材料说：“荆之大，其沉浅也，说在具。”《经说下》解释道：“形沉，形之贝也，则沉浅非形浅也，若易五之一。”“荆”即“形”，指物体。有学者认为，“具”解为“见”，“贝”也是“见”。这条记载描述的是光学折射现象。沉于水中的物体，被看见的只是形象。不是沉入的深度浅，只是看上去形象变浅了。大约变化量为五分之一。②

第二节　对焦距的认识和镜面抛光技术

中国古人在使用金属反射镜和晶体透镜聚集日光取火或成像的活动中，形成了对于镜面焦距的认识。金属镜表面需要经过抛光处理才具有比较好的反光效果，为此古人发明了抛光技术。

① 戴念祖，张旭敏．中国物理学史大系·光学史．长沙：湖南教育出版社，2001：174．

② 李志超．墨经．光学第九条：折射的定量观察．自然科学史研究，2002，(4)：80．

一、对焦距的认识

先秦墨家对镜面的焦点和焦距已有一定的认识，《墨经》描述凹面镜成像的“正”接近于焦点的概念。

汉代《淮南子》的作者通过对阳燧取火实践经验的总结，对镜面焦距也有一定的认识。该书《说林训》指出：“若以燧取火，疏之则弗得，数之则弗中，正在疏数之间。”其中“疏”、“数”分别表示“远”和“近”。以聚光镜对日取火时，引燃物放置的位置离镜面既不能太远，也不宜太近，而应处于适当的位置，否则就难以取到火。汉代许慎解释《淮南子》阳燧取火时说：“日高三、四丈，持以向日，燥艾承之寸馀，有顷焦，吹之则得火。”“寸馀”，即表示焦距。《淮南万毕术》讨论用冰透镜聚光取火时，明确指出引燃物应放置在冰透镜的“景”之上。“景”即影，表示冰透镜的焦点。

宋代沈括在《梦溪笔谈》中进一步指出：“阳燧照物皆倒，中间有碍故也。算家谓之格术。如人摇橹，臬为之碍故也。若鸢飞空中，其影随鸢而移。或中间为窗隙所束，则影与鸢遂相违：鸢东则影西，鸢西则影东。又如窗隙中楼塔之影，中间为窗所束，亦皆倒垂，与阳燧一也。阳燧面洼，以一指迫而照之则正，渐远则无所见，过此遂倒。其无所见处，正如窗隙、橹臬、腰鼓碍之，本末相格，遂成摇橹之势。故举手则影愈下，下手则影愈上，此其可见。阳燧面洼，向日照之，光皆聚向内。离镜一、二寸，光聚为一点，大如麻菽，著物则火发。此腰鼓最细处也。”①沈括对镜面焦点和焦距的描述已十分明确。他列举的一些事例是要说明在焦点前后成像情况的不同。

中国对阳燧的使用具有悠久的历史。《周礼·秋官》载：“司烜氏掌以夫燧，取明火于日。”1995年4月，陕西扶风县周原遗址出土一件青铜凹面镜。经分析考证认为，这是一件距今约3 000年的人造金属取火用具，即古代文献中记载的阳燧。周原出土的阳燧直径88毫米，厚19毫米，凹面曲率半径为207毫米，焦距为102毫米。据此尺寸及相应金属成分复制的样品，经试验，在强光下，只需几秒钟即可将放置于其焦点处的易燃物引燃。

二、镜面抛光技术

无论是用铜镜成像还是用其聚光取火，都要求其表面具有一定的光洁度。《淮南子·俶真训》说：“水静则平，平则清，清则见物之形。”又说“人莫监于流沫，而监于止水者，以其静也。莫窥形于生铁，而窥形于明镜者，以其易也。夫唯易且静，故能形物之性情也。”其中“易”是平坦。意思是说，“止水”和“明镜”之所以能照见人，

---

① 沈括.梦溪笔谈.卷三.辩证一.

在于其表面平整光洁。从光学原理上说，要获得好的反光效果，重要的因素有两个，一是镜面的几何形状，二是镜面的反射率。后者取决于反射镜表面材料和抛光技术。表面越光亮，其反射率越高，同样条件下其成像或聚光效果越好。中国古代铜镜和其他青铜器物一样，多以铜、锡、铅等合金冶铸而成。只是由于铜镜需要磨砺出光洁的表面，在合金配方中，其含锡量较大。《考工记》中记载的合金比例为"金，锡半，谓之鉴燧之齐"。即铜与锡的比例为 2∶1。锡在合金中具有增加硬度及其表面光泽的作用。然而，仅靠改变合金成分的配比还不行，还需经过抛光加工，才能具有良好的反射性能，达到"临水则池中月出，照日则壁上菱生"的效果。

新铸造的铜镜，表面粗糙，需经表面抛光处理后才能光彩照人。《淮南子·修务训》记载了中国古代使用的镜面抛光技术："明镜之始下型，朦然未见形容。及其粉以玄锡，摩以白旃，鬓眉微毫可得而察。""玄锡"是铅汞剂，"白旃"是毛毡类织物。铸造成型的铜镜，用小颗粒铅汞剂撒在镜面上做抛光剂，再用毛毡摩擦，才能平整光滑，使镜中人面毫发无遗。

镜面抛光是一项专门的技术，需要运用一些特殊的材料和工艺。中国古代道士中有专门掌握这门技术的人，道书中称镜面抛光技术为"摩照法"。南宋《紫阳真人悟真篇讲义》载有关于金属镜面抛光技术的资料，其中写道："铜铁之镜，新铸出模，块然昏暗，何尝有明可以照物。惟加以铅锡，则光明发越，与日月争光。无他，铜铁者，阴也；铅锡者，阳也。"①这里指出，铅锡是使铜铁镜表面光亮的主要材料。古代文献中有许多用水银加锡磨光镜面的记载。这条资料说明，铅锡也是打磨抛光金属镜面的一种材料。宋代道士张君房编辑的《云笈七签》"摩照法"记载："昔有摩镜道士，游行民间，赁为百姓摩镜……道士有摩镜之药，药方出于帛子方，用锡四两，烧釜下猛火，令釜正赤与火同色，乃内锡末，又胡粉三两，合内其中。以生白杨刻作人，令长一尺，广二寸，厚一寸，其后柄长短在人耳。以此搅之，手无消息，尽此人七寸，又复内真丹四两，胡粉一两，复搅之，人余二寸，内摩照锡四两，搅令相得。欲用时，末如胡豆，以唾和之，得膒脂为善。又以如米大者，于前齿上嘘之，复以唾傅拂其上，以自拂之，(镜)即明如日月。"②这是一条关于如何配制摩镜药及其如何使用的重要史料。摩镜药中有锡、胡粉、真丹和"杨木人"烧成的木炭，这种材料配方在古代关于摩镜药方剂的文献中是相当少见的。铜镜不仅新铸出范需要打磨开光，开光后的铜镜在使用过程中，由于表面不断被氧化锈蚀，每过一段时间也需用镜药打磨一次，才能继续使用。

① 道藏.第三册：43.

② 道藏.第二十二册：338-339.

第三节 镜面成像

对于镜面成像的研究是几何光学的基本内容，中国古人在这方面也有一些经验性认识。

一、平面镜组合成像

《淮南万毕术》有“高悬大镜，坐见四邻”之说。高诱注曰：“取大镜高悬，置水盆于其下，则见四邻矣。”[①]把一面大铜镜高高挂起，在镜下面放一盆水（水镜），从水盆里即可见到高墙外的景物。由于墙外景物在高悬的平面镜中成了一个像，这个像又经下面的水面反射成另一个像，所以人可以在水面中看到隔在高墙外的景物。这是巧妙地利用镜面两次反射而使影像转变方向。现代潜望镜运用的正是这一原理。《淮南万毕术》的描述，对后世产生了一定的影响。北周庾信《咏镜诗》云：“试挂淮南竹，坐堪见四邻。”宋代《感应类丛志》也说：“以大镜长竿上悬之，向下便照耀四邻。当其下以盆水，坐见四邻出入也。”这些都是对“高悬大镜，坐见四邻”的发挥。

中国的道教徒在修炼时，常常利用多面镜子组合成像产生的重影效果实现所谓的“分形术”。道士们认为，采用明镜“分形”，可以达到某种特殊的境界。因此历代道士都十分重视修炼明镜“分形”之术。晋代道士葛洪在《抱朴子内篇·地真篇》中写道：“师言守一，兼修明镜。其镜道成，则能分形为数十人，衣服面貌皆如一也。抱朴子曰：师言欲长生，当勤服大药；欲得神通，当金水分形。形分则自见其身中之三魂七魄。而天灵地祇，皆可接见；山川之神，皆可使役也。”[②]葛洪认为，修炼成镜道，即能分形为数十人，能自见三魂七魄。此即所谓“分形术”。其实，道士们是利用多面镜子组合，产生多次反射成像，使得一人可以呈现数十个虚像。

宋代道书《云笈七签》写道：“明镜之道，可以分形变化，以一为万。”[③]所谓“明镜之道”，亦即运用多面镜子组合成像的“分形术”。道士修炼时，根据不同的需要，

---

① 马聪. 意林. 卷六. 引淮南万毕术. 四部备要本.

② 葛洪. 抱朴子内篇·地真. 诸子集成本.

③ 道藏. 第二十二册：338.

采用数量不等的镜子组合成像，如“日月镜”、“四规镜”等。葛洪说：“明镜或用一，或用二，谓之日月镜；或用四，谓之四规镜。四规者，照之时前后左右各施一也。用四规所见，来神甚多。”①

关于“日月镜”的用法，《运笈七签》写道：“以九寸镜各一枚，挟其左右，名日月镜。”②将两枚平面镜平行相向放置，人或物位于中间，即可得到无数的像。这种镜面组合成像效果，诚如唐代陆德明《经典释文》所云：“鉴以鉴影，两鉴亦有影，两鉴相鉴，其影无穷。”一镜的反射光线，射入另一镜，即变为入射光线，经过又一次反射，两镜之间彼此往复，镜中不仅有实物的像，还有像的像，故而同时可见许许多多的像。正可谓“照花前后镜，花花交相映”。

道士们认为，修炼日月镜可以延年益寿，但要想达到得道成仙的境界，还需修炼“四规镜”之道，即“以尺二寸镜，前后左右一焉，名曰四规。”③用四面镜子在修炼者前后左右同时对照，这是四镜组合成像。

唐代道书《金锁流珠引》写道：“常以一年之中去中元日，排镜七面，可为一尺八寸阔，照身中神，看有七魄……”④用七面镜子沿直线排开，有一尺八寸宽，当一个人位于这七面镜子前时，会同时在七面镜子中看到七个自己的像，这也就是被照者所看到的“七魄”。不过，一个人要在七面镜子中同时成像，这七面镜子必须沿着一个圆弧排列，人位于圆弧的圆心处才可以。

五代道士谭峭在描述多面镜子组合成像时说：“以一镜照形，以余镜照影，镜镜相照，影影相传。不变冠剑之状，不夺黼黻之色。是形也，与影无殊；是影也，与形无异。乃知形之非实，影之非虚，无虚无实，可与道俱。”⑤采用多面镜子组合，进行多次反射成像，可以形成形影难辨、虚实不分的境界。这正是道士们所追求的虚幻境界。《运笈七签》写道：“金水内景，以阴发阳，能为此道，分身散形，以一为万。”⑥“金水内景”也是说金属镜或水镜成像。要分一身为万形，就要运用明镜组合成像技术。

道教徒利用多面镜子组合成像的修炼方法也曾被佛教所采用。宋代高僧赞宁描述佛教法藏做法时说：“取鉴十面，八方安排，上下各一，相去一丈余，面面相对，

---

① 葛洪.抱朴子内篇·杂应.诸子集成本.

② 张君房.运笈七签.卷四十八.祕要诀法·老君明照法叙事.

③ 道藏.第二十二册:335.

④ 道藏.第二十册:398.

⑤ 道藏.第二十三册:590.

⑥ 张君房.运笈七签.卷四十八.祕要诀法·老君明照法叙事.

中安一佛像，燃一烛以照之，互影交光。”[1]用十面镜子布置在八方和上下两方，面面相对，形成一个立体的反射成像体系，从镜中观察，会产生烛光与佛影交辉、佛像与投影难辨的虚幻境界。

二、双面镜和凸透镜成像

通常的金属镜都是正面照人成像，背面饰以花纹和安装镜钮。极少有正反两面都可以照人成像的双面镜。

唐代道士杜光庭在《录异记》中记载了一枚出土的双面镜：“一墓在咸阳原上，既入，得镜，两面可照人，鼻在侧畔，背面莹洁如新。摩毕，以面照之，如常无异；以背照之，形状备足，衣冠俨然而倒立也。”[2]这枚镜子正反两面都可以照物成像，所以镜钮只能放在侧畔。正面照人“如常无异”，说明该面是平面镜；背面照人成倒立的像，说明该面是凹面镜[3]。当人位于镜的正面前时，经过平面镜反射成一正立等大的虚像；背面是凹面镜，成像有三种情况：人位于凹面球心之外时，形成比人小的倒立实像；人位于球心与焦点之间时，形成比人大的倒立实像；人位于焦点以内时，形成比人大的正立虚像。一般的凹面镜，焦距都比较小，人是位于球心之外或者球心与焦距之间观看自己的成像，因此所看到的是倒立的像。杜光庭所观察到的就是这种情况。古人在日常生活中所用的梳妆金属镜，都是成正像的平面镜，不需要成倒像的镜子。因此，这枚双面镜不大可能是一般生活用品，很可能是专为道士所用的法器。《红楼梦》第十二回，描写跛足道人送给贾瑞的“风月宝鉴”即是一枚双面镜。

此外，《录异记》还记载了凸透镜成像：“有一珠，大如毬子，……照物形状、毛发、形色一一备足，但皆倒立耳。”“珠”一般指球形透明物。所以这是一个球形凸透镜，所成的像是倒立的。《墨经》中也有关于凸面镜反射成像的描述。凸透镜与凸面反射镜的光学性能截然不同。关于凸透镜的取火作用，《淮南万毕术》中已有明确记载。然而对于凸透镜成像性质的认识，古代则鲜有史料记载。因此杜光庭对球形凸透镜成像情况的描述，是非常珍贵的光学史料。

除了上述双面镜和凸透镜成像之外，北齐刘昼描述了立柱面镜的成像现象。他在书中写道：“镜形如杯，以照西施。镜纵则面长，镜横则面广。非西施貌易，所照变也。”[4]一个杯子形的柱面镜，纵向放置照人面，会得到一张拉长了的脸；横向

---

① 赞宁．宋高僧传．卷五．周洛京佛授记寺法藏传．

② 道藏．第十册：880．

③ 胡化凯，吉晓华．道藏中的一些光学史料．中国科技史料，2004，(2)：167-174．

④ 刘昼(北齐)．刘子．卷十．正赏．

放置照人面，则得到一张缩短了的脸。这是一条极为少见的中国古代柱面镜成像资料。另外，谭峭在《化书》中描写了他所用四面镜子的成像特征："小人常有四镜，一名圭，一名珠，一名砥，一名盂；圭，视者大；珠，视者小；砥，视者正；盂，视者倒。观彼之器，察我之形；由是无大小，无短长，无妍丑，无美恶。"[①]这四面镜子成像各不相同，"圭"成放大的像，"珠"成缩小的像，"砥"成正像，"盂"成倒像，各自具有不同的光学效果。

三、"透光镜"

"透光镜"是中国古代发明的一种特殊金属镜。这种镜子承日光照射而反射投影时，其背面的花纹图案尽现于影中。隋唐之际，王度在《古镜记》中描述其师临终前曾赠以古镜，此镜"承日照之，则背上文画尽入影内，纤毫无失。"[②]这是古代著名的"透光镜"。清代郑复光在《镜镜令痴》中说："独有古镜，背具花纹。正面斜对日光，花纹见于发光壁上，名透光镜。"[③]1989年，湖南攸县发掘了一枚透光镜，直径21.8厘米，厚约0.2厘米，属战国时期遗物[④]。这说明，透光镜的制造历史是相当早的。

一般铜镜不具有"透光"效果。铸造"透光镜"需要特殊的技术。宋代沈括在《梦溪笔谈》中描述了自己收藏的"透光镜"，并探讨了其"透光"道理。他写道："世有透光鉴，鉴皆有铭文，凡二十字。字极古，莫能读。以鉴承日光，则背文及二十字皆透在屋壁上，了了分明。人有原其理，以为铸时薄处先冷，唯背文上差厚后冷而铜缩多。文虽在背，而鉴面隐然有迹。所以于光中现。予观之，理诚如此。然予家有三镜，又见他家所藏，皆是一样，文画铭字无纤异者，形制甚古，唯此一件透光。其他镜虽至薄者，皆莫能透，意古人别自有术。"[⑤]沈括认为，由于镜背面的花纹凹凸不平，使得铜镜厚薄不一，铸造后冷却时，薄处冷的快，厚处冷的慢，造成铜的收缩不均匀。这种不均匀性在镜面上也会"隐然有迹"，承光反射时即显现出来。沈括的解释是有道理的。

沈括之后，元、明、清各代都有人对"透光镜"的铸造技术进行过研究。元代吾邱衍探讨出一种"透光镜"的制作方法："世有透光镜，似有神异，对日射影于壁，镜背大藻于影中，一一皆见，磨之愈明，因思而得其说。假如镜背铸作盘龙，亦于镜面窍刻龙如背所状，复以稍浊之铜填补铸入，削平镜面，加铅其上，向日射影，光随其

---

① 道藏．第二十三册：590.

② 王度．古镜记．说郛宛委山堂本．卷一一四.

③ 郑复光．镜镜令痴．卷五．透光・作透光镜.

④ 贺鸿武．湖南攸县发现一件古代透光镜．文物，1989，(3)：75.

⑤ 沈括．梦溪笔谈．卷十九．器用.

铜之清浊分明暗也。”①这是用镶嵌法使镜面具有“透光”效果。

19世纪，徽州人郑复光经过认真研究，比较好地解决了“透光镜”的技术问题。他认为：“铸镜时铜热必伸。镜有花纹，则有厚薄。薄处先冷，其质既定，背文差厚，犹热而伸，故镜面隐隐隆起。”这与沈括的说法相同。但郑复光还认为，镜面经过刮磨加工后才有“透光”效果。“夫刮力在手，随镜凹凸而生轻重，故终有凹凸之迹；”“且工作刮磨，而刮多磨少，终不能极平，故光中有异也。”他根据光的反射性能解释道：“平处发为大光，其小有不平处，光或他向，遂成异光，故见为花纹也。”②郑复光的解释比沈括更加合理。

“透光镜”是中国古代一项重要的光学发明，传入日本和欧洲后，引起了国外学者的好奇和研究兴趣。20世纪80年代，由上海博物馆和复旦大学等单位合作研究，最终揭开了“透光镜”铸造技术的秘密，结果证实沈括和郑复光所说的冷却法，以及吾邱衍所说的镶嵌法，都是合理的。

以上内容反映了中国古人的几何光学知识。此外，沈括对于梳妆镜的形状与成像关系的分析也含有一定的几何光学内容。他在《梦溪笔谈》中写道：“古人铸鉴，鉴大则平，鉴小则凸。凡鉴洼则照人面大，凸则照人面小。小鉴不能全观人面，故令微凸，收人面令小，鉴虽小而能全纳人面。仍复量鉴之大小，增损高下，常令人面与鉴大小相若。此工之巧智，后人不能造。比得古鉴，皆刮磨令平，此师旷所以伤知音也。”③工匠铸造铜镜，镜面小时则使其微微凸起。这实际上是增加接受光的面积，使其能够照见人面的全部。沈括指出，后人不理解古人将铜镜表面做成微凸的用意，将其刮磨令平，反而破坏了其光学效果。

第四节 对色散现象的认识

日光穿过透明物体时，会分成赤、橙、黄、绿、青、蓝、紫等单色光，这种现象称为色散。自然界常见的色散现象是彩虹和天然晶体对日光的散射。中国古人对这两种现象都有过一些观察和探讨，总结了一些经验认识。

---

① 吾邱衍.闲居录.

② 郑复光.镜镜令痴.卷五.透光·作透光镜.

③ 沈括.梦溪笔谈.卷十九.器用.

一、人造彩虹实验

中国古人对于彩虹的观察历史悠久。殷代甲骨文中已有虹字，卜辞中有关于虹的记载。战国时期屈原在《楚辞》中有关于虹的描述："建雄虹之彩旄兮，五色杂而炫耀。"

东汉蔡邕曾对彩虹的产生条件作过探讨。他指出："虹见有青赤之色，常依阴云而昼见于日冲。无云不见，太阳亦不见，见辄与日相互，率以日西，见于东方。"① "冲"是相对，"日冲"即与日相对的方位。雨后初晴，日光投射到薄薄的雨雾上，众多的小水珠对日光的反射和折射即形成彩虹。因此蔡邕有"无云不见，太阳亦不见"之说。由于彩虹是由雨雾(即无数小水珠)对日光的反射和折射而形成的，观察者只有位于太阳与这片雨雾之间才能看到它，所以有"见辄与日相互，率以日西，见于东方。"唐代经学家孔颖达也曾指出："云薄漏日，日照雨滴则虹生。"②

唐代道士张志和进行过人造彩虹的模拟实验。他在《玄真子》外篇中写道："背日喷乎水，成虹霓之壮；而不可直者，齐乎影也。"前一句是说人背着太阳所在的方向向空中喷水，即可观察到虹霓现象。后一句是说不能沿竖直方向喷水，只能以人头为圆心，转动头(嘴巴)在一个水平面上呈圆弧形喷水，喷出去的水雾与嘴巴平齐。张志和的人造彩虹实验证实了虹霓是日光照射雨滴所形成的。

唐代以后，人造彩虹已成为相当广泛的常识。五代谭峭说："饮水雨日，所以化虹霓也；"③宋代陆佃说："以水噀日，自侧视之则晕为虹霓；"④明代方以智说："人于回墙间向日喷水，亦成五色。"⑤这些描述的都是人造彩虹现象。

二、晶体色散

中国古人对天然晶体色散现象的认识并不太早，在汉代以前的典籍中很少见到相关记载。南北朝时萧绎的《金楼子》中记载了君王盐晶体的色散现象，书中说这类晶体"有如水晶，及其映日，光似琥珀。"琥珀受日光照射，呈现缤纷的色彩。"光似琥珀"描述了君王盐晶体的色散现象。

云母是道士炼制丹药的重要原料。道士们常常根据云母的散射性能判断其质量的优劣。

---

① 蔡邕. 月令章句. 中华书局点校本. 第十一册.

② 礼记正义·月令. 十三经注疏本.

③ 谭峭. 化书. 卷二.

④ 陆佃. 碑雅. 卷二十. 释天·虹.

⑤ 方以智. 物理小识. 卷八.

晋代葛洪在《抱朴子》中写道："云母有五种，人多不能分别也。法当举以向日，看其色，详占视之，乃可知耳。正尔于阴地，视之不见其杂色也。五色并俱而多青者，名云英……五色并俱而多赤者，名云珠……五色并俱而多白者，名云液……五色并俱而多黑者，名云母……但有青黄二色者，名云沙……"①葛洪指出，因为不得其法，人们大多不能辨别云母的种类。将云母放置在阴暗无光处，则"视之不见其杂色"；但将其"举以向日"时，透过它的白色光就会因折射而发生色散，就会产生"五色并俱"的现象。由此即可辨别其类型。葛洪根据云母的色散现象将其分为五类。云母是由 Si-O 四面体组成的一系列层状结构，是一种天然晶体。葛洪的描述是关于晶体色散现象的较早记载。

梁代道书《太清石壁记》写道："取其云母向日看，五色焕烂，然无瑕秽者良。"②这是根据云母的色散状况以及有无杂质，确定其优劣。

唐代道士孙思邈在《枕中记》中讨论云母的种类时也说："云母有八种，各有异名。向日视之乃别色黄白而多青者，名云英。……色青黄惶惶而多赤者，名云珠。"③根据色散现象将云母分为八类，足见古人观察之细致。

宋代程大昌在《演繁露》中记载了北宋《杨文公谈苑》描述的菩萨石晶体色散现象："嘉州峨眉山有菩萨石，人多收之。色莹白如玉，如上饶水晶之类，日射之，有五色。""五色"原指青、赤、黄、白、黑，在这里泛指菩萨石被日光照射而产生的各种颜色。程大昌还描述了小水珠的色散现象："凡雨初霁或露之未晞，其余点缀于草木枝叶之末，欲坠不坠，则皆聚为圆点，光莹可喜，日光入之，五色俱足，闪烁不定，是乃日之光品著色于水，而非雨露有此五色也。"④程大昌指出，水珠呈现五色，是由于日光造成的，并非雨露有此五色。

明末方以智对各种色散现象进行了总结。他在《物理小识》中写道："凡宝石凸则光成一条，有数棱者，则必一面五色。如峨眉之放光石，六面也；水晶压纸，三面也；烧料三面水晶，亦五色。峡日射飞泉成五色；人于回墙间向日喷水，亦成五色。故知虹霓之彩，星月之晕，五色之云，皆同此理。"⑤方以智指出，天上的云气，初霁的雨露，江上飞泉，墙间喷雾，天然明石，人造水晶，只要它们承日光照射，皆呈五色。他认为，所有这些色散现象的道理都是相同的。

---

① 葛洪. 抱朴子内篇·仙药. 诸子集成本.

② 道藏. 第十八册:773.

③ 道藏. 第十八册:470.

④ 程大昌. 演繁露. 卷九. 菩萨石.

⑤ 方以智. 物理小识. 卷八. 器用类·阳燧倒影.

第五节　赵友钦的光学实验

赵友钦，字缘督，饶郡（今江西鄱阳）人，一说江西德兴人，宋王室后裔，全真派道士。他天资聪敏，博学多才，不仅研究道教，著有道教书籍，还在观察实验的基础上，撰有天文物理著作，其中最著名者是《革象新书》。该书以天文历法内容居多，其中第五卷包含“小罅光景”、“勾股测天”和“乾象周髀”三篇，前一篇属于光学内容，后两篇属于数学内容。

《革象新书・小罅光景》描述了一个大型光学实验过程，其内容分为两部分。第一部分描述小孔成像现象，“小罅光景”即小孔成像之意；“罅”即裂缝，缝隙。第二部分记述了一个大型光学实验。以下引文皆取自此书。①

关于小孔成像，书中写道：“室有小罅，虽皆不圆，而罅景所射未有不圆。乃至日食，则罅景亦如所食分数。罅虽宽窄不同，景却周径相等，但宽者浓而窄者淡。若以物障其所射之处，迎夺此景于所障物上，则此景较狭而加浓。予始未悟其理，因熟思之。凡大罅有景，必随其罅之方、圆、长、短、尖、斜而不同，乃因罅大而可容日月之体也。若罅小，则不足容日月之体，是以随日月之形而皆圆，及其缺则皆缺。罅渐窄，则景渐淡。景渐远，则周径渐广而愈加淡。大罅之景，渐远亦渐广，然不减其浓。此则浓淡之别也。”赵友钦观察到，日光经过壁间小孔成像，虽然小孔不是圆形的，但日光所成的像是圆的。发生日食时，小孔成像的变化与日食的变化完全一致。改变小孔的宽窄程度，日影的大小并无变化，只是日影的浓淡随着小孔的宽窄而变化。如果让一个物体（成像屏）接近小孔，则其上所成的像逐渐变小变浓。赵友钦对这些变化情况进行了总结。大孔成像，其像的形状与孔的形状一致，孔圆像亦圆，孔方影亦方；小孔成像，其像的形状与日月之形一致，日圆影亦圆，日缺影亦缺，成像的形状与小孔的形状无关；小孔成像时，孔愈狭小，其影愈淡，像屏距离小孔愈远，像愈大愈淡；大孔成像，像的浓淡不随像屏距离孔的远近而改变。这些总结基本上是与事实一致的，符合光学原理。

关于小孔成像，《墨经》说明了所成的像是一个倒立的像，而没有说明孔的大小和像屏距离小孔的远近对成像的影响。上述赵友钦对小孔成像的认识，比墨经要

---

①　赵友钦. 革象新书・小罅光景. 四库全书本.

深入一些。当孔比较大时，已经不是小孔成像，这时所成的像其实是孔在像屏上的投影，并不是物体的像。因此，孔是什么形状，在像屏上看到的就是什么形状。此即赵友钦所说的"大罅有景，必随其罅之方、圆、长、短、尖、斜而不同。"在满足小孔成像条件下，孔越大，通过的光量越多，其所成的像亦越浓；反之，孔越小，通过的光量越少，所成的像则越淡。不同方向的光线经过小孔后成交叉方向射出，距离小孔越近，所张的角度越小，但所通过的光量不变，所以当像屏移近小孔时，其上所成的像会变小，变浓；反之，像屏远离小孔，所成的像会变大、变淡。对于这些变化情况，赵友钦都作了细致的观察和描述。

《小罅光景》第一部分描述的成像现象，是以日月为光源，只能在改变孔的大小、形状及像距的情况下，观察其相应的变化情况，研究问题有很大的局限性。为了克服这种局限性，赵友钦设计了可以改变光源大小及强弱程度的实验。《小罅光景》的第二部分详细描述了其实验过程。

关于实验设备及实验室布置，书中描述道："假如两间楼下各穿圆阱于当中，径皆四尺余：右阱深四尺，左阱深八尺。置桌案于左阱内，案高四尺，如此则虽深八尺，只如右阱之浅。作两圆板，径广四尺，俱以蜡烛千余支密插于上，放置阱内而燃之，比其形于日月。更作两圆板，径广五尺，覆于阱口地上。板心各开方窍，所以方其窍者，表其窍小而景必圆也。左窍方广寸许，右窍方广寸半许。所以一宽一窄者，表其宽者浓而窄者淡也。"这里描述的情况如图 4.2(a)所示。即在屋内地面上左右两边各挖一圆阱，阱径 4 尺余，左阱深八尺，右阱深四尺；左阱内放置一桌，其高 4 尺。在左阱的桌子上和右阱底部各放置一直径 4 尺的圆板，板上密置蜡烛千余支。将其点燃，左右两阱圆形的烛光代表日月之形。做两个直径 5 尺的圆形木板，分别覆盖在两个阱口之上，在左边阱口木板上开一个一寸见方的孔，在右边阱口木板上开一个一寸半见方的孔。

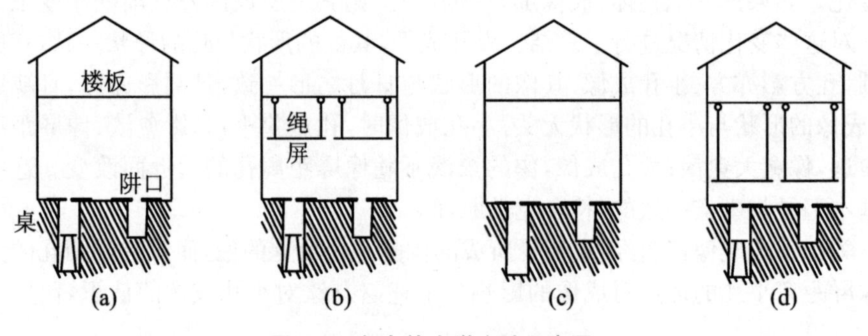

图 4.2　赵友钦光学实验示意图

这个实验分以下几个步骤进行：

第一步，观察小孔口径大小对成像的影响。

以楼板作为成像屏，“于是观其楼板之下，有二圆景，周径所较甚不多，却有一淡一浓之殊。”观察到左右两阱光源所成的图像均为圆形，直径基本相同，但左阱影淡，右阱影浓。

关于所成的两个圆形图像，赵友钦解释道：“千烛自有千景，其景皆随小窍点点而方。烛在阱心者，方景直射在楼板之中；烛在南边者，方景斜射在楼板之北；烛在北边者，方景斜射在楼板之南。至若东西亦然。其四旁之景斜射而不直者，缘四旁直上之光障碍而不得出；从旁达中之光，惟有斜穿出窍而已。阱内既已斜穿，窍外止得偏射。偏中之景，千数交错，周遍叠砌，则总成一景而圆。”这是用小孔成像的道理解释所成的圆形像。阱中的光源、阱口木板上的小孔与作为观察像屏的楼板，三者构成了小孔成像装置。赵友钦用光的“直射”和“斜射”说明小孔成像，比《墨经》的描述更为准确，富有几何光学的意义。他认为，每一只烛光或直射或斜射，都会在楼板上成像；所观察到的圆影，是各像叠加的结果。

关于左右两个图像浓淡有别，赵友钦解释道：“所以有浓淡之殊者，盖两处皆千景叠砌，圆径若无广狭之分，但见其窍宽者所容之光较多，乃千景皆广而叠砌稠厚，所以浓。窍窄者所容之光较少，乃千景皆狭而叠砌稀薄，所以淡。”孔径大“所容之光较多”，孔径小“所容之光较少”，即光通量多少与小孔的大小成正比。这种解释是正确的。他认为所观察到的圆影是千影“叠砌”的结果，这已含有光的叠加思想。通过这个实验，他认识到孔径大小只影响成像的浓淡，不影响成像的形状大小。

第二步，改变光源的大小和强度，观察成像变化。

《小罅光景》继续描述道：“于是向右阱东边减却五百烛，观其右间楼板之景，缺其半于西，乃小景随日月亏食之理也。又灭左阱之烛，但明二三十支，疏密得所。观其楼板之景，虽是周圆布置，各自点点，为方不相黏附而愈淡矣；又皆灭而但明一烛，则只有一景而方。”将右阱蜡烛从东边减去500只，结果看到其成像在西边缺了一半。这与日月食亏时成像的道理一致。使左阱中只有二、三十只蜡烛点燃，并使其均匀分布在面板上，楼板上的像是由不相粘连的二、三十个“方景”组成的一个圆形，像很淡。当只有一只蜡烛点燃时，只有一个方形的像。赵友钦对此解释道：“缘为窍小而光形尤小，窍内可以尽容其光，却为大景随空罅之象矣。”当发光体小于小孔的尺寸时，小孔可以尽容其光，成像的形状即与小孔形状一致。这种解释也是合理的。由现代光学可知，当光源小于小孔时，已经不符合小孔成像条件，所看到的不是小孔成像现象。

第三步，改变像屏的距离，观察成像变化。

《小罅光景》进一步记述道："别将广大之板二片，各悬于楼板之下较低数尺，以障楼板而迎夺其景。此景较于楼板者敛狭而加浓。所以迎夺其景者，表其景近则狭而浓，远则广而淡也。"在楼板下面正对左右阱口的位置，悬挂两块大木板，距楼板以下数尺，以其作为像屏，如图 4.2(b)所示。结果发现，在木板上所成的像，比楼板上的像小而浓。由此赵友钦得出"景近则狭而浓，远则广而淡"的结论。他对此加以解释："烛光斜射愈远，则所至愈偏，则距中之数愈多。围旁皆斜射，所以愈偏则周径愈广。景之周径虽广，烛之光焰不增，如是则千景展开而重叠者薄。所以愈广则愈淡。"像屏距离光源或小孔愈远，光源经过小孔斜射的距离愈长，偏离像屏中心位置愈远，所成的像愈大；由于光源不变，"光焰不增"，所以像"愈广则愈淡"。反之，像屏距光源愈近，所成的像愈小愈浓。赵友钦还指出，悬吊在楼板下面的木板"不可侧高偏低，否则景不正圆而长。"如果木板倾斜，其上所成的像就不是正圆，而是椭圆。

第四步，改变光源的距离，观察成像变化。

《小罅光景》写道："于是去其所悬之板，举其左阱连板之烛，彻去阱内桌案，复燃连板之烛，置于阱底而掩之。窍既远于烛，景则敛而狭。"撤去所悬的木板和左阱内的桌案，将烛板置于左阱底部点燃，阱口仍以原来的木板覆盖，如图 4.2(c)所示。结果发现左阱在楼板上的像较前变小变浓。赵友钦解释道："所以敛狭者，盖是窍与烛相远，则斜射之光敛而稍直。光皆敛直，则景不得不狭。景狭则色当浓，烛远则光必薄，是以难于加浓也。"光源距小孔愈远，其斜射的偏离程度愈小，所成之像也随之变小，像小则色即浓。但是，光源距离远了，其光必淡，所以也会减弱像的浓度。

在以上观察实验的基础上，赵友钦对像屏远近和光源远近对成像的影响，做了总结分析："景之远近在窍外，烛之远近在窍内。凡景，近窍者狭，远窍者广；烛远窍者景亦狭，烛近窍者景亦广。景广则淡，景狭则浓。烛虽近而光衰者景亦淡，烛虽远而光盛者景亦浓。由是察之，烛也、光也、窍也、景也，四者消长胜负，皆所当论者也。"像屏远近与光源远近对于成像大小的影响恰恰相反，像屏越远，成像越大；光源越近，成像越大；像越大，其色越淡；像越小，其色越浓。这是一般道理。赵友钦同时也指出了特殊情况，光源虽然距小孔很近，但如果光比较弱，则其像也会淡；光源虽然距小孔远，但光很强，其像也会浓。发光体的大小，光的强弱，小孔的大小及像屏的远近，这四者彼此消长，都会影响成像的结果。赵友钦的这些总结是很有道理的。

第五步，改变孔的大小及形状，观察成像变化。

《小罅光景》描述道："于是彻去所覆两阱之板，别作圆板二片，径广（五）尺余[①]。右片开方窍，方广四寸；左片开尖窍，三曲皆广五寸余。各于索悬于楼板之下，令其可以渐高渐低。所以渐高渐低者，表其景之远广而近狭也。仰观楼板之景左尖右方，俯视烛光之形左全右半。此则大景随空之象，各自方尖，不随烛光而圆缺也。"撤去覆盖阱口的两块板，另作两块直径五尺余的圆板，右板中心开边长为4寸的方孔，左板中心开边长5寸余的三角形，各以绳索悬吊在正对阱口上方的楼板下面，可以调整圆板的高低，以改变其到楼板（像屏）和光源的距离，如图4.2(d)所示。此时悬吊的圆板是成像的光孔。观察到楼板上所成的像，左面是三角形，右面是正方形。但此时左边阱中的蜡烛仍然是呈圆形分布，右边阱中的蜡烛是呈半圆形分布。可见这时像仅随孔窍的形状而变化，不随光源的形状而变化。这就是大孔成像。赵友钦对这种现象进行了解释："然阱大而板窍仍小，窍于楼板较近，近则虽小犹大，方尖窍内可以尽容烛光之形也。"尽管阱（光源）的直径大而板孔仍小，但阱底光源离板孔较远，远则虽大犹小；另外，板孔离楼板较近，近则板孔虽小犹大，因此板孔尽容烛光之形。他进一步解释道："原尖小窍之千景，似乎鱼鳞相依，周遍布置。大罅之景千数，比于沓纸重叠不散，张张无参差。由此观之，大则总是一阱之景，似无千烛之分；小则不睹一阱之全，碎砌千烛之景。"

经过以上实验观察，赵友钦得出结论："是故小景随光之形，大景随空之象，断乎无可疑者。"亦即小孔成像时，所成的像与光源的形状相同；大孔成像时，所成的像与大孔的形状相同。这一结论是正确的。

赵友钦的光学实验，无论是从实验设备的安排和实验程序的设计，还是对于实验现象的分析和实验结论的总结，都堪称中国历史上最出色的科学实验之一。

赵友钦在天文、物理、数学等多方面都取得过成绩。他既重视实验研究，又重视理论探索，边进行实验，边总结规律，并且定量分析与定性分析相结合，自觉运用系统的实验方法。这种科学态度和研究方法，在中国古代是相当少见的。

---

① 原文为"径广尺余"，如果是这样，则圆板远小于4尺直径的阱口大小，此板无法遮挡阱口的光线。只有圆板的直径大于4尺才符合要求，参考前面的原文"更作两圆板，径广五尺，覆于阱口地上."疑此处原文为"径广五尺余"，可能是在传抄过程中漏掉了"五"字，因此予以补上.

第五章　中国古人对电磁现象的认识

电磁学是研究物质的电磁性质及其运动规律的一门科学。中国古人对静电和静磁现象的认识较早,积累了丰富的经验知识。尤其是在对磁石的认识和运用方面取得了重要成绩。中国古人不仅将磁石作为重要的药物,而且用其制作发明了指南针。古人在使用指南针的过程中发现了地磁偏角,并对地磁偏角进行了测量。

第一节　对电和磁的初步认识

生活中经常会出现摩擦带电现象,雷电击物也是古代并不少见的现象,天然磁石吸铁也容易被古人发现。尽管中国古人并不了解这些现象的本质,但他们出于好奇而对这些现象进行了观察和纪录。

一、对电的认识

中国古人很早就对雷电现象进行了观察,并提出了解释。古代盛行元气自然观和阴阳学说。古人认为,宇宙万物都是由元气凝聚而成,空间也充满了细微无形的气;宇宙中各种事物的运动变化都是由阴阳两种因素相互作用决定的,阴阳和谐事物就正常发展,阴阳失调事物就出现危险。中国古人也用这种观念解释雷电现象,认为雷电是阴阳激烈作用而产生的。战国后期《春秋谷梁传》写道:“阴阳相薄,感而为雷,激而为霆。霆,电也。”《淮南子·地形训》也认为:“阴阳相薄为雷,激扬为电。”“薄”即搏击。古人相信,自然界阴阳二气相互搏击产生雷,相互激烈作用产生电。东汉许慎《说文解字》对“雷”和“电”解释道:“雷,阴阳薄动,生物者也;”“电,阴阳激耀也。”宋代陆佃《埤雅·释天》也认为:“电,阴阳激耀,与雷同气,发而为光者也。雷从回,电从申,阴阳以回薄而成雷,以申泄而为电故也。或曰,雷出天气,电出地气,……盖阴阳暴格、分争激射,有火生焉,其光为电,其声为雷。”[①]这些都是对雷电现象的唯象解释。

西汉末年《春秋纬·考异邮》中有“玳瑁吸䅿”之说。“䅿”是细小物体。“玳瑁”是一种海龟类的动物,甲壳是一种绝缘体,摩擦后可以带电。王充《论衡·乱龙篇》记载:“顿牟掇芥”。“顿牟”即玳瑁,“芥”即小草种子。东汉郭璞《山海经图赞》也有“玳瑁取芥”之说。这些材料都是说,经过摩擦的玳瑁可以吸引细小的物体或草芥。《三国志·虞翻传》指出:“虎珀不取腐芥”。“琥珀”是松柏树脂的化石,成分是 $C_{10}H_{16}O$,经过摩擦带电,可以吸引芥籽。腐芥是腐烂的草芥种子,由于变质而不被琥珀吸引。宋代苏轼《物类相感志》和明代李时珍《本草纲目》中都有“琥珀拾芥”之说。这些记载都是说明琥珀的静电吸引现象。

西晋张华《博物志》记载:“今人梳头、脱著衣时,有随梳解结有光者,亦有咤声。”[②]这是静电闪光和放电现象。唐代段成式《酉阳杂俎》记载:“猫……黑者,暗中逆循其毛,即着火星。”明代张居正记载说:“凡貂裘及绮丽之服皆有光。余每于冬月盛寒时,衣上常有火光,振之迸炸有声,如花火之状。”[③]明代都邛《三余赘笔》记载:“吴绫为裳,暗室中力持曳,以手摩之良久,火星直出。”[④]这些记载描述的都是毛皮或丝绸摩擦起电现象。

古人还纪录了不少尖端放电现象。《汉书·西域传下》有关于矛端放电现象的记载:“姑句家矛端生火,其妻股紫陬谓姑句曰:矛端生火,此兵气也,利于用兵。”[⑤]晋代干宝《搜神记》记载:“晋惠帝永兴元年,成都王之攻长沙……是夜戟锋皆有火光,遥望如悬烛,就视则亡焉。”《元史·五行志》也载:元顺帝至正二十一年正月癸酉,“石州大风拔木,六畜皆鸣。人持枪矛,忽生火焰,抹之即无。摇之即有”。[⑥]这些都是金属枪矛放电现象。

雷击是一种令人惊恐的电击现象,古人对此也有记载。萧子显《南齐书·五行志》记载:“永明八年四月六日,雷震会稽山阴恒山保林寺,刹上四破,电火烧塔下佛面,而窗户不异也”。[⑦]雕塑的佛像表面涂有金粉,所以受雷击时导电烧坏,而窗户由木材做成,不导电,因此安然无恙。沈括《梦溪笔谈》对一次雷击现象记载得更为

---

① 陆佃. 埤雅·释天.

② 张华. 博物志卷九,范宁校证. 杂说上. 中华书局,1980:106.

③ 张文忠公全集. 文集第十一. 光绪二十七年. 红藤碧树山馆刊本.

④ 都邛. 三余赘笔. 丛书集成初编本.

⑤ 汉书. 卷九十六下. 西域传.

⑥ 元史. 卷五十一. 五行志.

⑦ 南齐书. 卷十九. 五行志.

详细:“内侍李舜举家曾为暴雷所震,其堂之西室,雷火自窗间出,赫然出檐,人以为堂屋已焚,皆出避之。及雷止,其舍宛然,墙壁窗纸皆黔。有一木格,其中杂储诸器。其漆器银扣者,银悉熔流在地,漆器不曾焦灼。有一宝刀,极坚刚,就刀室中熔为汁,而室亦俨然。人必谓,火当先焚草木,然后流金石,今乃金石铄而草木无一毁者,非人情所测也。”①受雷击时,在强电场作用下,各种金属物件都被熔化,宝刀在鞘中化为流质,而木材做成的刀鞘却俨然存在,各种木制品完好无损。这种烧灼现象与一般的火烧常理相悖,所以沈括说“非人情所测也”。

以上这些记载都是与电相关的现象,但古人并不明白其中的道理。

二、对磁性的认识

天然磁铁矿(Fe_3O_4)具有磁性,称为磁石。先秦时期,“磁”写作“慈”。春秋战国时期,由于金属冶炼技术的兴起,人们发现了磁铁矿与其他矿物的共生关系。《管子·地数篇》对这种现象总结道:“上有丹砂者,下有黄金。上有慈石者,下有铜金。上有陵石者,下有铅、锡、赤铜。上有赭者,下有铁。”“慈石”即磁石。

《吕氏春秋·精通篇》记载了磁石吸铁现象,其中说:“慈石召铁,或引之也。”②汉代高诱注曰:“石,铁之母也。以有慈石,故能引其子。石之不慈者,亦不能引也。”李时珍在《本草纲目》中写道:“慈石取铁,如慈母之招子,故名。”③由此可见,古人认为“慈石”是一种对铁具有吸引力的石头。

古人还发现,磁石只吸引铁,而不吸引其他物体。《淮南子·览冥训》指出:“若以磁石能连铁也,而求其引瓦则难矣。”《淮南子·说山训》也指出:“磁石能引铁,及其于铜,则不行也。”三国曹植作有“磁石引铁,于金不连”的诗句④。这些都说明磁石不吸引除铁之外的其他金属。五代谭峭指出:“琥珀不能呼腐芥……磁石不能取惫铁。”⑤“惫铁”即锈蚀的氧化亚铁(F_2O_3)。

古人常常根据磁石吸铁能力的强弱,判断其性质的优劣。成书于刘宋时期的道教医书《雷公炮炙论》写道:“一斤磁石,四面只吸得铁一斤者,此名延年沙;四面只吸得铁八两者,号曰续采石;四面只吸得五两已来者,号曰磁石。”⑥这是以磁石吸铁量的多少判断其性能优劣。梁代陶弘景《名医别录》中描述了另一种判断磁石

---

① 沈括. 梦溪笔谈. 卷二十. 神奇.
② 吕氏春秋·季秋纪. 诸子集成本.
③ 李时珍. 本草纲目. 卷十. 金石部·慈石.
④ 曹植. 曹子建集. 卷五. 矫志.
⑤ 谭峭. 化书. 卷二. 琥珀,道藏本.
⑥ 唐慎微. 证类本草. 卷四. 玉石部·磁石引雷公炮炙论.

性能的方法：磁石“今南方亦有好者，能悬吸针，作虚连三、四为佳。”以磁石吸住铁针的一端，铁针的另一端可以吸住另一根针的一端，如此延续可以吸引三、四根针。这是一种简单易行的检测磁性强弱的方法。唐代《皇帝九鼎神丹经诀》卷十六也指出：“磁石……其好者能悬吸针，虚连三四为佳。”[①]该书并且指出，中国最好的磁石产于相州。据《唐本草注》记载：“磁石，初剖好者能连十针，一斤铁刀亦被回转。”宋代苏颂在《本草图经》中写道：磁石“能吸铁虚连十数针，或一、二斤刀器回转不落者，尤真。”[②]

以上古代文献记载，反映了古人对于磁石性能的经验认识。

三、对电磁吸引现象的解释

《吕氏春秋》、《淮南子》、《春秋繁露》、《论衡》、《博物志》等大量古代文献都有关于电磁吸引现象的记载。磁石为何吸铁？玳瑁何以引芥？这是古人难以理解的。汉代学者董仲舒认为，“磁石取铁，……奇而可怪，非人所意也。”[③]东汉王充用同类感应观念解释电磁吸引现象。他指出：“顿牟掇芥，磁石引针，皆以其真是，不假他类。他类肖似，不能掇取者，何也？气性异殊，不能相感动也。”[④]王充认为，顿牟与草芥，磁石与铁针，虽形质不同，但各属同类，同类则气性相通，相互感应。此后，同类感应观点成为古代解释电磁吸引现象的基本理论。晋代郭璞说：“磁石吸铁，玳瑁取芥，气有潜通，数亦冥会，物之相感，出乎意外。”[⑤]宋代张邦基也认为，“磁石引针，琥珀拾芥，物类相感然也。”[⑥]宋代俞琰在《周易参同契发挥》中指出：“磁石吸铁，隔碍潜通。”明代王廷相在《雅述》中也指出：“气以虚通，类同则感，譬之磁石引针，隔关潜达。”古人认为，磁石与铁之间通过无形的气传递作用，使它们相互感应，产生吸引。当然，要进一步说明磁石与铁之间“隔碍潜通”的道理，仅停留在古人这种认识水平上是办不到的。因此，宋代陈显微说：“隔碍相通之理，岂能测其端倪？”[⑦]明代王夫之也承认：“琥珀拾芥，磁石引铁，不知其所以然而感。”

如何消除磁石对铁的吸引力，对此中国古人也有探讨。清初刘献廷《广阳杂记》记载：“磁石吸铁，隔碍潜通。或问余曰：磁石吸铁，何物可以蔽之？犹子阿孺

---

① 道藏.第十八册:841.

② 唐慎微.证类本草.卷四.金石部·磁石引本草图经.

③ 春秋繁露·郊语.

④ 论衡·乱龙篇.诸子集成本.

⑤ 郭璞.足本山海经图赞.北山经第三.古典文学出版社,1958:16.

⑥ 张邦基.墨庄漫录.卷一.丛书集成初编本.

⑦ 蒋一彪.古文参同契集解.卷上.四库全书本.

曰:唯铁可以隔之耳。其人去而复来曰:试之果然。余曰:此何必试,自然之理也。"[1]用铁可以隔绝磁石的吸引力。这是初步发现了磁屏蔽方法。

四、磁石的应用

磁石在古代有多种用处,可以作为药物,也是道士炼丹的一种重要原料,还被用于特殊的建筑等。

首先,古人认为磁石对于人体有特殊作用,可以治疗某些疾病。成书于汉代的《神农本草经》认为:"慈石,味辛寒,主周痹风湿,肢节中痛,不可持物,洗洗酸消,除大热烦满及耳聋。"[2]现代科学研究表明,磁石所产生的磁场确实具有镇痛作用。李时珍《本草纲目》记载了一个药方:"慈石三十两,白石英二十两,搥碎瓮盛,水二斗浸于露地。每日取水作粥食,经年气力强盛,颜如童子。"[3]这是通过饮用磁化水达到医疗保健目的。现代医学研究表明,饮用磁化水确实具有一定的保健作用。中国古代也有利用磁石增强眼睛视力的记载:"有磁石者,如无大块,以碎者琢成枕面,下以木镶成枕,最能明目益睛,至老可细读书。"[4]磁枕的医疗保健作用,至今仍在中国使用。古人还利用磁石的吸铁能力,解决小孩误吞铁针问题。唐慎微《证类本草》记载:"治小儿误吞针,用磁石如枣核大,磨令光,钻作窍,丝穿令含,针自出。"[5]中国古代关于磁石在医疗方面应用的记载很多,这里只是举出几个例子。

古人也将磁石用于特殊建筑。据文献记载,秦始皇建阿房宫时,以磁石做宫门。汉代《三辅黄图》记载:"阿房宫亦曰阿城,惠文王造宫未成而亡。始皇广其宫规,恢三百余里……作阿房前殿,东西五十步,南北五十丈,上可坐万人,下建五丈旗。以木兰为梁,以磁石为门,怀刃者止之。"[6]后魏郦道元《水经注》也说:"镐水,北经汉灵台西,又经磁石门西。门在阿房前,悉以磁石为之。故专其目,令四夷朝者,有隐甲怀刃入门而胁之以示神,故亦曰却胡门也。"[7]李吉甫.元和郡县志也载:"秦磁石门,在县东南十五里,东南有阁道,即阿房宫之北门也。累磁石为之,著铁甲入者,磁石吸之不得过。羌胡以为神。"[8]用磁石做宫门,有携带铁质利器进入者

---

① 刘献廷.广阳杂记.卷一.

② 黄奭辑.神农本草经·中经.中医古籍出版社,1982:158.

③ 李时珍.本草纲目.卷十.金石部·慈石引养老方.

④ 屠龙.考槃余.卷四.起居器服笺·枕.

⑤ 唐慎微.证类本草.卷四.玉石部·慈石引圣惠方.

⑥ 三辅黄图.卷一.宫.

⑦ 王国维.水经注校.卷十九.渭水下.上海:上海人民出版社,1984:601.

⑧ 李吉甫.元和郡县志.卷一.关内道·咸阳县.中华书局,1983:13.

即被磁石吸附。尽管磁石的这种应用有一点理想化的色彩,但也符合物理道理。

磁石具有南北两极,异极相互吸引,同极相互排斥。汉代《淮南万毕术》记载了利用磁石使棋子相互吸引和排斥的现象。书中有"慈石提棋"之说,即利用磁性使棋子相互吸引。汉代高诱注释道:"取鸡(血),磨针铁,以相和慈石,置棋头,局上自相投也。"古人用针铁相磨,产生铁屑,然后以鸡血调和铁屑,并将其与磁石粘和,涂在棋头上,结果使棋子相互吸引。这种操作实际上是利用天然磁石与铁屑制作人工磁体。关于磁性排斥现象,《淮南万毕术》有"慈石拒棋"之说,即利用磁性使棋子相互拒斥。高诱注释道:"取鸡血与作针磨铁,捣之,以和慈石,用涂棋头,曝干之,置局上,即相拒不休。"[①]"相拒不休"即相互排斥。先用针磨铁,再用鸡血将磨下的铁屑粘到一块,然后用磁石将铁屑磁化;或将磁石捣碎,用鸡血将其与铁屑调和粘结在一起,涂在棋子上,晒干,棋子即具有磁极性。把多个这样的棋子放在棋盘上,有些棋子是同性磁极,靠近时即产生"相拒"现象或"相投"现象。《淮南万毕术》记载了中国古代关于人造磁体的初步实践。这些记载,后来被唐代司马贞《史记索隐》和张守节《史记正义》、宋代李昉《太平御览》、明代方以智《物理小识》等反复引述。

《淮南万毕术》还有一条关于磁石利用的记载:"取亡人衣带裹磁石,悬井中,亡人自归。"[②]"亡人"指外出迷失方向而无法回家的人。这可能是借助磁石吸铁的能力,用走失之人的衣带包裹磁石,希望它能引导"亡人"回家。

此外,磁石还被用于战争、陶瓷制造、游戏等。[③]

第二节　指南针的发明

指南针是中国古代的四大发明之一,对人类科技进步和社会发展产生了巨大的推动作用。英国弗朗西斯・培根曾对中国的火药、指南针和印刷术的发明给予过高度评价,认为:"印刷术、火药和指南针这三种发明已经在世界范围内把事情的全部面貌和情况都改变了:印刷术是在学术方面,火药是在战争方面,指南针是在

---

① 李昉.太平御览.卷七三六.卷九八八.引淮南万毕术.

② 李昉.太平御览.卷七三六.引淮南万毕术.

③ 戴念祖.中国科学技术史.物理学卷.北京:科学出版社,2001:405-406.

航海方面；并由此又引起难以数计的变化来；竟至任何帝国、任何宗教、任何星宿（显赫人物）对人类事务的力量和影响都仿佛无过于这些机械性的发现。”[①]后来，卡尔·马克思也对这三大发明给予了高度评价，认为“火药、指南针、印刷术——这是预告资产阶级社会到来的三大发明。火药把骑士阶层炸得粉碎，指南针打开了世界市场并建立了殖民地，而印刷术则变成新教的工具，总的来说变成科学复兴的手段，变成对精神发展创造必要前提的最强大的杠杆。”[②]毫无疑问，指南针的发明是中华民族对于世界文明作出的最重要贡献之一。

一、关于“司南”之争

近些年来，学术界关于指南针的发明存有争议。主要有两种观点，一种认为王充《论衡·是应篇》所说的“司南之杓”，是由磁石做成的指南针，中国在汉代甚至更早就已发明了指南针[③]；另一种则认为“司南之杓”不是由磁石做成的指南针，中国利用磁石发明指南针的时间比汉代要晚得多[④⑤]。

东汉王充《论衡·是应篇》有一段文字：“故夫屈轶之草，或时无有而空言生，或时实有而虚言能指。假令能指，或时草性见人而动。古者质朴，见草之动，则言能指。能指，则言指佞人。司南之杓，投之於地，其柢指南。鱼肉之虫，集地北行，夫虫之性然也。今草能指，亦天性也。”1948～1951 年，中国历史博物馆王振铎先生在《中国考古学报》第 3、4、5 册连续发表论文《司南指南针与罗经盘》，认为《是应篇》中“司南之杓，投之于地，其柢指南”描述的是磁勺指南针。他并且根据这十二个字制作了勺形“司南”造型[⑥]。王先生认为，“杓”是勺柄，亦即“司南”之柄，从而推断“司南形如勺”；“投之于地”的“地”，“非土地之地，乃地盘之地”，是古代占卜所用式盘的地盘，由铜质材料做成；“柢”字为“抵”，“柢抵音同形似而讹”，“抵”的意思是至，到达；谓“司南投之于地……其停至之时，其杓指南。”由此王先生得出结论，《是应篇》十二字“其大意为：司南之柄，投转于地盘之上，停止时则指南。如训杓为

① 培根. 新工具. 许宝骙，译. 商务印书馆，1986：103.

② 马克思. 经济学手稿//马克思恩格斯全集. 第 47 卷：427.

③ 王振铎. 司南指南针与罗经盘. 中国考古学报，1948，(3)：119-254；1948，(4)：185-223； 1951，(5)：101-176. 后收入其所著科技考古论丛. 文物出版社. 1989 年.

④ 刘秉正. 我国古代关于磁现象多发现. 物理通报，1956：458-462； 司南新释. 东北师大学报(自然科学版). 1988，(1)；司南是磁勺吗？ //中国科技史论文集. 台湾联经出版事业公司，1995：153-174.

⑤ 孙机. 简论“司南”//技术史研究十二讲. 张柏春，李成智. 北京：北京理工大学出版社，2006：29-37.

⑥ 王振铎. 司南指南针与罗经盘. 中国考古学报，1948-1951 年，第 3～5 册. 后收入所著科技考古论丛. 文物出版社，1989 年. 以下引文均出自此文.

栝杓之勺，训柢为瓠柢之柢，其意则为：如勺之司南，投转于地盘之上，勺柄指南。审此二种解释，前者较长也。”20世纪40年代末，王振铎提出此说并做出勺形指南针后，其观点逐渐被国内外学术界和一般民众广泛接收，几乎成为定论。

从20世纪50年代开始，东北师范大学刘秉正先生对王振铎的上述观点不断提出质疑。刘先生指出，东汉王充并未说明“司南之杓”是用什么材料做成的，今人认为其为天然磁石雕琢而成，缺乏明确根据。考虑到汉代的技术水平，能否将一块磁石加工成光滑的勺形，也令人怀疑。如果磁勺的表面不够光滑，底面与其放置的平板接触时摩擦力过大，则不可能有理想的指向效果。因此他认为，《是应篇》所说的并非磁性指南针，而是北斗星随着季节的变化所显示的指向性。①

1987年，杭州大学王锦光先生撰文认为，《是应篇》“司南之杓”是磁性指向器，但不是投于地盘上，而是投于水银池中，“投之于地”的“地”字乃“池”字之误。② 一个勺形磁石漂浮在水银池中，其摩擦力会比放置于地盘上小得多，可以灵活转动，有比较好的指南效果。

2005年，中国历史博物馆孙机先生对王振铎的观点提出了更进一步的质疑，他明确提出“汉代没有用磁石制作的指南仪器”。③

根据目前所见到的古代文献，关于“司南”的较早记载见于《韩非子》和《鬼谷子》。《韩非子·有度篇》有一段相关文字：“夫人臣侵其主也，如地形焉，即渐以往，使人主失端，东西易面而不自知，故先王立司南以端朝夕。”唐代李瓒《韩非子》注曰：“司南，即司南车也。”成书年代较《韩非子》为晚的《鬼谷子·谋篇》记载：“郑人之取玉也，必载司南之车，为其不惑也。”关于这两条史料所说的“司南”，有人认为可能是磁石做成的指南仪器，但刘秉正和孙机都认为二者均为机械指南车。指南车是古代常用的大型指向器械，东汉、曹魏、西晋、后赵、后秦、刘宋、南齐、北魏、隋、唐、宋、金时期均有制造或使用指南车的记载。在《二十四史》的各代《舆服志》中，有许多关于指南车形制的描述。

孙机从文献版本学出发，对王振铎的勺形指南针观点进行了否定。他指出，王振铎引文所根据的《论衡》通行本，是自明嘉靖通津草堂本递传下来的。但此外还有更古的《论衡》版本——南京博物院保存的宋代残本。该书仅存卷十四至卷十七。通行本中的“司南之杓”，宋代残本作“司南之酌”，朱宗莱校元代至元本也与此

---

① 刘秉正. 司南是磁勺吗？//中国科技史论文集. 台湾联经出版事业公司，1995：153-174.

② 王锦光，闻人军. 论衡司南新考和复原方案. 未定稿，1987，(6).

③ 孙机. 简论“司南”//技术史研究十二讲. 张柏春，李成智，主编. 北京：北京理工大学出版社，2006，32-33. 以下有关孙机的观点均引自该文，本节内容参考该文.

宋代本相同[1]。根据宋代残本来看,通行本《论衡》中的"杓",其实是个误字。"酌"训行、用。《国语·周语上·邵公谏厉王弭谤》:"故天子听政,使公卿至于列士献诗,瞽献曲,史献书,……而后,王斟酌焉,是以事行而不悖。"汉代贾逵注:"酌,行也"。《诗经·周颂·酌·序》:"酌,告成大武也,言能酌先祖之道以养天下也。"汉代郑玄注:"文王之道,武王得而用之,亦是酌取之义。"《逸周书·大武篇》:"酌之以仁。"清代潘振《周书解义》:"取善而行曰酌。"《广韵·入声·药第十八》也说:"酌,行也。"孙机认为,《是应篇》的"投之于地"则与《孙子兵法·九地篇》"投之亡地然后存"的用语相似,"投之于地"即"置之于地"。"柢",在《集韵·支部》引《字林》、《玉篇·木部》、《广韵·支部》中都释为"碓衡"。碓衡是一段横木,正与指南车上木人指方向的臂部相当。由此孙机得出结论:宋本中这十二个字的意思很清楚,"司南之酌,投之于地,其柢指南",意即"如使用司南车,把它放置在地上,其横杆就指向南方";"《是应篇》上述引文描述的是当时人所习知之司南车的性能"。

王振铎制作的"司南",是在占栻的铜地盘上放置一个有磁性的勺。天然磁石的磁矩很小,制作过程中的振动和摩擦都会使它退磁。为了克服这种困难,王振铎采用了两种制作磁勺的材料:一是以钨钢为基体的人造条形磁铁,另一是将天然磁石置于强磁场中进行磁化。据说中国博物馆陈列的"司南"中的勺,就是用人工磁铁制作的。汉代既没有人工磁铁,也不可能将天然磁石放进强磁场里磁化。因此,孙机认为"汉代没有用磁石制作的指南仪器"。他并且强调:"凡属重要的、且确已行世的发明,先贤总会形诸文字,津津乐道。反之,如果只能找出点迷离扑朔、若即若离、甚至似是而非、与对一项重大发明的记载很不相称的片言只字,则所涉及对象的真实性,也就大可怀疑了。"

孙机从文献版本学、训诂学方面的论述是有说服力的。

二、指南针的制造

根据文献记载,至迟从宋代初期抑或唐代末期开始,中国人发明制作了各种类型的磁性指南仪器。

唐代段成式《酉阳杂俎续集》有"有松堪系马,遇钵更投针"、"勇带磁针石,危防井丘藤"的诗句[2],其中"投针"的"针"和"磁针石"都可能是指南针。

宋代有不少文献记载了指南针的制作和使用。成书于 1041 年的杨维德《茔原总录》是迄今所见有关指南针的最早文献,其中描述了指南针在堪舆中的运用和地

---

① 黄晖.论衡校释.卷一七.中华书局,1990.

② 段成式.酉阳杂俎续集·寺塔记上.

磁偏角现象。《茔原总录》写道："宜匡四正以无差，当取丙午针，于其正处，中而格之，取方直之正也。盖阳生于子，自子至丙为之顺；阴生于午，自午至壬为之逆；故取丙午壬子之间是天地中，得南北之正也。丙午约而取于大概。"[1]这是说，用罗盘堪舆时，指南针的指向在丙午之间。午是正南，丙是南偏东 15° 方向。指针在丙午之间，是说指针指向南偏东 7° 左右（图 5.1）。

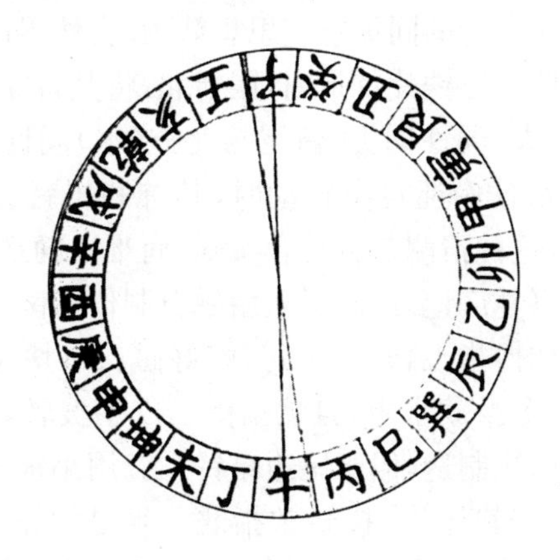

图 5.1　罗盘二十四向方位

宋代曾公亮《武经总要》记载了一种制作指南针的特殊方法，其中写道："若遇天景曀霾，夜色暝黑，又不能辨方向，则当纵老马前行，令识道路；或出指南车或指南鱼，以辨所向。指南车世法不传。鱼法，以薄铁叶剪裁，长两寸，阔五分，首尾锐如鱼形，置炭火中烧之，候通赤，以铁钤钤鱼首出火，以尾正对子位，蘸水盆中，没尾数分则止，以密器收之。用时置水碗于无风处，平放鱼在水面令浮，其首常南向午也。"[2]以现代的科学认识来看，古人这种用淬火方法制造指南针的做法是有一定道理的。地球是个大磁体，沿着地表空间分布有南北方向的地磁力线。铁片中有分子电流形成的一个个小磁畴，当小鱼形的铁片在炭火中加热到通体透红时，由于热运动使小磁畴呈无序分布状态；用钳子夹住鱼首正对子位（北方）将鱼尾没入水中，这一操作使小鱼沿着南北方向，并与地面呈一定的倾斜角度，这恰恰使小鱼的首尾与地磁场的磁力线方向一致，使得铁片中的小磁畴迅速沿着地磁场方向排列，当鱼尾在水中快速冷却时，其中沿着地磁场方向排列的小磁畴即被固定下来，从而

① 杨维德. 茔原总录. 卷一. 主山论//中国史稿. 第五册. 郭沫若，主编. 北京：人民出版社，1983：620-621.

② 曾公亮. 武经总要前集. 卷十五.

成为一个永磁体。这种操作实际上是利用地磁场将小铁片定向磁化。这可以算是世界上最早对地磁倾角的利用了。有趣的是，中国古人并不知道地球是个大磁体，更没有地磁场的概念。因此，《武经总要前集》记载的这种制造指南鱼的方法是耐人寻味的。根据古代流行的思想观念，这种做法可能是受五行说和同类感应思想影响的结果。中国古代长期盛行五行说，按照五行与五方的对应关系，南方午位属火，北方子位属水。古代流行的同类感应思想认为，自然界同类事物之间会产生相互感应。古人认为，欲使鱼形铁片首指南，尾指北，将其首赋予火的性质，尾赋予水的性质，使鱼首与南方（火）同性同类，鱼尾与北方（水）同性同类，即可产生同类感应作用；当将铁鱼置入水盆中能自由转动时，其首和尾就会分别向南方和北方靠拢，形成指向性。当然，这种猜测是否符合实际，尚难以确定。

宋代陈元靓所作《事林广记》记载了运用磁石制作指南鱼和指南龟的方法："造指南鱼。以木刻鱼子，如拇指大，开腹一窍，陷好磁石一块子，却以腊填满，用针一半金从鱼子口中钩入。令没放水中，自然指南。以手拨转，又复如初。造指南龟。以木刻龟子一个，一如前法制造，但于尾边敲针入。用小板子，上安以竹钉子，如箸尾大；龟腹下微陷一穴，安钉子上，拨转常指北。须是针尾后。"[①]将一条形磁石嵌入小木鱼腹内，使其具有磁性；将一铁针插入鱼口中一半，是便于观察南北方向；将木鱼置于水中，是减少其转动时的阻力。这可以说是水罗盘的雏形。指南龟的制作方法与指南鱼类似，在木龟的尾端插入一根铁针，也是便于观察；将木龟置于竹钉子上，目的是减小其转动的阻力。这是旱罗盘的雏形(图 5.2)[②]。

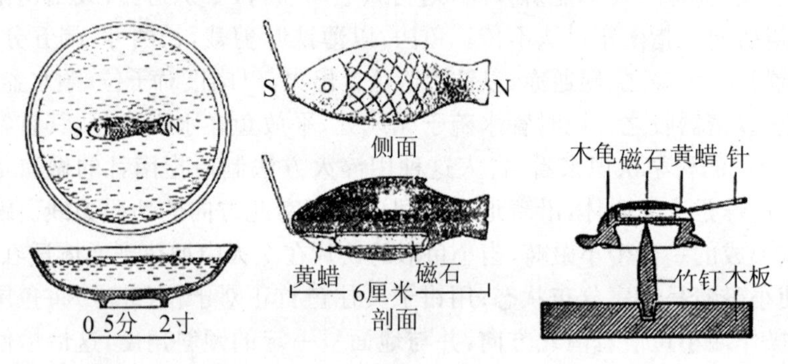

图 5.2　指南鱼和指南龟

沈括《梦溪笔谈》记载了以磁石磁化钢针制作指南针及其使用的方法："方家以

① 陈元靓. 事林广记. 癸集卷十. 神仙幻术. 上海：上海古籍出版社，1990 年影印本.

② 戴念祖. 中国科学技术史. 物理学卷. 北京：科学出版社，2001：411.

磁石磨针锋，则能指南……水浮多荡摇，指爪及碗唇上皆可为之，运转尤速，但坚滑易坠，不若缕悬为最善。其法，取新纩中独茧缕，以芥子许蜡，缀于针腰，无风处悬之，则针常指南。”[1]以磁石磨铁针，针就被磁化。这是最方便的制作指南针的方法，后人多用此法。沈括还记载了几种使用指南针的方法：一是将指南针中部穿上细草秆之类的易浮物，使其漂浮在水面上指示南北；二是将指南针放置在指甲盖上或碗唇上，由于指甲和碗唇表面光滑，与指南针的摩擦力很小，转动灵敏，但容易滑落；三是用蚕丝将指南针悬吊起来，这样即运转灵敏，又不会脱落，如图 5.3 所示。稍晚于沈括的寇宗奭在其《本草衍义》中也描述了与《梦溪笔谈》类似的内容。

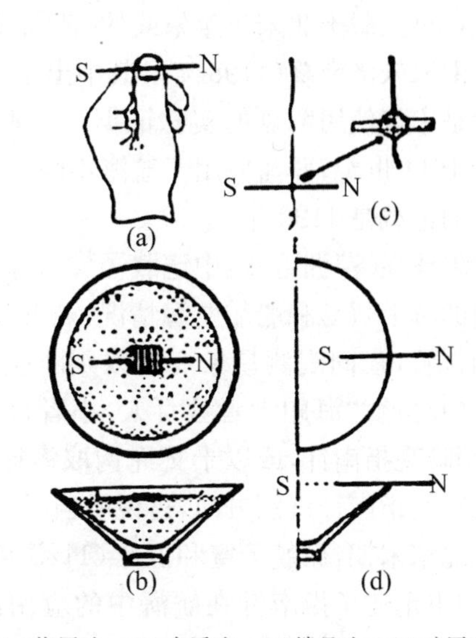

(a)指甲法　(b)水浮法　(c)缕悬法　(d)碗唇法

图 5.3　指南针的四种放置方法

沈括发现，指南针不仅指南，也有指北者。他在《梦溪笔谈》中写道：“方家以磁石磨针锋，则能指南，……其中有磨而指北者。予家指南北者皆有之。”他在《补笔谈》中也说：“以磁石磨针锋，则锐处常指南，亦有指北者，恐石性亦不同。”沈括认为，“南北相反，理应有异。”[2]古人以指南针尖锐的一端指示的方向判断其指向性，其实古代以磁石摩铁针方法制作的指南针，哪一端都有可能指南或指北。

三、指南针的运用

中国古人最初使用的指南针并没有固定的方位盘，大约在宋代，人们将磁针与固定的方位盘联成一体，形成了罗盘，也称罗经盘。罗盘的发明与当时盛行的堪舆活动有密切关系。在其发明初期，罗盘主要被用作勘察“阴宅”(墓穴)和“阳宅”(房屋)的位置及朝向的工具。由于其指向性好，使用方便，很快就被应用到天文、地学、军事和航海等活动中。磁性指向技术的应用是中国古代的伟大发明，使这项技术能够走向世界，关键在于磁罗盘的发明。磁罗盘在 12 世纪传入欧洲后，极大地

---

① 沈括. 梦溪笔谈. 卷二十四. 杂志一.

② 沈括. 梦溪笔谈・补笔谈. 卷三. 药议.

推动了西方社会的发展。

中国的堪舆罗盘最早见载于北宋杨维德的《茔原总录》(1041 年成书)[①]。航海罗盘最早见载于北宋末年朱彧的《萍洲可谈》(1119 年成书)。1988 年,江西临川发掘了南宋朱济南墓(1198 年),其中出土了两个手持罗盘的“张仙人”瓷俑。这可以认为是宋代使用罗盘的实物证据[②]。现有的各种证据表明,中国发明罗盘的时间不晚于 11 世纪,罗盘应用于航海不晚于 12 世纪初。在欧洲文献中,最早出现关于磁针的记载是 1190 年[③]。

朱彧在《萍洲可谈》中记载了父亲朱服在广州的见闻。朱服是广州官吏,了解广州的海上贸易和船舶航海情况。《萍洲可谈》描述船舶在海上航行时,白天观测太阳位置,夜间观测星象变化以判断航向;阴雨天气时,则利用指南针指示方向。该书中写道:“海船大者数百人,小者百余人,……舟师识地理,夜则观星,昼则观日,阴晦观指南针,或以十丈绳钩取海底泥溴之,便知所至。”[④]航海者只是在天气阴晦时用指南针辨别方向,这说明当时指南针在航海中还不是主要的指向工具。

北宋末期,徐兢于宣和五年(1123 年)奉旨出使高丽。他在《宣和奉使高丽图经》中也记述了指南针在航海中的应用:“是夜海中不可住,维视星斗前迈。若晦冥,则用指南浮针以揆南北。入夜举火入舟,皆应夜分。”[⑤]“指南浮针”说明当时用的是水罗盘。

南宋末期,赵汝适所著《诸蕃志》记述道:“南海……东则千里长沙,万里石床。渺茫无际,天水一色。舟舶来往,惟以指南针为则,昼夜守视惟谨。毫厘之差,生死系焉。”“惟以指南针为则”,这说明当时指南针已经成为航海指向的主要仪器。

南宋末年吴自牧《梦粱录》也记载了航海罗盘的使用:“风雨晦冥时,惟凭针盘而行,乃火长掌之,毫厘不敢误差,盖一舟人性命所系也。……海洋近山礁则水浅,撞礁必坏船。全凭指南针,或有少差,即葬鱼腹。”[⑥]罗盘指向维系一船人的性命,所以船上由火长专门掌管它。

宋代用于航海的罗盘,一般认为是水罗盘。至于中国人何时发明了旱罗盘,目前尚无统一的说法。明代晚期堪舆家李豫亨在其著作中记述,中国使用旱罗盘曾

① 郭沫若主编. 中国史稿. 第五册. 北京:人民出版社,1983:620-621.

② 陈定荣,徐建昌. 江西临川县宋墓. 考古,1988,(4).

③ 李约瑟. 中国对航海罗盘研制的贡献//李约瑟文集. 潘吉星,主编. 沈阳:辽宁科学技术出版社,1986:503.

④ 朱彧. 萍洲可谈. 卷二. 四库全书本.

⑤ 徐兢. 宣和奉使高丽图经. 卷三十四. 半洋焦. 万有文库本.

⑥ 吴自牧. 梦粱录. 卷十二. 江海船舰. 杭州:浙江人民出版社,1980:111-112.

受到过日本等外夷的影响。他在《推篷寤语》中记述:“世所用惟术家针盘,用水浮针,视其所指,以定南北。近来吴、越、闽、广屡遭倭变,倭船尾率用旱针盘,以辨海道。中国得其制,始多旱针盘。但其针用磁石煮制,气过则不灵,不若水针盘之细密也。”①李豫亨在《青乌绪言》中也写道:“至嘉靖间,遭倭夷之乱,始传倭中法。以针入盘中,贴纸方位其上,不拘何方,子午必向南北,谓之旱罗盘。”②明代晚期,日本倭寇经常侵犯中国东南沿海,其船舶所用罗盘是受中国指南针启发而制造的旱罗盘。这种旱罗盘又被中国人进一步发展应用。

第三节　地磁偏角的发现和测量

中国古代的堪舆家在运用罗盘勘察风水的活动中,发现罗盘磁针所指的南北方向(即地磁子午向)与立表测影所得的南北方向(即地理子午向)之间存在偏差。这种地磁子午向与地理子午向之间的偏差,称为地磁偏角。

中国关于地磁偏角的最早记载见于杨维德的《茔原总录》。该书记载指南针的指向是在正南(午)与南偏东 15°(丙)之间,“中而格之”,约 7°左右(图 5.1)。《茔原总录》是一本堪舆书,成书于庆历元年(1041 年)。这说明,最迟在 11 世纪初,中国的风水师在运用指南针进行堪舆活动中,就已发现了地磁偏角。

继杨维德之后,沈括在《梦溪笔谈》中也描述了地磁偏角现象:“方家以磁石磨针锋,则能指南,然常微偏东,不全南也。”“常微偏东”,即磁针指向偏东。

成书于宋代初期的风水书《管氏地理指蒙》以阴阳五行理论对地磁偏角现象给予了解释,书中写道:“惟壬与丙阴始终而阳始穷,惟子与午阳始肇而阴始生。探阴阳自始至终之蕴,察天地南离北坎之原。磁者母之道,针者铁之戕。母子之性,以是感,以是通;受戕之性,以是复,以是完。体轻而径所指必端,应一气之所召,土曷中,而方曷偏,较轩辕之纪,尚在星虚丁癸之躔,惟岁差之法,随黄道而占之,见成像之昭然,大哉中之道也。天地以立极……是以磁针之所指者,其旨在斯。”这段文字的注文说:“磁石受太阳之气而成,孕二百年而成铁。针虽成于磁,然非太阳之气不生,则其实为石之母。南离属太阳真火,针之指南北顾母而恋其子也。《土宿本草》

① 徐应秋. 玉芝堂谈荟. 卷二十八. 指南车//推篷寤语. 李豫亨. 四库全书本.

② 王振铎. 科技考古论丛. 文物出版社,1989.

云:铁受太阳之气,始生之初,卤石产焉,一百五十年而成磁石,二百年孕而成铁。又云铁禀太阳之气……阳生子中,阴生午中,金水为天地之始,气金得火,而阴阳始分,故阴从南,而阳从北,天定不移。磁石为铁之母,亦有阴阳之向背,以阴而置南,则北阳从之;以阳而置北,则南阴从之。此颠倒阴阳之妙,感应必然之机。"[①]这两段引文对磁针指向原理的阐述,既有阴阳八卦理论,也有五行学说和自然感应思想,反映了中国古代的思想文化和对物理现象的思辨性解释。

宋代寇宗奭在《本草衍义》中也写道:"(磁石)磨针锋则能指南,然常偏东,不全南也。其法,取新纩中独缕,以半芥子许蜡,缀于针腰。无风处垂之,则针常指南。以针横贯灯心(草),浮水上,亦指南,然常偏丙位。盖丙为大火,庚辛金受其制。故如是,物理相感耳。"[②]根据五行说和方位理论,丙午在南方属火,庚辛在西方属金,指南针由铁制成也属金,火克金,二者相互排斥,所以指针向东偏离。此即寇宗奭对地磁偏角现象的解释。

生活于13世纪初的风水师曾三异在其《因话录》中写道:"地螺或子午正针,或用子午丙壬间缝针。天地南北之正,当用子午。或谓江南地偏,难用子午之正,故以丙壬参之。""地螺"即风水师用的罗盘,子午是地理南北方向。"子午丙壬间缝针"也是说磁针沿着丙午、壬子方向。

以上列举的文献记载,都反映了中国古人对地磁偏角的认识。

明代朱载堉对地磁偏角进行了测量。他在《律历融通》中写道:"赵友钦曰:'地中有子午卯酉四向,四向既正,则轮盘二十四向皆正矣。'然而,八方之地,各有偏向。若世所用指南针,要亦可准试。即偏地用之,验其所指者,正午欤?偏午欤?使偏地而指偏午,则二十四向皆随偏午而定,一定俱差,余向俱差矣。此不可不辨也。《本草衍义》曰:'磁石磨针锋则能指南,然常微偏东,不全南也。盖丙午为大火,庚金受其制,古如此。'尝以正方案之一,规均为百刻,而以日景与指南针相较,果指午正之东一刻零三分刻之一。然世俗多不解,考日景以正方向,而惟凭指南针以为正南,岂不误哉。"[③]朱载堉指出,根据日影得出的南北方向才是正确的方向,人们以指南针所指的方向为南北方向是错误的。他将圆周360度划分为100个刻度。利用这种方法,他测得磁针指向南偏东"一刻零三分刻之一"。用现代数学表示即4.8°或$4^{\circ}48'$。

明代徐光启也对地磁偏角进行过测量。他在《新法算书》中写道:"指南针者,

① 管氏地理指蒙·释中第八.古今图书集成·艺术典·堪舆部.

② 寇宗奭.本草衍义.卷五.磁石.

③ 朱载堉.律历融通.卷四.正方.

今术人恒用此以定南北，凡辨方正位，皆取则焉。然所得子午，非真子午。向来言阴阳者，多云泊于丙午之间。今以法考之，实各处不同，在京师则偏东五度四十分。”①

1492年，哥伦布在利用中国罗盘指引航向横渡大西洋过程中，发现了地磁偏角。中国古人对地磁偏角的发现比他早得多，而且进行了反复测量。

以上五讲，介绍了中国古人对于物理现象的认识情况。总体来看，中国古人的物理学探索活动，取得了一系列有科学意义的认识结果，其中有些成果达到了当时的世界先进水平。从认识结果的理论特点来看，中国古人对物理现象的认识多数是经验性的，缺乏理论深度，得出的一般性结论或定律很少；多数认识是一个个孤立的经验性总结，尚未形成理论体系。从认识方法来看，中国古人对物理现象满足于进行经验性总结，很少做严格的逻辑证明；满足于做定性描述，很少做定量分析；满足于记录现象，对其原因和规律的探讨不够深入。造成这种状况的原因是复杂的和多方面的：中国古代逻辑学和几何学不发达，缺乏数理证明的工具；中国古代社会价值观重视治国之道和实用技术，人们对纯粹的自然科学理论探索兴趣不大，对自然现象的原因探讨兴趣不足；如此等等。这些因素都会对中国古人的物理学认识活动产生不利的影响。

① 徐光启，等. 新法算书. 卷一. 治历缘起.

第六章 明清时期西方物理学知识向中国的传播

近代,从意大利耶稣会传教士利玛窦(Matteo Ricci,1552—1610)于1582年来华开始,包括物理学在内的西方科学文化不断向中国传入。但是,从18世纪20年代到19世纪40年代的100余年间,由于清朝政府实行闭关锁国政策,致使西方科技知识的传入过程中断。鸦片战争开始后,西方的坚船利炮重新打开了中国的大门,西方的科技知识和文化随之再次向中国传播。所以,包括物理学在内的西方科技向中国传入的过程,以鸦片战争为界分为前后两个阶段:第一阶段是明末清初时期,即从明朝末期至鸦片战争前(主要是从明万历年间至清康熙年间的100多年),第二阶段是晚清时期,即从鸦片战争开始至清代末期(道光至宣统年间约70年)。在前一个阶段,即16世纪末至18世纪初,物理学在西欧正处于建立过程中,尚未成为一门完整而独立的学科,因此传入中国的内容也比较零散,其中主要有力学、光学和热学等方面的知识;后一个阶段,西方的物理学已经建立了比较完成的学科体系,因此传入中国的物理学知识也比较系统。

第一节 明末清初西方传入的物理学知识

1607年,利玛窦和徐光启合译了欧几里得《几何原本》前六卷,这是中国最早翻译的西方科学著作。明末清初这一时期,西方物理学知识传入的方式是传教士口述,中国学者笔录;传入的是一些力学、热学和光学方面的初等知识。这些内容包含在一些相关著作中,缺乏系统性①②。

① 王冰.中外物理交流史.第二章.长沙:湖南教育出版社,2001.

② 戴念祖.中国科学技术史.物理学卷.第七章.北京:科学出版社,2001.

明末清初，西方来华传教士与中国学者合作翻译出版了一批著作，其中包含物理学内容比较集中的有5本著作。一是《远镜说》，由德国传教士汤若望(J. A. Schall von Bell，1592—1666)译著，首刊于明代天启六年(1626)，全书约4 500字，有插图16幅，介绍了望远镜的结构、功用、光学原理、制造方法和用法等，是中国最早专门论述望远镜的著作；二是《远西奇器图说录最》，由德国传教士邓玉函(J. Terrenz，1576—1630)口授，王徵译绘，首刊于明代天启七年(1627)，是从传教士带来的书籍中摘录编译而成；该书编译坚持三个原则："录其最切要者"、"录其最简便者"和"录其最精妙者"，是中国第一部介绍西方力学和机械知识的著作；三是《验气图说》，由比利时传教士南怀仁(F. Verbiest，1623—1688)著述，刊于1671年，书中介绍了温度计的制作方法、用法及其原理，附有验气图一幅，是中国最早介绍欧洲早期定量温度计的著作；四是《新制灵台仪象志》，由南怀仁纂著，清代钦天监官员多人笔录而成，1674年成书，内容包括天文仪器、力学、简单机械、光的折射和色散、温度计和湿度计等知识；五是《穷理学》，由南怀仁专门为康熙皇帝学习西学而编纂，1683年进献康熙御览，该书集当时传入的西学知识之大成，其中物理内容包括力学知识、各种简单机械、光学和热学知识等。这一时期传入的物理学知识有以下几个方面。

一、力学知识

明末清初，中国人称西方传入的力学知识为"重学"，因为"其术能以小力运大重，故名曰重学，又谓之力艺。大旨谓天地生物有数，有度，有重。数为算法，度为测量，重则即此力艺之学，皆相资而成。"[①]这一时期传入的力学知识主要集中在《远西奇器图说录最》和《新制灵台仪象志》中，包括关于重力、重量、重心、比重、浮力和单摆等知识。

《远西奇器图说录最》卷一第4款对重力的性质进行了说明："盖重性就下，而地心乃其本所，故耳譬如磁石吸铁，……重物有二，一本性就下，一体有斤两。"《新制灵台仪象志》卷二给出了物体重心的定义："凡有重体之论，必以其重心为主。所谓重心者，即重物内之一点，而其上下左右两重彼此相等也。"该书卷四描述了单摆的等时性："凡垂球，一来一往之单行，其相应之时刻分秒皆相等；又凡垂球往来之双行，其相应之时刻分秒亦相等。……夫观垂球往来之数，必观其大弧之往来与小弧之往来，论时刻之分秒皆相等也。又大弧之往来疾，小弧之往来迟，迟疾不同，而其所历时刻之秒，大弧小弧皆相同也。"

① 四库全书总目提要·子部·谱录类.

《远西奇器图说录最》卷二介绍了一些简单机械，并讨论了其作用："器之总类有六：一、天平；二、等子；三、杠杆；四、滑车；五、圆轮；六、藤线……""器之用有三：一、用小力运大重；二、凡一切人所难用力者，用器为便；三、用物力、水力、风力以代人力。"该书卷二第19款"等子解"介绍了杠杆原理："此款乃重学之根本也，诸法皆取用于此。有两系重是准等者，其大重与小重之比例，就为等梁长节与短节之比例，又为互相比例。假如 e 大重八斤，与 a 小重二斤为准等，其比例为四倍；则横梁长节从提系到 u 为四分，短节从提系到 i 但有一分，其比例亦是四倍。所以两比例等，其两比例又是互相比例法。" 这是西方杠杆原理在中国的首次介绍。《新制灵台仪象志》介绍了滑轮的省力情况和计算："用一轮之滑车，而力之半能起重之全……若用二轮之滑车，则是以力之四分之一而能当全重……三四等轮之比例，皆仿此。"

《远西奇器图说录最》卷一先介绍了物体的本重概念(即物体的重量)，然后讨论了物体本重与浮力的关系。该书卷一第40款写道："有定体，其本重与水重等，则其在水不浮不沉，上端与水面准。"第41款："有定体，其本重轻于水，则其在水不全沉，一在水面之上，一在水面之下。"第42款："有定体，其本重重于水，则其在水必沉至底而后止。"第43款："有定体，其本重轻于水，其全体之重与本体在水之内者所容水同重。"这是阿基米德浮力原理在中国的最早介绍。

《远西奇器图说录最》还介绍了水的性质。该书卷一第35款写道："水博不得。假如有铜球于此，水已满其中矣。欲再强加别水，必不得。虽铜球分裂，亦必不能再加。何也？水体最密最稠，再博不去，故也。"第36款："水面平，水随地流，地为大圆，水附于地，其面亦圆。……盖大圆不见其圆，视见其长，故视见其平面耳。"这种关于水面形状与地球关系的认识，古希腊人即已有之。尽管如此，这对于中国人还是很新鲜的。卷一第57款还讨论了水的压力："水力压物，其重只是水柱。与在旁多水，皆非压重。求水压物重处，止于所压物底之平面。"此外，在利玛窦与李之藻合作编译的《同文算指》(1613年刊行)以及意大利传教士艾儒略(G. Aleni, 1582—1649)与杨廷筠合译的《职方外纪》(1623年刊行)中都有关于阿基米德发现浮力原理故事的叙述。

二、光学知识

《西洋新法历书》由汤若望和徐光启组织编写，1634年编成，其中在介绍西方天文学知识的同时，也介绍了一些光学内容。如其中说："一曰，有光之体，自发光，必以直线射光，至所照之物。二曰，有光之多体同照，光复者必深，而各体之本光不乱。三曰，有大光体，中有暗体，分光体为二，即一光体为有光之两体。四曰，光体射光，过小圆孔，若所照不远，则光仍如本光体之形。五曰，两光体各射光，过小孔，反照之，上体之光在下，下体之光在上，右在左，左在右。”这里说明了光的直线传播、光传播的独立性、本影与半影、小孔成像等现象。该书还描述了小孔成像在日食观测中的应用。

《远镜说》描述了光的反射现象，其中写道：“不通光之体可借喻镜面。夫镜有突如球、平如案、洼如釜之类。其面皆能受物像，而其体之不通彻，皆不能不反映物像。反映之像自不能如本像之光明也，所谓反映者此也。”“反映”即反射。这里说明光遇到不透明的凸面、平面、凹面的镜面时，会被反射，反射光的强度比入射光要弱。

西方折射知识的传入最早见于利玛窦所著《乾坤体义》(1605 年刊行)，该书在回答“日月何得而同现地平”时说：“盖其半沉半吐之际人见双形，实非并现。倘月蚀时日月全现，地平上必月。或在西始入地，或在东将出地。而海水影映，并水土之气发浮地上，现出月影，此时月体实在地下，为地所隔。此理可试于空盂，若盂底内置一钱，远视之不见，试令斟水满之，钱不上移宛而可见焉。盂边既隔吾目，则吾所见非钱体，乃其影耳。兹岂非月在地下而景现地上之喻乎？”其中的水盆置钱实验，是古罗马托勒密曾经做过的水折射实验。《远镜说》中列举了一系列日常所见的折射现象：“如舟用篙橹，其半在水，视之若曲焉。张网取鱼，多半在水，视之若短焉。又鱼者，见象浮游水面，而投叉刺之，必欲稍下于鱼，乃能得鱼。盖水气两隔，恍惚使然，渔夫习之熟，知其必然，而不知其所以然耳。”为了解释这些现象，书中同样利用了水盆置钱实验。

《西洋新法历书》还用色散实验方法解释虹霓现象。其中说：“若虹霓是湿云所映，无从可证。试以玻璃瓶满贮水，别为密室，止穿一隙，以达日光，瓶水承隙，则光透墙壁亦成虹霓。”让日光透过装水的玻璃瓶，产生色散现象。这是近代早期欧洲人做的色散实验。笛卡儿就曾用球形玻璃瓶装水，观测日光色散现象。

三、热学知识

在欧洲，伽利略于 16 世纪末发明了温度计。17 世纪初圣托里奥(Santorio Santorre，1561—1636)、弗拉德(Robert Fludd，1574—1637)等人也分别独立地发明了温度计。最初的温度计都是空气温度计。南怀仁《新制灵台仪象志》介绍了这种温度计的制作方法。它是在 U 型玻璃管内注入一些烧酒(或水)，使玻璃管内留有一定的空间，以一水平线为基准，将管子划分成上半部较长、下半部较短的两部分，对应气候的冷热做一些不等分的分度，以作为测量温度的标尺。[①]

---

① 王冰. 南怀仁介绍的温度计和湿度计试析. 自然科学史研究，1986，5(1)：76-83.

许多物质具有吸湿性质,人们可以根据物质吸收湿气后所引起的重量、形状等变化,制成各种湿度计。欧洲在17世纪出现了定量化的湿度计。人们利用弦线或肠线干湿程度的不同会影响其扭转程度不同的性质,制成了弦线扭转式湿度计。南怀仁在《新制灵台仪象志》卷四中介绍了这种湿度计的制作及测量方法:"欲察天气燥湿之变,而万物中唯鸟兽之筋皮显而易见,故借其筋弦以为测器,……法曰:用新造鹿筋弦,长约两尺,厚一分,以相称之斤两坠之,以通气之明架空中横收之。使上截架内夹紧之,下截以长表穿之。表之下安地平盘,令表中心即筋弦垂线正对地平中心。本表以龙鱼之形为饰。验法曰:天气燥,则龙表左旋;气湿,则龙表右旋。气之燥湿加减若干,则表左右转亦加减若干,其加减之度数,则于地平上之左右边明划之。而其器备矣,其地平盘上面界分左右,各划十度而阔狭不等,为燥湿之数,左为燥气之界,右为湿气之界。其度各有阔狭者,盖天气收敛其筋弦有松紧之分,故其度有大小以应之。"这是弦线式吸湿性湿度计。此外,南怀仁在《穷理学》中也叙述了温度计和湿度计的知识。

由上述内容可以看出,这一时期传入的物理学知识内容较为零散,水平不高,多为应用或实用知识。这与当时西方物理学正处于建立过程中、理论性和系统性不强有关,同时也与传教士的知识水平及其来华的目的有关。传教士来华的目的是传播宗教文化,而不是传播科学知识,他们不可能全面系统的将西方的物理学发展及时地传播到中国。另外,他们自己的物理学知识水平也相当有限。

第二节　晚清时期西方物理学知识的传入

从18世纪20年代开始,清朝政府实行闭关锁国政策,严格控制与国外的交流往来,使得泱泱中华帝国进入了固步自封、逐步落后于世界之邻的时代。从18世纪下半叶至19世纪上半叶,欧洲国家多次派使节来华,要求与清朝交往,但均被拒绝。1793年,英国派特使马嘎尔尼(Lord MaCartney, 1737—1806)率团来华,要求与清政府通商和互派使节。他们带来了大批礼物,其中有天球仪、地球仪、抽气机、力学器械、光学仪器、各种枪炮、军舰模型等。但清王朝认为:"天朝物产丰富,无所不有,原不籍外夷货物以通有无。""此则与天朝体制不合,断不可行。"1816年,英国又派特使阿美士德抵华,再次要求通商。清朝的回答是:"天朝不宝远物,凡尔国奇巧之器,亦不视为珍异","嗣后毋庸遣使远来,徒烦跋涉,但能倾心孝顺,不必岁时来朝，始称向化。”鸦片战争之后，清政府被迫打开了国门。为了振兴国家，驱除鞑虏，一些有识之士提出中国应“师夷之长技以制夷”，由此清政府开始了洋务运动。在这种历史背景下，西方的科学技术连同宗教文化等大量传入中国。

从19世纪中叶至20世纪初，在中国进行科学和教育活动的西方人士，以基督教新教传教士为主。新教传教士来华后，在其传教活动中，比较重视科技知识的传播和一些教育活动。这一时期，经典物理学体系已经在欧洲建立，有大量的专业书籍问世。因此，尽管传播科学知识只是传教士的业余工作，但经过他们的翻译活动还是传入了大量质量比较高的物理学内容。[①]

一、物理学书籍翻译

晚清时期，来华西方人士传播科技知识最主要的途径是翻译出版书籍。中国近代最早的编译、出版机构是传教士于1843年在上海设立的墨海书馆。墨海书馆开办了约20年之久，除印刷宣传宗教的书籍之外，还编译出版科学书籍。该馆伟烈亚力(A. Wylie，1815—1887)、艾约瑟(J. Edkins，1823—1905)、韦廉臣(A. Williamson，1829—1890)等传教士与中国学者李善兰、王韬、张福僖等人合作，翻译出版了多种科学著作。其中物理学方面的有：艾约瑟和张福僖于1853年译述的《光论》和《声论》，这是中国近代最早的光学和声学译著；伟烈亚力和王韬译述的《重学浅说》，1858年刊行，这是力学方面的最早译著；艾约瑟和李善兰根据英国物理学家休厄尔(W. Whewell，1794—1866)著作译述的《重学》，1866年印行，是中国第一部系统介绍包括运动学和动力学、刚体力学和流体力学知识的重要著作。另外，伟烈亚力和李善兰据英国著名天文学家赫歇尔(J. Herschel，1792—1871)《天文学纲要》编译的《谈天》(1859年刊行)，虽然是一部系统介绍近代天文学知识的书籍，但也包含了相当多的力学知识。

1865年清政府在上海创办了江南机器制造总局，于1868年附设翻译馆，该馆是中国近代科技著作翻译出版最重要的机构。馆内有徐寿、华蘅芳、赵元益、徐建寅等中国著名学者，并聘请傅兰雅(J. Fryer，1839—1928)、金楷理(C. T. Kreyer)、林乐知(Y. J. Allen，1836—1907)等西方人士为译员，还有伟烈亚力、玛高温等人的参加，在近40年间共翻译各种科技书籍200多种。译书内容包括科学、技术、工程、军事、医药等各个方面。其中较为著名的物理学著作有：

《数理格致》，这是牛顿名著《自然哲学的数学原理》的最早中文译本，由伟烈亚力和傅兰雅先后与李善兰合作译述。伟烈亚力和李善兰在墨海书馆翻译了牛顿原

① 王冰. 中外物理交流史. 第三章. 长沙：湖南教育出版社，2001.

著中的“定义”和“运动的公理或定律”部分，以及第一篇的前4章。傅兰雅和李善兰在江南制造局翻译馆译完了原著第一篇的全部内容，但译本后来佚失。由于种种原因，译述者未能完成此书的全部翻译工作，因而未能出版。

《物体遇热改易记》，傅兰雅和徐寿译述，1899年刊行。译自瓦特斯(H. Watts, 1808—1884)辑《化学及其他科学的同类分科辞典》。该书比较全面地论述了热学理论与实验方面的知识。

《声学》，傅兰雅和徐建寅译述，1874年刊行，译自英国著名物理学家廷德耳(J. Tyndall, 1820—1892)的《声学》第二版(1869)。该书系统地论述了声学的理论与实验，是中国最早出版的声学专著。

《光学》，金楷理和赵元益译述，1876年刊行。该书原本为廷德耳1869年讲授光学的讲稿，主要内容是波动光学。这是波动光学知识首次在中国系统的介绍。

《电学》，傅兰雅和徐建寅译述，1879年刊行，译自英国诺德(U. M. Noad, 1815—1877)编著的《电学教科书》，比较系统地叙述了19世纪60年代中期以前的电学知识。

《电学纲目》，傅兰雅和周郇译述，约1881年刊行，译自廷德耳《电学七讲教程讲义》，书中概述了电磁学的基础知识。

《无线电报》，英国克尔原著，卫理(E. T. Williams, 1854—1944)口译范熙庸笔述，1898年刊行。该书比较详细地叙述了无线电报的实验和应用。

《通物电光》，傅兰雅和王季烈(1873—1952)译述，1899年刊行，译自美国医生莫顿(W. J. Morton, 1845—1920)与汉莫尔(E. W. Hammer)合著的《X射线——不可见的照相术及其在外科术中的价值》(1896)。该书除叙述电学基础知识与实验装置外，主要介绍了X射线装置以及X射线在医学上的应用。

《金石识别》，玛高温和华蘅芳译述，江南制造局1871年刊行，译自美国著名地质学和矿物学家戴纳(J. D. Dana, 1813—1895)编著的《矿物学手册》，其中包含许多晶体物理学内容，首次将近代晶体学知识系统地介绍到中国。

此外，翻译馆还编译出版了大量科普著作，其中也有丰富的物理学内容。例如傅兰雅编译的《格致须知》丛书中有重学、气学、水学、热学、声学、光学、电学等册；《格致图说》丛书也有格物、重学、水学、热学、光学、电学等册。由傅兰雅主持的《格致汇编》也经常刊载介绍物理学知识的译文，某些重要译文还有单行本出版，如《测候器说》、《格致释器》、《量光力器图说》等。这些科普作品对于物理学知识的普及和传播也发挥了积极作用。

除了上述墨海书馆和江南机器制造总局翻译馆编译出版的物理学书籍之外，其他一些教育机构等也翻译出版了不少物理学著作。从19世纪60年代开始，外国教会在中国各地陆续开办了一些学校，各个学校都开设一些科学常识课程。为了解决教科书编撰和课程设置等问题，在华基督教新教传教士于 1877 年在上海成立了“学校教科书委员会”，负责组织、协调教科书的编译出版工作。1890 年，在“学校教科书委员会”基础上成立了“中国教育会”。该组织自 1877 年至 1905 年编译出版了 80 余种图书，其中半数为科学教科书。此外还有其他一些机构也编译出版了不少物理学书籍。到 19 世纪 90 年代，中国已有多种译自欧美著名教科书的物理学教材问世。比较著名者，如山东登州文会馆先后出版的、由赫士和中国学者合作译述的《声学揭要》(1893 年刊行)、《热学揭要》(1897 年刊行)和《光学揭要》(1898 年刊行)。它们所据底本为法国迦诺(A. Ganot，1804—1887)著《初等物理学》的英译本第十四版，但中译本略去了其中难度较大的章节。《光学揭要》还是中国最早介绍 X 光的书籍之一。

甲午战争和戊戌变法的相继失败，使得清末开明官员和士人学者深刻认识到仿效日本、发愤图强的必要。于是中国出现了大批学生赴日本留学、广泛翻译日文书籍特别是教科书的局面。20 世纪初，根据日文书籍翻译或编译的物理学教科书的数量骤增，种类繁多。据统计，当时中国的物理学教科书，大约半数以上是根据日文教科书翻译或编译的。其中最著名者是由日本物理学家饭盛挺造编纂，东洋史学家藤田丰八翻译，中国学者王季烈编的《物理学》，于 1900 至 1903 年间刊行。该书在系统阐述物理学理论和实验的同时，还介绍了一些著名物理学实验和定律的发现历史。

清代末期，中国已有一些学者具备了一定的外语水平和物理学知识，能够独立翻译欧美和日本的物理学书籍，并且能够根据需求进行编著。同时，中国还出现了以编译出版教科书为主的书局或印书馆，其中知名的有上海文明书局和商务印书馆等，这些机构都先后编译出版过物理学教科书。

二、物理学教育

19 世纪下半叶，中国虽然还没有出现专业化的物理学教育，但在一些相关教育活动中包含了一些物理学内容；尤其是 20 世纪初清政府实行学制改革后，物理学方面的教育内容逐渐增多。

在洋务运动期间，清政府创办了一些新式学堂。不少学堂的教学活动都涉及一些物理学内容。

清政府为培养急需的外交翻译人才，于 1862 年设立了京师同文馆。1866 年同文馆增设天文数学馆，这是中国学校正式讲授近代科学的开始。之后，该馆又逐步开设物理、化学、生理等课程。同文馆除聘请中国学者李善兰等人任教习外，还聘请西方人士丁韪良(W. A. P. Martin,1827—1916)、毕利干(A. A. Billequin,1837—1894)等人任教习。在物理教学方面,丁韪良译著的《格物入门》和《格物测算》是两本比较好的教材,两书都是采用问答式体裁。1866年刊行的《格物入门》,有水学(流体力学)、气学(包括声学)、火学(包括热学和光学)、电学、力学、化学和算学共七卷。全书既有物理学最基本的知识介绍,也有一些简单的计算。1883年刊行的《格物测算》是在《格物入门》算学一卷的基础上增补扩充而成,包括力学三卷及水学、气学、火学、光学和电学各一卷。该书的目的是通过"演题"以加深对物理学原理和规律的理解。值得强调的是,《格物测算》首次将微积分知识应用于物理学,它是明清时期唯一的一部以计算为主要内容的物理学著作。

与京师同文馆类似的教育机构还有1863年建立的上海广方言馆、1864年建立的广州同文馆、1874年建立的上海格致书院和1893年建立的湖北自强学堂等。此外清政府还创办了一些军事和机械技术学堂,如1866年建立了福州船政学堂、1867年建立了上海机器学堂、1879年建立了天津电报学堂、1880年建立了北洋水师学堂、1885年建立了天津武备学堂、1890年建立了江南水师学堂等。在这些新式学校中,也都有传教士等西方人士任教,讲授自然科学、军事技术等课程。一般都开设了一些物理学门类的课程。如江南水师学堂的驾驶专业,学习科目有重学、格致;管轮专业的学习科目有气学、力学、水学、火学等。福州船政学堂开设的课程,除了英文、代数学、几何学、天文学、地质学和航海术之外,还包括动静重学、水重学、电磁学、光学、音学和热学等物理学内容;天津电报学堂开设的电磁学类课程最多,如电磁学、电测试、电力照明、电报设备、电报地理学、电报线路测量等;上海格致书院的学习科目也有重学、热学、气学、电学等。

从19世纪60年代开展洋务运动起,全国不断有废除科举制度、普及西学教育的建议。在戊戌变法的新政之中,也有关于改革科举、设立学堂、出国留学的措施。然而,直到1903年清政府颁布《奏定学堂章程》(史称《癸卯学制》),在全国实行新的学制后,全国的西式教育才有了较大发展。《癸卯学制》把学历教育分为初等小学堂(5年)、高等小学堂(4年)、中学堂(5年)、高等学堂(3年)、大学堂(3~4年)、通儒院(5年)六级。《癸卯学制》规定,中学堂开设初级数学、物理、化学、生物等自然科学课程;高等学堂开设力学、物性学、声学、热学、光学、电气学和磁气学等物理课程;大学堂分为8科,其中格致科又分算学、星学、物理学、化学、动植物学和地质学6门,其中物理学的课程包括普通物理的各个分支领域以及物理学实验和高等数学。《癸卯学制》颁布后,物理学以法定的形式列入了全国大学和中学的教学科目,并以不同的教学要求编译了各级学校和不同专业的物理学教材,同时对物理教学中的实验教学,包括仪器设备和教学要求等也作了一些原则性规定。随着《癸卯学制》的实施，中国近代物理学教育正式诞生。[①]

《癸卯学制》颁布后，中国的教育活动得到快速发展，1907 年全国各省已有中学堂 419 所。这些中学堂都开设了理化或物理课程，进行中等物理教育。其中少数学校的物理学教育达到了比较高的水平，例如天津南开中学的物理教学就曾得到当时美国哈佛大学校长的充分赞誉。

在戊戌维新运动的推动下，1898 年成立了北京京师大学堂，1900 年义和团运动使学堂停办。1902 年恢复京师大学堂后，在格致科下设天文、地质、高等算学、化学、物理学和动植物学六目。1903 年天津大学堂改名北洋大学堂，该校侧重工科，理化图书、仪器设备等都是参照美国大学标准从美国购置，教学水平相当高，当时毕业生可以不经考试直接进入美国各研究院学习[②]。这些学堂体现了清朝末期的大学理科教育。

尽管清代末期中国已经有了中学和大学物理学教育，但由于种种条件的限制，总体水平不高，处于初创阶段。

三、传入的物理学知识

从这一时期翻译出版的物理学书籍来看，普通物理学的各种知识都基本上传入了中国。

1. 力学知识

李善兰在《重学》“序”中引用艾约瑟的话说：“几何者度量之学也，重学者权衡之学也。昔我西国以权衡之学制器、以度量之学考天，今则制器考天皆用重学矣，故重学不可不知也。”所谓“重学”即力学。艾约瑟和李善兰翻译的《重学》是 19 世纪下半叶系统介绍力学知识的重要著作。该书包含静力学、动力学和流体力学三部分内容。在静力学部分，详细讨论了力、力的合成与分解、简单机械及其原理、重心与平衡、静摩擦等问题。在动力学部分，详细讨论了物体的匀加速运动、抛体运动、曲线运动、平动、转动，以及碰撞、摩擦、功和能等内容。其中关于牛顿运动三定律、用动量的概念讨论物体的碰撞、功能原理等，都是首次在中国得到介绍。在流体力学部分，简要介绍了流体的压力、浮力、阻力、流速等一般知识，其中包括阿基米德定律、波义耳定律、托里拆利实验等。

与《重学》同时，伟烈亚力和李善兰翻译的《谈天》介绍了用牛顿力学理论分析日月五星运动、开普勒行星运动三定律、万有引力概念等力学内容。在《格物入门》

---

① 骆炳贤. 物理学教育史. 湖南教育出版社，2001：82.

② 中国高等学校简介编审委员会. 中国高等学校简介. 北京：教育科学出版社，1982：69.

“力学”卷中有:“恒行永无停止之器,人不能为之”。这可能是中文书籍中最早关于永动机的论述。此外,在饭盛挺造编纂的《物理学》中也有力学知识的系统介绍。

这些内容表明,包括哥白尼日心说和开普勒三定律在内的牛顿力学知识体系,基本上都传入了中国,但分析力学等更高一级的理论则未传入。

2. 热学知识

这一时期传入的热学知识主要包括:英国传教士合信编译的《博物新编》介绍了物质三态变化、抽气机的原理与构造、蒸汽机的原理与构造等知识,丁韪良译著的《格物入门》“火学”卷讨论了关于热的本质的物质说与运动说,该书还简单叙述了热的传导、辐射、对流传播方式。

山东登州文会馆编译的《热学揭要》叙述了热效应与温度测量、物态变化、热传递、热膨胀现象及其规律等知识。

尤其值得强调的是,上海江南制造局翻译馆出版的《物体遇热改易记》对热学知识做了比较全面的介绍。该书共四卷,前三卷分别阐述气体、液体和固体的热膨胀理论与实验,第四卷总结物体热膨胀公式,并论述物质受热膨胀的规律。关于气体定律、理想气体状态方程以及绝对零度等概念,在书中都有比较系统的介绍。该书的内容还涉及物体质点的运动,受力与温度变化的关系,物质状态的变化与潜热的研究,晶体和非晶体受热后体积变化的规律等。

由这些内容可见,热学的一些基本知识也都传入了中国,但像热力学和分子运动论等比较高深的内容则几乎没有传入。

3. 声学知识

晚清时期传入中国的近代声学知识,以傅兰雅和徐建寅译述的《声学》内容为代表。该书比较准确地介绍了一些声学概念,如:振动(“荡动”)、声波(“声浪”)、振幅(“动路”)、频率(“动数”)、声速(“传声之速率”)、波长(“浪长”)、波腹(“动点”)、波节(“定点”)、声波的叠加(“交音浪”)、基音(“本音”)、泛音(“附音”)、声共振(“放音”)等,括弧中的词是翻译者当时使用的概念。该书各卷分别详细论述了:声的产生和传播,声的大小与振幅和频率的关系,声速与传声介质的关系;音的形成,乐器成音及其频率的测量,声频,多普勒效应;弦振动,弦的振动频率与弦的长度、直径以及密度(“重率”)的关系,弦振动频率与其所受张力(“挂重”)的关系,弦的基音与泛音振动;板振动,有固定点的板振动的频率与板的长度或半径的关系,板的基音与泛音振动;管内空气柱与簧片的振动,声音共振现象,管内空气柱的振动频率与管长的关系,开口管和闭口管的振动情况的异同;声波的叠加,声的干涉现象;振动的合成,利萨如(J. A. Lissajous)图形等。书中还涉及有关语言声学和生理声学的一些内容;并且介绍了欧洲许多物理学家在声学方面的实验和发现。

另外，山东登州文会馆出版的《声学揭要》介绍了诸如扬声器（“扬声筒”）、听诊器（“闻病筒”）、声波记振仪（“写声机”）、留声机（“储声机”）等器具。

这些内容表明，声学的基本知识都已传入中国。

4. 光学知识

艾约瑟和张福僖译述的《光论》首次系统地介绍了许多几何光学知识，如光的直线传播、平行光概念、照度、球面镜成像、反射定律、折射定律、临界角、全反射现象、海市蜃楼成因、光速及其测定方法、棱镜色散和太阳光谱、眼睛的结构与视觉原理、牛顿色盘等，书中还附有正确的光路图。

《博物新编》第一集中，也有关于光与视觉的关系、光的行为、光与色、大气中的各种光学现象、光的传播与光速的测定等内容，并且还有关于反射镜成像、透镜成像、显微镜、眼睛视物成像、棱镜色散等方面的图示。

《格物入门》“火学”卷简单讨论了光的以太说以及光的干涉现象。金楷理和赵元益译述的《光学》系统论述了几何光学和波动光学内容。其中几何光学内容包括：光线及其直线传播，照度定律，光速测算，反射和各种镜面成像，折射和各种透镜成像，眼睛的视觉原理和眼镜等；波动光学内容包括：光的粒子说与波动说，光的以太传播说，光波（“光浪”），用波动说解释照度定律，反射和折射定律，棱镜色散，光的颜色与波长的关系，色觉原理，光谱及其应用，光的衍射，产生衍射的方法，衍射条纹的明暗与光程差的关系，利用衍射条纹测算光波波长；光的干涉，等厚干涉，等倾干涉，牛顿环的单色光干涉；晶体的双折射，偏振光，晶体的光轴，用反射、折射和双折射法产生偏振光，偏振光的干涉与合成，偏振面的旋转，椭圆与圆偏振光，晶体的旋光性等。

此外，山东登州文会馆编译的《光学揭要》在介绍光谱的应用时，讨论了多普勒效应引起的恒星光谱红移现象。关于各种光学仪器也有介绍，丁韪良在《中西闻见录》上撰文介绍了赫歇尔望远镜、分光镜，傅兰雅也编著了介绍望远镜、显微镜、照相机的小册子，金楷理和赵元益译述的《视学诸器说》叙述了多种光学器具。

由以上可见，有关经典光学的知识，从基本理论到一些普通的实验，以及常用的光学器具，基本上都被介绍到了中国。

5. 电磁学知识

晚清时期，电磁学在中国传播的主要内容是基础知识和有关无线电报的知识。1851 年印行的《博物通书》简要介绍了电磁学和电报的初步知识，内容包括摩擦起电和静电现象，摩擦起电机的构造和使用，电池的制法和运用，磁现象、电流的磁效应和电磁铁，电磁感应及其应用，电报机及通信电缆的利用等。

全面论述电磁学内容的是傅兰雅和徐建寅译述的《电学》，该书共十卷，其标题依次为：摩电气；论吸铁气；论生物电气；论化电气；论电气吸铁；论吸铁气杂理；论吸铁电气；论热电流；论电气报；论电气时辰钟及诸杂法。受中国古代元气自然观的影响，译者将电磁现象看作是自然界的气在发生作用，因此将一些电磁学概念都加上了一个“气”字。该书比较系统地叙述了静电现象，磁现象，生物电流，电流的化学效应、热效应和磁效应，电磁感应，电报等基础知识。

徐兆熊翻译的《电学测算》重点讲述了电磁学的计算理论。该书共十一章，分别论述电学基本概念的定义、欧姆定律、电阻与电导、分电阻与总电阻、电路的连接、功与功率、电池、发电机与电动机等内容。书末有各章的提要及公式，每章末尾都有习题，书中附有15个物理单位及各种物理数据表。

此外，傅兰雅和王季烈翻译的《通物电光》虽然主要介绍的是X射线的产生装置及X射线的性质，但也包含了许多电磁学方面的知识，其中介绍了电压、电流、电量、电阻、电功率、电容等单位的定义，感生电流（“附电气”）以及螺线管、感应圈等电学实验常用器具，产生电流的各种方法，发电机、变压器，各种克鲁克斯管以及电路的连接等。另外，卫理和范熙庸译述的《无线电报》比较详细地叙述了有关无线电报的实验和应用方面的知识。

上述内容表明，西方传入的电磁学内容虽然比较全面，但仍然属于一些基础知识，像麦克斯韦电磁场理论这样比较高深的内容则未被介绍到中国来。

6. X射线与镭的知识

1895年，伦琴发现X射线后，引起了世界范围内的轰动。1898年，山东登州文会馆翻译出版了《光学揭要》，该书附“然根光”一节，简单介绍了X光的发现、特性和用途，以及阴极射线管的结构。译述者注：X射线“虽名为光，亦关乎电，终难知其属于何类。以其与光略近，故权名之为光。”1899年，江南制造局翻译出版的《通物电光》将X射线意译为“通物电光”。译者加按语说：“爱克司即华文代数式中所用之‘天’字也。今因用‘天光’二字文义太晦，故译时改名之曰‘通物电光’。”该书比较全面地介绍了X光的发现、特性及其实验研究、X光照相方法、X光在医学上的应用等，并附有多幅X光透视照片。

1898年，居里夫妇（Pierre Curie，1859—1906；Maire Skolodowska Curie，1867—1934）发现了两种新的放射性元素——钋（Po）和镭（Ra）。1902年，他们又成功地提取出纯镭盐。鲁迅在日本留学期间了解了关于镭的放射性知识，于1903年10月在《浙江潮》月刊上发表了“说鈤”一文，这是中国最早介绍镭的发现、特性及其意义的文章。与晚清时期传入的其他物理学知识相比，有关X射线与镭的知识的介绍还是比较及时的。

由上述可见，晚清时期西方近代物理学知识在中国得到了比较系统的传播。

所传入的物理学知识有两个特点：一是大多是基础知识，高深的理论尤其是需要用高等数学表述的理论不多；二是实用技术知识偏多，明末清初传入的物理学知识尤其如此，晚清时期也有所表现。总体而言，所传入的物理学知识与同时期西方物理学的发展水平相比，仍有比较大的差距。

第三节 影响物理学知识传入的因素

明末清初，传教士为了在中国传教，必须采用一些吸引和迎合中国人的措施。当时，格物致知和经世致用成为社会知识阶层所达成的共识。格物致知即探究事物之理。这是先秦儒家提出的口号。儒家认为，格物致知是实现修身、齐家、治国、平天下的基础。这一口号经过宋代理学家程颐、程灏兄弟和朱熹等的提倡，宋明时期成为鼓励人们穷究万物之理的理论根据。朱熹说，一个人能否成为圣人，就看其能否格物。提倡格物致知，客观上促进了人们对自然事物的认识，也促进了自然科学的进步。经世致用即强调一切学问应能经世济民，反对各种没有实用价值的空谈。这种思想在明末清初形成了一种普遍的社会思潮，影响了包括科学技术在内的方方面面。来华传教士打着格物致知的旗号传播西方科技知识，以迎合中国士大夫的文化心里和求知欲，以经世致用的理由介绍西方实用技术以显示西学的优越性。中西科技文化在这一点上的契合，使得“格致学”成了明清时期西方传入的自然科学的代名词。中国人认为西学中的“算学、重学、视学、光学、化学等，皆得格物至理。”[①]明末清初传入的物理学知识以实用技术为主，客观上是因为当时西方物理学自身尚未完善，所形成的理论不多；主观上是由于传教士为了表明经世致用而有选择地介绍一些内容。事实上，这样做也正好符合中国人的要求。

鸦片战争之后，中国人切实感受到自己科学技术的落后，自觉地向西方学习，担当科学传播中介的新教传教士和来华的其他西方人士，主要是为了满足中国人的需求而进行科技传播活动。中国人的思想认识，传统价值观念的影响，参加物理学翻译工作的来华西方人士自身的物理学专业水平，中国附属翻译人员的科学素养，中国文化与西方文化的差异，中国整体科技水平与西方的巨大差距等，这些因素都会影响传入的物理学内容的质量，也影响传入的物理学知识所产生的效果。

---

① 冯桂芬. 采西学议//冯桂芬马建忠集. 郑大华，点校. 沈阳：辽宁人民出版社，1994：82.

尽管洋务运动提倡向西方学习,但学习的内容主要是技术。洋务派人士包括一般社会大众都认为,当务之急是富国强兵。制造枪炮,驾驶舰船,开采矿产,铺设铁路,办电报,织洋布,如此之类的实业内容才是国家最感兴趣的。因此,虽然中国人懂得西方"格致学必借制器以显,而制器之学原以格致为阶";认识到西方的技术是以科学理论为基础的,但其对于西学的态度总是摆脱不了实用主义的影响。当时流行的中学为体、西学为用观点,即是大多数中国人对于西学态度的反映。在这种社会背景下,翻译介绍西方物理学知识,自然偏重于应用,对于其中比较深奥的纯粹理论内容,感兴趣的人肯定不多。1866 年 12 月,奕䜣在奏请于京师同文馆增设天文算学馆的奏折中说:"招收天文、算学之议,并非矜奇好异,震于西人术数之学也。盖以西人制器之法,无不由度数而生,今中国意欲讲求制造轮船、机器诸法,苟不藉西士为先导,俾讲明机巧之原,制作之本,窃恐师心自用,徒费钱粮,仍无俾于实际。"奕䜣用"西人制器之法,无不由度数而生"来论证设立天文算学的必要性,由此充分反映了学以致用的目的。晚清时期过分重视引进西方知识的应用价值与实效性,对于包括物理学在内的西方科学理论的传播会产生直接或间接的制约作用。

大量物理学书籍的翻译,只是表明物理学知识在形式上已经传入中国,但其产生的影响才是判断这门科学是否真正获得传播的决定因素。晚清期间编译的物理学书籍中,一般都有介绍物理学基础理论和实验的内容,但是对于理论的分析推导,对于实验的思想和方法,却介绍得极少。不介绍获得知识的方法和学理,就难以使人掌握其真谛。晚清时期,一些中国学者尽管学习了一些物理学基础知识,但远未达到真正掌握和运用这些知识的程度。

数学是物理学的工具。近代物理学的发展是与数学紧密联系在一起的,然而晚清时期,介绍到中国的物理学知识大多数都是叙述性的。另外,中国固有的文字符号系统极不适合于表示近代数学知识。因此,即便将近代数学知识应用于物理学,但由于采用旧式符号,结果也同样难以表达出数学公式中的物理意义。中国近代数学的不发达,也影响了物理学知识的学习和引进。

另外,直到 19 世纪末,中国学者几乎尚未独立从事物理学书籍的翻译或编译工作,译书仍然沿袭明末清初时期西人口译、华士笔述的翻译方法。中国学者在专业素养和外文水平两方面均有较大欠缺,因此在翻译过程中不得不在一定程度上依赖西方人士。直到 20 世纪初中国派出的留学生学成归国,掌握物理学和外文知识的学者日渐增多,才使得译书方法从根本上得到了改变。

一门科学在新的文化背景和社会条件下传播,效果如何,取决于社会的支持、大众的理解。有社会需要,但不被大众理解,即使相关书籍被翻译过来了,也仅仅表明这门科学的载体在形式上传入了一个新的国家，而不表明这门科学真正在这个国家获得了传播。明清时期传入的物理学知识即如此。虽然晚清时期近代物理学知识已经比较系统地传入了中国，但并未真正被大众所理解和接收。因此，物理学这株科学大树并未在中国的土地上生根发芽。只有到了20世纪，中国出国学习物理专业的留学生归国，开始专门从事物理学教育和研究工作，物理学作为一门科学才在中国逐渐建立起来。

第七章　20世纪上半叶物理学在中国的建立

20世纪上半叶是物理学在中国建立的过程。一般来说，一门学科的建立有几个基本标志：一是有一批精通这门学科的职业学者；二是开展高等教育，培养该学科的专门人才；三是建立研究机构，进行该学科方面的专门研究；四是成立学会和出版专业学术杂志。20世纪初，一些出国学习物理专业的留学生陆续回国，开始在国内从事物理学工作。1912年京师大学堂更名为北京大学堂，1913年开始招收物理学专业大学生。20世纪20年代末，民国政府建立中央研究院和北平研究院，其中都设有物理学研究机构。30年代初，成立了中国物理学会，并创办了《中国物理学报》。所以，至20世纪30年代末，物理学在中国已经基本上实现了建制化，这棵科学之树在中国的土地上已经开始生根发芽，逐渐成长起来。

第一节　出国留学与物理学人才培养

中国第一批物理学人才是通过出国留学教育培养出来的，他们是中国物理学建设的拓荒者和奠基人。正是他们在自己的国土上，筚路蓝缕，开启山林，办学授徒，开展研究，建立了中国的物理学事业。

鸦片战争之后，中国政府先后向美国、英国、法国和德国等派出了一批批留学生，去学习外国的先进技术。1872—1876年，清政府分4次向美国派出120名幼童留学生。从1877年开始，福州船政学堂和北洋水师等先后派出多批学生去英、法、德各国学习技术和军事。甲午战争之后，出现了留学日本的热潮，1906年中国留日学生高达万人之多。经过留美幼童生、清政府驻美公使梁诚的极力争取，1908年美国国会通过向中国退回部分庚子赔款的修正案，受日本接收大批中国留学生这一做法的刺激，为了争夺青年人才，美国同意“将庚子赔款退赠一半，使中国政府得遣送学生来美留学。”此后，中国政府利用美国的庚子赔款向美国分批选送留学生。在中国政府的积极争取下，1922年英国政府正式通知中国，同意将部分庚子赔款退还中国，“作为有益于两国教育文化事业之用”，受美国用庚款接收留学生做法的影响，英国于1933年也开始利用其退回的庚款接收中国学生去留学。

早期出国的留学生，绝大多数是学习各种专门技术，极少有学习物理学专业者。从20世纪初开始，尤其是在庚子赔款留学活动中，去国外学习物理学的人才逐渐增多。这些人学成归国后，成为中国物理学事业的栋梁。

一、20世纪初期出国留学与物理学人才培养

20世纪，中国第一位在国外留学获得物理学博士学位的人是李复几(1881—1947)。李复几，原名李福基，字泽民，1881年12月9日生于上海。1901年8月，他于南洋公学中院毕业后，受学校派遣去欧洲留学。先在伦敦国王学院学习语言，后进入芬斯伯里学院和伦敦大学学习机械工程。1906年，他进入德国波恩皇家大学师从凯瑟尔研究光谱学，完成题为《关于P. Lenard的碱金属光谱理论的分光镜实验研究》的博士学位论文，1907年获高等物理学博士学位。1908年，李复几回国后，先在上海高等实业学堂电机科任教，后在汉冶萍公司、汉口工巡处、四川盐务管理局等单位任工程师，从事技术工作①。

早期学成归国，从事物理学工作的留学生主要有何育杰、夏元瑮、李耀邦、饶毓泰、李书华、颜任光、丁燮林等。

何育杰(1982—1939)，浙江慈溪人，1902年考入京师大学堂师范馆格致科，1904年被选派留学英国，在曼彻斯特大学攻读物理学，就学于英国物理学家A.舒斯特(Schuster)爵士门下，1909年获得理学硕士学位。回国后任京师大学堂格致科教习，1912年任北京大学教授，1918—1920年任物理学教授会主任(即物理系主任)。何育杰是中国第一个物理系——北京大学物理系的创办者。他不但主持系务工作，而且讲授数理物理(内容包括矢量运算、势论、弹性学、声学、热传导、麦克斯韦电磁场理论等)、热力学及气体运动论、电学、量子论等课程。这些课程在中国都是首次开设。1927年，因其体弱多病而辞去北京大学教授职务。1928年又应邀担任东北大学物理系主任，讲授相对论、量子力学等课程，直至“九·一八”事变后东北大学停办②。何育杰讲授的这些课程，在当时都属于高深的物理学理论，对于

① 欧七斤.略述中国第一位物理学博士李复几.中国科技史杂志，2007，(2)：105-113.

② 沈克琦，赵凯华.北大物理九十年.2003：7；科学家传记大辞典编辑组.中国现代科学家传记.第二集.北京：科学出版社，1991：128.

中国的物理学教育有开创之功。北京大学物理系的创办，也为其他大学建立物理系树立了典范。

夏元瑮(1884—1944)，浙江杭县人，1904 年入上海南洋公学学习，1905 年以广东省招考留学生第一名成绩赴美国留学，1909 年耶鲁大学物理系毕业，同年去德国柏林大学深造，成为量子论的提出者普朗克的学生。1912 年因广东省取消留学经费而辍学回国。同年应北京大学校长严复之聘任该校理科学长(相当于理学院院长)和物理学教授，主持理科建设工作，讲授理论物理学等课程，直至 1919 年废除理科制为止。在此期间，他对北京大学理科的建设精心策划，贡献良多。他主持制定的《改定理科课程案报告》，包括对预科、本科算学门、天文学门、物理学门、化学门、生物学门和地学门的全部课程设置给出了建议。这是其综合欧美理科教学情况所提出的方案，对于全国理科的建设都具有指导意义。1919 年夏他去德国游学，经普朗克介绍认识了爱因斯坦，并随爱因斯坦学习相对论。回国后，他于 20 年代初爱因斯坦访问日本之际积极邀请其访问中国，爱因斯坦因故未能成行。夏元瑮是中国第一代理论物理学家。回国后他继续讲授相对论和理论物理学课程，并将爱因斯坦的名著《狭义与广义相对论浅说》翻译出版，积极将相对论介绍到中国。他一生从事物理教学和教育管理工作，讲授的课程包括普通物理、光学、电学、热学、电子论、量子论、相对论、波动力学、理论物理、高等微积分、群论等，先后在北京大学、北京师范大学、辅仁大学、同济大学、大夏大学、北平大学、湖南大学、重庆大学等任教和担任校院系领导工作，培养了大批人才，为中国物理学科建设和发展做出了重要贡献。①

李耀邦(1884—1940)，广东番禺县人，1903 年留学美国，入芝加哥大学学习，在该校赖尔森实验室随 R. A. 密立根从事电子电荷测定工作，1914 年在《物理评论》上发表论文“以密立根方法利用固体球粒测定 e 值”，其所测定的电子电荷值比当时已有的测定值更为精确，因此获得该校哲学博士学位。1914 年回国，20 世纪 30 年代任上海沪江大学董事会会长。

饶毓泰(1891—1968)，1913 年去美国留学，1922 年获普林斯顿大学博士学位，同年回国创建南开大学物理系，任系主任，后任北平研究院物理研究所研究员、北京大学理学院院长和物理系主任、西南联合大学物理系主任等职。李书华(1889—1979)，1913 年留学法国，1922 年获巴黎大学国家博士学位，回国后历任北京大学物理系教授和系主任、中法大学教授和代理校长、北平大学副校长、北平研究院副

---

① 科学家传记大辞典编辑组. 中国现代科学家传记. 第二集. 北京：科学出版社，1991：132；沈克琦，赵凯华. 北大物理九十年. 2003：8.

院长等职。颜任光(1888—1968),1918年获芝加哥大学博士学位,1919年回国,历任北京大学物理学教授、系主任,海南大学校长,上海光华大学物理学教授、系主任、副校长等职。丁燮林(1893—1974),1914年赴英国伯明翰大学攻读物理学,1919年获硕士学位。同年回国,历任北京大学物理系主任、中央研究院物理研究所所长等职。

此外还有留学日本的张贻惠、吴南薰、周昌寿、文元模等人。张贻惠于1904年留学日本东京高等师范数理系,后转入京都帝国大学学习,1914年毕业回国。吴南薰1905年留学日本,1913年获帝国大学理学学士学位。周昌寿于1906年赴日本留学,先后就读于东京第一高等学校和帝国大学,1919年毕业回国。文元模于1906年赴日本留学,1919年获东京帝国大学理学学士学位,1920年回国。据1906年中国留日学生人数和就读学校统计,该年在日本物理学校学习者有119人[①]。不过,这些人绝大多数没有完成学业,成为物理学专门人才的很少。

早期出国留学人员,在国内没有经过专业学习和必要的训练,基础比较差,能够完成学业,实属不易。这些早期学有所成的物理学留学人员,回国后为物理学在中国的建立和发展发挥了重要作用。

二、庚子赔款留美学习与物理学人才培养

美国同意退回部分庚子赔款用于接纳中国留学生后,经中美双方协定,中国政府计划资送1800名学生赴美留学。清政府制定的《派遣美国留学生章程草案》规定:“派出的留学生中有百分之八十将专修工业技术、农学、机械工程、采矿、物理及化学、铁路工程、建筑、银行、铁路管理以及类似学科,另外百分之二十将专修法律及政治学;”“派遣的留学生要有下列资格:质地聪明,性格纯正,身体强壮,身家清白,恰当年龄,中文程度要有作文数百字的能力,中国古典文学及历史要有基本知识,英文程度要能直接进入美国大学和专门学校听课,要完成一般性学习的预备课程。”关于留学生的选拔考试:“学部将从(全国)所有学校中遴选最优秀的学生”,“外务部也招收应试者”。考试包含三项:“(1) 候选人须由西医检查身体状况,(2) 中文考试必须通过,(3) 英语及一般课程的考试必须通过。”[②]为完成留学培养人才计划,1909年7月,外务部和学部决定在北京设“游美学务处”,其下附设“游美肄业馆”,负责留美学生的选拔和培训。“游美肄业馆”以清华园为馆址,1909年9月开办。同年11月选录梅贻琦、金邦正等47名学生赴美;次年9月选拔胡适、竺可

① 李喜所.中国留学史论稿.北京:中华书局,2007:252.

② 苏云峰.从清华学堂到清华大学.北京:生活、读书、新知三联书店,2001:11-12.

桢、赵元任等71人赴美。这两批留学生从考试到出国的时间很短，并未受到良好的基础培训。为实现每年派遣留学生百人的目标，并使学生得到必要的培训，1910年12月，游美学务处将“游美肄业馆”更名为“清华学堂”，定学额500名，分为中等和高等二科，各为四年毕业。中等科开设文史哲和数理化等基础课程；高等科注重专门教育，以美国大学及专门学堂教育为标准。1911年3月开学时，有学生430名，中等科有20名中国教师执教，高等科有17名美国教师执教[①]。从1909—1929年，清华学堂共向美国派遣留学生1 279人。此外，还有庚子赔款津贴留美自费生467人。1912年，清华学堂更名为清华学校，1928年正式改名为“国立清华大学”。1929年，最后一届留美预科生毕业赴美后，清华大学提出改变留美学生的选拔方式，废除留学预科班培养模式，面向全国直接招考留美公费生。新的选拔机制从1933年开始实施。1933—1943年，举行了六届庚子赔款留美考试，共录取132人赴美留学。庚子赔款留美学生，绝大多数学成后回归祖国，其中大多数人后来成为了学界翘楚和社会栋梁。

当时派出的学生绝大部分是学习技术工程，学习物理学的人不多，尽管如此，其中仍有一批人才后来成为中国物理学界的精英，为该学科的建设和发展做出了重要贡献。他们中的代表如：胡刚复（1909年）、梅贻琦（1909年）、赵元任（1910年）、陈茂康（1910年）、周铭（1910年）、桂质廷（1913年）、温毓庆（1914年）、裘维裕（1916年）、叶企孙（1918年）、杨肇燫（1918年）、萨本栋（1922年）、朱物华（1923年）、周静徽（1923年）、王守竞（1924年）、周培源（1924年）、任之恭（1926年）、周同庆（1929年）、龚祖同（1933年）、王竹溪（1934年）、赵九章（1935年）、钱学森（1935年）、马大猷（1937年）、胡宁（1941年）、杨振宁（1944年）等，括弧中年份为出国留学时间。

三、庚子赔款留英学习与物理学人才培养

1931年4月，中国政府与英国协商决定成立“管理中英庚子赔款董事会”，负责英国退赔庚子赔款的使用事宜，其中一部分款项用于派遣留学生去英国留学。从1933年选拔第一批庚子赔款留英学生起，到1947年派遣第九批留学生赴英，中英庚子赔款董事会先后举办了九届庚子赔款留学生考试，共选派193人赴英国留学。

中英庚子赔款留学生的选拔每届都制定有章程，面向全国招考，要求高，考试严。1936年的章程规定：国内外公立或已立案之私立专科以上学校毕业，且继续

① 苏云峰.从清华学堂到清华大学.北京：生活、读书、新知三联书店，2001：17.

在研究所习学科二年以上或从事所习学科有关职业二年以上者方有报考资格；留学学科分配以理工农医等实业类为主，各专业名额为1～2名；考试科目分普通科目和专门科目两类，前者包括党义、国文、英文，后者四种科目依各自学科性质分别制定；各科成绩除党义必须及格外，记分方法是国文15%，英语20%，专门科目四种60%，专门著作5%；留学期限为三年，必要时经董事会特许可延长一年；要求留学生出国后切实遵照执行规定的研究科目及研究计划，不得随意改变。此外，留学章程还规定，在英国学习两年后，根据研究需要可以去工厂实习或去各地考察，也可以转学其他国家[①]。从考试章程可以看出，不但要求考生是大专以上学历毕业，而且要求有两年专门研究或专门工作经历；不仅要求掌握普通科目知识和专业科目知识，而且提倡出版过著作。在20世纪30年代，这种要求是相当高的。留学的专业性和计划性强，考生具备比较好的专业知识，在国外有理论学习，也有专业实践，必要时还可以转学其他国家。这说明，派出留学的目的是要造就高级专门研究人才。

从1933年8月举行第一届庚款留英考试开始，每年一届，到1938年共举行六届。1939年第七届考试选拔了23名留学生，因欧洲战事阻断交通，无法赴英留学，即改派这批学生去英国的自治领地——加拿大留学。1940年因国民政府停付庚款而停止了庚款留英学生的选拔。1943年，中英庚款董事会更名为“中英教育基金会”，恢复庚款留学。1944年，经过第八届留学考试，录取28人，被派往英国留学。1946年举行第九届留学考试，选拔17人，1947年派往英国留学。此后，庚款留学终止。

中英庚款留学也培养了一批重要的物理学人才，其中著名者如钱临照、余瑞璜、张文裕、张宗燧、周长宁、翁文波、马士俊、王大珩、彭桓武、郭永怀、林家翘、钱伟长、傅承义、黄昆、戴传曾等。

除了庚款留学之外，还有中华教育文化基金会资助留学、中法教育基金会资助留学和各省官费留学及自费留学，也都培养了一些重要物理学人才。例如：吴有训，1921年考取江西省官费留学生，赴美国芝加哥大学物理系学习，跟随A.H.康普顿做研究生，1926年获博士学位；严济慈，1923年自费留学法国，跟随巴黎大学法布里(C.Fabry)教授研究光学，1927年获法国国家科学博士学位；赵忠尧，1924年在南京高等师范学校毕业后，1927年自费赴美国加州理工学院，师从密立根研究放射性物理，1930年获得博士学位；吴大猷，1929年毕业于南开大学物理系，1931年获中华教育文化基金会资助赴美国留学，1933年获密歇根大学博士学位；

① 刘晓琴.中国近代史留英教育史.天津：南开大学出版社，2005：357.

施汝为,1930 年获中华教育基金会资助赴美国留学,先后在伊利诺伊大学和耶鲁大学学习磁学,1934 年获博士学位;王淦昌,1930 年考取江苏省官费留学生,赴德国柏林大学攻读放射性物理,1933 年获得博士学位;钱三强,1936 年考取中法教育基金会资助赴法国留学,在居里实验室从事放射性研究,1940 年获法国国家博士学位;谢希德,1946 年参加出国考试,1947 年自费赴美国留学,1951 年获得麻省理工学院物理学博士学位。这些人后来都成为中国著名的物理学家。

20 世纪上半叶,中国在物理学方面做出出色工作的学者,几乎都是经过国外留学教育归来的人。据不完全统计,从 1900 至 1952 年,至少有 160 多名中国留学生在国外获得物理学博士学位。① 留学教育为中国培养了上百名物理学方面的高级人才,其中既有理论物理学人才,也有实验物理学人才,所学专业几乎包括物理学的各个分支领域。正是这些人回国之后,在自己的国土上兴办大学物理教育,建立专业研究机构,使物理学这门科学真正在中国建立起来。

第二节　开展大学物理学教育

中国的专业化大学物理教育是从民国成立后开始的。1902 年京师大学堂在格致科下设天文、地质、高等算学、化学、物理学、动植物学六目。1912 年京师大学堂改为北京大学,格致科改为理科,理科下设物理等门。1913 年夏元瑮任理科学长,开始招收理论物理一个班的学生。这是中国大学物理学教育之始。中国的大学物理学教育在系科建制、师资队伍培养、课程体系和教材建设等方面,都经历了一个从无到有、从弱到强的发展过程。关于师资队伍建设,主要依赖于从国外留学回来的学生,已如上节所述。本节主要讨论课程体系建设和教材建设等。

一、大学物理学课程体系建立

1912 年,民国政府教育部公布了《大学令》,其中第二条规定“大学分为文科、理科、法科、商科、医科、农科和工科”。1913 年 1 月,教育部公布了《大学规程》,对各科开设的课程做了规定。其中理科的物理学分理论物理学和实验物理学两个门类。理论物理学门的课程有:理论物理学、力学、气体动力学、热力学、光学、电学、

① 吴大猷. 早期中国物理发展之回忆. 上海:上海科学技术出版社,2006:4,111.

应用电学、物理化学、微分积分学、高等微分方程式、几何学、星学及最小二乘法、物理学实验、理论物理学演习。实验物理学门的课程有:力学通论、应用力学、热学、光学、电学、应用电学、物理化学、微分积分学、星学及最小二乘法、物理学实验、物理化学实验、化学实验、星学实验、理论物理学演习①。这种教学体系把理论物理与实验物理分开,不符合物理教育规范。同时由于当时不具备实验条件,实验物理学门的教学实际上无法实施,因此只能开设一些理论性课程。以北京大学为例,直到1920年丁燮林、颜任光到物理系工作后,才开设了几门物理学实验课。

20世纪头20年,中国的大学数目极少。1920年全国仅有公立大学3所,私立大学7所。1922年9月,民国政府教育部公布学校系统改革案,规定"大学校合设数科或单设一科均可,其单设一科者,称某科大学校"。由此引发了全国各类专门学校纷纷改成大学的浪潮。另外,一些省立大学也相继建立,至1927年,全国已有公立大学34所,私立大学18所。1929年7月教育部公布的《大学组织法》对大学的体制又进行了改革,规定"大学分文、理、法、农、工、商、医各学院","凡具备三学院以上者,始得称为大学"。为了符合大学的要求,一些由专门学校刚升为大学的学校迅速增设院系。由此促使一批大学不得不兴办物理系或完善物理系。至20世纪30年代初,全国已有20多所大学设立了物理系。

由于民国政府早期规定的大学课程设置不符合实际,大学疾速扩展后国家又没有及时制定新的课程标准,因此各校物理系的课程设置大都各自为政。出现了大学物理系的课程设置普遍求全求高,不切实际的状况。不少学校设置了一些没有条件开设的高深课程。例如相对论、量子论等课程,当时国内能够教授的人相当少。吴有训当年讥讽这种状况时说:"要是专以课程的名称互相比较,中国的大学程度,似较世界任何大学为高"。②

为了改变这种状况,教育部于1931年开始着手编订大学课程设置标准。1938年教育部制订了《大学各学院共同必修科目表》。1939年编定大学各学院分系必修及选修科目表。教育部规定,"大学理学院共同必修课目"包括:国文、外文、中国通史、微积分、社会学、政治学、经济学、物理学、化学、生物学、生理学、地质学;"大学理学院物理系必修课目"包括:理论力学、微分方程、电磁学及实验、热学及实验、光学及实验、物性学及实验或无线电学原理及实验、近代物理学及实验或理论物理、毕业论文或研究报告③。这个课程体系比较全面,既有人文和社会科学素质教

---

① 胡升华.20世纪上半叶中国物理学史.中国科学技术大学博士论文,1998:20.

② 吴有训.理学院.江西文史资料选辑.第36辑:214.

③ 胡升华.20世纪上半叶中国物理学史.中国科学技术大学博士论文,1998:26.

育，也有数、理、化、生物理科基础教育，在此基础上进行物理学专业教育，并注意理论学习与实验教学相结合，课程内容注重经典物理学，适当讲授一些近代物理学内容，课程设置难易适当，是比较合理的大学物理学教育课程体系。这个课程设置标准颁布后，被各个大学采纳，一直沿用到20世纪40年代末，甚至对新中国的大学教育也有一定的影响。

二、高等学校物理学教材建设

晚清时期虽然翻译了不少物理学教材，但由于一些基本概念译言不够准确，并且删减了一些理论内容，整体翻译质量不高。另外，到了20世纪30年代，即使是这些教材的原著也已落后于物理学发展的时代，因此它们已不适合于大学物理学的专业教学。从民国成立直到30年代，中国大学的物理学教材基本上是采用欧美一些大学的英文教材。1933年，任鸿隽曾做过一个关于国内物理学教材的调查，结果发现，大学物理学英文教材的比例在90%以上，中文教材极少；即便是在中学物理学教材中，英文书籍的比例也占70%。造成这种现象的原因是没有中文教本可用。据任鸿隽的调查，当时已出版的大学一年级理科中文课本仅有物理学1本，化学1本，生物学3本，而微积分中文教本还暂告阙如。由于学生的英语水平普遍较低，使用英语教材，对教学质量产生了不利影响。

为了改变这种状况，1928年2月，中华教育文化基金董事会组织在上海成立了“科学教育顾问委员会”，帮助解决科学教科书的编纂、实验设备的供给、中等学校师资训练等问题。委员会聘请10位专家为委员，分设数学、物理、化学，地学和生物5个组，其中物理组委员为颜任光、饶毓泰。1930年，中华教育文化基金董事会在“科学教育顾问委员会”的基础上，设立了“编译委员会”，下设历史部、世界名著部和科学教本部，负责历史、科学、哲学、文学各方面的世界名著翻译和国内现有教本的审查工作，并根据需要聘请专家编纂教本。但“编译委员会”的工作成效不大，编译的作品很少，而出版的书则更少。所编译的物理学著作仅有：萨本栋编著《普通物理学》(上、下)、《物理学名词汇》、《普通物理学实验》，钟间译《电子》，杨肇燫译《电学原理》(上、下)，严济慈译《理论力学纲要》，侯硕之译《电学讲话》，杨镇邦著《原子核的研究》等。其中萨本栋著《普通物理学》和《普通物理实验》影响最大，后来成为大学流行的教本。

1933年，教育部主持召开了天文数学物理讨论会，会议建议奖励编译大学物理教本及参考书。1939年，教育部成立大学用书编辑委员会。1940年该委员会第一次会议“决定先编各学院共同必修科目用书，次及各系必修科目用书，再次及各系选修课用书。编辑方法：一为采选成书。就坊间已印行之大学用书加以甄别，凡审查合格并征得原书著译人同意后，酌加修订，即作为部定大学用书。二为公开征稿。三为特约编著。”①然而，编纂委员会的工作进展缓慢，至1948年，总共只出版大学用书32种（包括4种成书），其中没有一本物理教科书。

在民间，商务印书馆也组织了《大学丛书》委员会，至1941年组织编纂出版教材300多种，其中有物理教材8种：普通物理学（萨本栋著）、普通物理学实验（萨本栋著）、高等物理学（Westphal著，周君复等译）、达夫物理学（Duff著，郭元义译）、理论物理学导论（Hass著，谢厚藩译）、理论力学纲要（Montel著，严济慈译）、电学原理（Pageand Adams著，杨肇燫译）、电子（Millikan著，钟间译）。1947年，严济慈编纂的《普通物理学》上下册问世。与同类教材相比，这部书内容丰富，理论体系完整，分析讨论也比较深入，并且引入了一些新的概念，很受一些大学欢迎。当时所出版的这些中文教材，显然不能满足大学物理教育的需要。

总体来看，由于缺乏有效的组织，加之投入力量不足，20世纪上半期中文物理学教材建设远远不足②。

三、几所著名大学物理系

由于师资、生源、仪器设备的缺乏，20世纪前半期虽然全国有近30所大学设立了物理系，但条件比较完备、能够开展合格教学的系并不多，有些物理系仅有两三个教师。抗战前，中国比较著名的物理系有北京大学物理系、清华大学物理系、燕京大学物理系、南开大学物理系等。抗战期间，西南联合大学物理系是全国师资力量最强的物理系。

北京大学是中国开展大学物理学教育最早的学校，培养了大批物理学高级专门人才。1912年京师大学堂改为北京大学，格致科改为理科，下设物理门。1913年夏元瑮任理科学长，开始招收理论物理大学生。1916年送走了第一届物理学毕业生孙国封、丁绪宝、刘彭翊等5人。这是中国历史上第一届物理专业的大学毕业生。1918年北京大学改物理门为物理学系。1913—1936年，在物理系担任教授或系主任的学者有何育杰、夏元瑮、王鎣、秦汾、张大椿、张善杨、李祖鸿、丁燮林、颜任光、李书华、温毓庆、杨肇燫、张贻惠、文元模、王守竞、萨本栋、饶毓泰、朱物华、周同庆、吴大猷、郑华炽等人。北京大学物理系开展大学物理学教育最早，开设的课程也比较全面，如1919—1920学年课程：一年级：立体解析几何、方程论、微积分、实验物理、无机化学、化学实验、力学、天文；二年级：数学物理、电学、热力学、气体动

① 教育部教育年鉴编纂委员会.第二次中国教育年鉴.商务印书馆，1948:505.

② 胡升华.20世纪上半叶中国物理学史.中国科学技术大学博士论文，1998:27-29.

力论、物理实验、力学、微积分及函数论、微分方程论；三年级：电学、物理学史、物理实验、天文学、物理化学。从1916—1937年，物理系培养大学毕业生220余人[①]。同时也开展了研究生教育，培养了马仕俊、郭永怀等研究生。在20世纪上半叶，北京大学物理系是中国各大学物理系中培养人才最多的系，许多毕业生后来成为中国物理学的栋梁之才。

清华大学物理系虽然建立的时间比较晚，但发展很快，成绩显著。1925年，清华学校设大学部，招收大学一年级学生。1926年4月，学校决定设立18个系，其中包括物理系。物理系成立之初，师资力量比较薄弱，当时叶企孙任物理系主任和教授，另有讲师1人：郑衍芬，助教3位：赵忠尧、施汝为、沙玉彦。1928年，清华学校更名国立清华大学后，物理系进入了快速发展时期。先后聘请了吴有训、萨本栋、周培源、赵忠尧、任之恭、霍秉权、王竹溪、余瑞璜到系担任教授，使清华大学物理系很快成为全国重点物理系之一。清华大学校长梅贻琦说："所谓大学者，非谓有大楼之谓也，有大师之谓也。"[②]叶企孙主持聘请的这些教授都是国内学界名流，由他们执教的物理系学风严谨，训练认真，教学质量很高。清华大学物理系在培养学生方面强调重质不重量。根据当时的实验设备条件，规定每届录取学生数在14人以下。从1929至1938年，清华物理系共毕业本科生69人，研究生1人，其中多数后来成为大师级人物。例如有核物理学家王淦昌、钱三强、何泽慧、李正武、施士元，理论物理学家彭桓武、王竹溪、胡宁、张宗燧，力学专家林家翘、钱伟长，光学专家王大珩、龚祖同，宇宙射线学家周长宁，固体物理学家葛庭燧、陆学善，大气物理学家赵九章，地球物理学家傅承义、翁文波，电子学家陈芳允、冯秉铨、戴振铎，波谱学家王天眷等[③]。

燕京大学由教会学校合并而成，其物理系办学也很有成就。1919年，北京汇文大学、通州协和大学和协和女子大学三所教会学校合并，成立了燕京大学。1922年，大学设立生物、化学、物理三系，物理系主任由外国人担任。1926年，谢玉铭在芝加哥大学取得博士学位后回国，在燕京大学任教。1929年，他被任命为物理系主任。该系教师多是外国人，教学态度认真，开设的课程体系比较完备，质量也很高。在课程教学方面，不但开设了物理学本科生必修课程，还开设了研究生课程。例如1932年开设的研究生课程有：张量与矢量分析、相对论、量子力学（这三门课均由英国人 William Band 讲授）、气体动力学、光谱学等。另外，由于经费比较充

① 沈克琦，赵凯华. 北大物理九十年. 北京，2003：14.

② 梅贻琦. 就职演说//梅贻琦教育论著选. 刘述礼，黄延复. 北京：人民教育出版社，1993：10.

③ 朱邦芬. 清华物理八十年"前言". 北京：清华大学出版社，2006.

足，购置的物理实验设备比较精良，教学中强调训练学生的实验动手能力。燕京大学物理系是中国最早开展研究生教育的系科，在20多年里培养研究生约40人。这个数字超过了全国其他大学培养物理专业研究生的总和①。在30年办学中，燕京大学培养出了一批物理学人才，其中褚圣麟、孟昭英、张文裕、冯秉铨、毕德显、袁家骝、王承书、戴文赛、卢鹤绂、黄昆、陈尚义、鲍家善、谢家麟等后来都成为中国物理学界的著名学者。1952年院系调整后，燕京大学被并入北京大学。

西南联合大学是中国抗日战争时期组成的一所特殊大学，在艰难困苦的环境下，该校物理系为中国物理学人才培养和科学研究做出了卓越的贡献。1937年，七·七事变后，为避战乱，教育部决定将北京大学、清华大学和南开大学迁至长沙，组成临时联合大学。1938年2月，长沙临时联合大学又迁至昆明，4月更名为国立西南联合大学。抗战胜利后，1946年7月31日，西南联大宣告结束，三校复原。西南联大物理系当时是大师云集，有来自清华大学的教授叶企孙、吴有训、周培原、赵忠尧、霍秉权、王竹溪、任之恭、孟昭英和范绪筠，有来自北京大学的教授饶毓泰、朱物华、郑华炽和吴大猷，以后又聘请王竹溪、张文裕、马仕俊等。这些教授都接受过国外专业训练，学术造诣深，了解物理学发展的前沿，并且年富力强，具有开创精神，组成了一支空前强大的师资队伍。教授们既讲授本科生课程，也讲授研究生课程。物理系开设的本科生课程有普通物理（吴有训、赵忠尧、郑华炽、霍秉权、张文裕、马仕俊、王竹溪讲授），力学（周培源、赵忠尧、马仕俊讲授），电磁学（霍秉权、吴有训、吴大猷、赵忠尧、叶企孙讲授），热学（郑华炽、叶企孙、王竹溪讲授），声学（张文裕讲授），光学（饶毓泰、郑华炽等讲授），无线电学（任之恭、孟昭英、朱物华、马大猷讲授），近代物理（吴有训、吴大猷、霍秉权、饶毓泰、郑华炽、周培源讲授），微子论（叶企孙、王竹溪、马仕俊讲授），实用无线电（任之恭讲授），天文物理学（戴文赛讲授），大气物理学（赵九章讲授），此外还有应用电学和普通物理实验课等。经教育部批准，1939年开始招收研究生，三校分别招生和管理，但统一授课。开设的研究生课程有：周培源、王竹溪、吴大猷和马仕俊讲授流体力学、电动力学、统计力学、量子力学和理论物理，吴有训讲授X射线和电子学，周培源讲授广义相对论，饶毓泰讲授光电磁论，吴大猷讲授高等力学、原子光谱和量子化学，张文裕和霍秉权讲授放射性与原子核物理，马仕俊讲授场论。这些课程无论是在内容的全面性还是在理论的深度上，都与国外大学基本相当。后来，杨振宁在回忆西南联大的学习经历时说："我在那里受到了良好的大学本科教育，也是在那里受到了同样良好的研究生教育，直到1944年取得硕士学位。……课程都非常有系统，而且都有充分的准

① 王士平，等. 近代物理学史. 长沙：湖南教育出版社，2002：31.

备,内容都极深入。"从 1938 年到 1946 年,物理系培养本科毕业生共 131 人。1942—1944 年,有 7 名研究生获得硕士学位,其中包括杨振宁和黄昆。西南联大物理系培养的学生,除杨振宁和李政道出国后获得诺贝尔奖之外,还有邓稼先、朱光亚、陈芳允、胡宁、王天眷、梅镇岳、李荫远等,后来都成为著名的物理学家[①]。

以上几所大学物理系不仅在人才培养方面做出了重要贡献,而且在学术研究方面也取得了一定的成绩。据不完全统计,北京大学物理系师生从 1933—1938 年在国内外杂志上发表学术论文 21 篇;抗战前,清华大学物理系师生在国内外杂志上发表学术论文 50 余篇;从 1932—1941 年,燕京大学物理系师生在国内外学术刊物上发表论文 60 多篇;西南联大物理系师生在国内外学术刊物上发表论文 108 篇。这些论文中,有半数是在国外学术期刊上发表的。此外,这些学校的师生还在物理学应用方面做了大量的工作。

第三节　建立物理学研究机构

随着物理专业留学生的陆续回国,中国政府在开办大学物理学教育的同时,于 20 世纪 20 年代后期开始建立物理学研究机构。20 年代末,教育部批准有条件的大学设立研究部,在进行教学工作的同时也开展科学研究活动。清华大学、燕京大学、北洋大学、南开大学、金陵大学等都相继设立了研究部,开展了一系列包括物理学在内的研究工作。据统计,1935 年初,全国的主要研究机构约有 140 个,其中自然科学类的有 30 个左右。由于研究经费和设备的限制,物理学研究机构相对较少,比较著名的有中央研究院物理研究所、北平研究院物理研究所、北平研究院镭学研究所和清华大学无线电研究所等。

一、中央研究院物理研究所

1928 年 3 月,国民政府在上海成立了国立理化实业研究所。同年 6 月中央研究院成立,蔡元培兼任院长。同年 11 月,在理化实业研究所的基础上扩大成立了物理、化学、工程三个研究所,隶属中央研究院,丁燮林任物理研究所所长。

1933 年,物理研究所颁布了工作章程,其中规定的研究工作包括:(1) 实施物

① 西南联合大学北京校友会. 国立西南联合大学校史. 北京:北京大学出版社,2006:155-158.

理学的各种学理与应用问题研究;(2) 检验物产材料,校准工商仪器,促进工商业的科学化;(3) 解决政府及社会委托各项应用问题;(4) 调查及测量中国境内各种物理材料,谋求国际学术合作;(5) 促成学术联络,补助所外研究;(6) 整理介绍和普及物理学研究成果。研究所的整个工作包括物理学基础和应用研究、物理学常规研究、与物理学相关的审查工作和技术服务工作①。

物理研究所先后建立了物性、X射线、光谱、无线电、标准检验、磁学等实验室及金木工场。抗战前的研究工作主要是在金属学、原子核物理和电子学等方面。此外,还制造了大量理化仪器,供全国大中学校及相关机构使用。

抗战期间,该所先后迁至昆明、桂林、北碚,抗战胜利后复返上海。1946年迁至南京,新建了图书室、原子核物理实验室、金属学实验室、无线电实验室、光谱学实验室、恒温室及金工场等。

该所的研究人员有20人左右,多为国内大学毕业生,队伍比较稳定。作为中国第一个物理学专门研究机构,物理所开展了一些力所能及的研究工作,为物理学研究在中国的兴起做出了重要贡献。

二、北平研究院物理研究所

北平研究院物理研究所成立于1929年11月,李书华兼任所长。1931年,严济慈从法国留学回国后任所长。在严济慈的领导下,研究所各项事业都得到了比较好的发展。

从20世纪30年代到新中国成立,这个研究所一直是中国最活跃的物理学研究机构之一,在应用光学、光谱学、电学与无线电、地球物理等方面开展了大量的理论和应用研究,发表论文近百篇。尤其在应用光学、应用地球物理方面的研究成绩卓著。研究所不仅开展研究工作,而且注意培养年轻人才。对年轻人悉心指导,放手使用。当一些年轻人在工作中取得成绩,表现出具有独立工作能力时,严济慈就将其推荐到英、法、美等国的著名物理实验室去深造。陆学善、钟盛标、钱临照、翁文波、吴学蔺、方声恒、钱三强等十几位年轻人正式通过这种方式被派往国外深造的。

20世纪初,中国的科学家具有一种强烈的使命感,即一定要让中国的科学研究工作独立开展起来。如何在各方面条件都很落后的情况下开展独立的科学研究,这是一个艰难的探索过程。严济慈在总结自己的学术研究和团队培养经验时说:“研究从一个人一个问题开始,必须继续不断的吸收人,往前进,成为一个队伍,

---

① 胡升华. 20世纪上半叶中国物理学史. 中国科学技术大学博士论文,1998:48.

这就是开辟道路;更需在出发点不断地加深加大,巩固起来,这就是打基础。引申来说明,为容易得到结果,一个开始做研究的人,买现成的仪器,用人家的方法来研究一个类似的问题,结果是新的,值得写出一篇论文发表,但决不会是怎样惊人的。开始的时候可以原谅,但决不能老是做人尾巴。我们不但要自己看出问题,还要自己想出方法去解决这个问题,更要自己创造工具来执行这个方法。这才是独立研究,这才可使中国科学独立,脱离殖民地状态。我们研究一门科学,必须设法使这门科学在中国生根,才能迎头赶上,而且立即超过人家。"[①]由此可以体会到一位科学大师的治学精神和学术责任。

三、北平研究院镭学研究所

1931 年初,严济慈从法国留学回国,被聘为北平研究院物理研究所研究员。他给法国居里夫人写信,请教购买镭盐和开展放射学研究等问题,并提出准备在北平组建一个放射学实验室。居里夫人回信表示支持这一计划。在严济慈的建议和推动下,北平研究院与北平中法大学居里学院合作,很快组建了放射学实验室。

1932 年 1 月初,在放射学实验室的基础上成立了镭学研究所,严济慈兼任所长。这是中国第一个放射学方面的研究机构。1933 年,郑大章在巴黎大学居里实验室取得博士学位后,于次年回国,被聘为镭学所专任研究员。严济慈和郑大章带领所内研究人员,专心进行研究工作,很快做出一批有影响的研究成果。为了在国内寻找铀矿石,郑大章等受到捷克的育新斯泰铀矿附近温泉水中含有异常高浓度的氡这一现象的启发,在全国各地广泛搜集温泉水标本,并测定其中氡的浓度。1936 年底,陆学善由英国留学归国,被聘为镭学研究所专任研究员,主持 X 射线和晶体结构的研究工作。

抗战时期,镭学研究所分成了两部分,一部分人在上海进行理论研究;另一部分人在昆明开展应用性研究。抗战胜利后,北平研究院开始复原。1945 年,美国对日本使用了原子弹,使全世界看到了原子能的巨大威力。1945 年 10 月 17 日,国民政府批准镭学研究所改为原子学研究所,但由于缺乏专门的研究人员和必要的仪器设备,改组未能实现,只是建立了一个原子核物理研究室。1946 年夏,国民政府军政部(即后来的国防部)筹划组建研制原子弹的国防研究机构,并且拟定了《研究铀元素与原子弹之报告》。这份报告介绍了铀元素与原子弹的历史、中国铀矿的分布情况、中国原子科学的研究情况以及奖励和资助研究原子科学的办法。1947

---

① 严济慈. 物理学研究所结晶学研究所概况//20 世纪上半叶中国物理学史. 胡升华. 中国科学技术大学博士论文,1998:54.

年10月，国防部国防科学委员会与镭学所签订《合约》，委托镭学所“研究各种氧化铀之晶体差别与其构造”。在国防部经费资助下，镭学所从美国购置了一些必要的仪器设备。1948年10月，北平研究院以镭学所一部分从事原子科学研究的人员为基础，改组成立了原子学研究所，由钱三强任所长。同时将镭学研究所从事晶体学和X射线研究的人员，改组为物理学研究所结晶学研究室，由陆学善负责。

北平研究院镭学研究所自成立到被改组为原子学研究所的16年里，虽然经历了一系列战乱的影响，但始终坚持“学理与实用并重”的研究原则，取得了较好的研究成果，发表研究论文约50篇，其中三分之二发表在国外的学术刊物上。镭学研究所是中国第一个关于放射性物质的研究机构，在中国开创了放射性物理研究的新领域①。1949年11月，中国科学院成立，以北平研究院物理研究所、镭学研究所和中央研究院物理研究所为基础建立了近代物理研究所和应用物理研究所。

四、清华无线电研究所

清华无线电研究所是抗战时期清华大学创办的5个特种研究所之一，在为抗战服务的同时，培养了一批电子学方面的人才，推进了中国近代无线电电子学的发展。清华大学建立物理学系的同时设立了无线电研究室，电机工程系也设立了无线电实验室。1937年末，清华无线电研究所成立，由真空管研究部和电讯研究部两个部分组成，顾毓琇任所长。1938年春，电讯研究部由长沙迁至昆明，真空管研究部由汉口迁至四川北碚，分别称为昆明分所和北碚分所，主任分别由任之恭和叶楷担任。1939年春，真空管研究部又从北碚迁至昆明，与电讯研究部合在一起。由于抗战爆发，内地的大学和研究机构纷纷迁往西南地区，一时间云贵川一代人才济济。因此先后有几十位教授或研究员参加了清华无线电研究所的工作，研究人员有任之恭、叶楷、孟昭英、范绪筠、林家翘、吴有训、萨本栋、朱物华、吕保维、张景廉、戴振铎、王天眷、陈芳允、毕德显、陈嘉棋、牟光信、周国铨、罗远祉、胡国璋等。一些研究人员在研究所工作的同时，也在一些大学里兼课。

清华无线电研究所创建的初衷就是从事国防技术研究，为抗战服务。因此所里的绝大部分研究工作是解决无线电通讯技术问题，先后开展了无线电通讯、超短波传播、真空管研制、半导体性能、无线电发报机研制等方面的技术和理论研究。研究人员研制出了中国第一个电子管（真空管），在无线电通讯设备制造、通讯人员培训等方面做出了特殊而重要的贡献。抗战胜利后，清华无线电研究所并入了清华大学物理系。

---

① 张逢，胡化凯．北平研究院镭学研究所的研究工作．中国科技史杂志，2006，(3)：17-28.

作为国内第一个无线电专门研究机构，清华无线电研究所独树一帜，在近九年的时间内几经搬迁，聚散不定，但为了满足抗战的需要，仍然开展了一系列卓有成效的科研工作。

20世纪上半叶，中国物理学家立足于国内的条件，在应用研究和一般性探索方面开展了大量工作，同时也取得了一些有国际影响的研究结果，例如王淦昌提出关于探测中微子方法的建议，吴大猷关于原子光谱的理论研究，周培源关于湍流的理论研究等。但总体来说，中国的物理学研究工作还处于起步阶段，且战争频繁，研究条件极差，很难做出太多具有国际水平的研究成果。

第四节　成立物理学会和创办物理学杂志

为了振兴学术，中国在19世纪末和20世纪初成立了不少学会。梁启超提出，“振兴中国，在广人才；欲广人才，在兴学会。”尽管这些早期的学会多数不是学术研究群体，但它们对于后来一些科学学会的建立有一定的积极影响。

1931年，国际联盟派4位专家来中国考察教育状况，其中一位是法国物理学家朗之万(Paul Langevin)。朗之万考察了清华大学、北京大学和北平研究院物理研究所之后，建议中国物理学工作者联合起来，成立中国物理学会，并加入国际纯粹物理和应用物理联合会，以促进中国物理学的发展和国际交流。朗之万的建议得到中国物理学工作者的积极响应。经过筹备，1932年8月22—24日，在清华大学召开了中国物理学会成立大会。会议通过了学会章程，并设立学报委员会和物理教学委员会。后来在中国物理学会之下又成立了物理学名词审查委员会。抗战胜利后又增设应用物理汇刊委员会。中国物理学会成立大会选出了第一届理事会，李书华任会长，叶企孙任副会长，严济慈担任秘书。1934年，中国物理学会加入了国际纯粹与应用物理联合会，并于同年秋派王守竞参加了在伦敦举行的国际联合会大会。

从1932年到1949年，中国物理学会召开了16次年会。在成立大会暨第一次年会上，仅有北京地区20余名会员参加，提交论文10篇。1936年举行第五次年会时，会员已有200余人。抗战期间，鉴于交通困难等原因，学会年会活动分地区举行。1942年的第十次年会分别在昆明、重庆、成都、陕西城固、贵州遵义和桂林举行。这一年正值牛顿诞生300周年，重庆、贵州、福建以及延安等地的物理学和科学工作者分别举行了纪念活动。1949年11月6日,中央研究院举行了上海地区年会,200余人参加了会议。此时中国物理学会已有会员600余人。

中国物理学会不仅定期举行年会,交流研究成果,而且在物理学名词审查和国际学术交流等方面都做了一些工作。1933年,学会第二届年会推举吴有训、周昌寿、何育杰、裘维裕、王守竞、严济慈、杨肇燫等7人为物理学名词审查委员会委员,对物理学名词进行审定,并于1934年1月由教育部核定公布《物理学名词》。学会先后组织邀请了著名物理学家朗缪尔(Langmuir)、狄拉克(Dirac)和玻尔(N. Bohr)来中国访问讲学,促进了中国物理学工作者与国际的交流。1946年1月15日,鉴于广岛原子弹事件,中国物理学会在昆明发表了关于原子能利用问题的意见书,其中提出:联合国应组织设立原子能委员会,以保证原子能的和平利用;组织视察团,调查各国有关原子能应用的真相;设立联合国原子能实验室,共同研究重要问题。

1933年,中国物理学会创办了《中国物理学报》。学报以外文(主要为英文)发表文章,附以中文摘要。这是中国物理学工作者自己的学报,从创办至1950年共出版七卷。这份学报发表的文章,反映了中国物理学工作者的部分研究成果,在国内外学术交流中发挥了重要的作用。

在国家的支持下,经过中国物理学工作者的不断努力,至20世纪30年代中期,中国在物理学人才培养和专门研究工作方面已经初具规模,一批职业物理学家成立了自己的学会、创办了专业学术杂志。这些表明,物理学已经在中国完成了学科建制。在此基础上,新中国成立后,物理学步入了各分支学科快速发展的时代。

第八章　激光物理学在中国的建立和发展

激光是基于受激发射放大原理而产生的一种相干光辐射。能够发射激光的技术装置,称为激光器。关于激光原理和应用技术的研究,是 20 世纪 60 年代兴起的一门比较年轻的光学分支学科。汉语“激光”一词是“LASER”的意译。LASER 原是英文 Light amplification by stimulated emission of radiation 取字头组合而成的专门名词,在中国最早被翻译成“莱塞”、“光激射器”、“光受激辐射放大器”等。1964 年,钱学森建议翻译为“激光”。这个概念既能反映“受激辐射”的科学内涵,又能表明它是一种很强烈的新光源,所以得到中国科学界的一致认同。

1958 年,美国物理学家肖洛(A. L. Schawlow)和汤斯(C. H. Townes)在《物理评论》上发表了一篇具有重要开创意义的论文《红外与光激射器》。这篇文章不仅给出了受激辐射光的必要条件,而且论述了光激射器的若干理论问题。1960 年 7 月,美国休斯实验室研究人员梅曼(T. H. Maiman)宣布世界上第一台激光器——红宝石激光器研制成功,由此揭开了激光技术研究的序幕。同年底,美国贝尔实验室研制出了氦-氖激光器。由于激光技术具有广阔的发展前景和应用空间,引起世界各国的高度重视和积极响应,激光物理和激光技术随之快速发展起来。

中国在激光理论和技术研究方面,不仅紧跟国际形式,而且有自己的发明和贡献。经过自 20 世纪 60 年代以来的发展,中国的激光物理学已经成为一门具有相当规模和研究实力的重要学科。中国激光物理学的发展可以分为以下几个阶段。

第一节　20 世纪 60 年代前期中国激光物理学的建立

20 世纪 60 年代前期是中国激光物理的快速起步时期。在这几年时间内,中国研制出红宝石激光器、He-Ne 气体激光器等多种激光器,建立了激光物理的专门研究机构,创办了激光物理学术杂志,设立了第一个高等学校激光物理专业,取得了一批与国际基本同步的研究成果。中国当时的工业基础和光学发展水平都比较落后，激光物理研究在起步阶段能够取得这些成绩，其发展速度之快在中国科技史上是相当少见的。

一、中国第一台激光器的诞生和第一份专业刊物的创办

1958年，美国物理学家肖洛和汤斯发表了《红外与光激射器》论文。1959年末，中国科学院长春光学精密机械研究所（简称"长春光机所"）邓锡铭、王之江等年轻学者看到了这篇论文，认为光受激发射器是极为重要的开创思想，随即进行了深入研究。1960年5月，美国物理学家梅曼采用掺铬的红宝石作为发光材料，应用发光强度很高的脉冲氙灯泵浦，制成了红宝石激光器。

1961年夏天，中国第一台红宝石激光器由长春光机所王之江领导研制成功。这台红宝石激光器在结构上与梅曼的不同。它有两个特点，一是氙灯不是美国人的螺旋状，而是直管状，光源和工作物质都是圆柱状，氙灯的直径和长度与红宝石的尺寸大致相等，并且氙灯和红宝石棒并排放在球形聚光器球心附近；二是这台激光器采用外腔结构，比梅曼的内腔结构要优越，因为梅曼直接在红宝石表面镀反射膜以构成激光的谐振腔，由于红宝石表面很难加工圆滑，所以难以得到较好的谐振；采用外腔结构，把工作物质和反射镜分开，可以达到很好的谐振效果。这两个特点为其后的研究者所采用，成为广泛使用的一种结构模式。

与国外优越的研究条件相比，中国第一台红宝石激光器的研制过程非常艰难。由于中国当时的工业水平比较低，市场上没有现成的实验元件，所用器件只能靠研究人员自己制作。尤其重要的是，激光器的激励源——氙灯，在国内不仅不能买到，就连氙气也没有生产厂家，后来研究人员从长春跑到上海的一家灯泡厂，找到了仓库里剩余的两瓶氙气，氙灯才得以顺利制成。由于中国的研究人员只看到了很少的有关激光原理的文献材料，没有实验经历，所以当看到激光输出时，仍半信半疑，直至看到明显的激光干涉现象后，才确信中国的第一台激光器研制成功了①。

1961年中国第一台激光器诞生后不久，中国第一本激光技术刊物《光量子放大专刊》在长春光机所创刊。该刊采取不定期出版方式，集中报道世界各国激光科学的发展状况。为了适应形势发展的需要，1963年7月，第二次全国激光学术会议决定将《光量子放大专刊》改名为定期出版的《光受激发射情报》杂志。1964年3月，杂志正式出版。1964年10月，钱学森致函杂志编辑部，建议将"光受激发射"改为"激光"。根据这一建议，该杂志改名为《激光情报》。1969年《激光情报》更名

---

① 姚润丰.激光物理的创立与早期的发展.首都师范大学硕士论文，2001：44-47.

为《国外激光动态》，1971 年又改名为《国外激光》，1995 年又更名为《激光与光电子学进展》。

二、第一个激光研究机构的建立

1961 年 11 月，《科学通报》刊载了邓锡铭、王之江的论文《光学量子放大器》。文章介绍了激光的工作原理、基本特性和应用前景。这篇论文为国内其他单位开展激光研究，提供了理论指导。中国第一台红宝石激光器研制成功后，立即引起国内其他单位科研工作者的兴趣，许多人很快投入到这方面的研究工作中来。中国科学院电子研究所黄武汉领导的微波量子放大器研究组首先把工作重点转到光量子放大器上，很快开展了激光技术研究工作。1962 年，《科学通报》第 12 期刊载了黄武汉、范果健的《迅速发展的量子电子学概况》一文。文章介绍了激光的发展状况，对国内的激光研究产生了积极的影响。1963 年，在电子所万重怡等人的协助下，邓锡铭在长春光机所领导研制成功国内首台 He－Ne 气体激光器。从 1963 年到 1965 年，中国研究人员在《科学通报》上发表激光方面的研究论文和报告 30 多篇。

为了加强国内激光研究方面的学术交流，1962 年 1 月，中国科学院在长春组织召开了第一次光量子放大会议。这是中国的第一次激光物理学术会议，约 40 人出席会议，与会者提交了 15 篇关于国际上激光技术发展情况的综述报告。1963 年 7 月，全国第二次激光会议仍然在长春召开。参加会议的代表约 60 人，提交会议论文 60 多篇，内容包括中国研制的红宝石激光器、He-Ne 激光器（6 328 Å）、铷玻璃激光器、$CaF_2:Dy^{2+}$ 激光器等研究结果，反映了这一时期中国激光器研制迅速发展的状况。

激光物理在中国的快速发展引起了科技管理部门的重视，时任中国科学院副院长的张劲夫非常关注激光技术的发展。根据中国已有的研究力量和激光技术的重要性，他向国家提出建立中国专业激光研究所的建议。这个建议很快得到国家科委、国家计委的批准。主管科技的聂荣臻副总理特别批示：激光研究所要建在上海，上海有较好的工业基础，有利于这一新技术的发展。1964 年 4 月，长春光机所的激光研究人员与科学院电子所黄武汉领导的固体激光组合并，在上海嘉定成立了长春光学精密机械研究所上海分所，王大珩兼任所长，邓锡铭任副所长。1970 年该所更名为上海光学精密机械研究所。上海光机所成立后，成为中国激光物理研究的主力军。

1964 年 12 月，全国第三次激光会议在上海召开。有 140 余位代表参加会议，提交论文 103 篇。中国科学院副院长张劲夫、严济慈出席并主持会议。这次会议的一个重要议题是统一激光名词的翻译标准。为此会议组织召开了名词统一讨论会，严济慈、王大珩等 14 位专家参加了讨论，对激光技术的一些名词翻译工作进行了讨论和统一。针对英文“Laser”一词的翻译，钱学森曾在给《光受激发射情报》编辑部的信中说：“我有一个小建议：光受激发射这一名词太长，说起来费事，能不能改称‘激光’？”这个建议得到了与会专家的一致赞同，“激光”一词从此成为“Laser”在中国的翻译用词。

三、第一个激光专业的设立和全国激光研究力量的布局

1964 年的全国第三次激光学术会议还就激光专业人才培养问题进行了讨论。来自北京大学、清华大学、北京师范大学、天津大学、复旦大学等高等院校的代表讨论了高校开设激光专业的课程设置和专业培养规模等问题。中国科学技术大学副校长严济慈和该校激光课程教师吴鸿兴参加了讨论，后者介绍了该校开设激光课程讲座和设立激光专业的情况。

中国科学技术大学设立激光专业是由严济慈筹划的。1963 年 6 月，严济慈提出在该校创办激光专业。同年 7 月，在全国第二次激光会议上，他与长春光机所王大珩所长针对师资培养、实验设备建设等问题进行了讨论，王大珩同意为该校培养激光专业师资，并提供相关实验器材。1963 年底，中国科学院批准中国科学技术大学设立激光专业，严济慈主持召开了专业筹备会议，决定 1964 年开始进行激光专业的教学工作。会后，学校委托中国科学院物理研究所光谱学家张志三草拟了《光量子振荡器(受激发射光放大)专业(草案)》。长春光机所支援了一台红宝石激光器和一台 He-Ne 激光器，作为教学实验设备。激光课程开设后，该校 60 级、61 级学生成为国内最早接受激光专业知识训练的学生，许多人毕业后从事这方面的技术工作。经过一年的实践，1965 年 10 月，中国科学技术大学正式设立了激光专业。

由于 1966 年开始了“无产阶级文化大革命”运动，国内其他高校的激光专业未能及时设立，直到 1970 年以后，才有一些高校陆续创办了这个专业。

经过几年的快速发展，到 1966 年全国已经建立了几十个激光科研机构，形成了比较合理的科研格局。中国科学院长春光机所和电子所是国内最早开展激光研究的单位，其后物理所、半导体所、大连化学物理所等中国科学院所属研究单位也相继开展了激光方面的研究。上海光机所成立后，中国科学院系统的激光研究布局有所调整，逐步形成了各研究所的特色。上海光机所作为专业的激光研究所，主要从事大功率、大能量的激光器研究和激光理论研究工作，电子所主要从事气体激光的相关研究，半导体所从事半导体激光的研究。

此外，北京大学、清华大学、南开大学、天津大学、复旦大学、吉林大学、北京工

业学院、哈尔滨工业大学等高校也迅速开展了一些激光研究工作，逐步形成各自的特色。

这一时期，在激光应用研究方面发展也很迅速，涌现出一批研究单位。其中国家部委所属单位有电子工业部的2所、11所、12所、13所、706厂、741厂、772厂，兵器工业部的205所、209所、长春光机学院，航天工业部的8538所，中国计量科学院等，此外还有少数地方所属的研究单位也开展了一些激光应用技术研究工作[①]。

四、研究成果

这一时期，中国在激光理论研究方面取得两项重要成果：一是邓锡铭与国外学者同时独立提出高功率激光调 Q 开关原理；二是王淦昌独立提出激光惯性约束核聚变思想。

1961年，邓锡铭提出高功率激光调 Q 开关原理。他指出，设法使光频谐振腔的品质因数 Q 可变，在光泵起始激发的积累阶段，把 Q 值变得很小，以便获得足够多的净受激粒子数，然后突然增加 Q 值.这时净受激粒子数可以超过临界振荡所要求的数目，从而大大加速起始振荡的雪崩过程，达到增加峰值功率输出的目的[②]。他非常形象地把 Q 开关比喻为一个稍有漏水（自发辐射跃迁）的抽水马桶，当水箱被灌（光泵注入能量）满水后，其底部的阀门快速打开（Q 值突变），水（激光能量）即一涌而出（激光峰值功率输出）。调 Q 开关原理是研制大功率激光器的重要原理。1961年，美国物理学家海尔沃斯（Hellwarth）提出这一原理[③]，1983年他因此获得汤斯（Townes）奖。

激光惯性约束思想是王淦昌提出的原创性思想。这一思想指导中国开展了激光约束核聚变的研究工作。1964年10月4日，王淦昌撰写了《利用大能量大功率的光激射器产生中子的建议》。文章指出："若能使这种光激射器（即激光器）与原子核物理结合起来，发展前途必相当大。其中比较简单易行的就是使光激射与含氘的物质发生作用，使之产生中子"[④]。在文章中，王淦昌提出了用光激射法产生中子的具体建议，估算了中子产生数目与入射能的关系，并就中子的产生和探测提出了实验设想，建议靶用氘化铀代替重水，用慢法探头等。他的这篇论文当时没有在杂志上公开发表，而是呈送给了国务院有关领导。王淦昌的激光惯性约束思想

---

① 梅遂生.中国激光的足迹.第14届全国激光学术会议特邀报告，1999：10.

② 邵海鸥.激光领域的开拓人：怀念邓锡铭先生.物理，1998，(10)：634-637.

③ Hellwarth R W. Advances in Quantum Electronics. Columbia University，1961.

④ 王淦昌.利用大能量大功率的光激射器产生中子的建议//王淦昌全集.第3卷.王乃彦.石家庄：河北教育出版社，2004：91.

得到了邓锡铭等人的积极响应，上海光机所很快开展了相应的研究，由此开创了中国的激光惯性约束聚变研究新领域。王淦昌的这篇论文虽然没有公开发表，但他仍然被认为是世界上激光惯性约束思想的创始人之一。当时独立提出这种思想的还有前苏联学者巴索夫(Basov)和道森(Dawson)，他们于1963年首先提出了利用激光把等离子体加热到可以聚变温度的设想①②。所以，国际学术界把他们三人作为激光惯性约束思想的创始人。

这一时期在激光技术研究方面也取得了一系列成果，具体表现在以下几个方面。一是开发了一些主要激光工作物质，如铷玻璃、红宝石、氟化钙、钨酸钙、钇铝石榴石单晶等；二是研制成功一批固体激光器，如红宝石激光器、铷玻璃激光器、钨酸钙激光器、钇铝石榴石激光器、氟化钙激光器等；三是研制成功一批气体激光器，如He-Ne激光器、He-Xe激光器、纯Xe激光器、Ar^+激光器、Kr^+激光器、He-Hg激光器、CO_2激光器、He－Ne稳频激光器等；此外还有GaAs同质结半导体激光器和CH_3I化学激光器等③。在激光器的支撑技术即脉冲氙灯和高反射膜研究方面也有重要进展。

激光作为具有高亮度、高定向性、高单色性、高相干性的优质新光源，很快被应用于各种技术领域。在通信方面，1964年9月，上海光机所吴瑞昆等用激光演示传送电视图像；同年11月，电子研究所万重怡实现了3～30 km的激光通话。在工业方面，1965年5月，上海光机所汤星里等研制的激光打孔机成功地用于拉丝模打孔生产。在医学方面，1965年6月，汤星里等研制的激光视网膜焊接器成功进行了动物和临床实验。在国防建设方面，1965年12月，上海光机所等单位研制成功激光漫反射测距机，精度为10 m/10 km；1966年4月，邓锡铭等研制出遥控脉冲激光多普勒测速仪。

第二节 "文革"期间激光物理学的缓慢发展

1966年5月至1976年10月，中国开展了"无产阶级文化大革命"(简称"文

① Basov N G, Krokhin O N. Proceeding of the 3rd International Conference on quantum electronics. Columbia University.

② Dawson J M. Phys Fluids. 1964, 7: 981.

③ 梅遂生. 中国激光的足迹//第14届全国激光学术会议特邀报告. 1999: 10.

革”)运动,激光物理的发展因此受到一定的阻碍。“文革”期间,一些学术带头人和科技骨干受到排挤、打击甚至迫害,许多科研工作被迫停止。但是,由于激光技术具有广泛而重要的应用价值,特别是具有重要的军事应用前景,使得国家有关部门仍然组织了一些相关研究工作,取得了一些成绩。尽管如此,这一时期的激光研究还是不可避免地受到了干扰,发展速度明显不如前一个时期。

一、高能激光技术和激光聚变研究

20 世纪 60 年代,世界各国都对激光技术的潜在军事应用前景相当重视,投入大量的人力物力发展激光武器。受当时国际激光武器研究形势的影响,中国政府也决定将激光武器研制列为重点研究对象。1964 年 3 月,国防科委决定上马一项大能量激光器研究工程,为国防建设服务,代号为“6403”工程。这项工程的研究任务由上海光机所王之江领导承担。由于当时国内外的技术条件都未成熟,这项研究计划进展困难重重,到了 1976 年工程下马。“6403”工程虽然未能顺利完成,但对中国高能激光技术的发展仍有很大促进作用。(1)项目研究组建成了具有工程规模的 120 毫米大口径振荡-放大型激光系统,最大输出能量达 32 万焦耳。(2)项目研究组实现了激光系统的技术集成,成功地进行了激光打靶实验,实现室内10 m 处击穿 80 mm 铝靶和室外 2 km 距离击穿 0.2 mm 铝耙,并系统地研究了强激光辐射的生物效应和材料破坏机理。(3)项目研究组第一次深入研究了强激光对激光系统本身的光损伤现象及其机理。(4)项目研究组深入理解了激光光束质量的重要性和物理内涵,并采用了一系列提高光束质量的创新性技术,如万焦耳级非稳腔激光器、片状激光器、振荡—扫描放大式激光系统、尖劈法光束质量诊断等。(5)激光元器件和支撑技术有了突破性提高,如低吸收高均匀性钕玻璃熔炼工艺、高能脉冲氙气、高强度介质膜、1.2 m 大口径光学精密加工等。此外,通过实施“6403”工程,培养和锻炼了一批技术骨干人才,为此后激光研究的快速发展奠定了基础①。

1964 年,王淦昌提出激光惯性约束核聚变思想后,邓锡铭从 1965 年开始领导上海光机所的一部分研究人员开展这项研究。他们建成了输出功率 10^{10} W 的纳秒级激光装置,并于 1973 年 5 月首次在低温固氘靶、常温氘化锂靶和氘化聚乙烯上打出中子。这项研究成果处于当时国际先进水平。1974 年,他们又研制成功中国第一台多程片状放大器,把激光输出功率提高了 10 倍,中子产生额增加了一个数量级。在国际上向心压缩原理解密后,他们积极跟踪该项技术,并于 1976 年研制

① 范滇元. 中国激光技术发展回顾与展望. 中国科学院编. 2000 高技术发展报告. 北京:科学出版社,2000:87-94.

成六束激光系统。利用这套激光系统对充气玻壳靶照射，实验获得了近百倍的体压缩效果。这一系列的重大突破，使中国的激光聚变研究进入了世界先进行列，也为以后的发展奠定了基础。

二、应用激光研究

"文革"期间，国家除了在高能量激光器研究方面投入了大量力量外，还在一些中小型激光武器研制方面投入了许多精力。1966 年 12 月，国防科委主持召开了军用激光规划会，全国 48 个单位的 130 余人参加了会议，会议制定了包括 15 种激光整机、9 种支撑配套技术的发展研究规划。由于这次规划会是在"文革"开始后不久召开的，受到了一些非常规因素的影响，使得规划未能正式批准生效。但是，这个规划对于当时激光技术的研究工作仍然产生了有益的推动作用。在此后的几年内，激光技术研究涌现出一批重要成果。

在激光测距方面的成果有：(1) 靶场激光测距。1974 年，电子工业部 11 所钟声远等人研制成功采用重复频率为 20Hz 的 YAG 调 Q 激光器，测距精度优于 2 m，最远测量距离达 660 km。将这种仪器连接在经纬仪上，可实现对飞行目标的单站定轨。这一成果为以后完成洲际导弹再入段轨迹测量创造了条件。(2) 人造卫星测距。上海光机所邱万兴等和电子工业部 11 所的杨源海等人研制成功的红宝石激光对美国实验卫星 Expl-27 号、29 号和 36 号进行了测量，最远可测距离为 2 300 km，精度 2 m 左右。这一成果为以后更远距离和更高精度的人造卫星测距打下了基础。(3) 激光雷达。1974 年，电子工业部 11 所李庆祥等人利用自己研制的红宝石激光雷达和机载红外激光雷达，首次实现了地—空和空—空对飞机的跟踪测距。(4) 激光测绘。1968 年，电子工业部 11 所和常州第二电子仪器厂联合研制出激光航测仪。科研人员将这种设备与航空照相机组合，由飞机机载对地航测，可以实现对边远地区和复杂地形的测绘。测量重复率 6 次/分，测距精度 1 m。(5) 地炮激光测距。1971 年，中国人民解放军 415 部队陈义龄等研制出地炮激光测距仪。利用该装置可独立完成观察、测距、测角及磁针定向等功能。测距范围 300 - 10 000 m，精度 5 m。

在激光通信方面，1974 年，中国科学院半导体研究所王守武等进行的单路/三路半导体激光通信实验研究获得成功；1975 年，第四工业部 15 研究所研制成功大气传输 Nd:YAG 激光通信 (3～12 路) 设备。

在激光医疗方面，上海交通大学和上海第二医学院生物物理教研室联合研制成功 Nd:YAG 激光手术刀，中国科学院电子研究所刘昆等研制出 CO_2 激光手术刀，合肥工业大学和安徽省立医院联合研制出激光虹膜切除仪等医疗设备。这些器具投入使用后，收到了良好的效果。

在激光器件方面的研究成果有：高重复频率红宝石Q开关、Nd：YAG激光器（20Hz 10^7W）、连续YAG激光器、连续YAG激光倍频（百毫瓦级）器、TEA CO_2激光器、折叠腔 CO_2激光器、N_2分子激光器、气动 CO_2激光器、电激励HF脉冲化学激光器、稳频He-Ne激光器（长期漂移小于 2×10^{-10}/h）、He-Cl反光激光器、多种染料激光器、单异质结半导体激光器，同时采用高频感热引上法生长出激光晶体Nd：YAG和Nd：YAP。

此外，激光全息摄影、脉冲激光动态全息照相、拉曼分光光度计、数控激光切割机、激光准直仪、激光分离同位素硫、液体激光器、大屏幕导航显示器等技术和仪器，已经在工农业生产中获得应用。

在1978年3月召开的全国科学大会上，获得奖励的激光项目有近80项，集中反映了中国这一时期激光技术研究的成就。

三、设置激光专业和创办《激光》杂志

在“文革”期间，中国不仅在激光技术研究方面取得了不少成果，而且一些高等院校还创办了激光专业，同时有两种激光专业杂志创办。

一些激光研究项目的开展，为高等学校开设激光课程、培养激光人才提供了机遇。复旦大学的激光研究在国内高校中一直领先。1970年，为了满足“6403”工程的需要，复旦大学增设了激光专业，招收了第一届38名学生。清华大学激光专业的第一次招生也是1970年，不过是由迁到四川绵阳的清华大学无线电电子学系扩建的清华大学绵阳分校招收的，清华大学本部则在1972年由周炳琨创建了激光教研组，开始招收激光专业学生。此外，1970年设立激光专业的高校还有北京大学、哈尔滨工业大学、上海交通大学等一些著名高校。

“文革”期间，全国各种学术期刊大都停刊，但《激光情报》杂志则一直坚持出版，而且，1971年又创办了《激光与红外》杂志。这是一份译著刊物，主要刊载关于激光与红外方面的综述性文章，同时也刊载一些关于激光科研、开发、应用和学术交流方面的信息。

1974年，上海光机所创办了《激光》杂志，后改名为《中国激光》。该刊是中国唯一全面反映激光领域最新研究成就的专业学术性期刊。主要发表中国在激光、光学、材料应用及激光医学方面卓有成就的科学家的研究论文。涉及领域包括激光器件、新型激光器、非线性光学、激光及光纤技术在医学中的使用，锁模超短脉冲技术、精密光谱学、强光物理、量子光学、全息技术及光信息处理。《中国激光》的创刊，为激光研究提供了一个重要的学术平台。

第三节 20世纪70年代末和80年代初期激光物理学的稳步发展

"文革"结束后，国家采取了一系列拨乱反正措施，使得各项事业逐步走上正常发展的轨道，激光物理学的发展也明显地加快了速度。

1977年，国家科学技术委员会组织制定了《1978—1985年全国科学技术发展规划纲要(草案)》(简称《八年规划》)。《八年规划》提出了八个"影响全局的综合性科学技术领域、重大新兴技术领域和带头学科"，其中激光排在第五位。对于激光科学技术的总体要求是："迅速提高常用激光器的水平。开展激光基础研究，在探索新型激光器、开拓激光新波段、利用激光研究物质结构等方面做出显著成绩。建成光通信实验线路。在激光分离同位素、激光核聚变等重大应用研究上取得大的进展。建立先进的激光工业，使激光技术在国民经济和国防各个部门得到广泛应用。"《八年规划》并且要求中国科学院、五机部、四机部和教育部负责组织力量，"发展激光与红外技术，研制激光、红外材料和元器件，研究大能量、大功率的强激光技术。发展激光物理学、激光光谱学和非线性光学"。国家对于激光物理研究的重视，有力地推动了这一领域的发展。

一、学术活动和人才培养

科学技术专业学会是学术活动的主要组织者，是进行学术交流的重要平台。20世纪70年代末和80年代初，中国的各种学科专业学会如雨后春笋般迅速建立起来。在这期间，中国光学学会和激光学会也相继建立，在它们的组织下，开展了活跃的学术交流活动。

1979年12月，中国光学学会在北京成立。全国24个省市、自治区的314名代表出席会议。国务院副总理方毅出席会议并讲话。中国科协副主席、中国科学院副院长严济慈致开幕词。与会代表讨论并通过了中国光学学会章程，推举严济慈为学会名誉理事长，选出了第一届理事会的143名理事，43名常务理事。王大珩当选理事长，龚祖同等12人当选副理事长，苏韦为学会秘书长。成立了基础光学、工程光学、激光、红外与光电器件、光学材料、光学情报和光学科普等7个专业委员会和工作委员会。此次会议还举行了4天的学术活动，在6个分会场报告研究论文142篇。

1978年7月，全国第四届激光学术研讨会在广州召开，115个单位的227名代表参加会议，提交会议论文250篇。其后，国内的激光学术交流活动逐渐开始活跃起来。1979年11月，国家组织召开了全国常用激光工作会议。在这次会议上，国家科委统筹安排了技术较成熟、较急需的常用激光器以及相应配套元件、材料的科研、功试与生产计划。此后，国家有关部门又多次组织召开了激光技术应用的学术交流会议。1980年5月，在北京和上海同时举行了中国第一次国际激光会议。出席会议的有来自美国、联邦德国、日本、法国、意大利、澳大利亚、瑞士以及中国等国家的学者228人，其中外国学者66人。大会宣读论文113篇，其中有中国学者的论文48篇。会议期间，邓小平接见了与会的中外专家。

1980年10月，在南京召开了全国第五届激光学术会议。在这次会上，中国光学学会激光专业委员会正式成立。邓锡铭任主任委员，冯志超、梅遂生任副主任委员。激光专业委员会成立后，每隔一年组织举行一次全国激光学术研讨会。

中国光学学会和激光专业委员会成立后，分别于1980年和1981年创办了学会刊物《光学学报》和《应用激光》。激光专业学会的成立和专业学术杂志的创办，是激光物理完成学科建制的重要标志。

1981年10月召开了全国第一届激光工程应用学术研究会，同年11月召开了全国激光应用推广交流会。1983年，在广州召开了第二次国际激光会议。这些会议的召开，体现了激光学术交流的专业化和国际化①。

在激光专业人才培养方面，这一时期进入了正规化的学位制教育时期。继早期设立激光专业的中国科学技术大学、北京大学、清华大学、天津大学、南开大学、复旦大学、哈尔滨工业大学、吉林大学、长春光机学院、中山大学、北京工业大学等一批高校后，全国其他一些理工科高校如华中工学院(今华中科技大学)、大连工学院(今大连理工大学)于1980年前后也纷纷设立激光专业，培养激光方面的人才。1981年，国家开始研究生学位点建设后，清华大学、中国科学技术大学、中山大学、上海光机所等一些单位首先获得激光专业的博士学位授予权，1986年又有哈尔滨工业大学等一些高校相继获得激光专业的博士学位授予权。同时，随着与国际交流的增多，一批中青年学者纷纷到国外学习进修激光专业，学成回国后继续从事激光领域的研究工作。

二、激光基础研究

中国激光的发展，与国际上有着基本相似的一面，即在激光最初出现的20年

① 邓锡铭.中国激光史概要.北京：科学技术出版社，1991：182-184.

中，研究者的注意力较多地集中在激光自身的特性上，到20世纪80年代以后，则更多地关注激光与其他学科的交叉和应用。这一阶段，中国在激光的基础研究方面也做出了一些成绩。

关于激光对自由电子的辐射压力的探讨是20世纪70年代兴起的课题，主要研究原子在光场中运动时与光子的相互作用。光辐射到物质上时，将使物质原子的动量和能量发生变化，从而对物质产生压力。由于激光的辐射压力可以改变原子的运动状态，因此原子在光场中会产生偏转、冷却、加热、准直和聚焦等物理现象。1975年，美国物理学家汉斯(Hansch)和肖洛提出利用激光冷却气体原子的设想。1985年，美国科学家菲利普斯(Phillips)和华裔科学家朱棣文在实验中将经多普勒冷却的原子"囚禁"在一个很小的空间范围。这项成果获得1997年诺贝尔物理学奖。上海光机所王育竹率先在国内开展了激光冷却气体原子的研究工作，创建了国内第一个量子光学实验室。1980年，他首次提出光频移效应可以用于激光冷却原子。他指出，当光频移与自发辐射同时存在时，可损耗原子的动能，原子受力被冷却。后来证明，在深度冷却气体原子的技术中均包含光频移效应。1980年，王育竹等人与美国贝尔实验室的科学家几乎同时进行了激光偏转原子束的研究。这项研究可以展示光压力对原子运动产生的影响。贝尔实验室的科学家使用的是单光束和传统的热丝探测原子束，王育竹使用的是多光束和用激光诱导原子束空间荧光方法探测原子束，后者的方法比前者先进。因此王育竹的实验结果比美国贝尔实验室的结果在信噪比、偏转角和测量精度方面均高出1～2个数量级。1985年，王育竹利用多光束偏转原子束技术验证了二能级原子共振荧光亚泊松统计规律，证实了光场量子力学效应的存在。

由于激光的特殊性质，使得介质在强激光光场作用下的响应不是线性的，而是与场强的高次项有关，从而出现各种非线性光学效应，如二次谐波、三次谐波、和频差频、四波混频、光学双稳、激光散射等。对这些现象的研究形成了非线性光学。中国非线性光学的研究是从1978年开始的。1980年后，这方面的研究有了很大发展，在一些国际前沿领域中不同程度地开展了自己的工作，在光学双稳与混沌研究、光波混频与光学位相共轭研究、表面界面和多量子阱中非线性光学特性研究、光折变效应及弱光场中的非线性光学、原子蒸气的非线性光学效应及碰撞感生相干性研究、四波混频光谱学研究等方面都做出了比较出色的工作[①]。中国科学院物理所张洪钧等以液晶为非线性介质，在光电混合装置和非线性标准具中观测到前人未观测到的光学双稳现象，测量了临界慢化过程，用图解法解释了所观测到的

① 叶佩弦.非线性光学.自然科学年鉴1985，上海：上海翻译出版公司，1987：56-59.

现象。他在研究用光电方法产生光学振荡的机理时,利用具有双反馈回路的法布里-珀罗(Fabry-Perot)标准具观测到连续光的输入转变为强度交变的光输出,并证明这种输出是以反馈时间为周期的自脉冲。1982年,张洪钧等通过改变脉冲宽度,在国内首次观测到混沌现象,并研究了混沌中的滞后现象、光学双稳态与混沌运动的临界现象之间的相似性等,发现了在双延迟反馈光学双稳系统中随输入光强的增加,系统经过锁频、准周期运动、锁相而走向混沌的过程。这些研究工作,不仅揭示了液晶光学双稳系统中发生分叉和混沌现象,而且也为混沌理论研究提供了一个能够进行实验验证的非线性系统的模型。

中国科学院物理研究所叶佩弦和傅盘铭等研究了液晶的简并四波频混频及其弛豫过程,首先观测到混频信号的弛豫过程,通过分析得到了混频信号来源于分子取向的结论。沈元壤和叶佩弦利用拓扑图方法分析了二、三与四能级系统的瞬态混频的相干效应,傅盘铭从理论上讨论了 $J=0 \rightarrow J=I$ 的跃迁现象,后又利用微扰法计算简并二能级系统的三阶非线性极化率,研究了简并四波混频的能级交叉现象,证明了利用这种现象测出有关能级的弛豫速率的可能性。上海光机所吴存恺等在简并四波混频的研究中,首先观测到叶绿素甲醇溶液及其他有机染料溶液中的相位复共轭的后向散射波,证明一些有机溶液具有较高的非线性反射率。他们用共振吸收方法对铷玻璃的简并四波混频进行分析,获得了较高的非线性反射率,确定了介质的三阶极化率。

另外,吴存恺和刘颂豪等利用皮秒激光技术研究了铷原子高激发态的瞬态相干效应和铯原子蒸气的受激喇曼散射现象,并在碘酸锂晶体中,在可见光光谱区域获得了相干喇曼混频效应。北京大学孙陶亨等在相干瞬态光谱方面的研究中,利用Stak开关技术发现了一种瞬态相干效应——红外光学旋转四波,利用它精确地测量了一些重要光谱参数。

这一时期,上海光机所的研究人员利用1977—1980年建成的六路高功率激光装置进行了激光与等离子体相互作用的研究。在实验方面,他们进行了毫微秒脉冲压缩空心玻壳微球靶实验,得到了30～50倍的体压缩,观察到激光打击铝靶产生的二次谐波,利用打靶实验中产生的X光谱测定了电子的温度和密度、得到了充氖玻壳靶的压缩参数。在理论方面,谭维翰等建立了激光核聚变的一维聚爆物理模型;将光学理论的孤立波方法用于研究激光与气流的相互作用,进行了一些理论上的相关研究,这些理论均得到了实验验证①。

激光光谱学也是激光研究的一个重要方面。上海光机所的研究人员利用脉冲

① 谭维翰.我国近10年来激光与等离子体相互作用的研究.中国激光,1984,(11):641-647.

放电在铀的空心阴极中产生相当高的铀原子蒸气密度，在停止放电阶段用两台可调谐染料激光器进行双频三光子电离，同时利用原有的电极收集电离信号的方法进行铀原子的共振三步光电离研究，得到了丰富的光谱数据。中国科学院长春应用化学研究所首先建立了激光光电流光谱法，测定了^{235}U 和^{238}U 的位移光谱和^{235}U的超精细结构，为激光分离同位素提供了重要的参考数据。

三、激光应用研究

这一阶段研制了大量不同类型的激光器，在激光应用方面取得了丰硕的成果。以下略举几个例子。

1980 年，中国计量科学研究院的沈乃澂等研制的 633nm 碘稳定 He－Ne 激光器和中国计量科学研究院的赵克功等研制的甲烷饱和吸收稳频激光器，经过与国际计量局的激光器同时进行反复测量，碘稳定激光器的频差为 3×10^{-11}，每天变化的技术偏差小于 1×10^{-11}，频率稳定性与国际计量局的激光器相近；甲烷稳定激光器的频差为 2×10^{-11}，标准偏差约为 1×10^{-11}。这些成果，标志着中国激光频标水平进入国际先进行列。另外，中国计量科学研究院、北京地质仪器厂等单位研制的自由落体激光绝对重力仪，在国际计量局的国际标准重力原点——巴黎赛佛尔 A_3 点上，通过了国际对比测量检测，其符合精度为 ±16 微加，与国际计量局的固定式高精度绝对重力仪的精度仅差 6 微加①。

在激光测距方面，电子工业部第 11 研究所的研究人员把自己研制的激光测距装置和原有的光学电影经纬仪结合起来，使光学外弹道测量技术由三站交会事后处理变为单站定轨实时输出，大大提高了测量的精度，是靶场光测技术的一次飞跃。此外，他们与相关单位合作研制的 718 和 G－179 激光电影经纬仪投入使用后，圆满完成了 1980 年首次洲际导弹全程发射试验、1982 年 10 月核潜艇水下导弹发射试验和 1984 年 4 月通信卫星发射试验的跟踪测量。1984 年，航天工业部 8358 研究所成功研制出激光跟踪测距雷达。1985 年，电子工业部第 11 所同北京天文台合作研制成功 G－171 型人造卫星第一代激光测距仪（测距精度为米级）和第二代人造卫星激光测距仪（测距精度达分米级）。1985 年第 11 所还研制出 G－168 型激光雷达。它以红外跟踪技术探测目标，并给出脱靶量，以激光测距技术给出目标距离，可单站定轨，实时输出目标轨迹（3 维坐标）②。

---

① 王大珩，沃新能. 中国的光学近况. 光学学报，1985，(5)：1-10.

② 梅遂生. 从实际出发，走自己的路：十一所激光早期发展中的点滴体会. 激光与红外，2006，(9)（增刊）：728-731.

1981年5月,中国科学院上海光机所叶碧青等研制出高功率连续Nd:YAG激光手术刀,输出功率范围为0～250 W,连续可调,光束发散角小于10mrad,临床应用效果很好。1981年11月,航天工业部8358研究所研制出激光针灸机,用电子学方法准确探测人体穴位,用石英光导纤维传输He-Ne激光,准确地将激光作用于人体穴位上,起到针灸的作用。

1982年,邮电部激光通信研究所与武汉邮电科学研究所合作研制出34 Mb/s(1.3 μm)光纤通讯系统。1983年,武汉邮电科学研究所建立了横跨长江、汉水,连接武汉三镇的120路短波长多模光纤通讯系统,线路全长13.3 km,性能比较稳定,使得激光通讯开始进入实用化阶段。

此外,在激光加工、激光测速、激光扫描等多个方面,我国都取得了一定的成绩。

第四节　20世纪末期激光物理学的快速发展

1986年以后,国家大力推进科教兴国战略,制定了一系列对科技发展产生重要影响的计划:国家高技术研究发展(863)计划、国防科研跨部门重点计划、国家“七五”攻关计划,同时还设立国家自然科学基金,重点发展若干国家急需的科技领域。激光技术作为一类重要内容被多项计划列入其中,这对推动其快速发展起到了重要作用。20世纪80年代中期以来,一批国家重点实验室相继建立,使激光研究的实验条件有了很大改善。这一阶段已经建成或开放的激光方面的国家重点实验室有中山大学超快激光光谱学实验室、哈尔滨工业大学可调谐激光技术实验室、华中理工大学激光技术实验室、安徽光机所激光光谱学实验室、上海光机所高功率激光物理实验室等。依托这些重点实验室和重点研究项目,激光物理工作者开展了大量的研究工作。

一、“863”计划中的激光课题研究

1986年3月,国家批准实施“‘863’高技术研究计划”。这个计划包含八个领域、20个主题。激光技术是其中的八个领域之一,内容包括研究高性能和高质量的激光器械,激光技术应用于生产,带动脉冲功率技术、等离子体技术、新材料及激光光谱学等技术科学的发展。信息技术领域的光电子器件和光电子、微电子系统

集成技术主题也与激光技术密切相关。“863”计划“八五”期间23个项目中，与激光技术有关的有两个重大项目：光纤放大器及泵源、大功率激光器及其应用。“九五”期间27项重大项目中有量子阱DFB激光器实用化目标产品、人工晶体及全固态激光器两个重大项目。1995年，“863”中计划又增加了激光惯性约束重点研究项目。

1. 光电子器件

“863”计划中，信息技术领域的光电子器件和光电子研究项目，目标是促使激光技术的实用化。由中国科学院半导体研究所、武汉邮电科学院、清华大学、信息产业部电子13所等十多家科研机构联合承担这一课题[①]，在2000年达到实用化目标的成果有：1.31微米应变多量子阱制冷激光器、长波长分布反馈（DFB）激光器、2.5 Gb/s光发射/光接收模块、掺铒光纤放大器（EDFA）、SDH/DWDM光纤通信系统、国内自建DMWM系统、8×2.5 Gb/s SDH波分复用光纤传输系统、2.5 Gb/s SDH自愈环系统、光电子器件在光网络中的反应、高亮度红绿蓝白发光二极管、氮化物蓝绿光发光二极管及其应用、有机物发光二极管及其应用、红光应变量子阱激光器、大功率半导体激光器、LD泵浦全固体激光系列产品等。

实用DFB激光器的研制主要由中国科学院半导体研究所完成。1988年，王圩带领DFB激光器研究组，在先进仪器处于国际禁运的情况下，通过自己的努力，研制出1.55 μm DFB激光器。1995年，他们在国内率先做出了应变量子阱结构的1.5 μm和1.3 μm DFB激光器，完成了“863”计划下达的2.5 Gb/s长波长DFB激光器的研制任务，为国家通讯技术的进步做出了重要贡献。

1991年，半导体研究所肖建伟领导了大功率半导体激光器的研究，通过对量子阱结构的优化设计和电极工艺的反复摸索，突破了大功率激光器的技术难关。1993年，808 nm大功率激光器突破了千小时工作寿命，达到了实用化的水平。此外，在双稳激光器、垂直腔面发射激光器、以量子阱和应变量子阱结构材料为基础的光电子器件及其集成技术等方面，半导体研究所也取得重要成绩。

2. 人工晶体和全固态激光器

由上海光机所、北京人工晶体所、安徽光机所、山东大学、兵器工业部209所等负责研制的激光晶体，大大提高了中国在激光晶体方面的技术水平。其中，上海光机所徐军领导的实验室在钛宝石激光晶体和蓝宝石激光晶体研究方面都取得了重要进展。研制的蓝宝石晶体尺寸突破了5英寸，弱吸收性和光学均匀性达到了国际水平；研制的钛宝石晶体实现了100 TW激光输出，为研制新概念激光武器、进

---

① 863-307主题专家组.光电子主题十五年工作概况.高科技与产业化，2001，(1)：13-16.

行激光核聚变、快点火和国际大科学工程LIGO计划提供了重要条件。

中国科学院福建物质结构研究所在20世纪80年代研制的无机非线性光学材料是国际公认的名牌。1985年,这个研究所研制出的偏硼酸钡(β - BaB2O4, BBO)晶体,是可用于紫外波段的优良非线性晶体之一,已被广泛应用于Nd:YAG激光器的三次、四次及五次谐波产生,分别可得355 nm,266 nm及213 nm的紫外激光输出。1989年,该所又研制出了三硼酸锂LBO晶体,是新型紫外倍频晶体。这种晶体的主要特点是接收角度宽、离散角小、不潮解、激光损伤阈值高、能实现非临界相位匹配(NCPM),并可通过角度或温度调谐实现相位匹配的折返。90年代中国科学院理化技术研究所陈创天等研制了KBBF和SBBO晶体,其中KBBF是非线性紫外晶体。陈创天和中科院物理所的许祖彦使用KBBF棱镜耦合技术,在国际上首次实现了Nd:YVO4激光的6倍频谐波光(177.3 nm),突破了被国际学术界称作"壁垒"的200 nm界限。

许祖彦承担了"863"计划中可调谐和全固态激光器的研究任务[①]。他领导的研究小组利用非线性晶体BBO和LBO研制出光学参量振荡器、光学参量放大器和紫外频率扩展系统。他们利用自己首次发现的非线性晶体相位匹配折返现象研制出多波长光参量激光器,在实验上证明利用角度调谐LBO晶体的相位匹配折返现象可同时产生4~6个波长参量激光输出,实现多波长激光宽调谐;首次实现LBO光参量振荡和高效三倍频,将BBO光参量振荡效率和功率提高到商业水平;发明了光参量激光复合腔调谐技术。在此研究的基础上,他们研制出全固态连续波绿光激光器、全固态飞秒自锁膜钛宝石激光器、大功率全固态红光激光器、全固态连续绿光激光器、可见光飞秒光参量放大器,从蓝紫光到红外光的宽调谐多谱段同时输出的全固态光参量激光器,使用性能达到实用化水平。这种多波长光参量激光器具有多波长、宽调谐、高功率、超快脉冲和全自动操作等特点,许多技术成果为国际首创。

3. 激光惯性约束

激光惯性约束核聚变的研究,在这一阶段也取得了很大进步。上海光机所建成了"神光"系列高功率激光核聚变装置,中国工程物理研究院建成了"星光"系列激光核聚变装置,原子能研究所建成了"天光"激光核聚变装置。

1986年, 在王淦昌、王大珩的指导下,中国科学院和中国工程物理研究院联合攻关,在上海光机所建成中国规模最大的高功率铷玻璃激光装置——"神光-Ⅰ"。其输出功率为2万亿瓦,总体技术性能达到国际同类装置的先进水平。"神

① 中国科学院物理研究所.光物理实验室2000年报.

光-Ⅰ"连续运行8年，在ICF和X射线激光等前沿领域取得了一批具有国际水平的研究成果。20世纪90年代，上海光机所又研制出规模扩大4倍、性能更为先进的"神光-Ⅱ"装置。1995年，上海光机所开始研制巨型激光驱动器——"神光-Ⅲ"装置，在总体设计和关键技术研究方面取得了一系列高水平的成果。

天光Ⅰ号KrF准分子激光系统是在20世纪90年代末建成，主要技术指标达到国际同类装置水平，在世界上只有美国、英国、日本三个国家拥有类似装置。星光Ⅱ号装置是90年代中期建成。利用星光Ⅱ号装置，科研人员开展了惯性约束核聚变、高能等离子体物理等前沿领域的基础研究，取得了一批重要成果。

二、其他一些研究工作

这一时期，在激光基础研究领域，中国学者也取得了一定的成绩①。

在激光冷却和原子光学方面，上海光机所王育竹等在1988年得到了钠原子一维冷却温度60 μK的好结果。北京大学研究组从90年代起开展了以原子喷泉频标为目标的激光冷却原子工作。1996年北京大学和上海光机所分别实现了铯原子和钠原子的磁光阱。1997年北京大学研究组进一步实现了光学粘团，得到了10 μK的铯冷原子团。

这一时期，激光光谱学在国内的发展较快，许多研究所和大学都开展了这方面的研究工作，其中山西大学激光光谱实验室的原子高激发态光谱研究、中国科学院西安光学精密机械研究所的瞬态光谱记录与测量技术研究、中山大学开展的超快速激光光谱研究等都取得了一批有影响的成果。

山西大学激光光谱实验室的科研人员从实验上获得了钾分子扩散带受激辐射，观察到从高位单重态到三重态的离解限的受激辐射(599.2 nm)，探讨了在钾分子—原子系统中由双光子共振激发钾原子所产生的压缩效应，解释了扩散带激发谱上的"凹陷"成因。同时，他们通过对单光子的时间分辨特性、荧光寿命、荧光光谱等方面的测量，进行了单分子光谱的理论和应用研究。

中国科学院西安光学精密机械研究所瞬态光学技术国家重点实验室进行了瞬态光谱记录与测量技术的研究，他们在改进多光谱色温及发射率计算方法、压缩瞬时光谱选通时间、提高选通像增强器系统光谱响应标定精度、提高光谱分析精度、荧光谱时变测量等领域的瞬时光谱信息获取与分析等方面取得了一定的成绩。

1995年前后，中国科学院力学研究所周益春设计研制了长脉冲激光破坏机理实验系统，提出了强激光对材料的热-力耦合破坏机制，在国际上首次发现了激光

① 杨国桢.略谈我国光物理研究进展.物理，1999，(11)：648-653.

诱导的“反冲塞”效应。这一发现，为激光破坏机理研究提出了新的课题，对发展强激光武器具有重要意义。

这一阶段，中国一些新型激光器的研制工作也取得了可喜的进展。天津大学的姚建铨提出了激光谐振腔“类高斯分布理论”，发展了高转换效率下倍频理论及准连续泵浦倍频新方法，研制出输出功率34W的内腔倍频YAG激光器，并以此为光源，完成了激光三维扫描系统，采用准连续运转的绿光光源泵浦染料及钛宝石可调谐激光器，从而从理论到器件技术方面建立了一个新的“准连续泵浦激光调谐系统”的技术体系，在新型固体激光及调谐技术方面作出了贡献。他在激光与非线性光学频率变换研究方面，提出非线性双轴晶体最佳相位匹配精确计算的理论和方法，被国际学术界称为“姚技术”、“姚方法”，并为国际学术界广泛应用。

中国科学院大连化学物理研究所研制成功了3.8 μm的氟氘激光器(DF)和1.315 μm短波长氧碘激光器(COIL)两种高功率连续波化学激光器，功率和光束质量达到国际领先水平。1991年中国工程物理研究院研制成功“曙光”1号喇曼型自由电子激光器，1993年成功输出34 GHz的脉冲激光，功率达到10 MW。中国科学院高能物理研究所1993年建成了北京自由电子激光装置(BFEL)，性能达到国际水平。

1998年，物理所杨国桢等研制的激光分子束外延设备，已用于生长人工合成材料中以原子层次为单位的新材料，使中国成为继日本和美国之后第三个拥有该设备与技术的国家。

从20世纪80年代后期以来，中国激光技术应用走上了产业化道路。激光测距和准直、激光加工、激光通讯、激光医疗等成为激光应用技术行业的主要产品。电子工业部11所和北京天文台建成基于锁模－放大－倍频技术的第三代人造卫星激光测距系统并投入使用。这套系统在大于8 000 km距离上测量精度达到厘米量级。

第九章　原子核物理学在中国的建立和发展

原子核物理学是一门既有重要理论意义，又有重大应用价值的物理学分支学科。其研究内容包括原子核的结构和变化规律，射线束的获得、探测和分析技术以及与核能、核技术应用有关的物理问题。

1896 年，贝克勒尔发现了天然放射性现象，从而揭开了人类认识原子核变化的序幕。20 世纪 40 年代初核裂变现象的发现，展示了核能利用的巨大潜力，由此激发了人类研究这类现象的热情。原子核物理学随之快速成长为一门物理学分支学科。1945 年，美国制造的原子弹在日本爆炸所显示的威力，使得一些国家竞相研制核武器。1949 年，苏联爆炸成功第一颗原子弹。1952 年，英国爆炸成功第一颗原子弹。1952 年和 1953 年，美国和苏联又相继研制成功氢弹。1954 年，苏联建成世界上第一座原子能发电站，为人类展示了和平利用核能的前景。随后，世界许多国家都十分重视核能的开发利用研究。与此同时，原子核物理学也获得了很大发展。

中国的原子核物理学，主要是在新中国成立之后建立和发展起来的。由于国家高度重视，中国的核物理学和核技术发展很快，20 世纪 60 年代在核能的军事应用方面取得了举世瞩目的辉煌成就。原子弹、氢弹和核潜艇的研制成功，使中国跻身于世界核大国之列。经过半个多世纪的建设和发展，中国在核物理学的基础理论研究和技术应用研究两个方面都取得了重要成果。

第一节　20 世纪上半叶的核物理发展情况

20 世纪初期，中国出国留学人员中有一些人学习了核物理专业。他们回国后，将这门科学带到了中国。国内最早的核物理实验是 20 世纪 30 年代赵忠尧在清华大学进行的。最早的原子核物理课程,是1940—1943年间张文裕在西南联大物理系开设的“辐射体与原子核的构造”课程,王淦昌于1942年秋在浙江大学物理系第一次开设了原子核物理课程。此外,其他一些大学物理系在“近代物理”课程中也介绍了一些核物理知识。

一、零星的研究工作

1931年,赵忠尧从美国回国,应聘于清华大学物理系任教授。他一面教学,一面着手筹建核物理实验室。赵忠尧请德国技师帮助建造了小型云室,自己制作了盖革计数管,又从协和医院借来医生治疗肿瘤使用过的镭氡装置的氡管作为放射源。利用这些简陋的设备,他进行了回国后的第一次核物理实验——研究硬γ射线与原子核的作用,研究结果写成论文《γ射线与原子核的相互作用》于1933年在《自然》杂志上发表。卢瑟福看到这篇文章后写了评注说:“很显然赵与龚(即龚祖同)还没有听说最近有关正电子的工作,特别是电子对产生,一个高能γ射线在原子核的强电场中转变成一个负电子和一个正电子。他们叙述的实验给这个现象提供了又一个有价值的证明。”此后赵忠尧又在人工放射性和中子共振方面做了一些工作。抗日战争爆发后,由于条件困难,无法开展实验研究[①]。

抗日战争前,霍秉权在清华大学也开展过核物理实验工作。他在英国留学时改进了威尔逊云室,使得云室中带电粒子的轨迹更为清楚。他在清华大学做了一台威尔逊云室用于核物理实验,测量了RaE的β谱,测定了端点能量,并得到平均能量为0.401兆电子伏的结果。

王淦昌在德国留学期间就开始思考如何寻找中微子存在的直接证据,回国后也一直关注这个问题。他回国后先在山东大学物理系任教,1936年应聘到浙江大学任教。1940年,他阅读了国际上有关探测中微子的论文,认为一些文章介绍的实验方法并不是最好的,因此他提出了一种验证中微子存在的更好方法,即让一个β^+类放射性原子俘获一个K层电子,测量反应后原子的反冲能量和动量即可判断中微子的存在。通过进一步查阅文献,他提出了用铍-7经过K俘获而成为锂-7的实验设想。由于条件所限,王淦昌自己无法做这种实验,只好把设想写成一篇短文《关于探测中微子的一个建议》于1941年10月寄到美国《物理评论》杂志。文章于1942年1月刊出后,即有学者根据王淦昌的建议做了铍-7的K电子俘获实验,得到了肯定的结果。但由于实验所用的铍-7样品较厚以及观测设备的孔径效应影响等原因,未能观测到单能的锂-7反冲。直到1952年,戴维斯(R. Davis)成功地做

① 王甘棠,孙汉城. 核世纪风云录:中国核科学史话. 科学出版社,2006:57-58.

了铍-7的K电子俘获实验，从而找到了中微子存在的确切证据。继探测中微子的建议之后，王淦昌又开展了一系列研究工作，从1942至1947年，他先后在国内外学术刊物上发表了9篇论文①。

二、筹建研究机构

1930年，严济慈从法国留学回国后，被聘为北平研究院物理研究所所长。在他的建议下，1931年北平研究院与中法大学共同建立了中国第一个放射性实验室，严济慈任主任。1932年，北平研究院正式宣布成立镭学研究所，严济慈任所长，下设放射学、X光和光谱学3个研究室，一个放射化学实验室。抗日战争结束后，受日本广岛原子弹爆炸威力的刺激，中国掀起了一场核物理研究热潮。1945年10月，国民政府决定将镭学研究所改为原子学研究所，由于当时缺乏研究原子学的专业人才和实验设备，北平研究院决定等到设备充实后再进行改组。1947年8月，北平研究院聘请在法国留学的钱三强为镭学所专任研究员，一年后钱三强回到北平，任镭学所所长。1948年10月1日，镭学研究所改建为原子学研究所。至此，中国建立了第一个原子科学研究机构。但是，该所成立后，由于经费困难和科研力量薄弱等原因，开展的研究活动非常有限。

1946年，时任中央研究院总干事的萨本栋呼吁在中央研究院建立近代物理研究所，专门从事原子能研究，但是蒋介石批复“近代物理研究所可先筹划设计，暂时缓办”。为了筹办近代物理研究所，萨本栋在招揽人才和充实设备方面作出了很大努力。1946年夏，美国在太平洋的比基尼岛进行第二次原子弹试验，邀请反法西斯战争中的同盟国中国、苏联、英国、法国派观察员前去参观。萨本栋推荐赵忠尧作为中国代表，去美国观摩原子弹试验。他并且委托赵忠尧利用去美国考察之机帮助购买一批核物理研究设备。1950年，赵忠尧回国时，带回了一批仪器设备，由此为中国科学院近代物理研究所开展相关实验工作创造了条件。

1947年，北京大学校长胡适致信国民政府国防部长白崇禧与参谋总长陈诚，信中“提议在北京大学集中全国研究原子能的第一流物理学者，专心研究最新的物理学理论与实验，并训练青年学者，以为国家将来国防工业之用。”胡适开列了一份研究人员名单，包括钱三强、何泽慧、胡宁、吴健雄、张文裕、张宗燧、吴大猷、马仕俊与袁家骝等9人。由于种种原因，胡适的这个建议并未能付诸实施。

1947年2月，还在法国留学的钱三强给清华大学梅贻琦校长写信，建议在北平建立一个原子核物理研究中心。这一建议得到梅贻琦的支持。后来，钱三强又

---

① 王甘棠，孙汉城．核世纪风云录：中国核科学史话．北京：科学出版社，2006：61-63.

建议由北京大学、清华大学和北平研究院三家合作建立联合原子核物理研究中心。这件事引起了美国大使馆的注意，在其干预下，建立联合原子核物理中心的计划最终不了了之。

三、原子弹研制计划

1945年，国民政府军政部兵工署长俞大维在中美联合参谋部看到了关于美国研制原子弹的文件。中国战区美军司令魏德迈询问俞大维：中国要不要派人到美国学习制造原子弹？原子弹的军事意义和一系列的因素，促使国民政府开始筹划学习和研制原子弹的计划。这个计划经过蒋介石的特许，由军政部部长陈诚和兵工署长俞大维负责。

1945年秋，陈诚和俞大维召见西南联合大学化学家曾昭抡、数学家华罗庚和物理学家吴大猷，商讨制定中国原子弹的研究发展计划。陈诚要求三位科学家提出一个初步计划。几天后，吴大猷拟出一个建议，内容包括：成立研究机构，培养各种从事基本工作的人才；派一些物理、化学、数学人员出国，学习、研究和考察近年来原子能相关科学进展情况；然后拟定一个具体的原子弹研制计划。当时，无论是科学家，还是政府官员都认识到，中国必须先有人才，然后才能有原子弹。吴大猷的建议得到了陈诚和俞大维的认可。军政部委托这三位科学家从西南联大选拔合适的人才，由政府出资派往美国学习。于是，曾昭抡推荐了化学专业的唐敖庆和王瑞駪，华罗庚推荐了数学专业的孙本旺，吴大猷推荐了物理专业的朱光亚和李政道。1946年8～9月间，华罗庚带领这5位青年学者前往美国，曾昭抡和吴大猷也先后到达美国。由于美国将原子弹研制列为国家核心机密，这些中国学者到达美国后，并未能进入相关机构进行考察和学习。因此，他们只得分别到美国一些大学从事学术研究和学习①。

1946年2月1日，国民政府军事委员会委员长李宗仁给蒋介石发来一份密电，内容称："据报，敌'华北交通会社'日人西田称：(1) 日陆军省曾派来我国张家口地区，技术人员70余名，专事采取原子原料，于日军投降后有30余人投入奸党，其余人员均散居北平。如我政府愿予留用，西田决能召集彼辈在中国研究。(2) 该项技术人员曾在张家口取得一部原子弹原料，空运回国，对察绥各地矿产，探察甚详，两地原子铀之出产，仅百灵庙一处，年产铀可达6吨。(3) 在日本投降前，日本已装有5部机器，开始研究制造原子弹，后以美国发现，致将该项机器全部破坏。但此项技术人员，均在日本内地，并详悉其姓名住址等情，关于是项研究工作，我国尚

① 王士平，等.20世纪40年代蒋介石和国民政府的原子弹之梦.中国科技史杂志，2006，(3)：197-210.

无人主持,拟应由中央指派专家商讨研究,如何之处,谨电呈核。”①军统局长戴笠对李宗仁的电文内容查证后,向蒋介石汇报说情况基本属实。随后,军统局给蒋介石呈上一封密电,其中说:“刊呈:一、查日人有西野者,系日本最负盛名之原子物理学家,东京理化研究院有西野研究室,东京及大阪帝大有西野原子分解器一部分尚系得之美国,于上年11月初始被麦帅沉入海内,当时西野叹称十年心血付诸流水云云。李主任所报日人西田未悉是否西野化名,免人注意,果系西野(或其弟子)似宜速即秘密罗致,免为他国争取。”于是,国民政府决定设法网罗这批日本专家,为中国制造原子弹服务。这时,日本在上海设立的自然科学研究所所长佐藤秀三主动与国民政府军统局联系,表示该所十几位日籍研究人员愿意留下帮助中国研制原子弹。日本人的提议得到国民政府的答应。1946年3月,国民政府参军处指示中央研究院将这批日本研究人员留下。此事遭到中央研究院一批中国专家的强烈反对,因此国民政府只好放弃这个留人计划②。

当时,在华日本专家曾向国民政府提出了几个原子能研究计划,经过查核后发现,它们基本上是一些胡编乱造的骗人东西。一个是西田所拟,由李宗仁于1946年2月密电呈给蒋介石,该计划仅包括原矿石的调查、采掘、冶炼等,内容既不完整,也不具体;一个是1946年6月石原茂光等人拟出的计划,该计划内容多属谬误,表明计划拟定者缺乏基本的物理与化学训练;还有一个是佐藤秀三所拟原子能研究计划书,其中虽然列有10个问题,但内容不伦不类,表明作者并非真正懂得原子科学。事实上,这些表示愿意留下为中国服务的日本人根本不是研究原子弹的专家。

1946年,国民政府成立了以研制原子弹为核心任务的“原子能研究委员会”,决定秘密推进原子弹研制计划。内战爆发后,由于种种原因,使得这个计划遭到搁置。

国民政府期间的原子弹研制热潮,虽然没有取得明显的结果。但对于中国的核物理研究有积极的推动作用。当时的几所高等院校及科研机构在这场热潮中都加强了原子核物理的教学和研究活动。

核物理学在中国真正得到建立和发展,是在新中国成立之后。

① 唐人.蒋介石在大陆秘制原子弹内幕.参考消息,2007-10-23,9-16.

② 王士平,等.20世纪40年代蒋介石和国民政府的原子弹之梦.中国科技史杂志,2006,(3):197-210.

第二节 新中国核物理研究机构建设

新中国成立后,政府对于核物理学研究非常重视,在人才培养和设备建设方面都投入了很大力量。

一、国家高度重视发展核科学技术事业

20世纪50年代,世界处于核技术垄断的时代。极少数拥有这类技术的国家将核武器作为最大的国际政治和军事资本。1950年,毛泽东访问苏联,回国后对身边的警卫员说:"这次到苏联,开眼界哩!看来原子弹能吓唬不少人。美国有了,苏联也有了,我们也可以搞一点嘛。"[①] 1954年10月,赫鲁晓夫来中国访问。在谈话中,赫鲁晓夫询问毛泽东,中国还有什么需要苏联帮助做的事情,毛泽东随即提出希望苏联在原子能、核武器研制方面给予帮助。赫鲁晓夫对这个突如其来的回答没有准备,稍做迟疑后即劝说毛泽东应集中力量抓经济建设,不要搞这个耗费巨资的东西。但最后赫鲁晓夫表示苏联可以帮助中国建立一个小型实验性核反应堆,进行原子物理的科学研究和培训技术力量[②]。在苏联的支持下,1958年春天,在北京建成了一座7 000 W的核反应堆和一座直径1.2 m的回旋加速器。

1954年,李四光主持下的地质部在广西发现了有工业价值的铀矿资源。毛泽东主席得到这个消息后表示:"我们有丰富的矿物资源,我们国家也要发展原子能。"[③]1955年1月,毛泽东在中南海主持召开了中共中央书记处扩大会议,刘少奇、周恩来、朱德、陈云、彭德怀、邓小平、彭真、李富春、陈毅、聂荣臻、薄一波等党和国家领导人参加了会议。这次会议主题是研究发展中国的原子能事业问题。李四光、刘杰和钱三强参加了会议。李四光在会上展示了铀矿标本,并说明了铀矿资源与发展原子能的密切关系。钱三强汇报了世界上几个主要国家原子能发展的概况和中国近几年所做的工作,并用自制的盖革计数器演示了铀矿石的放射性。毛泽东询问了发展原子能的有关问题。听完汇报后,毛泽东说:"我们国家,现在已经知

---

① 叶子龙回忆录.中央文献出版社,2000:185.

② 王焰.彭德怀年谱.北京:人民出版社,1998:578.

③ 李觉,雷荣天,等.当代中国的核工业.北京:中国社会科学出版社,1987:12.

道有铀矿，进一步勘探一定会找出更多的铀矿来。解放以来，我们也训练了一些人，科学研究也有了一定的基础，创造了一定的条件。过去几年其他事情很多，还来不及抓这件事。这件事总是要抓的。现在到时候了，该抓了。只要排上日程，认真抓一下，一定可以搞起来。”他还强调说：“现在苏联对我们援助，我们一定要搞好！我们自己干，也一定能干好！我们只要有人，又有资源，什么奇迹都可以创造出来。”[①]同年 3 月 31 日，毛泽东在中国共产党全国代表大会上指出：“我们进入了这样一个时期……开始要钻原子能这样的历史的新时期。”这次会上正式作出了发展中国原子能的战略决策。

中央作出发展原子能事业的决定后，周恩来亲自组织实施，随后在舆论宣传、加强领导、进行规划、培养人才、建设核科学技术基地等方面开展了很多工作。为了使全国都来关心和重视原子能事业的建设，周恩来指示要做好舆论宣传的先行工作。1955 年 2 月 2 日，中国科学院组织在北京的有关科学家和教授 90 余人，举行和平利用原子能问题座谈会，并成立以吴有训、钱三强、周培源、钱伟长、严济慈、王淦昌、于光远、袁翰青、曹日昌 9 人为织织委员的“原子能通俗讲座组织委员会”，向中央和全国各地领导干部、学生、工人、战士宣讲原子能科普知识。为了加强领导，中央指定陈云、聂荣臻、薄一波组成三人小组，负责指导原子能事业的发展工作。1956 年 11 月，国家成立了第三机械工业部，专门领导中国的原子能事业(1958 年，第三机械工业部改名为第二机械工业部)。中国科学院成立了以李四光为主任委员，张劲夫、刘杰、钱三强为副主任委员的原子核科学委员会。国务院把发展核科学技术作为经济建设和国防建设的一项重要任务，列入国家发展规划。国家制定的《1956—1967 年科学技术发展远景规划》将原子能和平利用列为第一项重点任务，第二个五年计划也将发展原子能事业作为一项重要任务。由于国家的高度重视，推动了中国原子能科学研究的快速发展。

二、研究机构建设

1950 年，中国科学院将原北平研究院原子学研究所和中央研究院物理研究所原子核物理部分合并，组成近代物理研究所。该所的主要任务是研究原子核物理和放射化学，为发展原子核科学技术建立基础。1953 年，这个研究所更名为物理研究所。这一时期，近代物理所的研究工作分为实验原子核物理、放射化学、宇宙线研究、理论物理、电子学五个部分。为了培训人才和提高研究能力，近代物理研究所派出一批科研和工程技术人员赴苏联学习。1955 年 10 月和 11 月，钱三强和

① 李觉，雷荣天，等. 当代中国的核工业. 北京：中国社会科学出版社，1987：13-14.

冯麟率39名科技人员组成实习团，分两批赴苏学习核反应堆技术、加速器原理和操作技术以及相关仪器制造和使用。为了迅速建立铀矿探测队伍，国家抽调相关人员很快在湖南、新疆、山西、四川、江西、辽宁等地组建了一批勘探队，在北京建立了铀矿地质研究所。自1956年秋开始，中国先后选派了130多名科学家和年轻人去苏联杜布纳联合原子能研究所工作和实习。他们中有王淦昌、张文裕、胡宁、朱洪元、周光召、何祚庥、吕敏、方守贤、丁大钊、王祝翔等。这些人回国后都成为中国核物理研究领域的骨干力量。

在各方面的大力支持下，中国的核科学技术研究队伍快速壮大。钱三强回忆当年的情况时写道："1956年的夏秋，物理研究所充满了生气，一派朝气蓬勃的景象，工作空前繁忙。到苏联实习的科学技术干部回来了。在中美日内瓦外交谈判之后，1955—1957年，一批留美、欧的科学家回来了。其中包括：张文裕、汪德昭、王承书、李整武、谢家麟、肖伦、张家骅、郑林生、冯锡璋、丁渝等；一部分转业学原子能科学技术的留苏、留东欧的留学生回来了；200多名北京大学技术物理系、清华大学工程物理系毕业生和大专院校毕业生参加了研究所的工作。国务院根据需要从各部门抽调了一批得力干部、科学技术人员和熟练技工，原子能事业真是人才济济，人丁兴旺。"①

1958年5月15日，中共中央提出"鼓足干劲，力争上游，多快好省地建设社会主义"的总路线。随后，全国各条战线掀起了"大跃进"热潮。1958年7月，二机部成立了"北京第九研究所"，即核武器研究所，其主要任务是接受和消化苏联提供的有关原子弹技术资料以及调集、培训技术人员。1958年8月，二机部向中央上报《关于发展原子能事业方针和规划的意见》，提出了"以军事利用为主，和平利用为辅；自立更生为主，争取外援为辅；中央与地方并举、土洋并举，大中小相结合"的发展原子能事业方针。同时提出了"苦战三年，基本掌握"，"边学边干，建成学会"，"抄、改、创相结合"等口号。此外还提出了"全民办铀矿"，"大家办原子能科学"等口号。在这种气氛中，全国出现了办原子能科学的热潮。有人建议"各省市都搞一个反应堆和一个加速器"，于是许多省市都成立了核科学研究机构。"大跃进"运动结束后，国家对各地建立的研究机构进行了调整合并，保留了上海原子核研究所、甘肃兰州近代物理研究所、哈尔滨东北物理研究所、四川物理研究所、太原华北原子能所。这些研究机构后来都成为发展核工业和推广核技术应用的重要科研基地。"大跃进"运动中的"全民办原子能科学"活动，对中国的核科学事业有积极的推动作用，但也造成了一些浪费和损失。

---

① 钱三强，朱洪元．新中国原子核科学技术发展简史(1950—1985)//钱三强论文选集．236.

1958年,科学院决定将物理研究所更名为“原子能研究所”。经过1958—1959年的大发展,原子能研究所已有16个研究室和五个技术部,科研人员有1 500多人。这个研究所的研究内容涵盖了低能核物理实验和理论,中子物理,高能物理实验和理论,计算数学,加速器,探测器,核电子学,反应堆工程设计,反应堆物理,金属物理,受控热核反应,铀钚化学,分析化学,放射化学,辐射化学,辐射生物学,同位素分离,放射性同位素制备和应用,卫生防护等20多个学科。至此,一个多学科、综合性的原子能研究基地初步形成。在50年代末和60年代初,原子能研究所开展了大量的研究工作,概括起来有三个方面:

第一,在国家决定自行研究、设计核潜艇动力堆任务的带领下,原子能研究所开展了堆理论、堆物理、堆材料和材料腐蚀、堆化学、热工水利、自动控制、核燃料元件工艺、堆设计等一系列实验研究。为了给兰州铀浓缩厂培训技术人员,原子能所突击建成了铀同位素分离气体扩散实验室,并开始了铀同位素分离的研究工作。

第二,为了推动原子能的和平利用,原子能所开展了放射性同位素制备和应用研究以及稳定同位素分离的研究;在核燃料元件后处理方面,开展了沉淀法工艺及有关分析方法的研究;为了核工业的安全生产和环保的需要,开展了放射生物、辐射防护和“三废”治理的研究。此外,原子能所还开展了铀钚化学和核燃料分析的研究工作。

第三,为了充分利用已建成的设备,培养年轻科技干部、做好技术储备,开展了大量的基础研究。原子能所在核物理实验方面,开展了中子物理、核反应、核谱学、核磁矩、核裂变、基本粒子理论和计算数学的研究;此外还开展了基础放射化学的研究和反应堆、加速器的安全运行有关技术的研究。在加速器技术、真空技术、核探测器、核电子学的研究方面,这一时期有进一步发展;为了探索新能源,开展了受控热核聚变的理论研究和实验设备建设①。

从20世纪60年代开始,国家为了自主发展核物理技术,有计划地组建了一批科研机构。1960年,第二机械工业部从全国各有关单位先后调集了一批科学家和技术骨干,成立了核武器研究所,1964年改为核武器研究院。1961年,由程开甲牵头组建核实验基地研究所,1963年正式成立为西北核技术研究所。1961年,以原子能研究所放射生物研究室为主,合并技术安全室和中子物理研究室的一部分,组建了华北工业生物研究所。1962年,原子能研究所同位素应用研究室的全部以及放射化学研究室的一部分共22人,在张家骅带领下迁至上海,与上海理化研究所

① 李觉,雷荣天,等.当代中国的核工业.北京:中国社会科学出版社,1987:358-359.

组建成上海原子核研究所[1]。1964年1月，在原子能研究所反应堆工程研究部的基础上，成立了北京反应堆工程研究所。1964年4月，在原子能所扩散实验室的基础上，成立了二机部理化工程研究院，其任务之一是负责新型扩散机的研究设计工作。1965年，二机部以原子能研究所受控热核反应研究室和东北技术物理所的核聚变研究力量为主，并集中了兰州近代物理所、水利电力部电力科学院等单位的部分研究人员，在四川乐山成立了西南物理研究所。1968年，以反应堆工程技术研究所为基础，在四川建立了西南反应堆工程研究设计院。

20世纪70年代，中国又建立了一批核科学研究机构，原有机构也有所发展。1974年，国家批准了上海30万千瓦核电站建设方案，二机部成立了上海核电站设计院。1975年，在原子能所成立了二机部核数据中心，后来成为中国核数据中心。中国科学院于1978年在北京建立理论物理研究所，彭桓武任所长；1979年在武汉建立了数学物理研究所.李国平任所长。这两个新建立的研究所，都进行原子核物理理论、粒子物理理论和其他理论方面的研究。1978年8月，中国科学院以安徽合肥受控核聚变研究站为基础成立了合肥等离子体物理研究所，集中相关人员进行磁约束核聚变研究。

改革开放以后，中国的核物理事业得到了快速发展。1984年底，原子能研究所改名为中国原子能科学研究院。此外，一些高等学校的核物理研究工作也蓬勃开展起来。1983年，北京大学成立了重离子物理研究所。1989年，国家教委批准建立北京大学、清华大学和北京师范大学联合原子核研究中心。复旦大学、四川大学、兰州大学、吉林大学、南京大学、南开大学等也都成立了一些相关机构，开展了大量研究工作。

第三节　核物理教育和人才培养

中国有计划地发展核物理教育、培养核物理人才始于1955年。1955年之前，一些高校的物理系设置了核物理相关的课程，人才培养数量不大。1955年以后，国家开始有计划地大批量培养核科技人才[2]。

---

① 王甘棠，孙汉城.核世纪风云录：中国核科学史话.北京：科学出版社，2006：105.

② 李觉，雷荣天，等.当代中国的核工业.北京：中国社会科学出版社，1987：491-503.

一、核专业高等教育

1955年，中国把建设核工业列为国家重点发展计划，开始发展核物理教育事业。1955年初，教育部成立核物理教育领导小组，由副部长黄松龄负责，中国科学院钱三强协助。同年夏，教育部在北京大学成立物理研究室（后改名技术物理系），在清华大学开办工程物理系。同年秋，国家有计划地从全国一些理工科大学选拔一批学完基础课的高年级学生，到北大、清华继续学习核物理专业。至1956年，中国已有了自己培养的第一批核物理专业大学毕业生。

1955年夏，经国务院批准，由蒋南翔和钱三强负责，在苏联和东欧的中国留学生中挑选一百余名与核物理专业相近的学生，改学核科学和核工程技术专业。

1957—1959年，原子能研究所举办了七期同位素应用训练班和四期同位素仪器使用维修训练班，培养了近千名专业科技人员。1958年，彭桓武和黄祖洽举办了反应堆理论培训班，培养了中国第一代反应堆理论人员。

1955年到1958年，教育部从各有关高等院校相近专业中先后选调几百名高年级学生，分别集中在北京大学、清华大学及兰州大学学习核物理专业，抽调了部分政治素质较高和业务基础较好、专业相近的优秀教师进修原子能专业，此外还聘请苏联专家来华讲学和培养师资力量。

1958年，中国科学院创办了中国科学技术大学。在最初设置的13个系中，01系为原子核物理与原子核工程系（后更名为近代物理系），赵忠尧任系主任。中国科学院的一批物理学家严济慈、郑林生、张文裕、朱洪元、彭恒武、李整武、梅镇岳、张宗烨、杨衍明等都在该系授课。同年，北京大学、清华大学和兰州大学的核专业开始招收应届高中毕业生。到1959年，全国设有核专业的高等院校已增加到27所。

20世纪50年代，二机部开始筹办核技术类大专学校。1958年，二机部与冶金部协商，经国务院批准，将中南矿冶学院铀采矿系迁往衡阳，以此为基础成立了衡阳矿冶工程学院。1958年以后，全国核物理专业数和布点数迅速增加，高等院校设立核专业32个，专业布点数近70处，招生规模扩展过快。1964年，国家进行了压缩和调整，全国保留了18个核专业系，年招生人数由3 000人减至2 000人。

“文革”运动开展后，中国的核物理教育事业受到严重影响。1969年，北京大学技术物理系远迁陕西省汉中地区，因条件限制而无法开展教学和科研工作；清华大学工程物理系迁出校外，与科研单位合并，实行以典型产品带教学，打乱了正常教学秩序；同年，撤销了二机部所属大部分大专、中专和技工学校，校舍被占用，大量仪器设备和图书资料被破坏，2 000多名教师全部流散。

20世纪70年代,核物理教育事业开始逐步恢复。1970年,清华大学工程物理系恢复招生。随后,全国又有9所高等院校的核专业恢复招生。1978年以后,全国13所高校的核专业正式恢复招收本科生,并恢复培养研究生制度。

中国的核物理和技术专业的研究生教育开展较早。1959年,北京大学、清华大学、南京大学等高校已经招收该专业的研究生。1978年国家恢复研究生制度后,这些单位的核专业即着手招收研究生。同时,二机部原子能研究所、北京铀矿选冶研究所、北京铀矿地质研究所、西南物理研究所、二机部物理化学工程研究院等一些科研单位也开始陆续培养研究生。1981年中国学位制度建立后,国务院批准有权授予硕士学位的核科学专业33个,有权授予博士学位的核科学专业21个。1985年,核工业部组建了研究生部,著名核化学家汪德熙任主任。

20世纪50、60年代,中国的核物理教育主要使用外国教材,其中多数是苏联教材,此后有的院校自编了部分切合中国实际的专业教材。1978年1月至3月,二机部根据国家统一要求,按照专业类别和学科,先后召开了3次教材编审出版规划会议,研究制定了中国核专业第一套教材编审出版规则。至1984年底,已出版发行的核专业教材有26种。不少院校还自行编写了一些专著和教学参考书,基本满足了教学需要。1982年4月,国家在二机部基础上成立了核工业部。同年,核工业部开始制定第二套教材编审出版规划。1985年1月起,核工业部相继成立了核反应堆工程、原子核物理、放射化学与核化工等5个教材编审委员会,负责各种教材编写的指导和评审。

据统计,从1956至1983年,全国高等学校共培养核专业毕业生22 124名,其中研究生202名,大学本科生16 432名,专科生5 490名。另有职工大学毕业生415名[①]。

二、核专业中等职业技术教育

中国的核专业中等职业技术教育,包括中等专业教育和中等技工教育两个部分。前者为原子能事业培养中级技术人才和管理人才,后者培养技术工人。

核物理中等专业教育起步于20世纪50年代中期。1956年,根据铀矿勘探和开采工作的需要,三机部成立了长沙地质学校和太谷地质学校。1958年在太原成立了地质专科学校,1959年该校迁往江西抚州,改名抚州地质专科学校。1958年至1964年,西安机器制造学校、蚌埠机器制造学校、南京建筑工程学校、武汉青山水电学校和合肥化工学校等先后划归二机部建制。在此期间,二机部还成立了太

① 李觉,雷荣天,等.当代中国的核工业.北京:中国社会科学出版社,1987:495.

原职业学校、湖南四一五医院护士学校。1964—1965年，经过调整充实，核专业中专学校减为7所，设专业28个，招生规模为6 000多人。“文革”期间中专教育受到很大破坏，“文革”结束后开始逐步恢复和发展。1978年，在抚州地质学校的基础上，成立了抚州地质学院，1981年改为华东地质学院。到80年代中期，全国有核专业中等学校9所，开设25个专业。

20世纪60年代，由于核工业发展的需要，中等技工教育得到了快速发展。1961—1964年，二机部及其所属的生产研究单位，先后开办了15所技工学校，设置了30个专业，招生规模达6 000多人。“文革”期间的1969—1974年，全部技工学校停止招生。1979年以后，技工教育进入新的发展阶段，至1984年，核专业的技工学校已达27所，设置工种(专业)46个。从1956—1984年，全国核专业中等学校共培养毕业生13 779名，技工学校共培养毕业生13 458名。这些人才为中国核工业的发展做出了重要贡献。

第四节 反应堆技术研究

世界上第一座反应堆是1942年在美国芝加哥大学建成的，由于该装置是由石墨砖堆起来的，当时即称为“堆”，以后也沿用此名。中国的反应堆工程是于1955年从苏联引进研究用重水反应堆起步，经历了从进口到自制，从小功率低参数到大功率高参数，从研究用堆、生产堆到动力堆，从军用到民用的发展过程[①]。

1955年4月27日，中国与苏联签订了《关于为国民经济发展需要利用原子能的协定》，协定规定由苏联帮助中国建造一座功率为7 000 kW的研究性重水反应堆和一台2 MeV的回旋加速器。根据中苏协定，反应堆和加速器工程的初步设计由苏方负责，中方负责为初步设计提供勘探资料和总平面草图，参加审查初步设计、编制设计任务书，并作施工图设计。1958年6月，重水反应堆建成，6月13日18时40分，反应堆达到临界状态。

中国第一座反应堆当时称为101堆，是一座多用途的实验反应堆，既可以提供中子束流，又可以生产放射性同位素。101堆以浓度为2%的铀-235为燃料，以重水作慢化剂和冷却剂，以石墨作反射层，额定功率为7 MW，加强功率为10 MW，最

① 王甘棠，孙汉城．核世纪风云录：中国核科学史话．北京：科学出版社，2006：135-149.

大热中子通量密度为每秒每平方厘米 1.2×10^{14}个，达到当时国际同类装置的先进水平。反应堆建成后，在钱三强指导下，黄胜年等在反应堆上开展了铀裂变中子数据的实验测量。1958 年 10 月 1 日，在肖伦的带领下，通过反应堆中子辐照，首批生产出 33 种放射性同位素，在国内开始了和平利用原子能的进程。

101 堆运行期满后，中国技术人员对其进行了大修改建。为了提高热中子通量，增加辐照空间，设计中选定了铀-235 丰度为 3%的燃料，紧栅格中子阱型布置，在中央水腔和外围重水反射层内安置实验管道，同时将反应堆的最大功率提高到 15 MW，使热中子通量翻一番。1978 年 11 月开始改建，1980 年 6 月 27 日达到临界状态，12 月功率提升到 11.8 MW，1981 年 11 月 6 日加强功率达到 15 MW。

101 堆建成投产后，中国开始筹划自行设计反应堆。要建造动力堆、生产堆和各种类型的反应堆，首先要建造零功率堆进行模拟实验。1958 年，原子能研究所中子物理研究室反应堆物理实验组在朱光亚的带领下，罗安任、彭风、罗璋琳等一大批年轻人员开始着手设计建造零功率堆。他们利用 101 堆的燃料元件，设计建造了中国第一个零功率堆，1959 年 2 月 24 日达到临界状态，命名为“东风 1 号”。为了为生产堆、工程试验堆和潜艇核动力堆提供实验数据，继“东风 1 号”之后，他们又设计建造了“东风 2 号”和“东风 3 号”。

要建造动力堆和生产反应堆，还要先建造工程实验堆，对新堆的燃料元件和结构材料进行试验。中国当时研制工程实验堆的技术力量尚不充足，二机部决定先建一座通量不太高，功率不太大的工程实验堆，然后再设计高通量工程试验堆。当时国内还不能制造工程试验堆的燃料元件，只好再从苏联引进。1958 年 10 月，苏联同意出售三炉 иPT-1000 反应堆的燃料元件。为了适当提高反应堆的功率和中子通量，满足生产任务的急需，原子能研究所屈智潜等人提出了利用 иPT 堆元件改建新堆的方案。通过数据收集，初步估算堆功率可以从 1 000 kW 提高到 5 000 kW。国家批准了这一建议方案后，原子能所彭士禄和沈俊雄的设计组投入了代号 49-2 的小型工程试验堆的理论计算和初步设计。49-2 堆的功率定为 3 500 kW，中子通量与生产堆中子通量同一数量级。完成初步设计后，经过苏联专家帮助审查，认为方案安全可行。1960 年 1 月 19 日，49-2 堆在原子能所破土动工，1964 年 12 月 20 日完工。

1958 年，国家批准在清华大学建设一座屏蔽试验堆，作为开展核能技术研究和培养人才的基地。在吕应中的领导下，清华大学核能技术研究所利用 иPT-1000 燃料元件于 1964 年建成一座游泳池式屏蔽试验堆，为核潜艇研制进行屏蔽试验创造了条件。

49-2 小型工程试验堆的设计建造为日后设计大型工程试验堆提供了经验。

1965年,二机部反应堆工程研究所开始了大型工程试验堆的设计。国家批准设计方案后,1971年,建造工程在四川夹江破土动工,1979年12月17日达到临界。该堆的技术指标达到当时同类堆的国际先进水平。

继49-2小型工程试验堆后,中国先后设计、建造了军用生产堆、核潜艇动力堆、陆上模式堆等,还开展了钠冷快中子堆的研究。中国原子能科学研究院反应堆工程研究所于1980年成立了微型中子源反应堆筹备组,1984年建成一座微型中子源堆。1987年,反应堆工程研究所开始为阿尔及利亚设计建造15 MW多用途重水反应堆,20世纪90年代后期又开始设计建造中国实验快堆(CEFR)和中国先进实验堆(CARR)。

此外,在民用方面,清华大学核能技术研究所进行了高温和低温供热堆的开发研究。1984年王大中、马昌文等设计了热功率为5 MW的一体化自然循环壳式供热堆,1989年5月建成,同年11月达到临界。后来,清华大学核能技术设计院又开展了核供热堆综合利用技术的研究等工作。

第五节 核武器研制

原子弹和氢弹是20世纪中国核科学技术发展过程中取得的重大成果。

从1956年开始,中国开展了铀地质、采矿、浓缩方面的基础性工作。1957年10月,中苏签订《国防新技术协定》,苏联同意援助中国建设生产和装配原子弹的工厂,并提供原子弹教学模型和图纸资料。1958年1月,中央批准三机部成立核武器局,对外称“九局”,由原西藏军区副司令员李觉任局长,负责筹建研究原子弹构造的设计院(代号“221”)、生产和装配原子弹的工厂、试验原子武器的靶场、储存原子弹的仓库等工程项目。同年3月,九局组成选厂小组,会同苏联专家为原子弹研制基地选址,最后选定在青海省海晏县的金银滩。经中央批准后,由万余名部队转业干部、战士、工人组成的施工队伍开赴青海,开始了基地建设。同期,核武器试验基地也定址于新疆罗布泊。同年7月,九局在北京北郊成立核武器研究所,对外称九所,主要任务是接收和消化苏联提供的有关原子弹的技术资料以及调集、培训技术人员。

1959年6月,苏联以其正与美国、英国等谈判禁止核武器为由,致信中共中央,拒绝为中国提供原子弹教学模型和有关技术资料。次年7月,苏联政府照会中国政府，单方面决定撤走全部223名在华苏联专家，同时带走全部的技术资料。鉴于这种情况，中国政府决定自力更生发展核武器，争取在5年内成功研制原子弹。

1960年，二机部从中国科学院和有关部门、地区选调了包括程开甲、陈能宽、龙文光等在内的105名高、中级科学研究与工程技术人员到九所工作。同时，九所增建了科学研究和实验楼、加工车间以及其他相应设施，设立了理论、实验、设计和生产4个部门共13个研究室，并在北京郊区工程兵靶场修建了爆轰试验场。1960年10月，九所将原4部13个室改编为理论物理、爆轰物理、中子物理和放射化学、金属物理、自动控制、弹体弹道6个研究室和1个加工车间，另建非标准设备和建筑工程2个设计室，为基地建设服务。1961年初，原子能所副所长王淦昌、彭桓武，以及力学所副所长郭永怀先后被调任九所副所长。

一、原子弹研制

根据链式反应原理，使核燃料（铀－235或钚－239）聚集量超过临界值即可实现原子弹爆炸。这既可以采取迅速压拢两半球形核装药，使总质量超过临界值的“枪式结构”实现；也可以采取突然压紧球形核装药，使其密度增大来达到超临界的“内爆式结构”来实现。核装药内有负责“点火”的中子源，球面上附着减少中子漏失的反射层（铍或铀－238构成），其外是高速炸药与引爆控制系统。在研制原子弹的初始阶段，首先必须确定其结构、原理并掌握其关键技术。九所的理论研究人员在分析、比较之后，决定采用比较先进的“内爆式结构”实现原子弹爆炸。

邓稼先选定了中子物理、流体物理和高温高压下的物质性质等三个方面作为主攻方向，搜集了关于爆炸力学、中子输运、核反应和高温高压下材料性质方面的大量数据，对原子弹的物理过程进行了大量的模拟计算，由托马斯-费米理论求出了极高温下的状态方程，并用特征线方法计算了内爆式原子弹的物理过程。在彭桓武、邓稼先、周光召的领导下，到1962年底，九所的理论研究队伍已掌握了向心爆炸的理论规律。

陈能宽带领一个研究小组在爆轰试验场开始小药量的爆轰（从炸药起爆到中子点火之间的阶段）物理试验研究。他们浇制了供外部炸药组装用的不同形式的透镜体，设计了炸药的多线同步点火装置，且配制了不同配方的高能炸药。在王淦昌、郭永怀的指导下，陈能宽小组逐步掌握了爆轰物理的实验方法，在一年内完成了设计任务，并研制出炸药配件。

此外，由钱三强领导的原子能所何泽慧、王方定等人开展了中子源等理化材料和相关装置的研究与试制。郭永怀和龙文光带领的研究队伍配合爆轰试验开展了原子弹装置结构的设计。至1962年底，九所的研究人员已掌握了大量的理论、设计、试验和加工工艺等关键技术，并完成了爆轰物理试验、飞行弹道试验、自动控制系统台架试验等三大关键试验，为下一步原子弹的大型模拟试验和原子弹装置技术设计提供了必要的技术准备。

根据九所及各协同单位的工作进度，二机部制定了争取在1964年，最迟在1965年上半年爆炸第一颗原子弹的“两年规划”，经周恩来同意上报中央。1962年11月，在毛泽东“要大力协同做好这件工作”的批示下，由周恩来总理，贺龙、李富春、李先念、薄一波、陆定一、聂荣臻和罗瑞卿7位副总理以及7个相关部门的部长级负责人组成了中央15人专门委员会，负责领导原子弹研制工作。同期，中央又增调了126名高、中级工程技术人员和科研人员参加原子弹研制工作。

为适应工作需要，九所成立了4个技术委员会，其人员分工如表9.1所示。

表9.1　技术委员会人员分类

分工	主任	副主任	委员
产品设计	吴际霖	龙文光	肖逢霖、苏耀光、疏松桂、周毓麟、谷才伟
冷试验	王淦昌	陈能宽	邓稼先、钱晋、周光召、李嘉尧、何文钊
场外试验	郭永怀	程开甲	陈学增、赵世诚、张宏均、秦元勋、俞大光
中子点火	彭桓武	朱光亚	何泽慧、胡仁宇、赖祖武、黄祖洽、陈宏毅

1964年3月，在原九局、九所的基础上，二机部批准成立核武器研究院，称为“九院”，李觉任院长。

为预先在人员和仪器设备上做好原子弹试爆的准备，早在1962年末，由程开甲、吕敏、陆祖荫、忻贤杰等人筹建了一个核武器试验研究所。1963年11月，在青海基地进行了缩小尺寸的整体模型爆轰试验，使前期的理论设计和系列试验结果得到了综合验证。

中国第一颗原子弹的核装药选择的是铀-235，而不是较易获得的钚-239。据此，英国人猜测中国早已决定研制氢弹，因为钚不宜用作氢弹所需的引爆装置。在吴征铠、王承书、钱皋韻等的努力下，完成了气体扩散法分离铀同位素的核心部件——分离膜的研制，于1963年底在兰州气体扩散厂成功制成了高浓度铀-235。余下的问题是将核装药加工成核部件。兰州浓缩铀厂祝麟芳领导的小组在克服了核部件铸造中出现“气泡”问题之后，于1964年1月生产出合格的原子弹铀芯。

1964年6月，青海核武器研制基地成功地进行了全尺寸的爆轰模拟试验。除不用核活性材料之外，这次试验所采用的材料、结构和引爆系统等部件全部与真实原子弹相同。与此同时，快中子次临界实验装置的试制、安装和调试也已成功。至此，原子弹的理论研究、实验、设计、制造等工作全部按计划完成。

1964年8月，由青海核武器基地及相关单位研制的原子弹部件相继运往新疆罗布泊试验基地，并进行了系列单项演练和综合预演，做好最后爆炸准备。此前，中央专委会决定第一颗原子弹爆炸试验采取塔爆方式。1964年10月16日15时，在120米高的铁塔上，伴随着强光与巨响，蘑菇云冲天而起，中国自行研制的第一颗原子弹爆炸成功。

二、氢弹研制

原子弹爆炸成功之后，氢弹成为下一个研制目标。毛泽东指示："原子弹要有，氢弹也要快"。为此，周恩来总理下达了尽快研制氢弹的任务。

早在1960年底，在刘杰的提议下，由钱三强主持，原子能所黄祖洽、何祚庥等约40人成立了"中子物理研究小组"，开始进行热核材料性能和热核反应机理的研究。于敏也于1961年初加入了这个小组。经过4年多的努力工作，他们研究了高温高密度等离子体的物理性质，对氢弹原理进行了研究，探讨了一些技术途径，并建立了相应的模型，为后来快速突破氢弹技术奠定了基础①。在九所，自1963年9月完成原子弹的理论设计之后，即开始组织力量探索氢弹的理论问题，并通过研究装有热核材料的"加强型原子弹"，探索热核反应的规律和裂变聚变耦合问题。原子弹爆炸成功后，九所抽出了三分之一的理论研究人员，全面开展氢弹的理论研究。

1965年1月，二机部决定把原子能所先期进行氢弹理论探索的30余名研究人员调入九院，集中力量从原理、结构、材料等多方面开展氢弹理论研究。之后，在朱光亚、彭桓武的指导下，邓稼先、于敏、周光召等制定了探索氢弹的理论研究计划。在半年的时间内，研究人员通过采用不同的材料和结构，设计模型，进行数值模拟和分析研究，确定了探索氢弹原理的主攻方向。

1965年9月，于敏带领理论部13室的一组年轻研究人员前往上海，利用中国科学院华东计算机研究所的J－501计算机，进行加强型原子弹的优化设计。通过大量系统计算，他们掌握了热核材料充分燃烧的关键原理。在此基础上，于敏等人从理论上解决了控制引爆热核材料的原子弹的破坏因素。这是氢弹研制中最关键的突破。此后，理论部会同九院各方面专家对氢弹的理论、关键技术和工程问题进行了广泛论证，于1965年底提出了利用原子弹引爆氢弹的设计方案。

在确定了氢弹设计方案的基础上，1966年1月，九院实验部制定了爆轰模拟

---

① 于敏.艰辛的岁月时代的使命，两弹一星：共和国丰碑.北京：九州图书出版社，2000：191.

实验方案，并进行了系列小型试验。工程师陈常宜等人通过上百次爆轰模拟试验研究，解决了引爆弹设计中的关键问题。之后，又进行了大型爆轰模拟试验，验证了原先由缩小比例、代用材料、局部模拟试验所得结果的正确性。而理论研究人员也发展了计算方法，编制了相应的计算机程序，确定了小当量氢弹原理试验物理设计的具体方案和热测试要求。

1966 年 5 月，含有热核材料的原子弹试验成功。其热核反应过程与理论预测相符，为氢弹设计取得了重要数据。之后，王淦昌和胡仁宇领导制定了使用热核材料的氢弹原理试验方案。1966 年 11 月，由试验、设计、生产、装配和理论等方面人员组成的实验队开赴罗布泊核武器试验基地。同年底，进行了氢弹原理试验，几个关键物理量的测试结果与理论预计一致。

至 1967 年 2 月，九院的理论工作者已经完成了氢弹的全部理论设计。5 月份，氢弹的设计、生产、环境试验及试验准备工作在新疆核武器试验基地已全部完成，随后将氢弹运往试验场。6 月 17 日，中国第一颗氢弹爆炸试验成功。

原子弹和氢弹的研制，不仅使中国拥有了核武器，同时也推动了核科学技术及相关领域的快速发展。

第六节　核物理基础研究

新中国成立之后，不仅在核技术研究和应用方面取得巨大成就，而且在核物理学的理论研究方面也取得了一些重要成就①。

一、核结构研究

1955 年，于敏开创了用分波计算二体相互作用用能的方法，并用这种方法计算核谱，同时对核的壳模型的动力学基础进行了研究。20 世纪 60 年代初，他指导张宗烨等对核结构的微观理论进行了研究，提出了轻核中多粒子关联的相干结构模型与相干对涨落模型。于敏并且提出了核结构可以用玻色子近似的观念进行逼近的思想。这种思想与日本核理论家有马朗人创立的相互作用玻色子模型（IBM）思想接近。1974 年，IBM 理论发表后，中国的理论物理学家在此基础上做了新的贡

① 王甘棠，孙汉城. 核世纪风云录：中国核科学史话. 北京：科学出版社，2006：298-305.

献。有马朗人当初只考虑了 s 和 d 两种玻色子。1979 年，费许巴赫提出了可能还需要 g 玻色子的猜测。1982 年，苏州大学周孝廉等与近代物理研究所顾金南合作将 s、d 玻色子的 U(6)群推广到 U(15)群，并与铪-176、汞-200 的核能级作了比较，说明了 g 玻色子对一些核的重要性。有马朗人的 IBM 模型是一个唯象理论。在此基础上，北京大学杨立铭提出了系统的 IBM 微观理论。他直接在费米子空间构造有玻色子行为的费米子对，因而严格遵守了泡利原理，避免了伪态的出现。20 世纪 80 年代，他进一步扩展了这个理论，引入了关联空穴对和电荷交换力，成功地处理了满壳核附近原子核的闯入态。杨立铭的 IBM 微观理论受到国际同行的高度重视。

在核高自旋态的研究方面，也取得了丰硕成果。近代物理研究所张敬业系统地研究了核形状与对关联随自旋与组态变化的规律。他与兰州大学徐躬耦合作，提出了一套对于核的高自旋态进行规范空间分析的方法，用以分析核的形状相变和对相变。北京大学曾谨言等人从唯象和微观两方面深入研究，导出了新的转动谱公式；提出了确定超形变带自旋值的可靠方法，确定了质量数 190 与 150 区大部分超形变带的自旋值；提出了处理对力和科里奥利力的粒子数守恒方法和组截断概念，弥补了 BCS 方法不能处理堵塞效应的缺陷。

原子能研究院陈永寿等人在题为《磁矩作为转动顺排的探针》①的论文中，进行了系统的推转壳模型(CSM)理论计算研究，极好地解释了锕系核区高自旋态磁矩的第一个试验数据。理论计算表明，高自旋态 g 因子($g=\mu/I_x$，μ 为高自旋态磁矩)十分精细地反映出核子的拆对、转动顺排的状况。在 g 因子系统研究的基础上，他们发展了推广的推转模型磁偶极($M1$)跃迁理论，从而为极高自旋和有限温度核态间磁偶极跃迁的微观描述建立了理论框架②。陈永寿等的研究工作得到了美国和丹麦科学家的高度评价。

在高速转动热核的研究中，陈永寿等提出了转动核连续 γ 谱几率谱理论。他们预言，在转动热核 γ 谱中，在能量高于 1 MeV 的电偶极($E1$)宽峰旁，还存在一个高能磁偶极($M1$)宽峰，并阐明了它的形成机制以及实验寻找的可能性。几年后，这个预言被数家实验证实。1986 年，实验上发现了第一例超形变核 ^{152}Dy。陈永寿等通过有限规模的理论计算，在深入分析超形变形成机制的基础上，及时提出了最

---

① Chen Y S, Frauedorf S. Magnetic moment as a probe for rotational alignment. Nuclear. Physics, 1983, A393.

② Chen Y S. Semmes D B, Leander G A. Calculation of $M1$ transition rates at high spin in axial Nuclear Physics Review, 1986, C34.

可几超形变核定性判据，并根据判据很快得出了有几百个超形变核以及它们在元素周期表中的分布的理论结果，与国际上借助大型计算机所作的大规模数值计算结果一致。

椭球性核长短轴比为 2∶1 的超形变核研究是核物理学的一个热门课题。国外有理论预言质子数或中子数为 42 和 44 时，原子核可能是非常长椭球形的超形变核。1995 年杨春祥、温书贤等观测到了$^{38}Sr_{45}$和$^{38}Sr_{46}$是超形变的实验证据。1977 年，他们又发现^{167}Lu的超形变带，这是世界上找到的第三个罕见的三轴超形变带。他们还在质量数为 80～90 和 130 附近区作了系统研究，确定了形状相变临界中子数是 $N>47$，而不是以前人们所认为的 42 或 44。

中国科学院近代物理所孙相富等在兰州重离子加速器与北京串列加速器上开展了质量数 130、190 和稀土区核结构研究，首次在^{130}Ba核中观测到 $h_{11/2}$质子和 $h_{11/2}$中子的顺排。这一发现成为世界上对 130 区核中子质子顺排竞争现象研究高潮的先导。他们在^{117}Xe核中，观测到^{117}Xe核存在八极关联，失去反射对称性，得到与原有理论相悖的结果。他们并且首次建立了^{117}Cs和^{198}Bi核全新的能级纲图。

吉林大学刘运祚等在串列加速器上开展了稀土区奇质子核和奇-奇核高自旋态研究，建立了$^{160,162,164}Lu$和^{165}Ta的转晕带能级结构，重新确定了^{156}Tb，^{158}Ho，^{166}Lu和^{168}Ta的反转点自旋和符号上下顺序，并总结出质量数 160 区的符号反转的规律性。

中国原子能科学研究院丁大钊等对中子俘获 γ 反应中的巨共振作了系统研究，前人在中重核上的(n,γ)反应中发现，在激发能 4～5 MeV 区，有一个强度只占巨偶极共振百分之几的“矮共振”。丁大钊等发现，对于轻核^{12}C、^{16}O等也有矮共振现象。他们还用串列加速器的重粒子熔合反应生成^{132}Ce，测量其退激 γ 谱，得到其形变参数(巨偶极共振)随角动量的变化情况。他们发现，随着角动量的增加，形变参数逐渐减小，由此得到了形状演化的系统结果。

1984 年，原子能研究院朱升云、慎伟琪等在回旋加速器上建立了时间微分扰动角分布谱仪，测量了$^{112}Sn(6^+)$同质异能态四极距，在国内开辟了通过核距测量进行核结构研究的新方向。20 世纪 90 年代，他们在串列加速器上建立了时间微分扰动角分布谱仪和瞬态场-离子注入扰动角分布谱仪，进行了微秒量级核态的磁矩测量。20 世纪 90 年代末测量了^{84}Zr转动带的 g 因子，首次证实了理论预言的中子和质子的拆对顺排现象。

二、核少体与多体问题研究

上海原子核所程晓伍等用回旋加速器作了氘—氘破裂反应的实验研究，测得

p-n 共振态与 p-p 共振态的能量分别为 41～82 keV 与 400 keV 左右。

原子能院储连元在研究核子与氘的三体问题中，较为深入地求解了法捷耶夫方程。金星南、张孝译等将蒙特卡罗方法用于少体问题，并开展了超球谐函数对核的少体问题的应用研究。高能物理所鲍诚光对少体系统束缚态的结构和内部运动的特征以及少体系统求解的方法作了系统研究，并将少体物理中的一些理论方法移植到多体微扰论中。

吉林大学吴式枢建立了一个比较完整，可付诸计算的多体理论体系——格林函数方法。1962—1966 年，他推导出处理核基态多体关联效应的无规和高阶无规位相近似(RPA-HRPA)方程，用格林函数方法导出了 HRPA 的久期方程，对其进行了费曼图解分析；他还提出了“推广的组态混合法”，给出了求解实际问题的途径。

原子能研究院申庆彪等在有效相互作用理论的基础上，发展了非相对论微观光学势。马中玉、卓益忠等在相对论多体理论研究中，计算了核物质的朗道参数和相对论微观光学势，理论与实验符合较好。

三、中高能核物理研究

20 世纪 50 年代，彭桓武、金星南、黄祖洽、邓稼先、周光召等用双介子交换模型系统地探讨了核力有关问题。

传统核物理认为远程核力是单 π 交换，中程核力主要是双 π 与 ρ,ω 介子交换，短程有一个说不清楚的排斥芯。量子色动力学(QCD)认为强相互作用源于夸克间的胶子交换。如何在 QCD 的基础上来理解核力？1977 年，南京大学王凡首先将夸克模型应用于核力研究，证明了核子的色中性特征将夸克间长程的囚禁作用转化成力程与核子半径相当的短程相互作用；同时也指出海夸克对激发可以消去虚假的长程色范德瓦耳斯力；1985 年，他证明，夸克交换将夸克间自旋轨道耦合力转化成与 ρ,ω 介子交换等价的核力中的自旋轨道耦合力。后来他又提出了核力电荷相关的夸克电磁作用起源以及核力中程吸引起源于核子的极化等模型。

20 世纪 80、90 年代，高能物理所张宗烨等对核力的夸克模型理论作了系统研究，从单胶子交换导出了产生正反夸克对的传递势，由此得到了合理的核子—介子顶角函数，为从夸克层次认识核力的介子交换机制提供了一条途径；并从手征对称要求出发，给出一个可统一描述核子—核子散射相移与超子—核子散射截面的夸克—夸克相互作用势。张宗烨等还改进了夸克禁闭势的形式，使它包含了夸克海的屏蔽效应。邱锡钧等在核力的夸克势模型研究中，考虑了相对论效应，建立了一个处理两个夸克集团系统的、含相对论效应的理论方案。

原子能研究院何汉新等经过系统研究认为，核力短程排斥主要来源于对夸克的泡利原理限制和单胶子交换的色磁作用；从夸克—胶子作用可以理解核子—介子耦合的结构；从夸克模型出发，可在形式上给出介子(即夸克—反夸克对)交换的图像，远程力由 π 介子交换决定。

中高能核物理的一个重要组成部分是超核研究。早在 20 世纪 70 年代，张宗烨等将 SU_3 群分类方法推广用来研究 1p 壳超核能谱，预言了在超核中存在超对称态，并于 1980 年被国外实验证实。余友文等由介子交换理论导出了一个具有电荷相关性与正确的自旋依赖关系的 λ 超子和核子的相互作用势。邱锡钧等将原子核相对论性自洽场理论应用于超核，对 ^{16}O 超核反常小的自旋—轨道劈裂实验值提供了一种理论解释。

中高能核反应方面，高能物理所李杨国等利用 Glauber 方法研究了高能粒子与核的散射以及核-核碰撞问题，还研究了 π 核吸收机制、π 核电荷交换反应和 π 核光学势。张宗烨、余友文等在 π 核微观反应机制研究中提出单核子与双核子机制相干的重要性。高能物理所赵维勤、理论物理所何祚庥和美国得克萨斯大学的邱道彬、曹赞文合作，将双链模型推广应用于强子和核的碰撞过程；赵维勤等又将这一模型应用于 α 粒子散射，得到与实验相符的结果，后来又开展了高能核碰撞过程中相对论效应的研究。

原子能研究院萨本豪等用蒙特卡罗计算机模拟方法研究中高能核反应过程，特别是形成高温低密度复合系统的破裂(多粒子产生)问题，预言的相变现象被实验所证实。此外，中国核物理学家在核衰变规律、核反应机制研究等方面都取得了一系列重要成果。

第十章　粒子物理学在中国的建立和发展

粒子物理学也称高能物理学，研究比原子核更深层次微观物质结构的性质及其在高能状态下的相互转化现象以及产生这些现象的原因和规律。粒子物理学是物理学的一门基础性前沿学科。20 世纪下半叶，这门学科在中国建立并获得了一定的发展。

20 世纪上半叶，一些学习物理的中国留学生在国外开展了一些国际前沿性的粒子物理研究工作。在实验研究方面，赵忠尧发现了硬 γ 射线在重元素中的反常吸收现象，王淦昌开展了关于放射性元素 β 能谱的研究，张文裕发现了"μ 子原子"现象，钱三强发现了铀核三分裂与四分裂现象，霍秉权对威尔逊云室进行了改进；在理论研究方面，张宗燧关于量子场论的研究，彭桓武关于介子理论的研究，马仕俊关于量子电动力学和介子场论的研究，胡宁关于核力介子理论和量子电动力学的研究，朱洪元关于宇宙线光电簇射的研究；这些都是具有国际影响的工作。这些人在国外的工作，奠定了他们回国后进一步开展相关研究的基础①。

第一节　研究机构和队伍建设

1949 年 11 月 1 日，中国科学院正式成立。中国科学院决定将原北平研究院原子学研究所与中央研究院物理研究所的原子核物理部分合并，组成近代物理研究所。1950 年 5 月 19 日，近代物理研究所（简称近代物理所或近物所）正式成立，时任中国科学院副院长的吴有训兼任所长，钱三强任副所长；1951 年 3 月吴有训辞去近代物理所所长职务，钱三强继任所长。近代物理所成立时，研究人员有吴有训、钱三强、赵忠尧（当时尚在美国）、何泽慧、李寿楠、程兆坚、殷鹏程、杨光中等，研

① 丁兆君. 20 世纪中国粒子物理学的发展. 中国科学技术大学硕士研究生学位论文，2006.

究工作分为理论物理、原子核物理、宇宙线和放射化学四个方向。在国家的支持下，近代物理所为了聚集人才，扩大研究队伍，采取了三方面的措施：一是尽量争取国内的科学家和技术人员来所工作或兼职工作；二是积极争取在国外的中国科学家和留学生回国工作；三是选拔一批优秀大学毕业生来所里培训。1950年，彭桓武、王淦昌、赵忠尧、金星南、邓稼先、肖健等先后被调来近物所工作。此后几年又有一批科学家和留学生从国外归来，加入了近代物理所的工作。他们当中有朱洪元、胡宁、杨澄中、杨承宗、戴传曾、梅镇岳、谢家麟、范新弼、丁渝、张家骅、李整武、郑林生、肖伦、冯锡璋、张文裕、王承书、汪德昭等。此外，近代物理所还从1951年、1952年毕业的大学生中选拔了一批优秀者到所工作。1952年，所里制定了第一个五年计划，明确办所方向为："以原子核物理研究工作为中心，充分发挥放射化学，为原子能应用准备条件"。五年计划要求，在核物理方面，第一个五年计划内要建成高压倍加器、质子静电加速器，研制出有关的各种核探测器，争取建成回旋加速器。1952年底，近代物理所对研究机构作了调整，建立了实验核物理、放射化学、宇宙线和理论物理四个研究组。1953年，近代物理所改名为"物理研究所"。

1955年1月15日，毛泽东主持召开了中央书记处扩大会议，讨论在中国建立核工业，发展核武器问题。此后，中国决定在北京西郊坨里建设一个原子能科学研究基地，代号为"六〇一厂"(1959年改称"四〇一所")。为了培养原子能人才，1955年秋，中国派两批科学家去苏联考察学习。其中学习加速器理论及其运行维修的有力一、王传英、谢羲、吴铁龙、黄兆德、申青鹤、顾润观等；学习利用反应堆和加速器进行核物理研究的有何泽慧、杨祯、钱帛韵、项志遴、罗安仁、黄胜年、顾以藩等人。

另外，苏联杜布纳原子核研究所于1955年改为社会主义国家联合原子核研究所，中国承担该所经费的20%。根据该所工作计划，从1956年起，中国先后派出了王淦昌、胡宁、朱洪元、张文裕、何祚庥、吕敏、方守贤、丁大钊、王祝翔、罗文宗、王乃彦等多批科技人员到杜布纳工作，以培养和锻炼核物理方面的研究人才。

1956年，物理研究所的研究机构已经发展成8个研究室和2个工程技术部。其中1室从事静电加速器和其他加速器研制以及在加速器上进行低能核物理研究工作；2室从事运用反应堆、回旋加速器开展中子物理实验工作以及与反应堆有关的工作；3室从事宇宙线和高能物理方面的研究工作；4室从事理论物理研究工作。

1958年，由苏联帮助建造的重水反应堆开始正式运转，回旋加速器也已建成。中国科学院决定将物理研究所更名为"原子能研究所"。经过快速发展，到50年代末，原子能研究所已有科研人员近2000人。粒子物理与原子核科学具有不可分割的关系，因此在原子核科学技术研究队伍迅速壮大的同时，也逐步凝聚了一些粒子物理研究人才。

由于国家对原子能，尤其是原子弹技术的高度重视，中国的核物理研究及其技术应用发展很快，1964年原子弹的研制成功就是一个有力的证明。

在新中国成立后的20多年里，中国的粒子物理学始终依附于核物理而获得发展，直到其专门研究机构——高能物理研究所成立之后，这种状况才得到改变。

1972年8月，张文裕、朱洪元、谢家麟等18人联名，先后致信国务院总理周恩来、二机部和中国科学院领导，强调发展高能物理的重要性。周恩来在给张文裕等的回信中指示："高能物理研究和高能加速器的预制研究，应该成为科学院要抓的主要项目之一。"1973年初，中国科学院决定正式成立高能物理研究所，张文裕任所"革委会"主任，研究所设核物理研究室、加速器研究室、宇宙线研究室、理论物理研究室、化学研究室和超导研究室。

1977年，国家组织制定了《1978—1985年全国基础科学发展规划（草案）》，其中提出"在北京筹建科学院理论物理研究所"，这个研究所计划以少部分专职研究人员为骨干，吸收一批其他研究单位和高等学校的兼职研究人员，开展量子场论、基本粒子理论等方面的研究。1978年6月，中国科学院理论物理研究所正式成立。彭桓武和何祚庥分别任正、副所长，下设两个研究室，其中第一研究室从事粒子物理与场论等领域的研究工作。理论物理研究所集中了国内粒子物理理论研究的众多人才，为开展粒子物理的理论研究建立了一个良好的平台。

第二节　高等教育与人才培养

1951年，中国仅有燕京大学、清华大学、北京大学与浙江大学的物理系开设原子核物理、宇宙线方面的课程，而复旦大学、交通大学、南京大学等只开设了原子物理、近代物理等课程，有关原子核与基本粒子的知识穿插在这些课程中讲授。当时诸圣麟任燕京大学物理系系主任，为研究生讲授原子核物理课程，在物理系任教的有金星南、肖振喜等，彭桓武也曾在此兼课。在清华大学执教的有钱三强、彭桓武、杨立铭、金建中、戴传曾。在北京大学执教的则有胡宁、张宗燧、朱光亚、邓稼先。在浙江大学执教的有王淦昌、朱福炘、束星北。朱福炘曾在美国麻省理工学院宇宙射线研究所从事改进宇宙射线仪器的研究。束星北对相对论和量子力学都很精通，在浙江大学讲授群论课程。王淦昌利用其从美国带回的云室，在浙江大学做过一些粒子物理实验研究。

1952年，按照政务院《高等学校院系调整方案》，在全国范围内进行了高校院系调整，将高校分为综合性大学、多科性工业大学和单科性学院三类。国家对各个高校的物理学研究机构与人员进行了重新分配与组合。清华大学与燕京大学的理科全部并入北京大学，使得北大的物理教学、研究队伍的实力大大增强，其中有关于原子物理方面的教师褚圣麟、虞福春、胡宁、杨立铭等。由原复旦大学数理系物理组、浙江大学、交通大学、同济大学、沪江大学、大同大学等院校的物理系合并组成复旦大学物理系，随后山东大学原子能系也并入该系，由王福山任系主任，教授有卢鹤绂、殷鹏程、丁大钊等。从清华大学、北京大学等院校抽调余瑞璜、朱光亚、吴式枢、芶清泉、霍秉权等，建立了东北人民大学(后更名为吉林大学)物理系。此外，北洋大学(后更名为天津大学)物理系并入南开大学，岭南大学物理系并入中山大学，南昌大学物理系并入武汉大学等。

1953年，北京大学物理系成立了理论物理教研室，并以胡宁为首成立了基本粒子理论组，授课教师有胡宁、彭桓武(兼)、褚圣麟、周光召、曹昌祺等，开设的理论物理专门化课程有量子场论、原子核理论与群论等①。同年兰州大学物理系增设原子核物理专业，从复旦大学、南京大学抽调了几位学术带头人充实师资队伍，从苏联留学归国的段一士也加入了其中。

1955年1月，为了培养原子能科技人才，国家决定在北京大学和兰州大学各设一个物理研究室。高教部决定在北京大学和清华大学设置相关专业，培养从事原子能的科学研究和工程技术人才。1955年8月，高教部在北京大学设立了物理研究室，任命胡济民为室主任。凡有关核专业设置、招生计划、培养目标、教学计划制订、办学经费等方面的问题，均由国务院三办协助解决。此后又调来东北人民大学陈佳洱、北京大学孙佶、复旦大学卢鹤绂等人参与研究室建设工作。同时从北京大学、东北人民大学、复旦大学、南京大学、南开大学、武汉大学、中山大学等校选调了99名物理系三年级学生到物理研究室学习。研究室开设了量子力学、中子物理、加速器、原子核理论与实验、核电子学及实验、宇宙射线等课程，并研制了核电子学和核探测仪器、盖革-弥勒计数管等实验设备。1958年北京大学物理研究室更名为“原子能系”，1961年更名为“技术物理系”。

1955年夏，清华大学成立了工程物理系，何东昌任系主任。该系设核电子学、核物理、加速器、剂量防护、理论物理、同位素分离、核材料等教研组。1958年，中国科学院创办了中国科学技术大学，设立了原子核物理与原子核工程系。

---

① 高崇寿.理论物理研究室//北大物理九十年(内部资料).沈克琦，赵凯华.2003.

北京大学技术物理系、清华大学工程物理系、中国科学技术大学原子核物理与原子核工程系的创办，很快培养出了一批原子核物理、粒子物理方面的年轻人才。

高能物理研究所(简称高能所)于1973年成立后，1976年高能所创办了《高能物理》杂志，这是本专业性科普杂志。1977年，高能所创办了《高能物理与核物理》杂志，该刊是专业性学术期刊。从此粒子物理学有了专门的学术刊物。1981年7月，中国高能物理学会正式成立，张文裕任第一届理事长。至此，粒子物理学作为一门独立的学科，已经基本上完成了建制化过程。

20世纪80年代以后，中国粒子物理学进入了快速发展时期，在科学研究和人才培养方面都取得了丰硕的成果。北京大学、中国科学技术大学、中山大学、兰州大学、华中师范大学等不少高校，不仅系统地开设了粒子物理方面的本科生课程，而且开展了研究生教育，培养了一大批高级专门研究人才。

自80年代以来，中国在高能物理学的理论研究方面开展了大量工作。以北京大学理论物理教研室为例，教师们开展了以下研究工作：在粒子理论和高能相互作用的唯象理论方面，开展了与实验紧密结合的唯象理论研究，在粒子的对称性理论、量子色动力学和强作用动力学、强子结构理论、多夸克态、胶球、混杂子的唯象分析和动力理论、相互作用的规范理论、电弱相互作用统一理论、大统一理论、亚夸克理论、重味物理和超高能物理、TeV物理、超对称标准模型、高能碰撞和多粒子产生理论、相对论性重离子碰撞理论等方向上都开展了研究工作；在量子规范场理论和共形场论方面，根据近二十年来场论发展的新动向，在规范场的基本理论、超对称理论、超对称标准模型、超对称大统一理论、超引力理论、非线性场论、反常理论、规范场的大范围性质、超弦理论、共形场论等方面都进行了探索工作；在超对称性和李超代数方面，对李群和李代数、李超代数及其表示理论、粒子物理中的超对称性理论以及原子核结构中的超对称性理论也开展了一系列研究工作①。

第三节 “层子模型”的建立

“层子模型”是中国粒子物理学界在20世纪60年代取得的一项重要理论成果。它体现了中国物理学家在当时的历史背景下对粒子物理学国际前沿领域的积

① 高崇寿.理论物理研究室//北大物理九十年(内部资料).沈克琦，赵凯华.2003.

极探索。

1964 年,美国物理学家盖尔曼(M. Gell－Mann)与兹维格(G. Zweig)分别提出了强子由带分数电荷的粒子组成的假说。盖尔曼称这种假想的粒子为“夸克”(quark)。夸克模型统一解释了包括重子与介子在内的强子组成,标志着粒子物理学研究的重大突破。

在国际物理学界不断深入探讨物质微观结构的同时,中国对物质结构的认识也在不断深入。1955 年 1 月,在中共中央书记处扩大会议上,毛泽东向与会的钱三强询问有关原子核及核子的组成问题。钱三强向毛泽东解释质子和中子是最小的、不可再分的基本粒子。毛泽东听了后说:“从哲学的观点来看,物质是无限可分的。质子、中子、电子,还应该是可分的,一分为二,对立统一嘛！不过,现在的实验条件不具备,将来会证明是可分的。”①1963 年,《自然辩证法研究通讯》刊登了日本物理学家坂田昌一的文章《基本粒子的新概念》。坂田在文章中表明,其关于基本粒子结构的思想,是遵循恩格斯关于“分子、原子不过是物质分割的无穷系列中的各个关节点”的思想和列宁关于“电子也是不可穷尽的”观点的结果。该文引起了毛泽东的注意,1964 年 8 月 18 日,他在与龚育之等一批哲学工作者谈话时,对坂田的文章表示极为赞赏,并再次阐述了物质无限可分的思想②。同年 8 月 24 日,毛泽东约请于光远和周培源到中南海谈话,再次强调物质是无限可分的③。1965 年 6 月,《红旗》杂志重新翻译刊出了坂田的文章《关于新基本粒子观的对话》,并按照毛泽东谈话的精神,加了编者按语,明确提出了物质无限可分的思想。由此引起了中国科学家和哲学家的热烈讨论。

从 20 世纪 60 年代开始,中国科学院数学研究所的张宗燧、北京大学的胡宁和中国科学院原子能研究所的朱洪元等几位物理学家经常和一些助手讨论有关粒子物理学的理论问题。后来他们组织了一个“基本粒子讨论班”,经常举行座谈会和研讨活动。1965 年 8 月,中国科学院提出把上述几个单位的粒子物理理论工作者组织起来,根据毛泽东提出的物质无限可分思想,进行基本粒子结构问题的研究。在钱三强的组织下,由中国科学院原子能研究所基本粒子理论组、北京大学理论物理研究室基本粒子理论组、中国科学院数学研究所理论物理研究室与中国科学技术大学近代物理系四个单位联合组成了“北京基本粒子理论组”(简称“北京理论组”),定期交流、讨论强子的结构问题。

---

① 葛能全. 钱三强年谱. 济南:山东友谊出版社,2002:115-116.

② 龚育之. 泽东与自然科学. 自然辩证法在中国. 北京:北京大学出版社,1996.

③ 中共中央文献研究室编. 毛泽东文集. 第八卷. 北京:人民出版社,1999:389.

通过对大量实验资料的分析,“北京理论组”注意到基本粒子在中子与质子的磁矩比、核子电磁形状因子、强子质量公式与分类等方面都表现出了 SU(3),SU(6)或 SU(12)对称性质,而在散射、强作用衰变等现象中又不具有这些对称性质。从唯象的对称性理论难以理解这种“既对称又不对称”的现象[①]。因此他们面临的首要任务是找到一种新的途径、新的工具,把群论方法与结构模型思想有机地结合起来,从而揭示强子结构的动力学性质。“北京理论组”认为,强子间的各种相互作用是通过“亚基本粒子”之间、“亚基本粒子”与光子、轻子之间的相互作用来实现的。朱洪元等初步建立了一个描述强子内部结构的波函数理论。这种理论能够较好地解释介子与重子体系的 SU(3),SU(6),SU(12)对称性。胡宁和戴元本等把 SU(6),SU(12)对称的波函数写成了简练而明确的形式。经过近一年的认真工作,由 39 人组成的“北京理论组”,在杂志上发表了 42 篇研究论文,提出了关于强子结构的理论模型。

国际物理学界称强子的亚结构粒子为“夸克”。“北京理论组”发表的文章中使用了“夸克”、“亚基本粒子”、“元强子”和“基础粒子”等名称,始终未能统一称谓。1966 年 7 月下旬将在北京举行一个国际性的科学讨论会,届时将有来自亚洲、非洲、拉丁美洲和大洋洲国家及一些地区的 140 多位科学家参加会议。在这次会议之前的预备会上,大家一致认为“夸克”、“元强子”等名称都不能反映物质的结构具有无限层次的思想。钱三强提议用“层子”这个名词代替“夸克”、“元强子”等,它更能确切地反映物质结构的层次性。层子这一层次也只是人类认识的一个里程碑,也不过是自然界无限层次中的一个“关节点”。之后中国学术界即把“北京理论组”提出的关于强子结构的理论统称为“层子模型”理论。在北京国际科学讨论会上,“北京理论组”共有 7 篇关于层子模型的论文在会上宣读,结果引起了很大的反响。日本代表团团长早川幸男回国后说,中国粒子物理研究人才辈出,达到了日本朝永振一郎年代的景象[②]。在北京国际科学讨论会结束的当晚,毛泽东、刘少奇、周恩来等国家领导人接见了各国代表。与会的巴基斯坦著名物理学家、1979 年诺贝尔物理学奖获得者萨拉姆(A. Salam)当着周恩来的面高度评价层子模型说:“这是第一流的科学工作!”

层子模型提出时,适逢“无产阶级文化大革命”发动之初,此后的理论研究以及与国外学术界的交流都几乎完全中断。由于没有后继工作,加之中外交流的中断,

---

① 北京大学理论物理研究室基本粒子理论组.中国科学院数学研究所理论物理研究室.强相互作用粒子的结构模型.北京大学学报(自然科学).1966,(2)(“基本粒子”结构理论专刊).

② 李炳安.怀念朱洪元老师:纪念朱先生诞辰八十五周年.朱洪元论文选集:338.

虽然北京理论组的工作曾为部分国际同行认可，但未能在国际上引起较大的反响。1978年，层子模型获得了中国科学院重大成果奖与全国科学大会奖。1980年初，在广州从化召开了粒子物理国际学术研讨会。朱洪元代表当年的“北京理论组”在会上做了《关于层子模型的回忆》的报告[①]，原“北京理论组”中有25位学者在这次会议上做了学术报告。李政道、杨振宁都对这次会议提交的关于层子模型的论文给予了高度评价。1982年，层子模型理论又获得了国家自然科学二等奖。当初的“北京理论组”成员中，先后有几个人当选为中国科学院院士，其余人员后来大都成为粒子物理研究的学术带头人。

关于层子模型的研究工作是在国家支持下集中了一群科学家的智慧，并吸收了国外有关理论和思想，集体创造完成的。它在理论上和方法上都有创新，研究结果得到了国际同行的好评，是20世纪60年代中国粒子物理理论研究领域取得的一项重要成果[②]。

第四节　宇宙线实验基地建设与研究工作

来自宇宙深处的高能射线进入大气层后，与大气层原子核发生作用而产生各种粒子，因此研究宇宙线是粒子物理学的一个重要组成部分。

20世纪早期，霍秉权、朱福炘、王淦昌、张文裕等都做过一些宇宙射线探测方面的工作。霍秉权在英国留学时曾改进其导师威尔逊发明的活塞式云室。他通过橡胶膜膨胀来改变云室中的压强，以获得过饱和气体，从而使云室更适合于宇宙线的观测。他在清华大学制作的双云室及其附件在抗战爆发后被日本人掠走[③]。1949年，王淦昌从加州大学回国时带回了一个云室，开展了一些宇宙线研究工作。

1950年近代物理研究所成立时，宇宙线研究被确定为四大方向之一。当时利用赵忠尧和王淦昌从国外带回的小型云室开展了一些初步的研究工作。宇宙线观测实验室要求建立在海拔高的地区，以减少大气层的影响。1954年，近代物理研

① Tzu Hung-yuan. Reminiscences of the straton model//Proceedings of the 1980 Guangzhou Conference on Theoretical Particle Physics. Beijing: Science Press, 1980, 1.

② 丁兆君，胡化凯. 层子模型建立始末. 自然辩证法通讯，2007，(4)：62-67.

③ 牙述刚，胡化凯. 威尔逊云室的发明和霍秉权的改进. 物理，2004，(6)：452-457.

究所在云南乌蒙山区东川的一个海拔 3 180 m 的山坡上建立了中国第一个宇宙线高山实验站，称为落雪实验站。赵忠尧带回的 $50\times50\times25\ cm^3$ 的多板云室首先被安装到这个实验站中，开始进行 K 介子和 Λ^0 超子等奇异粒子的产生、衰变及其与物质相互作用等方面的研究。1956 年，北京刚研制成功的 $30\times30\times10\ cm^3$ 磁云室及其配套设施也被安装到落雪实验站。此外落雪实验站还安装了观察宇宙线强度变化的 μ 子望远镜和中子记录器。通过这些实验仪器设备，科研人员研究了奇异粒子的产生、衰变及其他性质，先后收集了 700 多个事例。有关研究成果在国内外发表后，受到国际同行的关注。

1958 年，在"大跃进"精神的鼓舞下，中国科学院原子能研究所计划在落雪实验室附近海拔 3 222 米处建设一个大型的云雾室组，形成云南宇宙线观测站。1964 年 3 月，这个代号为"311"的工程正式启动，1965 年底大云室组安装、调整完毕。云南站的大云室组由从上至下放在一条铅垂线上的三架云雾室组成。上面是 $70\times120\times30\ cm^3$ 的上云室；中间是处于 7 000 高斯磁场中 $150\times150\times30\ cm^3$ 的磁云室；下面是 $150\times200\times50\ cm^3$ 的多板云室。这种安排可以在宇宙线观测中获得比较全面的信息，上云室用来观测簇射高能粒子的荷电性质、空间位置和它与靶粒子作用产生的次级荷电粒子的多重数、角度等。中层磁云室是整个大云室组的中心，其照明区达到 $150\times150\times30\ cm^3$，整个云室放在强度为 7 000 高斯的恒定磁场中，电磁铁重 200 吨，线圈重 30 吨，这是当时世界上最大的磁云室。磁云室主要用来测量粒子的电荷性质和动量大小。下面的多板云雾室放置了 13 块铜板。有了这个云室，在上面两个云室观测不到的中性粒子，大多数在这里都能观测到。

1972 年，云南观测站在一组磁云室的照片上，发现三个径迹不同的粒子，经过测量分析，其中一个粒子的径迹很难用已知的粒子来解释，它可能是一个质量大于 10 GeV/c^2（质子质量的 10 倍以上）的重质量粒子①。这一发现引起了周恩来等中央领导的关注。这项发现在《物理》杂志上发表后，引起了国内外物理学界的重视。在同年举行的第 13 届国际宇宙线会议上，国际同行对中国物理学家的这一发现进行了热烈的讨论。可惜类似的观测结果极少，至今没有得到进一步证实。

乳胶室是研究超高能粒子相互作用的有效探测器。为建立乳胶室，高能物理研究所采用国产材料，做了大量实验准备工作。1974 年在云南宇宙线站进行了小规模实验，首次装设了面积为 0.3 m^2 的乳胶室，1975 年发展到面积为 5 m^2 的乳胶室。宇宙线观测站的海拔高度越高越有利于观测。1977 年，高能物理研究所在海拔 5 500 m 的西藏甘巴拉山顶建成面积 13.5 m^2 的乳胶室。1978 年在珠穆朗玛峰

---

① 原子能研究所云南站. 一个可能的重质量荷电粒子事例. 物理，1972，(2)：57-61.

山脚下海拔 6 500 m 处设置了面积 0.1 m^2 的乳胶室。1984 年，甘巴拉山高山乳胶室的规模已形成由 300 吨铁组成的厚室以及由面积为 50 m^2 和 80 多吨铅板组成的薄室。利用这些乳胶室获得了大量宇宙线观测结果。

由于宇宙线流强微弱，随着高能加速器技术的进步，宇宙线观测已成为粒子物理研究的辅助手段。但由于宇宙线中具有加速器所不能提供的高能粒子，因而世界各国仍将这种研究作为高能粒子研究的一个重要手段。

1988 年，中国与日本合作开始在西藏羊八井建设宇宙线观测站，用广延大气簇射阵列进行超高能 γ 射线源观测研究。1990 年初，羊八井大气簇射阵列大体建成，开始记录超高能宇宙线引发的簇射现象。这是北半球最高也是世界上常年观测站中海拔最高的宇宙线观测站。这个观测站运用已建成的装置在国际上首次观测到了宇宙线太阳阴影相对太阳几何位置的偏移，并显示了其与太阳行星际磁场变化的关联。此后，羊八井观测站的建设规模不断扩大，探测阵列不断增多，2000 年已有野外闪烁探测器 800 个，在此基础上装备了 80 m^2 乳胶室、太阳中子监测器和中子望远镜等探测设备，已经成为高海拔、全覆盖、多学科结合、具有世界先进水平的宇宙线研究基地。十几年来，羊八井宇宙线观测站在蟹状星云稳定 γ 发射、活动星系核 γ 射线爆发、宇宙线太阳阴影偏移、超高能宇宙线能谱、银河宇宙线非各向同性和宇宙线等离子体绕银心共转等方面取得了一系列令国际瞩目的重要研究成果①。

第五节　高能加速器建设

高能加速器是进行粒子物理研究的必要手段，也是进行其他一些基础科学和应用研究的重要工具。高能加速器建设属于技术要求高和经费投入大的大科学工程。中国的高能加速器建设经历了近 30 年"七上七下"的曲折发展过程，最终于 20 世纪 80 年代末建成北京正负电子对撞机和合肥同步辐射装置。几十年来，为了建造中国自己的高能加速器，几代科学家不懈努力，国家领导人大力支持，旅居海外的华人科学家和国际友人积极帮助，结果使中国的高能物理研究在国际同行中占

① 谭有恒，卢红. 西藏羊八井宇宙线实验 20 年巡旅//第 11 届中国科学技术史国际学术研讨会论文集. 2007.

有了一席之地。

20世纪50年代初,美国已经拥有相当先进的加速器。1955年,赵忠尧利用从美国带回的部件主持建成了一台700 keV的质子静电加速器,这标志着中国在此领域实现了零的突破。同年,谢家麟自美国回国,开始了电子直线加速器的研制。

1956年,中国制定了《1956—1967年全国科学技术发展远景规划》,其中提出:“必须组织力量,发展原子核物理及基本粒子物理(包括宇宙线)的研究,立即进行普通加速器和探测仪器的工业生产,并在短期内着手制造适当的高能加速器。”

为了落实高能物理研究计划,1957年在王淦昌的领导下,选派了一个七人小组赴苏联学习高能加速器的设计与建造。经过一年多的努力,在苏联专家的指导下,他们完成了2 GeV电子同步加速器的设计,准备回国实施。

1958年,中国进入“大跃进”年代,一些人觉得2 GeV电子同步加速器能量太低,因而原定的加速器建造方案因“保守落后”而下马。于是重新提出了建造方案,新的方案建议建造一台15 GeV强聚集质子同步加速器。由于新的设计有缺陷,这个方案再次下马。

1959年底,在苏联杜布纳联合所工作的王淦昌、朱洪元、周光召、何祚庥等建议中国建造一台中能强流回旋加速器。经聂荣臻副总理同意,该建议被采纳。后将加速器能量定为420 MeV。后来经过论证,认为建造该加速器对物理研究工作意义不大。1961年该设计方案被取消。

1965年,中国退出杜布纳联合所,决定建设自己的高能物理实验基地。按照钱三强的建议,计划建造一台6 GeV的加速器。1966年“文革”开始,这个项目再次下马。

1969年,一部分人提出一个直接为国防建设服务的“强流、质子、超导、直线”八字方案,计划建造一台以生产核燃料为目的的1 GeV质子直线加速器,被称为“698方案”。但后来由于原子能研究所关于设计方案的讨论不能达成共识,“698方案”最后不了了之。

从新中国成立到20世纪60年代,中国先后建成了高压加速器、静电加速器、感应加速器、电子直线加速器、回旋加速器。通过这些低能加速器的建造实践,为高能加速器的建造培养和储备了人才,同时在技术方面也奠定了必要的基础①。但是,由于各种因素的影响,一系列关于高能加速器的设计方案被一个个搁浅。

1973年初,高能物理研究所成立。同年3,4月间,中国科学院在北京香山召开了高能物理研究和高能加速器预制研究工作会议。全国36个单位的119位代

① 张文裕.我国高能物理三十五年的回顾.高能物理,1984,(3):1-6.

表参加了会议。朱洪元、霍安祥、王祝翔、郑林生、叶铭汉等18位代表在会上作了报告。会议分析了当时国际上高能加速器正向高能与强流两个方向发展的趋势，决定预制项目中作为高能加速器模型的中能加速器由一个直线的（利于强流）和一个圆形的（利于超高能）常规加速器组成，初步设想高能加速器的预制研究阶段为1973—1980年。会议建议充实有关大学理论物理、核物理与加速器方面的专业，建议一机部、二机部、冶金部、四机部等单位分工负责，配合完成与高能加速器相关的各方面研制任务。为了学习国外的经验，1973年5—7月间，以张文裕为首的中国高能物理考察组奔赴美国，对其9个相关研究单位进行了考察，回国途中访问了欧洲核子研究中心（CERN）和瑞士原子核研究所（DESY）。考察组回国后，中国科学院提出要预研制一台质子环形（同步）加速器（包括直线注入器），能量为1 GeV或更高，流强争取超过国际已有的同类加速器，约需经费3亿元人民币。同年12月4日，中国科学院的这个提议得到国务院的批准。1974年，全国展开了“批林批孔”运动，高能加速器研制计划因此搁浅。

1975年初，中国科学院和国家计委再次向国务院上报了关于高能加速器预制研究和建造的计划，计划在10年内经预制研究建造一座能量为40 GeV，流强为0.75 μA的质子环形加速器，约需经费4亿元人民币，并要求为高能物理研究所增补专业人员600人。该报告得到国家领导人的批准。经中国科学院建议，国家计委同意把高能加速器研制工程列为国家重点科研项目，代号定为“七五三工程”。1975年11月，“批邓反击右顷翻案风”运动开始，运动对高能加速器建设产生了消极的影响，致使“七五三工程”一拖再拖。

经过“文革”十年浩劫，中国的高能物理研究水平与欧洲、美国等先进国家拉开了更大距离。1977年8月至10月，邓小平先后接见了美籍华裔诺贝尔物理学奖获得者丁肇中、欧洲核子研究中心总主任阿达姆斯（J. B. Adams）和美国费米国家实验室（FNAL）加速器专家、美国最大高能加速器的设计者、美籍华人邓昌黎。邓小平十分重视中国的高能物理发展事业，对高能加速器的建设作出了一系列重要指示。在邓小平等中央领导的支持下，1978年代号为“八七工程”的高能物理实验中心建设开始上马。“八七工程”确定第一步建造30 GeV质子同步加速器，第二步建造一台400 GeV加速器。在工程开工之际，丁肇中、阿达姆斯等来电来信，建议应当提高新建加速器的能量，否则建设意义不大。李政道、袁家骝与吴健雄也曾联名致信张文裕，认为建造高能质子加速器的步子要跨大一些。经过各方面反复研究后，1978年3月，高能物理研究所决定将待建的质子同步加速器的能量指标提高到50 GeV，将原定方案第二步建造的加速器能量提升为1.2 TeV。在初步完成“八七工程”理论设计之后，工程指挥部先后派出上百人去美国和欧洲考察学习。

同时邀请国外专家来华介绍经验。1979 年 1 月,邓小平率中国政府代表团访问美国期间,与美国签订了《在高能物理领域进行合作的执行协议》,并成立了中美高能物理联合委员会。

"文革"刚刚结束时,中国面临的建设任务十分繁重,经济压力很大。在国民经济调整,基本建设紧缩的大趋势下,"八七工程"面临下马的危险。高能物理实验中心的设计任务书先后三次上报国家计委均未获批准,国内外也不断有人对中国建设高能加速器提出反对意见。1980 年 5 月,张文裕、赵忠尧等 39 人致信方毅并转呈邓小平、胡耀邦等中央领导,希望高能物理建设不要下马,尽快批准高能物理实验中心的设计任务书。邓小平对此作出批示:"此事影响太大,不能下马,应坚决按原计划进行。"在邓小平"从速处理"的批示下,国务院对高能物理实验中心第一期工程建设批复同意。随即,国家计委批准了"八七工程"的设计任务书。根据两次"调整"的结果,计划 1987 年前完成第一期工程,建成一台能量为 50 GeV,流强为 1×10^{13}质子/脉冲的同步加速器,建设总投资为 5.4 亿元人民币。国家批准"八七工程"建设后,国内外仍不断有反对的呼声。一些人认为建造 50 GeV 质子同步加速器耗资大,技术水平只相当于国际上 50 年代末的水平,没有明确的物理目标。1980 年底,中央有关部门最终决定"八七工程"缓建。

1981 年初,邓小平要求方毅召集一个专家会议重新讨论高能加速器的建造方案。经调研、论证,中央决定利用"八七工程"预制研究剩余的部分经费进行较小规模的高能物理建设。自 20 世纪 70 年代以来,对撞机已逐渐成为占主导地位的高能加速器。因而正负电子对撞机建设已成为国际高能物理学界加速器建设的主流。根据国内外专家的建议和反复论证,"八七工程"指挥部决定建造一台 2×2.2 GeV 的正负电子对撞机(BEPC)。这样不仅可以使中国高能物理的研究进入世界前沿,而且还可以利用电子储存环产生的同步辐射开展生物、化学、医学、材料科学、固体物理等方面的研究工作。1981 年底,邓小平在正负电子对撞机建设报告书上批示:"这项工程已进行到这个程度,不宜中断。他们所提方案比较切实可行,我赞成加以批准,不再犹豫。"

1982 年,美国实验粒子物理学家潘诺夫斯基强调在 2.8 GeV 能区粲重子方面有大量工作可做,希望中国在建造加速器时注意该能区研究工作的开发,力争束流高亮度和对强子探测的高效率。根据此建议,"八七工程"指挥部决定将 BEPC 的能量指标定为 2.2/2.8 GeV。1983 年 4 月,电子对撞机工程正式立项,总投资 9 580万元。同年 12 月,中央书记处会议决定将电子对撞机列入国家重点工程建设项目。后来这项建造工程被定名为"8312 工程"。1984 年 10 月 7 日,正负电子对撞机工程在北京市玉泉路高能物理研究所内破土动工,邓小平等中央领导人参加了奠基仪式。他在奠基仪式上说:“我相信,这件事不会错。”①

北京电子对撞机建设,作为一个大科学工程,既有工程的规模,又有科研的性质。1984 年 2 月,谢家麟和方守贤分别被任命为工程项目经理和副经理。为了保证工程的顺利实施,谢家麟等发展并推广了国外对大科学工程建设所采用的临界路程方法来指导工程实施。此外,谢家麟还提出了六条设计指导思想:⑴以保证高亮度为首要考虑;⑵采用经过考验的先进技术;⑶设计中强调简单、可靠;⑷采用能达到性能指标的最经济的技术路线;⑸设计中保留以后改进的余地;⑹设计中保留一机多用的可能。这些指导原则,对解决设计中多种因素的制约关系,使各系统统一口径、协调匹配起到了重要的作用②。

1988 年 10 月 16 日,北京电子对撞机首次实现正负电子对撞。《人民日报》称“这是我国继原子弹、氢弹爆炸成功、人造卫星上天之后,在高科技领域又一重大突破性成就”,“它的建成和对撞成功,为我国粒子物理和同步辐射应用开辟了广阔的前景,揭开了我国高能物理研究的新篇章”。

短短几年之中所完成的“8312 工程”,除对撞机(BEPC)本体外,还相继建成了大型通用探测器——北京谱仪(BES)与北京同步辐射装置(BSRF)。电子对撞机和北京谱仪的建成,为 τ—c 物理实验研究提供了一个极为重要的手段。北京同步辐射装置是一台可提供较宽波段 X 光的光源,可以为多学科用户开展同步辐射应用研究与实验研究提供服务。

1991 年,国家计委正式批准成立北京正负电子对撞机国家实验室。同一时期,中国科学技术大学也建成了能量达 800 MeV 的同步辐射加速器(HLS),成立了合肥国家同步辐射实验室(NSRL)。合肥加速器偏重于软 X 射线及真空紫外光领域的同步辐射研究应用,与北京同步辐射光源相互补充,相互衔接。此后,台湾新竹建成 1.3 GeV 同步辐射加速器。20 世纪末,上海同步辐射装置(SSRL)的预制研究已全面启动,新建加速器能量达到 3.5 GeV。

中国的加速器建设,经过了建国初期低能加速器研制过程的知识奠基与人才培养,又经过仅限于纸上谈兵的高能加速器预制研究方案的五起五落,直至高能物理研究所成立及“七五三工程”上马,才出现了较大的转机。“八七工程”虽未成功,但却在各方面奠定了重要的基础,是中国高能加速器建造过程中最关键的一步。经过了七次高能加速器建造项目的下马,第八次上马的北京正负电子对撞机最终

---

① 打开中美高科技合作之门:方守贤缅怀邓小平催生电子对撞机. 大公报. 2004-8-12.

② 谢家麟. 关于北京正负电子对撞机方案、设计、预研和建造的回忆片段. 现代物理知识,1993,(5).

建造成功①。

北京正负电子对撞机是一台适合中国国情，规模适中的高能加速器。自其于1989年建成运行以来，积累了大量粒子物理实验数据，取得了一批有国际影响的研究成果，其中多项研究成果被载入国际粒子数据手册(PDG)。尤其是对于τ轻子质量的测量，使其精度提高了10倍；结合同时期国际上关于τ轻子寿命和衰变分支比的精确测定，以很高的精度证实了轻子普适性原理。这项研究被国际公认为是"1992年高能物理领域中最重要的成果之一"。此外，北京正负电子对撞机和北京谱仪在2～5 GeV能区的R值精确测量方面的工作也在国际高能物理学界产生了很大的影响。这些工作使中国在国际高能物理研究领域占有了一定的位置。另外，北京正负电子对撞机的建成对中国机电工业技术的发展也起到了重要的促进作用，有力地推动了中国在微波和高频技术、快电子学技术、超真空技术、高精度电磁铁与高稳定度电源技术、同步辐射光学工程技术等方面的进步和新产品的开发。

① 丁兆君，胡化凯."七下八上"的中国高能加速器建设.科学文化评论，2006，(3)：85-104.

西方物理学史

第十一章　古希腊人对物理现象的认识

古希腊人对物理现象的认识，在物理学发展史上具有特殊的意义。他们开辟的认识道路不仅为后人的继续探索奠定了初步的基础，而且形成了一种影响深远的研究传统。亚里士多德对时间和空间性质的揭示，为西方世界建立了基本的时空观念。他提倡研究物体运动的原因，探讨力与物体运动的关系，开辟了力学研究传统。阿基米德用公理化方法对杠杆定律和浮力定律的证明，不仅为物理学建立了两个基本定律，而且为后人用逻辑证明方法研究物理问题提供了示范。欧几里得(Euclid，约公元前 330 - 前 275)对光的反射现象的认识等也为后人的进一步探索奠定了基础。这些都是古希腊人对物理学的贡献。

第一节　古希腊人对时间和空间的认识

时间和空间是物理学的基本概念，要描述物体的运动和变化，需要建立正确的时空观念。古希腊人对时间和空间进行了探讨，初步认识了二者的基本性质。

一、亚里士多德之前古希腊人对时间和空间的认识

在亚里士多德(Aristotle，公元前 384—前 322)之前，希腊已有不少学者对时间和空间作过一些初步的思考。

早期的希腊人把时间与宇宙的演化及其秩序联系在一起。希腊早期奥菲斯教的神话中有时间之神克罗诺斯(Chronus)，她是使宇宙从混沌变为有序的第一因素。柏拉图(Plato，公元前 428—前 348)认为，现实的宇宙是造物主按照某种原型创造出来的，时间是宇宙的创造者为使宇宙模仿其原型运动而和宇宙一起创造出来的，是宇宙永恒运动的尺度；宇宙万物在时间中运动，从而显示出次序性；宇宙的创造者造出日月五星，由它们的运动计量时间。

早期的希腊人对空间的认识是从探讨“虚空”是否存在开始的，所谓“虚空”是没有任何物质的空间。他们围绕着“虚空”是否存在展开了一系列讨论。公元前8世纪的赫西阿德(Hesiods)认为，宇宙在有万物之前就已经存在深邃的虚空了。赫西阿德所说的“虚空”，是指物体存在的场所。空间是物体存在的场所，这是人类关于空间最初的也是最基本的认识。毕达哥拉斯(Pythagoreischer，约公元前584—前497)学派认为，“虚空是由无限的呼吸进入宇宙，它把自然物区分开来，仿佛虚空是顺次相接的诸自然物之间的一种分离者和区分者。”这表明，毕达哥拉斯学派所说的“虚空”，是指物体之间的空余部分，即空间。原子论者留基伯(Leukipp，约公元前490—前400)与德谟克利特(Demokrit，公元前460—前370)认为，宇宙是由原子和虚空构成的，虚空象原子一样重要，二者都是宇宙万物的本原，缺一不可。原子论者认为，虚空不仅是原子运动的场所，而且是原子组合成物体时原子之间存在的空隙。爱利亚学派的巴门尼德(Parmenides，约公元前540—前470)则认为宇宙空间充满了物质，“宇宙之内不存在虚空”。巴门尼德否认虚空，但仍然认为有空间存在，只是空间里充满了物质，整个宇宙是充实的。种子说的提出者阿那克萨哥拉(Anaxagoras，约公元前500—前428)也认为，宇宙中未被有形物体占据的空间充满了空气，空气也是一种物质，因此不存在空无一物的虚空。柏拉图认为，空间在世界生成之前就已经存在了，它是独立永恒的存在，不会毁灭；空间为所有的事物提供运动和变化的场所，是物质世界存在的必要条件。柏拉图所说的空间实际上也是虚空。

希腊人认为，“虚空是没有任何可见物体的一个空的体积，”它为物体提供存在的场所和运动的空间。除少数人否认虚空之外，绝大多数学者都认为虚空是存在的。由于他们认为存在的都是可见的物体，因而认为什么物体也看不到的地方就是虚空，这就意味着他们把充满空气的地方也看作是虚空。那些主张有虚空存在的人都认为有空间，因为虚空就是没有物体的空间。这些学者关于虚空的讨论，促进了当时人们对空间的认识。

上述表明，在亚里士多德之前，希腊人对时间和空间的认识是非常肤浅的。在此基础上，亚里士多德对时间和空间进行了比较深入的探讨，建立了人类历史上第一个比较完整的时空理论体系。亚氏的时空理论和运动学说主要集中在其《物理学》一书中[①]。

① 亚里士多德. 物理学. 张竹明译. 上海：商务印书馆，1982. 本章以下引文凡不注明出处者均引自该书.

二、亚里士多德关于空间的论述

亚里士多德说:“空间被认为很重要,但又很难理解。”在亚氏之前,人们对空间的基本性质并未形成明确一致的认识。亚氏关于空间的认识主要有以下几个方面。

1. 空间是不能移动的容器

亚里士多德说:“如果不曾有某种空间方面的运动,也就不会有人想到空间方面去。”正是由于物体有位置移动和体积变化,所以“空间被认为是显然存在的”。日常经验表明,没有空间,物体就无法作位置移动。因此包括亚里士多德在内的古希腊思想家都认为空间是存在的,只不过有人认为空间是空虚的,有人认为空间是充实的。

空间是存在的,如何描述它。亚里士多德指出:“空间有三维:长、宽、高。”空间被认为是像容器之类的东西,“空间乃是事物的直接包围者,而又不是该事物的部分。”“空间是不动的。”他比喻说;“恰如容器是能移动的空间那样,空间是不能移动的容器。”显然,亚里士多德对空间形式的描述是符合经验事实的。这是在西方科学史上第一次正确说明了空间的形式。认识到空间的三维性,并且认为它是不动的,这是描述物体的运动、建立运动学的最初基础。

2. “共有空间”和“特有空间”

亚里士多德认为,空间可以被分为两类:“一是共有的,即所有物体存在于其中的;另一是特有的,即每个物体所直接占有的。”“共有空间”是所有的物体共同存在和运动的场所,“特有空间”是每个物体在共有空间中所占据的部分。亚里士多德也把后者称为“直接空间”,它是物体的直接包围者而又不属于物体的组成部分,它“既不大于也不小于内容物”,是内容物“包围者的静止的最直接的界面”。人类对空间的认识,既需要大量的经验事实,也需要一定的科学抽象。人们能够直接观测的是物体的“特有空间”,而对“共有空间”的认识是以关于“特有空间”的认识为基础的。“共有空间”与“特有空间”是整体与部分的关系。亚里士多德将空间区分为这两种形式,有助于描述物体的形状和运动情况,是物理学认识的一个进步。牛顿关于绝对空间和相对空间的理论,可以说是亚里士多德这种认识的继续。

3. 空间独立于物质而存在

亚里士多德指出:“空间比什么都重要,离开它别的任何事物都不能存在,另一方面它却可以离开别的事物而存在:当其内容物灭亡时,空间并不灭亡”;“空间可以在内容事物离开以后留下来,因而是可分离的。”这些论述都强调,物体无法离开空间而存在,空间则可以与内容物分离,是独立于物质而存在的。这种认识符合直观经验。任何物体都占有一定的空间，没有空间，物体就无存在的场所，所以物质无法离开空间而存在。另外，事实表明，一个物体从其位置移走后，其所占据的空间可以容纳别的物体，因而空间像容器一样可以离开内容物而存在。

亚里士多德认为，空间具有三维性，像不能移动的容器，空间独立于物质而存在，空间可以被分为共有空间和特有空间两类。这些认识结果尽管都是经验性的，但对于描述物体的机械运动却是相当重要的。

三、亚里士多德关于时间的论述

亚里士多德说，时间是否存在？时间的本性是什么？这些是“有关时间问题的疑难”。关于时间，亚里士多德得出如下一些认识。

1. 时间是物质运动和静止的尺度

亚里士多德说：“时间因‘现在’而得以连续，也因‘现在’而得以划分；”“‘现在’是时间的一个环节，连接着过去的时间和将来的时间；它又是时间的一个限：将来时间的开始，过去时间的终结。”亚氏所说的“现在”就是“时刻”概念。

时间是什么？在亚里士多德之前，最流行的说法是把时间当作一种运动和变化。亚里士多德则明确指出：“时间不是运动，而是使运动成为可以计数的东西；”“时间是运动和运动存在的尺度。”他强调说：“运动是有前后的，而前和后作为可数的事物就是时间；”“时间是关于前和后的运动的数，并且是连续的数，因为运动是连续的。”事物运动的前和后是一个过程，是运动持续性的体现。这说明，亚里士多德认为时间是事物运动过程的量度。他在《形而上学》一书中也指出：“时间或者同于运动，或者是运动的一种规定。”[①]认识到时间是人类对事物运动属性的规定，这对于理解时间的本质十分重要。

亚氏还进一步指出，时间也是事物静止过程的量度：“既然时间是运动的尺度，附带地它也应是静止的尺度；”“时间计量的是作为运动着的事物和作为静止着的事物。”物质的存在形式无非两种：或者运动，或者静止。无论是运动还是静止，都经历一个过程，都是物质存在持续性的表现，都需要用时间来计量。因此，亚里士多德关于时间是物质运动和静止过程的量度的认识，实质上已揭示了时间是物质持续性的量度这一基本属性。认识到时间的这种本质，有助于加深对运动学的理解。

2. 时间具有独立性和单向均匀流逝性

时间是事物持续性的量度，因此它离不开事物的运动和变化。对此，亚里士多

---

① 亚里士多德全集. 第7卷. 形而上学. 苗力田，译. 北京：中国人民大学出版社，1993：275.

德明确指出:“时间既不是运动,也不能脱离运动。”“时间是不能脱离运动和变化的。”但另一方面他也认为,“时间同等地出现于一切地方,和一切事物同在。”宇宙中“有一个超过这些事物的存在、也超过计量它们存在时间的更长的时间存在着。”亚氏认为,时间作为量度物质运动的工具是独立于物质而存在的,宇宙中存在着统一的时间。这种认识在一定程度上符合经验事实,具有一定的合理性。时间是由物质的运动过程表现出来的,因而离不开物质的运动和变化;而时间作为量度物质运动的工具,它是独立于被量度的物质的。认为时间离不开物质的运动,是就时间的表现形式而言;认为时间独立于物质的运动,是就时间的工具性质而言。亚氏对这两个方面的认识是相当深刻的。

亚里士多德认为:“变化总是或快或慢,而时间没有快慢。”他论证说,因为事物变化的快慢是用时间确定的:所谓快,就是时间短而变化大;所谓慢,就是时间长而变化小;而时间的快慢不能用时间来确定,也不能用运动已达到的量或变化已达到的质来确定。没有什么方法能确定时间的快慢,时间无快慢,是均匀地流逝着。因此,“时间本身不能说‘快慢’,而是说‘多少’或‘长短’。”关于时间不停地流逝,他说:“正如运动总是在不停地继续着那样,时间也是不停地继续着的;”时间“永远在开始和终结之中。”时间绝不会停止,永远处于过去的结束和未来的开始之中,因此它是一个单向的持续流逝过程。

只有认识了时间的独立性和单向均匀流逝性,才能用其合理地计量物体的运动。亚氏认为,判断一个物体运动(或变化)的快有三种标准:“或在相等的时间里通过较大的量,或在较短的时间里通过相等的量,或在较短的时间里通过较大的量。”这些都是用运动(或变化)量与所经过的时间之比表示运动的快慢。这样做的前提条件是认为时间是独立于物体的运动而均匀流逝的。

3. 时间由周期性运动计量

亚里士多德指出:“时间是通过运动体现的,运动完成了多少,总是被认为也说明时间已过去了多少。”“我们不仅用时间计量运动,也用运动计量时间,因为它们是相互确定的。”时间由运动计量,这是完全正确的。亚氏进一步指出:“时间计量运动是通过确定一个用以计量整个运动的运动来实现的。”“用以计量整个运动的运动”就是时间的单位。时间用物质的运动计量,而运动的种类很多,以什么形式的运动计量时间比较合适? 亚里士多德认为,“整齐划一的循环运动”最适于作为时间计量的单位。他指出,物质的性质变化、数量增减都不是整齐划一的,只有位置移动能够整齐划一。他在著作《论生成和消灭》中也说:“时间是某种连续运动的数目,即圆周运动的数目。”“整齐划一的循环运动”和“圆周运动”都是指周期性运动。之所以选择这种运动,亚里士多德说,是因为别的运动都可以用整齐划一的循环运动计量。他在《论天》一书中指出："如果天体的旋转运动是一切运动的尺度，那是因为只有它是连续的、均衡的和永恒的。"[①]事实证明，选择连续的、均匀的循环运动作为时间计量的单位，符合科学道理。周期性运动是古往今来最为合理的计时方式。无论是古代以年、月、日计时，还是现代的小时、分和秒，都是采用周期性运动形式计量时间。

上述表明，亚里士多德认为，时间是物质持续性的表现（或量度），离不开物质的运动和变化；时间作为物质运动的度量工具，具有相对的独立性；时间单向均匀地流逝着，由周期性运动计量。这些认识对于理解时间的性质，描述物体的运动，建立初步的运动学理论，都是相当重要的。

在物理学史上，亚里士多德是在古希腊乃至整个人类历史上第一个比较全面深入地讨论了时间和空间的基本属性的人。他关于时间和空间的论述，奠定了近代时空认识和经典力学的理论基础，为西方世界提供了一种朴素的时空观念。这种时空观念对欧洲科学的发展产生了深远的影响。著名哲学家海德格尔指出："亚里士多德的时间论著是第一部流传至今的对时间这一现象的详细解释。它基本规定了后世所有的人对时间的看法。"[②]人类对时空的认识，至今大致历了这样几个阶段：从人类早期形成的原始时空观念到亚里士多德理论所代表的朴素时空观念，再到牛顿理论所表述的绝对时空观念，进而发展到爱因斯坦所揭示的相对时空观念。从本质上看，亚里士多德的时空理论与牛顿的时空理论并无太大的差别。

第二节　亚里士多德对运动现象的认识

在西方物理学史上，亚里士多德最先对时间、空间和物体的运动进行了比较系统的探讨，提出了一系列初步的理论。由于近代以伽利略为代表的物理学家对亚里士多德的物理学说提出了种种批判，因而往往使人产生误解，认为亚里士多德的物理学说对后世物理学的发展产生了很大的消极作用，以至于长期以来人们对于亚氏在物理学上的贡献否定有余而肯定不足。其实，亚里士多德的物理学说为后世物理学的发展奠定了一定的理论基础，产生了深远的影响。从公元12世纪到16

---

① 亚里士多德全集.第2卷.论天.徐开来，译.北京：中国人民大学出版社，1991：322.

② 海德格尔.存在与时间.陈嘉映，王庆节，译.北京：三联书店，1987：33.

世纪，亚里士多德的物理学、宇宙论和哲学在欧洲长期处于统治地位，正是在这种历史背景下孕育了近代经典力学的诞生。

在亚里士多德之前，古希腊一些学者已经对运动现象作了一些探讨，提出了一些初步的看法。关于物体运动的原因，米利都学派的泰勒斯（Thales，约公元前624—前546）认为一切物体的运动都是由其“灵魂”决定的，毕达哥拉斯学派也认为“灵魂”是事物运动变化的原因，恩培多克勒（Empedocles，约公元前493—前443）则用“爱”和“憎”两种因素说明万物运动变化的原因。这些认识都是相当幼稚的。不过古希腊人已初步认识到宇宙万物的运动变化具有某种规律性。毕达哥拉斯学派认为整个宇宙是一个和谐有序的整体；爱非斯城邦的赫拉克利特（Heraclitus，约公元前540—前480）明确指出宇宙万物的运动变化遵循一定的秩序和规律，并用“逻各斯”表示之；原子论者留基伯和德谟克利特认为宇宙中一切事物的运动变化都是依照自然规律进行的。这些结论都是在自然哲学意义上得出的，虽然比较肤浅，但仍然很有价值。在前人认识的基础上，亚里士多德在科学意义上开始了对物质运动的考察。

亚氏关于物质运动的理论主要集中在其《物理学》一书中。该书从第3至第8章几乎都是讨论物体运动的问题。亚里士多德说：“如果不了解运动，也就必然无法了解自然。”什么是运动？他给出的一般定义是：“运动是能运动事物作为能运动者的实现。”从物理学上看，这种定义并未说明运动的本质。不过亚氏指出，要认识运动，首先必须研究“实体、性质、空间、时间、关系、量、运动和作用”等基本概念。这是在西方科学史上第一次系统地提出这么多与运动有关的重要范畴。

亚氏关于物体运动的理论，主要包括以下几个方面。

一、对于运动的分类

运动是物质存在的基本形式，所有的物质都处在运动变化之中。亚里士多德把物质的运动分为三类：“质方面的运动，量方面的运动和空间方面的运动；”其中第一类指物体性质的变化，第二类指物体数量的增减，第三类指物体空间位置的变化。他称“空间方面的运动”为“位移”，即机械运动。显然，亚氏所说的“运动”，是个广义的概念，包括物体性质的变化、数量的增减和位置的移动，其中只有“位移”属于物理学研究的对象。尽管运动包含这样几类，但他认为“运动的最一般、最基本的形式是空间方面的运动，”亦即他认为机械运动是自然界最普遍和最重要的运动形式。在此基础上，他从不同的角度对机械运动作了进一步的划分。

根据物体运动的轨迹不同，他把机械运动分为直线运动、圆周运动和两者的混合运动。他指出：“作位置移动的物体，其运动轨迹不外是圆周形、直线形或这两者的混合。”亚氏认为,直线运动和圆周运动是位移运动的两种基本形式,其他位移运动都可归结为这两种运动的混合。直线形与圆周形的混合是曲线形。因此他实际上是把机械运动分为直线运动、圆周运动和曲线运动三类。亚氏这种对机械运动的描述和分类,对后世产生了深远的影响。阿基米德把物体的螺旋式运动看成直线运动和圆周运动的合成,伽利略也是用直线运动与圆周运动合成的方法研究曲线运动,牛顿力学也是把机械运动分为这三种类型。

根据产生运动的原因,亚氏又把位移运动划分为“自然地运动”和“反自然地运动”。他认为,“一切运动不是强制的,就是自然的;”“运动事物,有的是自然地运动的,有的是被迫地即反自然地运动的。”所谓“自然地运动”,是指物体的自发运动,如火和气等轻的物体上升,土和水等重的物体下落;所谓“反自然地运动”,是指物体在外力作用下所做的受迫运动。在亚里士多德看来,“如果没有外力影响的话,每一种自然物体都趋向自己特有的空间,有的向上,有的向下;”“每一物体都有各自自然的位置,如火向上,土向下,即趋向宇宙的中心。”因此他认为,物体趋向其“自然位置”不需要外力的推动,但是“反自然地运动”必须有推动者推动才能进行。今天看来,这种分类显然是不正确的。

速度是经典力学的重要概念。亚里士多德虽然未给出速度的明确定义,但已经有了以物体运动(变化)量除以时间表示其运动快慢的明确思想。他根据物体运动的快慢不同,把运动分为“匀整的运动”和“不匀整的运动”。“快慢相同的运动就是匀整的,快慢不同的运动就是不匀整的。”显然,亚氏的“匀整运动”和“不匀整运动”已十分接近经典力学的“匀速运动”和“非匀速运动”概念。

亚里士多德这种根据物体速度不同对运动所作的分类,奠定了经典力学运动分类的基础,伽利略和牛顿等都是这样对运动进行分类的。速度是力学中的一个重要概念,没有速度概念,就无法引出加速度概念,从而也就不可能揭示机械运动的规律性,经典力学体系也就无法建立起来。

二、对于运动过程的认识

亚里士多德对于物体的运动过程主要做了以下几个方面的探讨。

1. 关于运动过程的实现

物体的运动是一个连续的过程,揭示这一过程是如何实现的,对深入理解各种运动形式是十分重要的。亚里士多德第一个正确揭示了运动过程是如何实现的。他指出:“事物在运动着的任何时候,总是一方面处在它所正在的状态下,另一方面又是在它变化所趋向的那个状态下。”这种论述无论对于哪种物质运动形式都是正确的。物体做机械运动时,每个时刻必然处于某一位置,同时又在向下一个位置过渡，也即在每一瞬间它都是既在一个地方又在向下一个地方迈进，既在运动又不在运动，这种矛盾的连续产生和不断解决就是其运动过程的实现。所有的机械运动莫不如此。《庄子·天下篇》有“镞矢之疾，而有不行不止之时”的命题，其中也有这种意思。亚里士多德的这一论述，揭示了机械运动的本质，有着重要的科学认识意义。

2. 各力学量之间的关系

建立一些基本的物理概念，用其描述物体运动过程，揭示运动的规律性，这是经典力学研究的主要内容。亚里士多德最先进行了这方面的探讨。

在《物理学》中，亚氏提出了力（“推动者”）、物体（“运动者”）、距离和时间等基本概念，用其描述物体的运动过程，并初步探讨了这些物理量之间的关系。他在分析物体运动过程时认为：“假设 A 为推动者，B 为运动者，Γ 为被通过的距离，Δ 为所经过的时间，于是在相等的时间里，相等的力 A 将会使半个 B 通过 2 个 Γ 的距离；而在半个 Δ 的时间里使半个 B 通过 1 个 Γ 的距离，因为这样是合比例的。”亚里士多德认为，在作用力不变的情况下，如果物体量减少一半，则在相等的时间里，其运动距离会增加一倍。这种结论是正确的。但是，他认为，在作用力不变的情况下，如果物体量减少一半，则在一半的时间里，可以通过相等的距离。这种认识则是错误的。原因在于，当物体受力而做加速运动时，其运动的距离与时间不是成线性关系。亚里士多德认为，物体的运动距离与其受力和时间成线性正比关系，与物体量成反比关系，从而推出上述结论。由此说明，亚氏并未真正认识力、物体、时间、距离这些量之间的正确关系。此外，亚氏还认为：“假设 A 这个力使 B 这个物体在时间 Δ 里通过距离 Γ，在半个 Δ 里通过半个 Γ，那么半个 A 的力就能使半个 B 的事物在等于 Δ 的时间通过等于 Γ 的距离。”这种认识也是不正确的。

事实上，亚里士多德认为，物体运动的快慢与作用力成正比，与物体量成反比；力与物体量之比等于物体运动的距离与所用的时间之比（即速度）。他说：“假定 E 为 A 的一半的力，Z 为 B 的一半的物体；E 和 Z 之间的比例与力 A 与重物 B 之间的比例相同。因此它们就能在相等的时间 Δ 里通过相等的距离 Γ。”在相等的时间里通过相等的距离，说明这两种情况下物体的速度是相同的。亚里士多德认为，这两种情况下的速度相同是因为力与物体量的比值相同。但是牛顿力学指出，力与物体的质量之比是加速度，而不是速度。因此，亚里士多德的这种认识显然是不正确的。这正反映了他的认识具有局限性。

对于物体运动过程的认识，亚里士多德的历史贡献主要不在于是否揭示了力、物体、距离和时间这些物理量之间的正确关系，而在于开创了一种重要的研究方法。他着眼于探讨这些物理量之间的关系，并且引入了符号语言和数学方法，由此描述运动,寻找物体运动的规律性,这种研究方法是十分重要的。正是这种方法使物理学步入了正确的发展轨道,向着精确性和严密化的方向发展。这种研究方法不仅对于物理学的发展有重要意义,而且对西方整个科学认识活动都产生了重要的影响。

3. 自由落体运动

亚里士多德认为,在其他条件相同的情况下,物体运动的快慢与其自身的轻重和所通过的介质有关。介质不同,对于在其中运动的物体所产生的阻力不同;而在介质相同的情况下,"有较大动势——重的向下,轻的向上——的物体(假设结构上的其他方面相同)通过同一距离的速度也较大,并且速度的比等于这些物体量的比。因此它们也将以同样的速度比通过虚空。"亚氏所说的"动势",对于下落的物体来说,可以理解为物体的重量。由此即可以认为,作自由下落运动的物体,其运动速度与其自身的重量成正比。因此两个重量不同的物体同时下落时,重的物体就会比轻的物体下落得快。这种认识是不正确的,后来伽利略对之进行了批判,并提出了正确的落体运动定律。自由落体运动是一种重要的机械运动形式,亚氏的认识虽然是错误的,但为后人的继续研究提供了目标,开辟了方向。

4. 虚空中的惯性运动

古希腊原子论者认为自然界存在虚空,亚里士多德反对这种观点。他在《物理学》中指出:如果存在虚空,物体在虚空里就会"或静止不动,或如果没有某一更有力的事物妨碍的话,必然无限地运动下去;""在没有介质的虚空里一切物体就会以同样的速度运动;"但这些都是不可能的,因为自然界不存在虚空。在《论天》一书中,他也有与此类似的论述。物体在虚空中或静止不动,或无限地运动下去,因为虚空里不存在任何介质,没有外力的作用。亚氏的这种认识,含有惯性运动思想的萌芽。在其后古希腊的伊壁鸠鲁(Epicurus,约公元前341—前270)和古罗马的卢克莱修(Lucretius,公元前99—前55)描述原子在虚空中的运动时,也表达了类似的惯性运动思想。这些思想对于伽利略和牛顿建立惯性运动定律都产生过一定的影响。牛顿在其物理学手稿中说:"所有那些古代人都知道第一定律,他们归之于原子在虚空中的一种运动,因为没有阻力,这种运动是直线的、极快的和永恒的。"在这段话之后,牛顿引述了亚里士多德《物理学》和《论天》中的上述两段话[①]。因此牛顿所说的"古代人"是指亚里士多德、伊壁鸠鲁和卢克莱修等。所以,亚里士多德在反对虚空存在的论述中所隐含的惯性运动思想的萌芽,对后世的物理学认识活动产生了一定的积极影响。

① 阎康年.牛顿的科学发现与科学思想.长沙:湖南教育出版社,1989:137.

除上述之外，亚里士多德还探讨了运动的永恒性。他指出："运动是不灭的；""运动是永恒的；""从前不曾有过，将来也不会有任何时间是没有运动的。"这种关于运动永恒性的论述虽然是一般性的，但对于物理运动也同样是正确的。运动是物质的存在形式，运动是绝对的，静止是相对的，就这种意义来说，物质的运动具有绝对性和永恒性。另外，古希腊的芝诺（Zeno）曾提出四个著名的悖论，用以论证运动是虚假的。芝诺的论证是以其关于时空属性的特殊假定为基础的。亚里士多德在《物理学》中完整地记述了芝诺的四个运动悖论，并对其荒谬性逐一进行了驳斥，指出了其导致矛盾的根源。亚氏对芝诺悖论的批判，反映了其对时间和空间属性的正确认识以及对时空与物质运动关系的基本看法，对后人正确认识芝诺悖论有重要的启发性。

三、关于运动原因的探讨

亚里士多德对物体运动的原因也进行了探讨，在此基础上提出了"第一推动者"假设。

他认为，"自然运动"和"反自然的运动"的原因是各不相同的。

亚氏认为，就"自然运动"而言，每一物体都有各自的自然位置，如果没有外力的影响，轻的物体会上升，重的物体会下落，每一物体都有自发趋向其自然位置的本性。在他看来，合乎"自然目的"是自然运动的根本原因。当然，亚氏这种根据物体运动的简单现象所得出的结论显然是错误的。

对于"反自然的运动"，亚里士多德指出："运动的发生是靠了同能推动者的接触……推动者总是形式，在它起作用时，它是运动的本源或起因。"推动者是"反自然的运动"的原因，亦即只有受到外力作用时，物体才能做"反自然的运动"。亚里士多德说："凡运动着的事物必然都有推动者在推动着它运动。"应当说，这种认识是符合经验事实的。当推动一个物体运动的力不再推它时，物体即趋于静止，由此得出力是物体运动原因的结论。牛顿力学指出，力是改变物体运动状态的原因，而不是物体运动的原因。正因如此，亚里士多德的这种认识常常受到人们的批评。事实上，尽管亚氏的结论是错误的，但他的这种认识仍然是有价值的。正是把力看作物体运动原因的思想，为后人的研究奠定了基础，指明了方向，人们只有通过对力的作用进行深入研究，才可能揭示机械运动的本质和规律。

既然外力是物体运动的原因，因此亚里士多德推论道："任何运动的事物应该都是在被一个推动者推动着运动；""既然任何运动着的事物（作位移运动）都必然有推动者，……而这个推动者又是被另一个运动着的物体推动着运动的，后一个推动者又是被另一个运动着的事物推动着运动的，如此等等，……无限地追溯上去，那么必然有第一推动者。”由此，亚里士多德提出了“第一推动者”概念。

亚里士多德认为“第一推动者”是物体运动的终极原因。为了用其说明运动现象，亚氏赋予它一系列特性：“第一推动者是自身不动的；”“第一推动者是不可分的，没有部分的和没有任何量的；”“第一推动者必然是一个，并且是永恒的。”“第一推动者”自身不动，不受别的物体推动，而能推动别的物体运动；它没有部分，没有数量，但却永恒存在，具有无限的推动能力，它“推动一个永恒的运动，使它无限地持续下去。”显然，物质世界根本不存在具有这些特性的“第一推动者”。这一概念的提出，是亚里士多德追求“反自然运动”的终极原因的结果，是从逻辑推理出发提出的抽象概念，现实世界中找不到它的真实原形。因此它不是一个科学的概念。“第一推动者”的概念后来被中世纪的神学家托马斯·阿奎那用于论证上帝的存在，被牛顿用于说明天体在引力作用下横向运动的原因。它作为事物运动的终极原因，被人们看作上帝的化身。

亚里士多德研究物理学的目的是探求物体运动的终极原因。亚氏的这种做法后来遭到了伽利略的非议。毫无疑问，亚里士多德所处时代的物理学认识水平是不可能正确揭示物体运动原因的。但是，正是这种对物体运动原因的追求才使亚里士多德提出了力这个经典力学的重要概念，从而为物理学的发展奠定了重要的基础。伽利略开始研究物体运动时也是沿着亚里士多德开辟的这一方向前进的，但不久他就认识到“现在似乎还不是寻求自然加速运动的原因的恰当时机”，在没有正确认识物体运动的形式并对其做出正确描述之前，是不可能正确揭示物体运动的原因的。因此伽利略放弃了对运动原因的追求，开始致力于描述物体的运动过程，从而在运动学上做出了重要贡献，确立了近代早期物理学研究的运动学传统。在伽利略等人的努力下，一系列运动学问题的逐渐解决，为动力学研究奠定了必要的基础。正是在此基础上，牛顿重新继承了亚里士多德开辟的探求物体运动原因的动力学传统，并将其与伽利略的运动学传统结合起来，从而建立了经典力学体系。

亚里士多德说，只有认识了一件事物的原因，才算真正认识了这一事物。认识事物的原因，一直是科学探索所追求的基本目标。物理学如此，其他科学亦如此。

第三节　阿基米德的力学证明

古希腊后期，阿基米德(Archimedes，公元前 287—前 212)用公理化方法证明了杠杆原理和浮力原理。这是古希腊力学认识的杰出成就。阿基米德早年曾在亚历山大城跟随欧几里得的学生学习数学，后来成为古希腊著名的学者和工程师，在数学和物理学等方面都做出了重要贡献。关于杠杆原理和浮力原理所表达的经验知识，在阿基米德的时代已经为人们所认识，但只有经过阿基米德进行严格的数学证明之后，这些知识才上升为科学定律。

一、古希腊科学证明方法的建立

在科学认识过程中，一些经验知识只有经过逻辑证明之后才能成为普遍原理。古希腊人发明的形式逻辑方法为科学理论的证明提供了必要的工具。形式逻辑理论起源于古希腊早期，经过一些学者的不断发展，最终由亚里士多德建立了比较完整的理论体系。

据说，公元前6世纪的泰勒斯最早把埃及人测量土地的经验方法提升为建立在一般原理之上的演绎几何学。毕达哥拉斯学派的数论和几何学理论含有演绎推理和证明思想；恩培多克勒初步研究了修辞学；苏格拉底在与别人对话中运用了多种逻辑思维形式和方法。苏格拉底认为，定义是寻求知识和真理的一种必不可少的工具，定义具有判别功能、揭示因果性功能、认识功能；逻辑论证是从已知为真的判断，根据正确的逻辑推理，证明其他判断为真或为假。苏格拉底使用了归纳论证方法，也使用了初步的演绎论证方法。

柏拉图学派把数学奠基于逻辑之上，坚持使用准确的定义、清楚的假设和严格的证明，提出了系统的推理规则。柏拉图在《国家篇》中写道："研究几何学、数学以及这类学问的人，首先要假设有偶数与奇数，有各种图形，有三角形以及其他与各个知识部门相关的东西。他们把这些东西当作已知的，当作绝对正确的假设，不觉得（有必要）为他们自己或别人来对这些东西加以说明，而是把这些东西看作不证自明的、人人都明白的。从这些假设出发，他们通过一系列的逻辑推理，最后达到所要求的结论。"[①]这正是公理化方法的特征。

亚里士多德撰写过许多逻辑学著作，如《范畴篇》、《解释篇》、《前分析篇》、《后分析篇》、《论题篇》、《辩谬篇》等，研究内容包括定义、命题、归纳、演绎、论证、修辞学等。《前分析篇》建立了演绎推理三段论学说，用符号表示普遍有效的推理形式，奠定了形式逻辑的基础。《后分析篇》论述了知识的证明理论，探讨了演绎推理的作用，指出只有通过归纳才能认识普遍结论，才能把握演绎推理的前提，提出了构建知识体系的科学方法。《论题篇》讨论了辩论中如何选择论题，如何进行反驳等。

---

① 柏拉图全集．第二卷．王晓朝，译．北京：人民出版社，2003．

亚里士多德指出,“所谓科学知识,是指只要我们把握了它,就能据此知道事物的东西。”[①]他同时指出,“只有当我们知道一个事物的原因时,我们才有了该事物的知识。”因此,所谓知识,就是对事物原因的回答和解释。他还指出,“知识是关于普遍的,是通过必然的命题而表达的;”“通过证明科学而获得的知识具有必然性。……证明就是从前提中必然推出结论。”

感官获得的知觉只是关于个别事务的认识,而知识则是对普遍事务的认识。所以,亚里士多德认为,感观不能获得普遍性的知识,只有通过证明才能获得普遍的知识。他强调指出:“我们无论如何都是通过证明获得知识的。我所谓的证明是指产生科学知识的三段论。”

一般来说,科学知识是由科学概念和科学命题组成的逻辑体系。科学概念分为基本概念和派生概念。基本概念是原始的、无需定义的概念;派生概念是需要用基本概念加以定义的概念。科学命题分为基本命题和派生命题。前者由公理、公设构成,后者由定理构成。公理和公设是原始的、无须证明的命题;定理是以公理、公设为前提通过逻辑推论加以证明的命题。公理与公设是有区别的。亚里士多德说:“任何知识的获得都必须把握的东西我叫做‘公理’……判定某判断的这个或那个部分这种命题,我叫做‘公设’。”公理是普遍适用的命题,公设是只适用于某一方面的命题。亚里士多德提倡的逻辑证明方法,就是从少数不加定义的基本概念和不加证明的基本命题出发,运用演绎推理推导出一系列结论。他强调指出:“我们的学习要么通过归纳,要么通过证明来进行。证明从普遍出发,归纳从特殊开始,但除非通过归纳,否则要认识普遍是不可能的。”

在公元前 4 世纪,经过亚里士多德等的工作,形式逻辑理论和公理化研究方法已经建立起来。到了古希腊后期,逻辑证明方法已经被学者们普遍运用。欧几里得在《几何原本》中,从 23 个定义、5 个公设和 5 个公理出发,证明了 465 个几何学命题,建立了公理化的数学理论体系。另外,欧几里得的光学著作也是用公理化方法写成的。

二、杠杆原理和浮力原理的证明

阿基米德学习了欧几里得等的公理化方法,把数学研究与物理学研究结合起来,将杠杆机械和浮力现象所遵循的基本原理用公理化方法进行了严格的论证。

---

① 亚里士多德全集.第 1 卷.苗力田.北京:中国人民大学出版社,1990.本节关于亚里士多德的言论均引自该书.

1. 杠杆原理的证明

阿基米德在《论平面图形的平衡》第一卷中，给出了杠杆原理的逻辑证明①。在该书的开头，他写道："我给出如下公设：

公设 1 相等距离上的相等重物是平衡的，而不相等距离上的相等重物是不平衡的，且向距离较远的一方倾斜；

公设 2 如果相隔一定距离的重物是平衡的，当在某一方增加重量时，其平衡将被打破，而且向增加重量的一方倾斜；

公设 3 类似地，如果从某一方取掉一些重量，其平衡也将被打破，而且向未取掉重量的一方倾斜；

公设 4 如果将全等的平面图形互相重叠，则它们的重心重合；

公设 5 大小不等而相似的图形，其重心在相似的位置上，相似图形中的相应点亦处于相似位置，即如果从这些点分别到相等的角作直线，则它们与对应边所成的角也相等；

公设 6 若在一定距离上的重物是平衡的，则另外两个与它们分别相等的重物在相同的距离上也是平衡的；

公设 7 周边凹向同侧的任何图形，其重心必在图形之内。"

然后，他根据这 7 个公设，证明了 15 个命题。

"命题 1：在相等距离上平衡的物体其重量相等。"证明过程是，设物体的重量不相等，在不等重的两者之间，从较重者中取掉差额，根据公设 3，剩余的物体将失去平衡，这是与公设 1 矛盾的。因此，两物体的重量一定相等。

"命题 2：距离相等但重量不等的物体是不平衡的，而且向较重的一方倾斜。"证明过程是，根据公设 1，在不等重的两者之间，从较重的一方取掉差额，则相等的剩余物体将处于平衡状态。因此，如果再添加物体使两边重量不等，根据公设 2，这些物体将失去平衡，而且向较重的一方倾斜。此命题符合公设 1 和公设 2，所以是正确的。

"命题 3：若重量不相等的物体在不相等的距离上处于平衡状态，则较重者距支点较近。"证明过程是，设 A、B 是重量不相等的两个物体，A 重于 B，C 是 A 与 B 之间的一点，A 和 B 距 C 点的距离分别是 AC 和 BC，且二者相对 C 平衡。则 $AC<BC$。否则，从 A 处取掉一部分重量，使 A 与 B 的重量相等，则根据公设 3，A 的剩余部分将向 B 端倾斜。但这是不可能的，因为根据公设 1，若 $AC=CB$，其相等的剩余物体将是平衡的；或若 $AC>CB$，它们将向距离较远的一方 A 倾斜。

① 阿基米德全集. 朱恩宽，等译. 西安：陕西科学技术出版社，1998：189-202.

所以 $AC<CB$。同样也可以证明逆命题,若物体是平衡的,且 $AC<CB$,则 $A>B$。

命题4和命题5是关于物体重心的定理。"命题5:若三个等重的物体的重心在一条直线上,且其间距相等,那么这一系统的重心将与中间物体的重心重合。"接着阿基米德给出了两个关于重心的推论。"推论1:对任意奇数个物体,如果它们是与最中间的物体等距的等重物体,且其重心间的距离相等,则系统的重心与最中间物体的重心重合。推论2:对任意偶数个物体,如果它们的重心之间距离相等且在同一直线上,最中间两个物体重量相等,并且与它们(两侧)距离相等的物体重量分别相等,则系统的重心是中间两个物体的重心连线的中点。"

在此基础上,阿基米德给出了命题6和命题7的证明。"命题6,7:可公度(命题6)或不可公度(命题7)的两个重量,当其距支点的距离与两量成反比例时,处于平衡状态。"这就是杠杆原理的准确表述。"可公度"即可通约。证明过程分为可公度和不可公度两种情况。设 A、B 是两个可通约的重物,它们的重心分别用 A 点和 B 点表示,将 A,B 用直线联结起来,位于 A,B 联线之间的 C 点是它们两者的总重心。选择一个适当的公约重量,将 A 的重量分成 m 等份,B 的重量分成 n 等份;由于 C 点是 A 和 B 两物体的总重心,可以选择一个适当的公约长度,将 A 到 C 点的距离分成 n 等份,将 B 到 C 点的距离分成 m 等份;然后利用命题5及推论1和推论2即可证明命题6。命题7的证明方法是在证明命题6的基础上再考虑到两个物体的不可通约性。

2. 浮力原理的证明

阿基米德在《论浮体》第一卷中证明了浮力原理①。在该书的开头部分他给出"公设:假设流体具有这样的特征,它的各部分处于平滑均匀和连续状态,受到推力较小的部分会被受到推力较大的部分所推动;如果流体被渗入任何物体并受到任何其他物体的压缩,那么流体的各部分将受到在它上面的流体的垂直方向的推力。"然后他证明了9个命题,下面选择几个命题,加以说明。

"命题2:处于静止状态的任何流体的表面,都是其中心与地球中心相同的球体的表面。"阿基米德证明的方法非常巧妙。他设想,如果用一个通过地球中心的平面剖截流体表面,形成的曲线将是一个圆周。如果形成的曲线不是圆周,就意味着流体的有些部位突出,有些部位凹陷。根据流体各部分是均匀的、连续的和受力作用的公设,流体中凹凸部分的受力将不平衡,流体将产生运动,直至其表面处处距地球中心的距离相等、各处受力平衡时才会停止运动。因此,处于静止状态的流体表面必定是与地球中心同心的球面。

① 阿基米德全集.朱恩宽,等译.西安:陕西科学技术出版社,1998:189-202.

“命题 3:对于那些与流体在相同体积下具有相同重量的固体来说,如果被放入流体中,将会沉在流体中既不浮出也不会沉得更低。”证明过程:如图 11.1 所示,AMD 为水面,是半球面,O 为球心,S 为与流体比重相同的固体,K 为流体柱。构造二个以 O 为顶点,以流体表面的平面四边形为底的棱锥,使其中一个 OLM 包含固体 S 沉入流体的部分在内,另一个 OMN 与前一个棱锥相同,包含流体柱 K 的部分在内。由于固体与流体的比重相同,因此在如图所示的状态下液体内作用于 PQ 和 QR 的压力是不相等的,作用于 PQ 上的压力较大一些,流体将不会静止;这与公设是矛盾的。因而固体 S 将不会超出流体表面。同样它也不会沉下去,因为流体的所有部分都将处于同样的压力下。

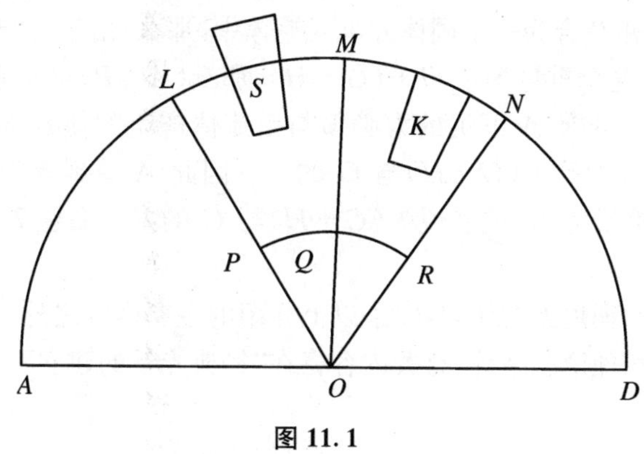

图 11.1

用类似的方法,也可以证明“命题 4:如果把比流体轻的固体放入流体中,它将不会完全沉入,其中将有一部分浮出流体表面。”

“命题 5:如果把比流体轻的任何固体放入流体中,它将刚好沉入到固体重量与它排开流体的重量相等这样一种状态。”证明方法与证明命题 3 的方法相同。构造一个包含固体 S 在内的以 O 为顶点的棱锥,再以 O 为顶点构造一个与前一棱锥相邻相等的棱锥,包含流体柱 K 在内。为了使流体保持静止状态,作用于流体 PQ 和 QR 部分的压力必须相等,这样流体柱 K 的重量必须与固体 S 的重量相等.而前者与固体沉入流体部分所排开流体的重量相等。

“命题 6:如果把一个比流体轻的固体施力沉入流体中,则固体会受到一种浮力作用,这种力等于它排开流体的重量与它本身重量的差。”证明过程:设固体 A 的比重小于流体,G 代表 A 的重量,施力将其完全沉入流体,设 $(G+H)$ 为与 A 同体积流体柱的重量。取一固体 D,其重量为 H,将其叠加在 A 上面.那么 $(A+D)$ 的重量比相同体积的流体的重量要轻;如果 $(A+D)$ 被沉入流体,它将上浮至其重量等于它所排开流体的重量为止。但它的重量是 $(G+H)$。因而被排开流体的重量是$(G+H)$,因此排开流体的体积等于固体 A 的体积,A 沉入流体与 D 浮出流体刚好是静止状态。因此 D 的重量平衡了流体作用于 A 的浮力,因而后一种力与 H 相等,它就是 A 排开流体的重量与 A 本身重量之差。

"命题7:如果把一个比流体重的固体放入流体中,它将沉至流体底部,若在流体中称量该固体,其重量等于其真实重量与其排开流体重量的差。"证明过程:这一命题的第一部分是明显的,由于在固体下面的流体部分将受以较大的压力,因而流体的其他部分将被排开直到固体沉到底部;对于命题的第二部分,设 A 是比同体积流体重的一个固体,并用$(G+H)$代表它的重量,G 表示与 A 同体积流体的重量。取比同体积流体轻的固体 B,使 B 的重量为 H,而与 B 同体积流体的重量为$(G+H)$。设 A 和 B 合为一个固体并沉入流体中,那么,由于$(A+B)$与同体积流体有相同的重量,这个重量等于 $G+(G+H)$,那么$(A+B)$将在流体中保持不动。因而由 A 自身产生的使 A 下沉的力必须与由流体产生的使 B 向上升的力相等。根据命题6,后一种力等于$(G+H)$与 G 的差。因此 A 受到等于 H 的力的作用,即它在流体中的重量为 H,或者说为$(G+H)$与 G 的差。命题7即是浮力定律的现代表述。

古希腊人对物理现象的认识,除了以上介绍的主要内容之外,还有欧几里得对几何光学的研究和理论总结等,有关内容将在"经典光学的建立"一章中介绍。

第十二章　中世纪欧洲人对物理现象的认识

中世纪在欧洲历史上是个特殊的时期。从公元500年至1000年，西欧处于科学发展的最低潮。在11、12世纪，通过拉丁文的翻译运动，使得伊斯兰世界保存的古希腊科学文化和阿拉伯人发展的科学成就一同传入西欧，此后西欧的科学活动逐渐活跃起来。经过大约两个世纪对传入的古希腊科学文化的消化和吸收，“到15世纪早期，建立在亚里士多德世界观之上的中世纪科学进入了全盛阶段。与此同时，在亚里士多德科学框架内，大量反亚里士多德的批判也开始出现。……然而，如果没有早期翻译家为西欧提供理论科学丰满的胴体，哥白尼、伽利略、开普勒、笛卡儿、牛顿这些科学巨匠，就很难有什么可以思考和反驳的了，也无法使他们集中注意重大的物理问题。”①

伴随着古希腊科学文化在欧洲的传播，在12至14世纪，欧洲陆续建立了一批大学和学院。到15世纪初，遍布西欧各国已有近30所大学。当时的大学教育有一个普遍的特点，即无论什么专业（文学、法律、神学、医学）都注重逻辑学和自然科学的学习。逻辑学、物理学、宇宙学、天文学和数学基础成为大学授课的主要内容。这种教育方式培养出来的学生是兼有文理素质的综合型人才。

对于科学发展来说，与古希腊相比，中世纪后期有两个特点，一是亚里士多德的学说在学术界和教育界居于主流地位，其逻辑学、自然科学和哲学著作成了大学教育的核心课程；二是大学培养了一批学术精英，他们具有逻辑学和自然科学的基础知识，养成了为学术而学术的学院式研究传统。

① 爱德华·格兰特.中世纪的物理科学思想.郝刘祥，译.上海：复旦大学出版社，2000：20.

第一节 一些学者对运动学的研究

在中世纪后期，一批受过高等教育的学者沿着亚里士多德的研究传统，发展了物理运动学说。

一、运动原因的探讨

亚里士多德在《物理学》一书中确立了一条动力学原理：物体的运动总是由推动者引起的。这条原理引导着中世纪的学者们继续探讨各种运动现象的原因，从而获得了一些新的结果。[①]

1. “自然运动”的原因

亚里士多德把运动分为“自然运动”和“非自然的运动”（即“受迫运动”）。关于“自然运动”的原因，他未做多少探讨。在13世纪晚期和14世纪早期，欧洲人提出了“内阻力”概念，用以解释“自然运动”的原因。

根据古希腊人关于自然万物由水、火、土、气四种元素组成的学说，中世纪一些人认为，一个混合物可以由两种、三种或四种元素组成，其中轻元素具有向上的力，重元素具有向下的力；轻元素的合力共同对抗着方向相反的重元素的合力，如果轻元素占优势，物体就会向上运动；如果重元素占优势，物体就会向下运动。占优势的合力是动力，占劣势的合力就是阻力，前者决定运动的方向，后者对运动起阻碍作用，称为“内阻力”。在一个下落物体中，重作为动力，轻作为阻力；在一个上升的物体中，轻是动力，而重则是阻力。

用“内阻力”概念可以解释所有的“自然运动”。用它还可以解释物体在假想的虚空中运动的合理性。每一个混合物都可以被设想成可以在虚空中运动，因为它自身携带了动力和阻力。动力使它能够运动，阻力使其速度不至于达到无限大。如果物体由单一的元素组成，则它在虚空中会以无限大的速度运动，因为它没有任何内部的或外部的阻力。在中世纪物理学认识水平上，用“内阻力”概念论证混合物在虚空中的自然运动是最合理的方式。

根据“内阻力”理论，托马斯·布雷德沃丁（Thomas Bradwardine）和萨克森的

---

① 爱德华·格兰特. 中世纪的物理科学思想. 郝刘祥，译. 上海：复旦大学出版社，2000：46-52.

阿尔伯特(Albert of Saxony,1316—1390)等指出:两个大小不同因而重量不同的同质物体,在虚空中将以相同的速度下落。因为在每个同质混合物中,物质每一部分都是同样的,因而每一单位物质都有同样的重元素与轻元素的比率,即同样的动力与内阻力的比值。尽管一个物体比另一个物体包含有更多的同质物质单元,因而比另一个大而且重,但这两个物体将以同等速度下落,因为速度是由每单位物质的动力与阻力之比决定的。这种认识是与亚里士多德关于落体运动的认识相矛盾的,因为后者认为速度与物体的重量成正比,因而越重的物体其速度越大。两个世纪后,伽利略在其《论运动》一文中采用了与此相似的方法,来反驳亚里士多德对自然下落运动的解释。不同的是,伽利略采用了每单位体积的重量或比重,以代替每单位物质的动力与阻力之比。他解释说,大小不同因而重量不同的同质物体,将以相同的速度在介质或虚空中下落。在《关于两门新科学的对话》中,伽利略推广了这一结论。他指出,所有的物体,无论大小如何,无论由何种物质组成,在真空中都以相同的速度下落。

2. 抛体运动的原因

一个物体被抛掷出去以后,会在空中运动一段距离。亚里士多德用介质对物体的推动作用解释这种现象。但是,如果在虚空中抛掷物体,周围没有介质,按照亚里士多德的理论它将不会运动。因此这种解释使人们认为有牵强之处。中世纪后期,为了解释抛体运用的原因,欧洲人提出了“冲力”说。

中世纪,不少人都探讨过抛体运动问题。一些人用“注入力”的说法解释抛体运动。认为在抛掷物体时,一些非永久的、短暂的形式注入到运动体内,只要该形式持续存在,抛体就会运动。人们把注入物体的“非永久的、短暂的形式”叫做“冲力”。尽管有一些人如罗吉尔·培根(Roger Bacon,1214—1294)和托马斯·阿奎那(Thomas Aquinas,1225—1274)反对这种理论,但是14世纪“冲力”说还是逐渐流行起来。

巴黎大学校长让·布里丹(John Buridan,约1295—1358)对于“冲力”的解释代表了当时人们的认识。布里丹把冲力设想为由初始推动者传递给抛体的动力,冲力的强度用物体的速度和质量来量度。他认为,一个重而稠密的物体比同样形状和体积的轻而稀疏的物体有更多的物质。基于这种设想,他解释了一个事实:如果同样形状和体积的一块铁和一块木头以同样的速度运动,铁块将能运动较长的距离,因为它的较大质量能接受更多的冲力并保持较长的运动时间以对抗外部阻力。

布里丹认为,冲力具有永久性,除非它被外部阻力减弱而消耗掉;一旦推动者把冲力传递给一个物体,如果没有阻力消耗,冲力将保持恒定。由此推测,如果运动的所有阻力都可以排除，在冲力作用下，物体将永远运动下去。并且这种运动是匀速直线运动，因为没有任何原因改变它的运动方向和速度。由此可以导致惯性运动的结论。当然，中世纪布里丹等未能作出这样的推论。

必须指出，中世纪的“冲力”概念是动力的内化，是运动的原因。布里丹仍然是在亚里士多德的物理框架里思考问题。这与牛顿力学用速度与质量乘积表示动量不同。不过，布里丹把冲力定义为物体保持其运动状态不变的能力，这已接近牛顿关于惯性的定义。

二、运动的数学表示

速度是运动学的基本概念，在14世纪之前，这个概念从来没有被用数量表示出来过。14世纪，牛津大学和巴黎大学的一批学者创造了速度的数学表示方法。①

什么是运动？当时人们认为，运动不是一个实在的东西，运动是一种不能与运动物体分离或相区别的东西，运动就是运动物体及其连续变动的空间。英国牛津大学的威廉（William of Ockham，约1285—1347年）说，“运动”是抽象的、虚构出来的术语，是在现实中找不到确切对应物的名词。他并不是否定事物的运动，仅仅认为运动并不是一个具体的东西。运动是一种物理现象，它离不开物体，但又不等同于物体，因此一些人把运动看作物体的一种性质。

中世纪后期，人们对于事物性质强弱程度的变化方式产生了兴趣，展开了讨论。例如水如何变得热与冷，如何表示物体的冷热程度变化等。这类问题的研究被称为“形式和性质的张弛”。14世纪早期，牛津大学默顿学院的一批学者用处理物体性质强度变化的方法来处理物体运动速度的变化，把运动看作物体的一种属性或与属性类似的因素。要表示物体运动属性的强度，即衡量物体运动的程度，就只能用快慢或速率。

默顿学院的学者发展出一套概念体系和专业术语，用以表示物体的运动情况，其中包括速度和瞬时速度，它们都被视为可以量化的科学概念。他们区别了匀速运动和非匀速运动，给出了匀速运动的定义，即物体在任何相等的时间间隔内通过相等的距离。同时对匀加速运动也给出了定义，即在所有相等的任意长度的时间间隔内，获得一个相等的速度增量。默顿学派利用这些定义还提出了“平均速度定律”，即做匀加速运动的物体在一定的时间里所走过的距离，与以匀加速运动的平均速度做匀速运动的物体在相同时间里走过的距离相等。14世纪，人们对这个定律进行了算术和几何证明。其中以巴黎大学尼古拉·奥里斯梅（Nicole Oresme，

---

① 戴维·林德伯格. 西方科学的起源. 王珺，等译. 北京：中国对外翻译出版公司，2001：304-310.

1320—1382)的证明最为著名。大约1350年,他给出了自己的证明,内容被收入其《论性质的构形》一书中。其证明过程大致如下:

第一步是用几何线段表示事物属性的强度。奥里斯梅用一条水平线(又叫"物线")代表物体,用垂直线段代表在物体上任一点所选取性质的强度,垂线的长短与物体性质的强弱成正比,由此创造出几何表达形式。这是现代几何图形表示的雏形。由此人们根据几何图形的形状即可知道物体属性的强度变化情况。

然后,设想使一根小棒绕其一端转动,则棒上各点的速率是不同的。可以用一根水平线段表示小棒,在水平线段上画一系列长短不一的垂直线段表示小棒上各点的速率大小。这样就把木棒上各个部分的速率以直观的形式表示出来。

奥里斯梅设想,如果一个物体的整体都参与运动,而且物体上各点的速度相同,只是物体运动的速度随时间变化。为了直观地描述这种情况,他用一条水平线段表示物体运动的过程即时间,在水平线上画出一系列长短不一的垂直线段表示物体在各个时刻的运动速度(速率)。这样就形成了一个原始的坐标系,横坐标表示时间,纵坐标表示速率,速率随着时间的变化而变化,是时间的函数。基于这种表示,奥里斯梅开始讨论物体在运动过程中速度变化的方式。

匀速运动可以用一条水平线段表示运动过程,用一系列长度相等的垂直线段表示速率大小,将各个垂直线段的末端联结起来,即构成一个方形图形;非匀速运动,则在时间轴上各点对应的垂线长度不一。奥里斯梅把运动的总量等同于物体走过的距离。在速度-时间图中,运动的总量即由图形的面积表示。用这种方法,他证明了默顿学派的"平均速度定律",即图12.1中三角形 *acf* 的面积与四边形 *acge* 的面积相等。

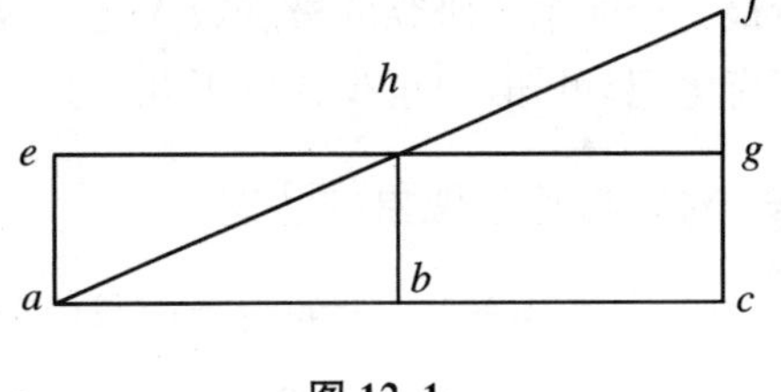

图 12.1

利用这种方法,他还证明了一个定理:匀加速运动前半段时间里走过的距离是后半段时间里所走过距离的1/3,即前后距离之比为1∶3。由上图可以证明,三角形 *abh* 的面积是梯形 *bcfh* 面积的1/3。

需要指出,上述中世纪的学者们对运动学的研究,完全是抽象的推演。这些学者认为,现实中,如果物体确实存在匀加速运动,那么默顿规则就可运用于这种运动。事实上,并没有一个中世纪的学者在现实世界中找到一例他们所描述的匀加速运动现象。在中世纪的技术条件下,要证明某一运动是匀加速运动,绝非是一件容易的事情。而且,中世纪发展了运动学理论的学者们是数学家和逻辑学家,他们感兴趣的是纯粹理论研究,而对实际情况并不关心。

第二节　达·芬奇的物理认识

列奥纳多·达·芬奇(Leonardo da Vinci,1452—1519)是文艺复兴时期天才的画家、工程师和建筑师,在绘画、机械设计和建筑等方面都做出了突出的贡献。他死后留下约13 000页笔记手稿,其中记录了几乎他的全部科学成就。20世纪以来,随着对其手稿研究的深入,人们发现他在物理学、解剖学、地质学等方面也都取得了卓越的成就,因而被英国科学史家麦克尔·怀特(Michael White)称为"第一个科学家"。[①] 由于种种原因,达·芬奇的许多重要科学发现在随后的两个世纪里被人们埋没或忽视了,因而未能发挥其应有的历史作用。就物理学而言,他在运动学、动力学、波动理论和光学等方面都做出了很有价值的贡献。与受过高等教育的学者不同,达·芬奇没有受过系统的学校教育,是自学成才。正因为如此,他的研究风格注重经验,具有明显的工匠传统。

从现存的材料来看,达·芬奇也许是继亚里士多德之后,中世纪对物理现象进行最为全面系统研究的极少数人之一,甚至可能是唯一的人。由《列奥纳多·达·芬奇笔记》可知,他至少在以下几个方面取得了一系列惊人的认识成就。[②]

一、对力与运动现象的认识

《达·芬奇笔记》中的力学内容主要体现在以下几个方面。[③]

1. 力、重力、冲力概念

力、重力、冲力等是力学的基本概念。达·芬奇对这些概念都做过讨论。他认为,力"是一种精神能力,一种看不见的力量;""力没有重量,尽管通常完成重量的功能。"在机械运动中,尽管力的表现形式很明显,但力本身看不见,摸不着,很难把握。因此达·芬奇要准确说明力的内涵是很困难的。

关于重力,达·芬奇认为,"力总是等于产生它的重量的大小;""向地球中心运

---

① 麦克尔·怀特.列奥纳多·达·芬奇:第一个科学家.阚小宁,译.北京:三联书店,2001.

② 汪志荣.列奥纳多·达·芬奇笔记中的物理学内容研究.中国科学技术大学硕士学位论文,2005.

③ Edward Mecurdy. The notebooks of Leonardo da Vinci. arranged and rendered into English. London:Jonathan Cape Ltd,30 Bedford Square,1977,I.

动的重力称为重量","每个重力都沿着宇宙的中心线,从各处指向宇宙中心。"当时认为地球中心就是宇宙的中心。在他看来,重力和重量都是物体在趋向其自然位置——地球中心的过程中表现出来的性质。

关于力的作用效果,他认为,"力改变一切物体的位置和形状……没有力就没有运动……力猛烈地排除阻碍它的因素。"显然,像亚里士多德一样,他对于力与物体运动关系的认识还是停留在直观经验水平上。此外他还指出:所有的力"受同一个自然法则支配,即强力控制弱力。"

"冲力"理论是中世纪后期的一项重要物理认识成就,在达·芬奇之前已有比较多的探讨。对此,达·芬奇也有自己的认识。他指出:"冲力是推动者向运动者传递的运动效果,是推动者强加给运动物体的力量;""冲力是被推动的物体运动延续的原因;""冲力又称派生运动,在运动物体与其推动者接触的时候,由初始运动引起的。"在他看来,冲力就是推动者向运动者传递的运动效果,是物体离开推动者之后运动的原因。这种认识与中世纪冲力学派的理论相似。

2. 对于运动的分类

达·芬奇认为,"从一点沿最短路线到另一点的运动,叫做直线运动。在运动过程中,物体的任何部分都不是直线运动的运动,叫做曲线运动。螺旋运动由斜向曲线运动组成,由中心引到周边的直线长度处处不等。还有一种叫做圆周运动,物体总沿着与圆心等距离的圆周上旋转。还有由前面所说的各种运动合成的许多不规则的运动。"

根据物体运动的复杂程度,他把运动分为简单运动和复杂运动。他认为:"简单运动是物体各部分运动都相同的运动,在复杂运动中,没有哪部分运动和整体运动相同;""复杂运动是物体表面比中心运动更快的运动"。他所说的简单运动和复杂运动,实际上是指物体的平动和转动。后来他又认为:"简单运动有两种,一种是物体绕轴转动而位置不变,就像轮子和石磨及其类似的运动,另一种是物体的位置移动而没有发生自身转动。复杂运动是物体除了自身位置改变之外,还发生绕轴转动,就像马车轮子的运动或其他类似的运动"。这样,他就把物体做单纯的平动和单纯的转动规定为简单运动,而把平动和转动同时发生称为复杂运动。另外,达·芬奇还认为,在力的作用下,物体的运动形式可以相互转换。他指出:"如果简单运动在某一边上受到阻力,就会转变为复杂运动;""空气中产生的复杂运动,在长期过程中,可以分解为简单运动。"由此他认为,"复杂运动可以被分解成许多不同方向的分运动",亦即复杂运动可以分解成简单运动。这可以看成是经典力学运动合成与分解思想的雏形。

3. 关于运动原因的探讨

亚里士多德认为,外力推动是物体运动的原因。达·芬奇也认为:“没有力就没有运动;”“无生命的物体本身不会运动。受力不同,物体运动的时间和速度也不同。当初始推动力停止时,物体也就停止运动”。由于认为物体运动需要力来推动,因此达·芬奇甚至设想:“如果能制造产生力的工具,利用它无限的世界就可以处于运动之中。”

当用几根绳子共同系挂一个重物时,物体的重量由这几根绳子共同承担。如何计算每根绳子承受的重量,这是经典力学解决的基本问题。对此,达·芬奇已经做了很好的探讨。他在笔记中写道:对于用一根绳子悬挂物体的情况,“每个悬挂的物体的重力平均分布在支持它的整段绳子之上;”“在几根绳子的相交处悬挂重物,每根绳子的倾斜度相同,它们承受物体的重量也相等;”“如果有两根绳子下方交于一点,悬挂重物时所构成的角,被重物的中心线分割,这个角分成两个角,两个角的大小与两根绳子承担重力大小成比例。”这里所述的前两种情况都是正确的,第三种情况所述的结论与事实相反,实际上是两根绳子承担重力的大小与两个角的大小成反比。在解析几何没有引入力学之前,要正确计算这类问题是相当困难的。达·芬奇的这种研究体现了力的合成与分解思想。

4. 力与物体运动的关系

达·芬奇在笔记中反复讨论了力、物体、时间和运动距离四者之间的定量关系。他指出:“物体的运动和它的推动力成比例;”“推动者的力总是与被推动者的重量及介质阻力成比例”。他建议人们选择不同的物体运动情况做实验,从中“找出普遍规律”。这种思想和认识正是近代科学所需要的。亚里士多德认为,物体运动的距离与其受力和时间成正比关系,与物体量成反比关系,实际上是把力与物体量之比认为是物体运动的速度。达·芬奇关于力与运动关系的认识完全继承了亚里士多德的观点,并有所修正。由亚里士多德的理论可以推出任意小的力可以推动任意大的物体运动的荒谬结论。达·芬奇在描述力与物体运动的关系时则正确指出,推动力不能太小,否则无法推动物体运动。他在笔记中写道:“如果一个力在某段时间内使物体移动一段距离,不一定同样的力使 2 倍大的物体在 2 倍的时间内移动 2 倍的距离,因为或许这个力推不动物体。”

摩擦是一种普遍的力学现象,达·芬奇对此也过有意义的探讨。他把摩擦现象分为三类:简单的、复杂的和无规则的。“简单摩擦是物体在地面上被拖动时产生的摩擦。复杂摩擦是物体在两个静止物体之间运动而产生的。不规则的摩擦是在不同侧面的边角间作用产生的。”有时他又把摩擦运动分为“简单摩擦”和“复合摩擦”两种。前者“是物体沿着光滑的平面移动时产生的,且平面上没有任何中介物;”后者是相互摩擦的物体之间填满稀薄的油脂性物质等所产生的摩擦。他还指出摩擦作用的大小因摩擦面的粗糙程度不同而不同,并且提倡通过实验确定不同物体表面的摩擦性质。

碰撞现象是一种重要的物理现象。达·芬奇在笔记中记载了许多关于碰撞的实验研究。他曾设计过玻璃球撞击石头运动的实验:“用一个小玻璃球撞击表面已被打磨光滑的石头。让一人拿着一根长木棒,并用不同的颜色将木棒从头至尾标上刻度,你站在某一位置观察球每次反弹的最高点在标尺上对应什么颜色,并对它们进行纪录。”通过碰撞实验,他发现:“如果两个球体成直角发生相互碰撞,那么碰撞后的较小的那个球体所偏离的程度必然大于另外一个;”“表面坚硬厚实的物体将使撞击对象在这里产生一个迅速有力的反弹;”“相同球体发生碰撞时,碰撞角总等于反弹角。”

5. 自由落体运动

达·芬奇认为,物体自由下落是由自然运动的本性引起的,“每个重物都希望以最短的路径下落到宇宙中心,物体越重这种愿望就越强烈。因此越重的物体自由下落的速度越快。”这种认识显然受到亚里士多德理论的影响。

达·芬奇明确指出,自由落体运动的轨迹是直线。他认为,“每个重物都希望通过最短路径向中心下落,”而最短的路径是直线。他论证说:“被阻止在自然位置之外的每个物体更期望沿直线下落,而不是弧线,这就表明脱离自然位置的任何物体期望以尽可能短的时间恢复到原来的位置,因为划一根直线比划一根弧线所需要的时间更短。由此说明脱离自然位置的每一个物体更期望迅速沿直线下落,而不是沿弧线。”

达·芬奇做过很多物体自由下落的实验。通过一系列巧妙的实验观察,他取得了重要的认识结果。他在笔记中写道:“如果大小相同、重量相等的两只球,一个放在另一个上方一意尺处,让他们同时下落,在每段运动中,它们的间距大小相同并保持不变。”通过实验他还发现:“形状相同,重力相等的两个物体自同一高度依次下落,在每段时间内一个物体将比另一物体通过更长一段距离;”“如果许多重量和形状相同的物体,以间隔相等的时间依次下落,它们下落间距的增量是相等的;”“在各个时间段运动量总是逐渐变长,在新的阶段比刚刚过去的阶段更长。”根据这类认识,他得出结论:“自由下落的重物在每个下落的阶段会获得一定的速度;”“在密度均匀的空气中下落的重物,在每段时间内获得的运动量要比前段时间更大,比前段时间运动得更快……这表明一段时间相对另一段时间无论成什么比例,物体在运动量上和快慢程度上成相同的比例。”这样,他就得出了自由落体运动的速度随时间成比例增加的结论。

二、对波动现象的认识

在达·芬奇之前,人们对波动现象的认识是相当肤浅的。古希腊人没有留下多少关于波动现象的有价值的记录。公元前1世纪,罗马工程师维特鲁维乌斯(Vitruvius)对波动现象有了一定的认识。他指出:“声音是空气的流动……它以无数个圆环的方式传播,就好像把一块石头投入平静的水面而产生无数个不断增加的圆形水波一样”[①]。由此可以看出,维特鲁维乌斯在观察水波的基础上,类推声音的传播,已经有了波动观念。达·芬奇对水波和空气波进行了比较深入地研究,形成了一系列重要的认识,概括起来主要有以下几个方面。

1. *波是振动形式的传播*

达·芬奇经过长期仔细的观察,发现了波动现象的本质。他在笔记中写道:“以石块击水形成水波,水没有离开原位,因石块撞开的水面随即合拢,水面突然开合的运动产生某种起伏,这种起伏与其说是运动倒不如说是振动。……这些水自身位置没有改变,而是把振动传到另一处,因水留在原处,所以它易于从邻近的位置获得振动,并把振动再传给其他邻近的区域,其强度逐渐减弱,直至消失”。由此看出,达·芬奇已经认识到水波不是水的自身流动,而是物体撞击水面产生的振动形式向周围的传播。他还用实验验证自己的观点:“放几根很轻的稻草漂浮在水面上,当水波在草下通过时,稻草并未从原位置离开”。如此即充分说明了水波不是水的流动,而是振动形式的传播。

基于对水波的认识,达·芬奇类推声音的传播过程。他在笔记中写道:“如果空气的疏密程度均匀,也没有风,咆哮声将在发声的周围同样地被感觉到,并且它就像将石头扔进水中产生的水圈一样,一圈一圈向外扩散。”他并且指出:“这种情况发生是由于空气被膨胀和压缩并希望在各种可能运动的方向上逃避的结果。”他举例说:“每当撞击铃铛时,就突然产生振动,这种突然的振动立刻撞击周围的空气,这样就马上发声。通过轻轻触摸,阻止铃铛震动和撞击,空气就不再会有声音。”“哪里没有空气的运动或振动,哪里就不会有声音;哪里没有振源,哪里就不会有空气的振动;没有物体则没有振源。”这说明,达·芬奇认为声波也是振动形式的传播,声音的传播类似于水波的扩散。他还指出:“声音通过空气,并没有赶走空气,当它遇到障碍物时就反射回声源。”不难看出,他已经清楚地认识到声音传播的本质是物体振动引起空气膨胀和压缩的运动形式向周围的传播。

---

① Martin Kemp. Leonardo da Vinci. Singapore: Tien Wah Press (PTE) Ltd for J. M. Dent & Sons Ltd in London, 1981: 131, 132.

2. 波峰和波谷概念以及波的反射现象

波峰和波谷是描述波动现象的基本概念。达·芬奇在笔记中提出了这两个概念。关于波谷,他指出:“波谷是两个波(峰)之间的低谷”,“介于两个波之间的波谷比正常的水面要低;”“海上的波浪,由于大降落使波谷产生了更大的低谷”。关于波峰,他认为:“海上的波峰比海平面的正常高度要高,因此在波峰之间的低谷的底部更低,这是由于大波浪的大降落使波谷产生了更大的空隙。”

波在传播过程中遇到大的障碍物时会被反射回来。对于波的反射现象,达·芬奇也做了观察和描述。他在笔记中写道:“如果你将一块石头投进一个海岸凹凸不平的水中,撞击海岸产生的各种反弹波将会返回到石头的落水点,相遇的过程中它们从来不相互破坏彼此的运动过程。”为了看清水波的反射现象,他在装有水的容器里进行实验。他指出:“在圆形容器中的水波从边缘运动到中心,然后从中心回到边缘,再从边缘运动到中心,就这样进行下去。”基于对水波反射现象的观察和认识,他认为声音的传播也会发生反射现象。“声音通过空气,并没有赶走空气,当它碰到障碍物时就反射回声源。”

3. 波的传播具有独立性

几列波在传播过程中相遇时,互不干扰,各自保持独立性。这是波动现象最基本的特点。达·芬奇在笔记中对于波的这一特点进行了反复描述。他写道:“如果将两个小石子同时投入静止的水面,彼此相隔一定距离,你将会看到围绕着这两个撞击点会形成两个系列清晰的圆圈,当这些圆圈扩大到相遇时,这些相互交叠的圆圈总是保持着以他们各自的撞击点为圆心。……水波相遇时,那些圆圈波动不会被破坏”(图12.2);“如果把两块石子扔到相距仅一意尺的地方,水圈就会同等地增多,一个和另一个相互包含,而不会被破坏。”通过对这类现象的考察,达·芬奇

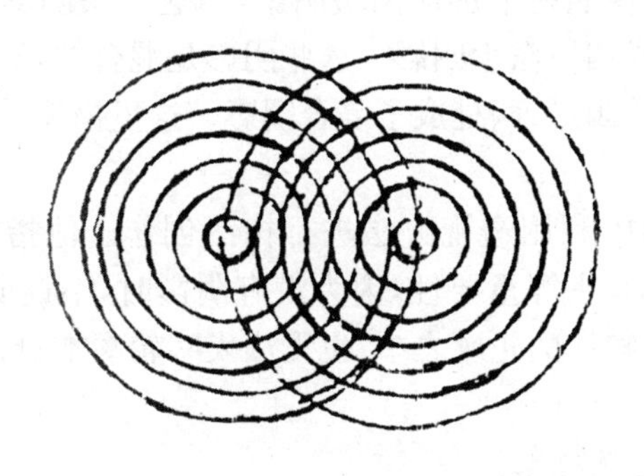

图12.2 两列水波相遇示意图

得出结论:“所有物体撞击水面引起的各种效果能够相互穿透却互不干扰;水波是相互独立的,只在撞击处反射。”

根据对水波的认识,他进一步推测声音的传播也具有独立性。他指出:“虽然各种声音从声源出发在空气中呈圆形方式向外传播。但是,从各个声源发出的圆形波相遇时并不相互阻碍,仍然保持以各自声源为中心继续向前传播。就运动而言,空气与水极其相似……”。由此表明,在达·芬奇看来,任何波在相遇时都保持着原来的运动,彼此穿透、互不干扰、独立传播。

三、对光学现象的认识

达·芬奇是文艺复兴时期著名的画家。他高超的绘画技艺与其对光学现象的深刻认识有一定的关系。他做过许多光学实验,对于光和影的关系、光的折射与色散现象、眼睛成像机理、视力校正以及平面镜成像等都进行过探讨。

1. 光和影

达·芬奇把光分为普通光、特殊光、反射光和透射光等不同类型。“普通光,即地平线上的大气之光;特殊光,即阳光穿过门窗或其他空间的光;透射光,即透过具有一定透明度的物质之光,如亚麻纸张之类的物质,但不是透过玻璃、水晶或其他全透明物质的光。”在此基础上,他又把光分为自由光和约束光。“自由光是自由地照亮物体,约束光通过孔或窗子限制之后照亮物体。”

光被物体遮挡后将会产生阴影。达·芬奇对阴影的形成情况做过观察研究。关于单个物体在单光源照射下成影的情况,他写道:“如果产生阴影的物体与光源大小相同,阴影就像一个无限的柱体;如果物体比光源大,阴影就像一个无限的倒置锥体;但是如果比光源要小,阴影就像锥体一样最后消失。”关于双光源成影,他指出,“物体在两个光源照射下形成两块阴影,当这两块阴影发生交叉产生派生阴影的时候,一定会形成四块派生阴影。这些阴影是混合的,而且这些阴影在四个位置相交,两处形成简单阴影,两处成了复合阴影。”这里描述的实际上是光的本影和半影现象。

达·芬奇在绘画中利用透视方法进行构图创作。他指出:“绘画以透视为基础”;“透视中,阴影具有头等重要性,因为没有阴影时,不透明物体将模糊不清;它既无法表明何者处于物体的轮廓之中,也无法表明轮廓本身;”“阴影是物体及其形状的表达。”

2. 光的折射和色散现象

达·芬奇对光的折射现象进行了反复研究。他在笔记中记录了一些自己观察到的折射现象。他指出,“如果你在水中看空气里的物体,你所看到的物体将偏离它的实际位置;同样,在空气中看水中的物体情况也是如此。"关于物体位置发生偏离的原因,达·芬奇认为:"眼睛所见的物像在另一种介质内,像的直线在介质表面就会被破坏,因为它们是从密度小的物质进入密度大的物质当中。"这些认识是正确的。另外,他曾经设计实验来观察光的折射现象:"取两个相似的容器,一个为另一个的五分之四,高度相等。然后把一个置于另一个里面,将其外表涂色覆盖,留下一个扁豆大小的开口。让一束太阳光从那儿射入,它通过另一个黑洞或窗户形成一个出口。观察光束通过密封在容器之间的水层是否保持和外面相同方向,并从这里推出规律。"这是一个用来检测光经过不同介质时是否发生折射现象的实验。

达·芬奇也做过模拟实验来观察地球周围的大气层对光的折射现象。他在笔记中写道:"为了看太阳光线如何穿透球形空气层,取两个尽可能圆的玻璃球,一个比另一个大一倍。然后将他们从中间切开,一个放在另一个里面,把它们前面密封并向里面装满水,让光线向前面实验那样穿过里面。观察光线是否发生弯曲,并由此推断你的规律。按这种方法你能做无数的实验。"

色散现象是指自然光通过介质后分解成几种单色光。在真空中,各种单色光的传播速度相同,因此白光不会出现色散现象。而在介质中,因为介质相对于各种单色光的折射率不同,当白光经过介质时就会形成各种颜色依次排列的彩色光谱,也就会发生光的色散现象。在达·芬奇的手稿中,保存了他利用玻璃杯观察光的色散现象的实验记录。他写道:"如果你把盛满水的杯子放在水平窗台上,以至于太阳光从另一面穿过它,你将会看到前面所说的色彩(虹霓的色彩)。这种色彩包含在穿透这杯水的太阳光造成的印记中,落到窗台下面黑暗的地板上。因为这里并没有使用眼睛,我可以明确地说,这些颜色绝不是缘于眼睛。"由这份实验记录可以确定,达·芬奇已经在实验中观察到了光的色散现象,并且断定形成的色彩不是由眼睛所产生的。

此外,他还认识到有色透明物体对光的"染色"作用,并以此解释一些自然现象。他指出:"如果你点燃一盏灯,放到被染成绿色或其他颜色的灯笼里,通过这个试验,你会发现被光照亮的所有物体好像成了灯笼的颜色。"

3. 眼睛成像

达·芬奇对解剖学的研究十分重视。他解剖过30多具人的尸体,在笔记中记录了大量的相关研究资料,并配上插图加以说明。通过对眼睛的解剖,他了解了眼睛的基本结构,对其成像机理给出了解释。

他认为物体在眼睛中产生视觉的光学过程是:物像在瞳孔处发生倒置,然后传至水晶球处再次发生倒置而复原为常态,最后被视觉神经末梢感受并传至大脑的

"感觉中枢"而形成视觉。第一阶段,物像在眼睛的瞳孔处进行一次倒置。他用小孔成像原理说明物像在瞳孔处发生倒置的现象。第二阶段,倒置的物像传到眼睛水晶球的位置再发生第二次倒置过程。他在笔记中写道:"我们也许猜测在水晶球里可以看到被它接收到的物像是正立的,因为它使倒置的像再倒置了一次,所以水晶球内呈现的物像是正立的。"为了保证最后大脑中出现正确的外部世界,达·芬奇推测物像可能在水晶球上发生了第二次倒置现象。为了论证二次倒置的合理性,他在《论眼睛》这部分手稿中先后九次阐述双倒置现象。

当然,达·芬奇猜测物像在眼睛内发生两次倒置过程是错误的,实际上在晶状体和玻璃体折射作用下只存在一次倒置过程,第二次恢复常态的倒置是大脑的纠错过程,这在当时是无法认识到的。尽管如此,达·芬奇的研究仍然是有价值的。他的实验研究方法和分析思路更接近于近代科学,而有别于前人的猜测和思辨。他认识到了视觉最终形成在于大脑,而非眼睛;认识到眼睛内部的"光学器件"对于物像的折射作用。

达·芬奇对老年人的远视现象及其校正方法也进行了探讨。他指出:"眼镜的玻璃镜片使我们明白物像如何在玻璃镜片表面暂停,然后折射到眼睛的表面……""这些透明物体插入,任何物像的会聚将反映到它们的表面,并且产生新的会聚,这个会聚将使物像呈现在眼睛里。"他认为,光学眼镜校正老年人视力的原理主要是镜片对物像的"折射作用",使物像在眼睛里产生新的会聚点。

4. 镜面成像

在达·芬奇的笔记中记录有许多关于面镜成像的实验研究。在笔记中,他指出了平面镜成像的规律,并对其成因进行了分析。他写道:"每个物像在镜面中(方位)发生改变,其左边与物体的右边相对,同样右边与(物体的)左边相对。"他并且以事例加以说明:"取 ab 为一张脸,在镜子内成像为 cd,这张脸在镜子中出现了另一张朝向它的脸,所以就出现(像的)左眼 c 和(人的)右眼 a 相对、(像的)右眼 d 和(人的)左眼 b 相对。"他对这种现象论证时说:"因为每个自然行为要遵守通过路径最短、所需时间最少的规律;""如果反对者认为物像的右眼(左眼)与物体的右边(左眼)相对,我们就能提出从像的右眼到物的右眼以及从像的左眼到物的左眼投射出一些直线,这些直线是相交的 ad 和 bc。这里 ad 是矩形 $abcd$ 的对角线,ac 是它的一条边,因为矩形对角线的长度总是大于它的边长,这种结果就违背了最短路径的原则。"所以,这种现象是不可能出现的。

达·芬奇还对组合平面镜成像现象进行了实验观察。他在手稿中记录道:"若将两个平面镜相对而立,则彼镜反映于此镜之内,而此镜亦反映于彼镜之内。此时,反映于此镜者为彼镜自身之像及镜中一切形象。而此镜之形象亦在彼镜之中。

如此相互反映，从形象到形象乃至无穷。所以每个镜中均有无数镜像，且一面小于一面，一面在另一面之中。"他的观察记录是正确的。两面平面镜相对放置时，它们各自会在自己和对面的镜面内呈现出无数个等大、对称的镜像。这些等大的镜像随着成像位置的远离，在视觉效果上就会显得越来越小。他在笔记中还写道："夜晚时分，若相距两腕尺，置平面镜两块，其间放一盏灯。则可见每一镜面中，有无数盏灯，且一盏小于一盏，连续无穷。"

此外，达·芬奇在手稿中还讨论了螺旋、天平、斜面、轮轴、钟摆、飞行器等机械装置的力学问题。

达·芬奇坚信自然界存在规律性，并重视对自然规律的探索。他在笔记中指出："自然本身的规律蕴含在内部并起作用，自然受自身规律的约束；""必然性主宰并引导自然，是自然的主题、设计者、羁绊和永恒的规律；""自然界有果必有因，寻求起因可以通过实验探索而得，已知起因则无需再进行实验"。达·芬奇强调从经验中获取知识。他在笔记中写道："经验永无过错。有过错者，是未经实验而指望从经验中获得结果的判断。因为有了开端，接着必然是以此为开端的自然发展，除非受到反向的影响。然而，受反向的影响，则上述开端接着得出这样的结果，将随反向影响的大小，带有某种程度的反向特点。经验无过错。有过错者，是企图从经验中获得超出经验范围的判断。"他在自己的科学探索中坚持"首先请教经验，然后再利用推理，说明这种经验必须以这种方式起作用的原因。"他强调指出："尽管自然现象始于原因而终于经验，但是我们必须遵循相反的过程，从经验开始并利用经验探究原因"；"科学如果不是从实验中产生并以一种清晰的实验结束，便是毫无用处的，充满谬误的，因为实验乃是确实性之母。"

西欧中世纪的科学史是希腊科学的传播、消化、修正和发展的历史。经过 12 世纪对希腊科学文化的翻译浪潮和 13，14 世纪消化吸收过程之后，亚里士多德的科学和自然哲学理论奠定并主宰了中世纪科学的内容。随着教会学校和大学的兴起，人们对亚氏理论开始反思。在中世纪后期，大量批判亚里士多德学说的理论已经开始出现。以默顿学院为代表的反亚里士多德学派，形成了诸如冲力学说和平均速度定则等一些新的理论。这些人的研究代表的是学者传统。达·芬奇并未接受过正规教育，不属于学究式的理论家。他对亚里士多德学说的继承远远多于反对。他无法完全摒弃亚氏理论。他对一系列物理现象的解释，既重申了亚里士多德的旧观点，也给出了自己的新见解。他突破了当时学者传统与工匠传统相分离的研究现状，充分利用经验观察并且通过实验来研究物理问题。

第十三章　牛顿力学体系的建立

文艺复兴运动之后，欧洲迎来了近代科学快速发展的时期。力学作为近代科学的带头学科，率先建立了比较完整的理论体系。近代力学的建立，是一批学者共同努力的结果。哥白尼提出了日心宇宙体系，开普勒发现了行星运动三定律，伽利略研究了包括自由落体运动在内的匀加速运动，笛卡儿提出了运动量守恒原理，惠更斯研究了弹性碰撞运动等。这些工作都是力学的重要内容。在前人工作的基础上，牛顿经过总结和创造，建立了全面系统的力学体系。

第一节　伽利略的运动学研究

伽利略(Galileo Galilei，1564—1642)是近代科学的开拓者。他支持日心说，提倡以实验和数学相结合的方法研究科学问题，运用理想实验和逻辑证明方法分析运动现象，在单摆运动、落体运动、惯性运动、抛体运动等方面都做出了重要贡献，为近代力学的建立奠定了重要基础。

伽利略的力学成就主要集中体现在其两本著作中，一本是1632年出版的《关于托勒密和哥白尼两大世界体系的对话》(简称《两大世界体系的对话》)，另一本是1638年出版的《关于两门新科学的对话》(简称《两门新科学》)。

《两大世界体系的对话》以三人对话的形式写成，三人中一个是亚里士多德宇宙学说的倡导者(辛普里修)，一个是哥白尼日心说的支持者(萨耳维亚蒂)，一个是态度中立者(萨格利多)，前两人都企图说服第三人接受自己的观点。对话分四天进行，每天的对话都有一个主题。第一天的对话批判了以亚里士多德学说为主的地心宇宙体系；第二天的对话以大量事实论证了地球的自转运动，提出了相对性原理、惯性和运动叠加的思想；第三天的对话以大量观测事实论证了地球的轨道运动，证明了日心宇宙体系的简单谐调；第四天的对话讨论了潮汐问题。作者采用这种写作方式的目的,是通过书中的人物来阐明各家学说,避免声明自己对任何一方的赞同。但事实上,对话内容有力地批判了亚里士多德和托勒密的宇宙学说,充分论证了哥白尼日心说的正确性。这部书捍卫了日心说,因此被教会列为禁书。1633年,伽利略也因宣传日心说而受到罗马教会法庭的审判,被判处终身软禁。

《两门新科学》仍然以三人对话的形式写成。所谓"两门新科学",一门是指关于材料强度的科学,一门是指关于物体运动的科学。对话在四天中进行。第一天和第二天讨论了材料的强度、形状和受力问题,第三天讨论了物体的移动和加速运动,第四天讨论了抛体运动。这部书从第二天的对话开始,以公理化体系组织内容。第二天的对话证明了关于材料强度和受力的8个命题;在第三天的对话中,作者先提出了1个匀速运动的定义和4个运动公理,然后证明了匀速运动的6个定理和命题,接着证明了加速运动的22个定理和38个命题;第四天的对话证明了关于抛体运动的7个定理和14个命题。伽利略的这种论证方法,是继阿基米德关于杠杆原理和浮力原理的证明之后,公理化方法在运动学方面最成功的运用。1639年1月,双目失明的伽利略口授了一封给友人的信,其中提到《两门新科学》时说:"我只不过假设了我所希望研究的那种运动的定义,并想要证明其种种性质,在这点上我模仿阿基米德在他《螺线》中的作法。他在那本书中解释了他所谓的以螺旋线形式发生的运动,这种运动由两种匀速运动合成——一是直线的,二是圆周的,继而立即证明了它的种种性质。我申明,我想要探讨一个物体从静止开始运动,运动速度总是以相同的方式随着时间增长的情况。……我证明这样一个物体经过的空间距离是时间的平方比例关系,然后我接着证明了大量其他的性质。……我主张从假定着手讨论以上述方式定义的运动。因此,即使结果可能会不符合重物体下落的自然运动的情况,这对我来说也没有多大关系,正如即使在自然界中没有发现做螺旋运动的物体,无论如何也不能贬低阿基米德的证明一样。但在此我可以说,我是幸运的,因为重物体的运动以及它的结果逐一符合我定义的运动所得出的结果。"①《两门新科学》的出版,真正揭开了近代科学的序幕。

近代初期,西欧在力学研究方面存在三种主要传统。一是起源于亚里士多德而被中世纪学者所继承的注重解释物体运动原因的传统,二是着重用数学研究静力学的阿基米德传统和以数学研究各种简单机械等工程技术的亚历山大传统,三是中世纪的冲力说传统。其实冲力说也还是研究物体运动的原因。伽利略开始自己的研究工作时,也是沿着亚里士多德开辟的探讨运动原因的路子。像亚里士多德将力看作物体运动的原因一样,伽利略也把力作为运动的原因,尽管他在对一些

① 杨仲耆,申先甲.物理学思想史.长沙:湖南教育出版社,1993:254-255.

问题的分析时采用了阿基米德的方法。在经历了一些探索失败之后，他认识到："现在似乎还不是考察自由运动之加速原因的适当时刻，关于那种原因，不同的哲学家曾经表示了各式各样的意思，有些人用指向中心的吸引力来解释它，另一些人则用物体中各个最小部分之间的排斥力来解释它，还有人把它归之于周围媒质中的一种应力，这种媒质在下落物体的后面合拢起来而把它从一个位置赶到另一个位置。现在，所有这些猜想以及另外一些猜想，都应该加以检验，然而那却不一定值得。"伽利略表示，他的目的"仅仅是考察并证明加速运动的某些性质，而不讨论加速运动的原因是什么。"由放弃考察运动的原因，专心于研究运动的性质，即由动力学传统转向运动学研究，这是伽利略非常聪明的选择，也是其取得成功的关键。[①]

一、匀加速运动定律的发现

关于自然加速运动，伽利略在 1604 年写给萨比(Sarpi)的信中第一次提出它符合时间平方定律。他写道："从运动开始，距离随时间的平方增长，并且在相等的时间间隔内所通过的距离是从 1 开始的奇数序列。"这个结论是正确的，但他是根据物体运动速度与距离成正比变化的错误假设而得出的。大约在 1618 年之后，他开始以时间代替距离，考察运动速度与时间的关系。直到 1630 年他才最终明确，物体自由下落的速度是与时间成正比而变化的，给出了匀加速运动的明确定义。以下是在《两门新科学》中对匀加速运动的讨论。

在《两门新科学》的第三天对话中，伽利略将运动分为匀速运动和匀加速运动两类，给出了匀加速运动的定义。他写道："一种运动被称为等加速运动，如果从静止开始，它的动量在相等的时间内获得相等的增量。"接着，伽利略提出了等末速假设："同一物体沿不同倾角的斜面下滑，当斜面的高度相等时，物体得到的速率也相等。"他认为，物体在下落过程中速度逐渐增加，当其落至最低点时，如果使其速度反转向上，物体将凭借它在下落中得到的速度上升到其开始下落时的高度，但不可能升得更高。由此可以得出结论：物体在下落过程中得到的速度只由下落的垂直高度决定，与下落路径(斜面的长度)无关。伽利略利用一个单摆实验，巧妙地证明了上述认识的正确性。

然后，伽利略给出了中世纪的默顿规则："一个从静止开始作匀加速运动的物体通过任一空间所需要的时间，等于同一物体以一个均匀速率通过该空间所需要的时间；该均匀速率等于最大速率与加速运动开始时速率的平均值。"他运用中世

① 本节引用伽利略的论述，除特别注明者之外均取自斯蒂芬·霍金. 站在巨人的肩上：物理学和天文学的伟大著作集. 上卷. 张卜天，等译. 沈阳：辽宁教育出版社，2004：565-682.

纪奥里斯梅的几何作图方法证明了这个规则。根据这个规则，伽利略证明了匀加速运动定理："一个从静止开始以均匀加速度运动的物体，不同时段通过的空间距离之比等于所用时段的平方之比。"证明的方法还是采用奥里斯梅的几何作图法。经过作图分析后，伽利略得出结论："由简单的计算就可以显然得到，一个从静止开始其速度随时间而递增的物体，将在相等的时段内通过不同的距离，各段距离之比等于从1开始的奇数1,3,5…之比；或者，若考虑所通过的总距离，则在2倍时间内通过的距离将是在1倍时间内所通过距离的4倍；而在3倍时间内通过的距离将是在1倍时间内所通过距离的9倍；普遍来说，通过的距离与时间的平方成比例。"此即匀加速运动距离与时间关系的完整表述和论证。

紧接着，伽利略用实验证明了这个结论。他认为自由下落物体的运动就是这种匀加速运动。当时还没有任何测量快速运动的装置，所以不可能对迅速的自由下落运动进行精确的直接测量。伽利略巧妙地避开了这一困难。他用物体沿斜面下滑运动代替自然下落运动，由下滑实验验证上面得出的匀加速运动结论。他对实验过程描述道："我们取一根木条，长约12腕尺，宽约半腕尺，厚约三指，在上端面刻上一条一指多宽的直槽；将直槽抛光以后，在槽内贴上羊皮纸，使之尽量平滑。我们让一个硬的、光滑的和很圆的铜球沿槽内滚动。抬高板条的一端使之处于倾斜位置并比另一端高1腕尺或2腕尺，让圆球沿槽滚下，用下述方式记录滚下所需的时间。不止一次地重复这个实验，以便把时间测量得足够准确，使两次测量的时间偏差准确到不超过一次脉搏跳动时间的十分之一。经反复实验，直到确定其可靠之后，现在让铜球滚下的距离为全槽长的四分之一，测出下降的时间，我们发现它恰好为滚完全程所需时间的一半。接着我们对其他的距离进行实验，用滚下全程所用时间同滚下一半距离、三分之二、四分之三的距离或任何其他距离所用的时间加以比较。这样的实验重复了整百次。我们发现，铜球所经过的各种距离彼此之间的比值，总是等于所用时间的平方之比。而且这对于铜球沿着滚动的各种倾斜度的槽都成立。……为了测量时间，我们把一个巨大的容器装满水，放在高处，在容器底部焊上一根口径很小的管子，在每次铜球滚下期间，把从管口流出的水收集在一个小玻璃杯中；将每次得到的水放在很精密的天平上称量其重量。各次水重之差和比值就给出了相应的时间间隔之差和比值，而且这些都很准确，使得虽然重复操作了很多次，所得到的结果之间却没有可觉察的分歧。"在科学史界，关于这个实验的测时方法和结果的真实性，一直存在怀疑。因为经考证发现，伽利略手稿中的实验测量数据是后来修改过的，原始的数据并不是这样准确和完美[①]。即使

① Drake S. Galileo at Work. University of Chicago, 1978:87.

在今天的实验条件下重做这个实验，也很难得出如此准确的结果，而且人们对于通过称量水重获得时间间隔的做法的合理性也表示怀疑。这种情况和《两门新科学》的相关内容说明，伽利略是先通过几何图形分析和逻辑推理得出时间平方关系，然后才进行实验验证。先假设，后求证，这是伽利略科学研究的特点。他曾说过："假设一旦被适当选择的实验所确证，就变成整个上层结构的基础。"

二、惯性运动研究

在得到匀加速运动定律后，伽利略把它推广到物体沿斜面下落的情况。他在《两门新科学》中写道："让我们假设，物体下降是沿着下倾的斜面 *AB* 进行的（图 13.1）；从那个斜面上，物体被转到上倾的斜面 *BC* 上继续运动。首先，设这两个斜面的长度相等，而且与水平线 *GH* 成相同的倾斜角度。现在，众所周知，一个在 *A* 处从静止开始沿 *AB* 下降的物体，将获得和时间成正比的速率，而在 *B* 处达到最大，而且这个最大值将被物体所保持，只要它不受新的加速或减速的任何原因的影响。我在这儿所说加速，是指假如物体的运动沿斜面 *AB* 的延长部分继续进行时它将得到的加速，而减速则是当它的运动转而沿向上倾斜面 *BC* 进行时将遇到的减速度。但是，在水平面 *GH* 上，物体将保持一个均匀的速度。这个速度等于物体从 *A* 点滑下时在 *B* 点得到的那个速度，而且这个速度使得物体在等于从 *AB* 下滑时间的一段时间之内将通过一段等于 *AB* 的 2 倍的距离。现在让我们设想，同一物体以同一均匀速率沿着斜面 *BC* 而运动……物体将沿着斜面 *BC* 上升到 *C* 点。……我们由此可以逻辑地推断，沿任何一个斜面下降并继续沿一个上倾的斜面运动的物体，由于所得到的动量，将上升到离水平面的相同高度。"这段论述体现了伽利略的惯性运动思想。

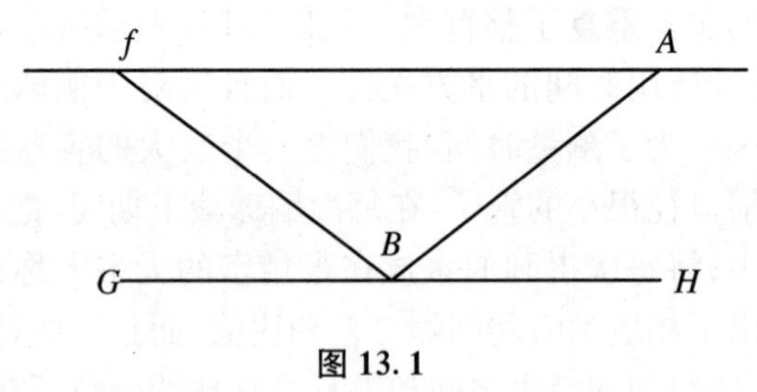

图 13.1

在《两大世界体系的对话》中，有关于惯性运动的具体论述，书中说："在向下倾斜的平面上，运动着的重物天然地下降并不断加速，需要用力才能使它静止。在向上的斜面上，要推动它甚至要止住它都得用力，并且加于运动体的运动在不断减弱，最后完全消失。……两种情况的差别是由于平面向上或向下的斜度大小而产生的，就是说向下斜度愈大，速度愈快；反过来，在向上的斜面上，以特定的力推动特定的运动体，斜度愈小，就滚得愈远”。那么，“同样的运动体放在一个既不向上也不向下的平面上”，“只要平面不上升，也不下降，平面多长，球体就会运动多远”；“如果这样一个平面是无限的，那么，这个平面上的运动同样是无限的，也就是说永恒的了。”“对一个既不向下也不向上的表面来说，它的各部分一定是和地心等距离的”，“水平面就是这样的表面或平面”。[①] 伽利略认为，水平面是与地球中心等距离的球面，物体绕地球的圆周运动是惯性运动。

三、抛体运动研究

在讨论了匀加速运动和惯性运动之后，伽利略分析了抛射体的运动。他把这种运动看作是水平方向的惯性运动和竖直方向的匀加速运动的合成，确定了抛体运动的正确轨迹。

《两门新科学》第四天的对话讨论了抛射体的运动，其中给出的第一个定理就是关于抛体运动轨道的。这个定理是：“参加由一种均匀水平运动和一种自然加速的竖直运动组合而成的运动的物体，将描绘一条半抛物线。”伽利略对抛体的运动情况进行了分析。他设想一个物质粒子被沿着一个无摩擦的无限大水平面抛出，这个粒子将沿着平面做均匀的和永久的运动；如果这个平面是有限的，并且被抬起离地面一定的高度，则粒子在滑过平面边界时，除了原有的均匀而永恒的水平运动之外，还会由于其自身的重量而获得一种向下的倾向，这时粒子所做的运动就是抛射运动。“抛射体的总运动是两种运动的合成：一种是均匀而水平的运动，另一种是竖直而自然加速的运动。”他根据匀速运动和匀加速运动的性质，即运动距离与时间的关系，以水平线表示水平方向的匀速运动，以竖直线表示竖直方向的匀加速运动，用几何作图方法描绘运动过程，结果得出了半个抛物线的轨迹（如图 13.2 所示）。伽利略的这一工作不仅描绘了抛体运动的正确轨迹，而且创立了将复杂运动分解成简单运动的合成的运动学研究方法。

四、单摆运动研究

在《两门新科学》第四天的对话中，为了证明空气对于快速运动物体的阻力并不比慢速运动物体的阻力大，伽利略运用了单摆等时性实验的例子。用两根长度相等的线，譬如 4 码或 5 码长，系上两个相等的铅球，把它们悬挂在天花板下；将它们从竖直方向拉开，一个拉开 80°，另一个拉开 4°或 5°。放开后，两个球分别做往复

---

① 伽利略. 关于托勒密和哥白尼两大世界体系的对话. 上海：上海人民出版社，1974：193-195.

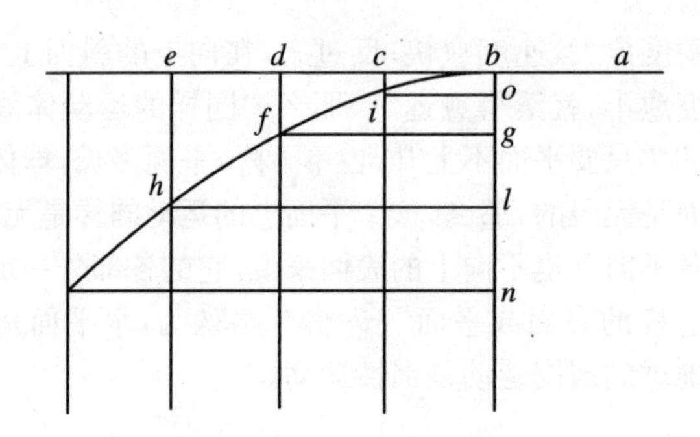

图 13.2　抛体运动轨迹

摆动,一个球通过160°的弧来回摆动,另一个球通过8°或10°的弧来回摆动,虽然它们的摆动幅度会逐渐减小,但二者摆动一次"所用的时间是相同的"。既然二者摆动的周期相同,摆动弧度大的球的运动速度也大,摆动弧度小的球的运动速度也小,这说明空气对它们的阻力相同。通过这个实验,伽利略证实了两个结论:"振幅很大的振动和振幅很小的振动全都占用相同的时间,而且空气并不像迄今为止普遍认为的那样对高速运动比对低速运动影响更大。"

其实,早在1602年,伽利略就发现了摆的等时性。这一年,伽利略提出了"弦定理",即一个物体从竖直圆上任意一点沿弦自然下落到最低点的时间相等。当时,他给出了简单的证明。后来在《两门新科学》第三天的对话中,又以定理的形式进行了证明。他据此推论,如果在一竖直面上从一点出发画任意多不同倾斜程度的线,使同样数目的重物同时从这一点沿不同线下滑,那么在任一时刻它们到达的各点(等时点)总形成一个圆。弦定理被发现之后,伽利略转向单摆实验研究。1602年11月,伽利略在写给吉多波德(Guidobaldo)的信中描述了单摆实验方法:"取两根等长的细线,每根长2或3码。把两根线挂在两个钉子上,另一端系上两个相等的铅球(即使它们不相等,其行为也一样)。然后把它们从竖直位置拉开,一个偏离竖直位置很大,另一个偏离很小。同时把它们放开,一个将画出一个大圆弧,另一个将画出一个小圆弧。可以肯定,铅球通过大圆弧所用的时间并不比通过小圆弧所用的时间更长。"[①]这个实验实际上是发现了摆的等时性。

伽利略在运动学方面做了大量研究工作,所取得的成就除了以上所述之外,还有对力学相对性原理的揭示等。在《两大世界体系的对话》第二天的对话中,伽利略描述了根据封闭的船舱里发生的各种力学现象无法判断船的运动情况,由此说

① 杨仲耆,申先甲.物理学思想史.长沙:湖南教育出版社,1993:249.

明地球的运动是无法直接观察到的[1]。伽利略说："我将力求表明地球上能进行的一切实验都不足以证明地球在运动，因为，无论地球在运动或者静止着，这些实验都同样可以适用。"[2]在这里，伽利略实际上提出了一个重要的原理：在任何一个做匀速直线运动的参照系里，物体运动遵从相同的力学规律。这就是著名的"伽利略相对性原理"。

伽利略能够取得这些物理学成就，与其运用的科学研究方法是分不开的。他既运用了逻辑推理和数学描述方法，也运用了真实实验和理想实验方法。伽利略得出的一些结论，多数是先提出假设，然后再用数学方法和逻辑推理进行证明，再用实验进行检验。他说："当我们证明出自某一假设的推论对应并严格符合实验结果时，该假设的真实性便得到了确证。"有时候当实验数据与逻辑证明不完全一致时，他甚至修正实验数据。善于运用理想实验方法，是伽利略科学研究活动的一大特色。所谓理想实验，是在思想中进行的一种逻辑推理过程，它虽然不是真实的物质实验，但也需要在推理中设想出和真实实验相似的实验设备、实验条件和实验过程。伽利略最著名的理想实验，是其提出的"落体佯谬"论证。亚里士多德认为，物体的重量越大，自由下落的速度也越大。在《两门新科学》的第一天对话中，伽利略指出，根据亚里士多德的观点，如果把两个重量不等的物体捆绑在一起下落，其中较重的物体要快速下落，较轻的物体要慢速下落，二者相互制约，结果二者捆在一起下落的速度小于原先那个较重物体下落的速度。这就得出重量大的物体下落的速度小的结论，这是违反亚里士多德的观点的。由此不用做真实实验就可证明亚里士多德的观点是错误的。此外，他设想物体在没有摩擦作用的平面和斜面上运动的情况都属于理想实验。

第二节　万有引力定律的发现

从科学认识发展的逻辑过程来看，万有引力定律的发现经历了三部曲：哥白尼提出日心说，开普勒发现行星运动定律和牛顿对万有引力定律的证明。没有日心说宇宙体系，开普勒不会发现行星运动三定律；而没有行星运动三定律，牛顿不可

---

① 伽利略.关于托勒密和哥白尼两大世界体系的对话.上海：上海人民出版社，1974：242-243.

② 伽利略.关于托勒密和哥白尼两大世界体系的对话.上海：上海人民出版社，1974：2.

能证明万有引力定律。

一、从哥白尼日心说到开普勒行星运动三定律

早在公元前3世纪，古希腊的阿里斯塔克(Aristarchus)就提出过关于日心宇宙体系的猜想，但在哥白尼之前，这种观点从未被人们认真考虑过。1514年，波兰牧师尼古拉·哥白尼(Nikolaus Copernicus，1473—1543)重新提出了日心宇宙体系学说。通过对行星运动的观测研究，他确信宇宙的中心是太阳，而不是地球。1543年，哥白尼发表了《天体运行论》①，建立了日心宇宙体系。他认为，托勒密的地心说把宇宙的结构描绘得过于复杂，"未能更确切地理解最美好和最灵巧的造物主为我们创造的世界机器的运动"。他在《天体运行论》中强调，探索宇宙天体的神奇运动是一切学术的顶峰，是最值得人们去从事的研究工作。在前人认识的基础上，他相信宇宙是球形的，大地是球形的，天体的运动是圆周运动。在指出地心说的缺点之后，他明确提出"太阳位于宇宙的中心"，并以太阳为中心描绘了宇宙的结构。哥白尼所说的宇宙，其实就是太阳系。宇宙以太阳为中心，从内向外依次分布着水星、金星、地球、火星、木星、土星，它们都绕着太阳做圆周运动，宇宙的最外层是静止的恒星天球。日心说描述的宇宙结构具有惊人的对称性与和谐性，这是其他理论所不具备的。在哥白尼看来，这种宇宙图景更能体现万能的造物主的智慧，"造物主特别注意避免造出任何多余无用的东西，因此她往往赋予一个事物以多种功能。"日心说打开了一条正确理解天体运动规律的道路，沿着这条道路德国天文学家约翰内斯·开普勒(Johannes Kepler，1571—1630)发现了行星运动三定律。

哥白尼的日心宇宙体系是开普勒发现行星运动定律的重要前提，而丹麦天文学家第谷·布拉赫(Tycho Brahe，1546—1601)则为开普勒的这一发现提供了必需的观测数据。第谷是最优秀的裸眼天文观测家，一生中的大部分时间都致力于天文观测和纪录，但他自己却缺乏必要的数学和分析能力来理解行星的运动。开普勒在大学期间学习神学和哲学，同时也认真学习了数学和天文学，并且成为哥白尼日心说的拥护者。1596年，他出版了著作《宇宙的奥秘》。在书中，他利用古希腊毕达哥拉斯和柏拉图正多面体理论构造了一幅宇宙模型，太阳位于宇宙体系的中心，当时所知的六大行星(水星、金星、地球、火星、木星、土星)分别位于以太阳为球心而半径不等的六个球层中，这六个球层由半径不等的五个球面隔离开来，每个球面内切包围一个正多面体。尽管这是一个具有一定思辨色彩的宇宙模型，但它的完美性使开普勒欣喜若狂。《宇宙的奥秘》没有引起伽利略的兴趣，但却得到第谷

① 哥白尼. 天体运行论. 叶式辉，译，武汉：武汉出版社，1992.

的好评。这是两年后第谷乐于接收开普勒担任自己助手的原因之一。1598年，开普勒成为第谷的助手后，专心研究火星的轨道。利用第谷多年的精确观测数据，开普勒经过多次摸索和反复计算，最终发现火星绕着太阳运动的轨道是椭圆，而不是圆。1605年，开普勒公布了他的行星运动第一定律，即行星绕着太阳作椭圆轨道运动，太阳位于椭圆轨道的一个焦点上。利用第谷的观测数据，后来开普勒又发现了行星运动第二定律和第三定律，前者称为等面积定律，即每一行星中心到太阳中心的连线在相等的时间内扫过相等的面积；后者称为周期定律，即行星绕太阳运动周期的平方与其椭圆轨道长半轴的立方成正比。1609年，开普勒出版了《新天文学》，其中公布了第一和第二运动定律。1618年，他完成了《世界的和谐》这本重要著作，把自己的和谐理论拓展到音乐、占星术和天文学领域。在这本书中，他提出了行星运动第三定律。正是这一定律为牛顿证明天体所受引力与其运行轨道的关系铺平了道路。开普勒行星运动三定律的发现，第一次揭示了天体运动的内在逻辑，由此也证明了日心说的合理性。

二、万有引力定律的发现

1676年2月5日，伊萨克·牛顿（Isaac Newton，1642—1727）在写给罗伯特·胡克（Robert Hooke，1635—1703）的一封信中说："如果说我看得比别人更远，那是因为我站在了巨人的肩膀上。"从对于牛顿的科学工作产生过重要影响的人来看，他所说的"巨人"，除了开普勒和伽利略之外，也应包括笛卡儿、惠更斯、胡克等。牛顿善于吸收前人的成果，并加以发展。他在微积分、力学、行星运动以及光和颜色理论研究等方面都做出过卓越的贡献，其中最著名者当属万有引力定律的发现和经典力学体系的建立。

从古希腊开始，人们就对重物自然落向地球的原因进行了思考。近代在万有引力定律被发现之前，人们也提出了种种猜测。

1543年，哥白尼在《天体运行论》中说："我相信重力不是别的，而是神圣的造物主在各个部分中所注入的一种自然意志，要使它们结合成统一的球体。我们可以假定，太阳、月亮和其他明亮的行星都有这种动力，而在其作用下它们都保持球形。"

1620年，培根（Francis Bacon，1561-1626）在《新工具》中猜测道："重物体之所以趋向地心，必定不外乎两个原因：或者是由于它自己因其固有的结构之故而具有这种性质；或者是被地球这个块体所吸引，有如被相近质体的集团所吸引，借交感作用而向它动去。如果后者是真的原因，那么势必是重物体愈近于地球，其朝向地球的运动就愈急愈猛,距离地球愈远其朝向地球的运动就愈弱愈缓。”①

1621年,开普勒在《宇宙的奥秘》第二版中说:“我一度坚信驱动一颗行星的力是一个精灵,……然而,当我想到这个动力随距离的增大而不断减小,正如太阳光随着与太阳的距离增大而不断减弱的时候,我得出了下面的结论:这种力必定是实在的——我说实在的并不是按字面的意义,而是……像我们说光是实在的某种东西一样,意思是说,那是从一实体发出的一种非实在的存在。”他在《哥白尼天文学概要》中也认为:“就运动而言,太阳是行星运动的第一原因,甚至由于它本身的原因而成为宇宙的第一推动者。那些可运动物体亦即行星天体,被安排在中间的空间之中。”

1632年,伽利略在《两大世界体系的对话》中写道:“我们看出地球是个球体,因此我们肯定它有个中心,并且看到地球的各个部分都趋向这个中心;”“如果谁能肯定地告诉我,这些运动着的天体的推动力是什么,我就能肯定地告诉他使地球运动的原因是什么。此外,如果谁能够对我讲明使地上万物下落的原因,我就可以告诉他使地球运动的原因。”

1645年,法国天文学家布里阿德(I. Bulliadus)在一本书中猜测,太阳对行星施加一种力,这种力“象光的亮度与距离的关系那样,应当与距离的平方成反比。”这是科学史上第一次明确提出引力与距离的平方成反比的猜测。

1661年6月牛顿进入剑桥大学三一学院学习,1664年获得学士学位,1668年获得硕士学位。在剑桥学习期间,牛顿阅读过亚里士多德、哥白尼、伽利略、开普勒、笛卡儿等的著作,也了解布里阿德的太阳引力思想。开普勒等的工作使牛顿对天文学和力学产生了兴趣。

1714年,牛顿在一份备忘录中写道:“在1665年的开始,我发现计算逼近级数的方法,以及把任何幂次的二项式归结为这样一个级数的规则。同年5月间,我发现了计算切线的方法……11月间发现了微分计算法;第二年的1月发现了颜色的理论,5月开始研究积分计算法。这一年里,我还开始想到重力是伸向月球轨道的,同时在发现了如何估计一个在天球内运动着的天体对天球表面的压力以后,我还从开普勒关于行星的周期是和行星轨道中心的距离的3/2次方成比例的定律,推出了使行星保持在它们的轨道上的力必定要和它们与它们绕之而运行的中心之间的距离的平方成反比例;而后把使月球保持在它轨道上所需要的力和地球表面上的重力作了比较,并发现它们近似相等。所有这些工作都是在1665和1666的

---

① 培根F.新工具.许宝騤,译.北京:商务印书馆,1986:205.

鼠疫年代里做出来的。”[1]从这份备忘录来看，在1665—1666年，牛顿已推导出引力平方反比关系。但从这期间牛顿留下的研究手稿来看，并非如此。

1665年夏季，剑桥流行鼠疫，牛顿回到故乡伍尔兹索普进行自学和探讨一些感兴趣的问题。1667年4月，他返回剑桥大学。这期间是牛顿科学创造的第一个高峰期。牛顿手稿显示，这期间他探讨过一系列力学概念和定律，给出了速度的定义，对力的概念作了透彻的说明，用独特的方式推导出离心力表示式，初步形成了力学理论框架。离心力公式是推导引力平方反比定律的必要条件。1673年，荷兰物理学家惠更斯(Christian Huygens，1629—1695)在《摆钟论》一书中正式发表了这个公式。在此之前的1665—1666年，牛顿通过自己独特的方式已经推导出了离心力公式[2]。然而，在牛顿留下的这一期间的研究手稿里，却找不到证明引力定律的内容。

关于天体引力的性质，英国皇家学会会员胡克曾提出过一些有意义的猜测。由于天体引力问题引起了许多人的关注，1661年英国皇家学会成立了一个委员会专门研究这个问题，胡克是其中的成员之一。为了探讨物体的重量与离地球中心距离的关系，1662年和1666年，胡克在很深的矿井里和很高的山顶上用测量单摆周期的方法做实验，企图找出物体的重量与其离地球中心距离变化的关系，但未获得明确的结果。1664年，他根据彗星接近太阳时轨道发生很大弯曲的现象，猜测这种弯曲是由于太阳引力作用的结果。1671年，胡克向皇家学会宣读了《证明地球周年运动的尝试》一文(于1674年发表)，其中提出三个假设：“第一，根据我们在地球上的观察可知，一切天体都具有倾向其中心的吸引力，它不仅吸引其本身各部分，并且还吸引其作用范围内的其他天体。因此，不仅太阳和月亮对地球的形状和运动发生影响，而且地球对太阳和月亮同样也有影响，连水星、金星、火星和木星对地球的运动都有影响。第二，凡是正在作简单直线运动的任何天体，在没有受到其他作用力使其倾斜，并使其沿着椭圆轨道、圆周或复杂的曲线运动之前，它将继续保持直线运动不变。第三，受到吸引力作用的物体，越靠近吸引中心，其吸引力也越大。至于此力在什么程度上依赖于距离的问题，在实验中我还未解决。一旦知道了这一关系，天文学家就很容易解决天体运动的规律。”[3]这三条假设实际上已经说明了万有引力的主要性质，所缺少的仅是定量表示。由此表明，胡克对于万有引力的性质已经具有相当全面而深刻的认识。1678年，胡克在《彗星》一文中又

① 塞耶.牛顿自然哲学著作选.上海：上海人民出版社，1974：236.

② 阎康年.牛顿的科学发现与科学思想.长沙：湖南教育出版社，1989：184-187.

③ 杨仲耆，申先甲.物理学思想史.长沙：湖南教育出版社，1993：209-210.

说:“我假定,太阳在我们天空的这个部分的中心所发出的重力,是一种吸引一切绕它运行的行星和地球的吸引力。”

英国皇家学会秘书奥登伯格病逝后,1677年胡克接任皇家学会秘书。由于工作的需要和研究兴趣,1679年11月24日,胡克给牛顿去信,询问地球表面上物体下落的路径问题。同月24日,牛顿在回信中说,由于地球的自转,重物将沿着螺旋线轨迹落向地心附近。同年12月9日,胡克回信对牛顿表示感谢,并且认为重物下落的轨迹不应该是螺旋线,而是一种椭圆。胡克画出了椭圆的图形,并说明这是由一个直向运动与一个受吸向中心的运动相协调的结果。同年12月13日,牛顿在第二封回信中承认自己的螺旋线说法是不妥当的。他在信中经过推论认为,重物下落的轨迹是“由离心力和重力相互交替作用的平衡所形成的,以交替的上升和下降进行循环”,并画出了图形。1680年1月6日,胡克再次给牛顿去信,指出其上升和下降交替循环的轨迹是错误的。胡克在信中说:“我的假设是,吸引力与离中心的距离的平方总是成反比的。所以,物体运动的速度将与吸引力的平方根成比例。”胡克还说:“在天体运动中,太阳或中心天体是吸引力的原因,虽然不能假设它们是数学点,却可以想象为物理点,可按前面说的比例从同一中心开始,计算在一个很大距离上的吸引力。”牛顿接到这封信后没有回信。胡克于1680年1月17日再次给牛顿写信。他在信中说:“现在,我坚持认为,曲线(不是圆的,也不是同心圆)的性质是由中心引力产生的。中心引力以与距离的平方成反比的关系,产生一切距离上的物体由切线或等速直线运动落下的速度。我相信,您用您的杰出的方法将会轻而易举地求出这个曲线及其性质,以及提出这个比例的物理理由是什么。如果您有任何时间考虑这件事,对于您想到的一两句话,皇家学会都将会是很感激的(在皇家学会已经讨论过)。”[①]之后,牛顿直到1680年12月3日才给胡克写信,只是在信的最后说了几句与引力有关但并不重要的话,而没有与胡克展开正面讨论。这些通信成为后来胡克与牛顿争辩万有引力定律发现权的依据。这些情况说明,虽然万有引力定律不是胡克证明出来的,但是胡克关于引力性质的认识,尤其是1679—1680年胡克与牛顿的通信内容,对于牛顿以后的工作是有很大帮助的。

其实,在1680年前后,不少人已认识到引力与距离平方成反比的关系。除胡克之外,至少还有哈雷(Edmond Halley,1656—1742)、雷恩(Christopher Wren)等。1684年初,哈雷根据开普勒第三定律,得出向心力必定与距离的平方成反比的结论。同年1月的一个星期三,哈雷、雷恩和胡克三人在雷恩家中聚会,讨论行星运动轨道问题。当讨论到怎样才能推导出行星运动的轨道形状时,胡克声称自

① 阎康年.牛顿的科学发现与科学思想.长沙:湖南教育出版社,1989:201-204.

己能够推导出来，但他说只有在等到别人都推导不出来时，他才去做，以便给别人提供一个尝试的机会。雷恩愿意提供价值40先令的一本书作为奖品，奖励在两个月内能得出结果的人。几个月过去了，包括胡克在内，没有人能够推导出结果。于是，1684年8月，哈雷为解决这个问题，专程去剑桥请教牛顿。牛顿告诉哈雷，他在5年前已经证明，如果天体受到的引力与距离平方成反比，则其运动轨迹是椭圆。但是，当时牛顿没有找到以前证明的手稿。牛顿向哈雷承诺，可以再重新做一次证明。于是，两个月后，牛顿向哈雷提供了一份证明手稿。根据牛顿在1684年8—10月间写的《论回转物体的运动》手稿，其中明确提出了向心力及其定义，证明了椭圆轨道运动的平方反比关系。手稿中写道："定义1：我把将一个物体拉向一中心的力称作向心力。""问题3：设一物体在椭圆轨道上运动，求指向椭圆的一个焦点的向心力定律。""定理4：设向心力与离中心的距离的平方成反比，则运动周期的平方随横轴的立方而改变。"定理4就是哈雷要求牛顿证明的问题：如果向心力与距离的平方成反比，怎样证明物体运行的轨道是个椭圆。在这份手稿中，牛顿根据开普勒第三定律和向心力定律，运用几何方法和求极限方法完成了证明。

虽然哈雷和胡克都知道引力的平方反比关系，但是只有牛顿能够完成证明。关键是牛顿不仅对于离心力、向心力与引力之间的关系有比别人更为深刻的理解，而且具有卓越的数学才能。

证明了引力与椭圆轨道的关系，并不等于发现了万有引力定律。1684年以后，牛顿对引力的证明方法进行了系统的分析，总结出了三个著名的运动定律，逐渐形成了理论体系，于1687年出版了《自然哲学的数学原理》（简称《原理》）。在《原理》第一篇命题69中提出了引力定律，并在该命题的三个推论中根据牛顿第二、第三运动定律和开普勒第三定律对引力定律作了简单分析和论证。在《原理》第三篇中，牛顿将引力定律推广到所有的天体，指出"我们必须赋予一切物体以普遍相互吸引的原理"，在定理7中给出了万有引力定律的明确表述，这标志着万有引力定律的最终建立。

第三节　牛顿的力学研究和综合

牛顿一生撰写了12部著作，其中有6部科学专著：《自然哲学的数学原理》、《光学》、《光学讲义》、《化学》、《宇宙系统》、《月球理论》。在《自然哲学的数学原理》

中，牛顿给出了一些力学基本概念的明确定义，提出了三大运动定律，证明了万有引力定律和其他一系列重要命题，从而建立了经典力学体系。

一、笛卡儿和惠更斯的力学研究

在牛顿之前，近代除了伽利略对运动学的研究和开普勒对天体运动的研究之外，还有斯蒂文、笛卡儿、惠更斯等在力学方面也做了一些研究工作。

1586年，荷兰学者斯蒂文（Simon Stevin，1548—1620）出版了《静力学原理》一书，书中对阿基米德的杠杆原理做了简化的数学证明，研究了滑轮组的平衡问题，提出了液体对底部的压力只取决于受力面积和液体的深度等流体力学定律，分析了物体在斜面上的受力情况和平衡条件，并给出了著名的"得于力者失于速"的机械效率论断。斯蒂文还做过大小铅球自由下落的实验，证明两球同时着地。

1644年，笛卡儿（René Descartes，1596—1650）出版了《哲学原理》，书中从自然哲学宇宙观出发论证了运动量守恒思想。书中写道："上帝是运动的终极原因，他凭借其全智全能创造了物质，并一开始就赋予了物质的各个部分以运动和静止；此后就按照他的常例，在物质世界中保持着他最初所创造的那么多运动和静止。……因此，整个宇宙间运动的量是恒定不变的，虽然在任何给定的部分中它可以时有增减；""因此，当一部分物质以二倍于另一部分物质的速度运动，而另一部分物质却大于这一部分物质二倍时，这两部分物质则具有相等的运动量；并且当一个部分的运动减少时，另一部分就增加相应的运动。"显然，笛卡儿的论证并不严格。在此基础上，经过惠更斯和牛顿的进一步工作，最终确立了近代力学的动量守恒原理。作为一般法则，笛卡儿在《哲学原理》中还提出了三条自然定律："自然的第一定律：无论任何事物，只要它是单一的，不可分的，其本身总是停留在相同的状态，如果没有外部原因，它就决不变化。自然的第二定律：如果仅就一切物质部分来考虑，那么它决不具有作曲线运动的倾向，而只具有继续作直线运动的倾向。自然的第三定律：当运动着的物体与另一个物体相碰撞时，如果前者直线前进的力小于后者对它的阻力，前者就拐到另外的方向，继续保持自己的运动，只是改变了运动的方向。反之，当前者具有较大的力时，它就和另一个物体一起运动，只是失去了自己传给另一个物体的运动量。"[①]这三条定律中，前两条是惯性定律，第三条是关于碰撞运动的定律。1664年，笛卡儿出版了《论宇宙》，提出了解释宇宙构成和天体运动的以太漩涡理论。此外，1637年，笛卡儿还出版了《几何学》一书，创立了解析几何，为力学研究提供了重要的数学工具。

---

① 广重彻.物理学史.李醒民，译.求实出版社，1988：70.

惠更斯在力学和光学方面均有重要贡献。他在1673年出版了《摆钟论》，1689年出版了《光论》，1703年出版了《论物体运动的碰撞》。在《摆钟论》中，惠更斯给出了著名的单摆周期公式，提出了确定复摆中心的方法。他以伽利略对物体下落运动的研究为基础，分析了复摆运动现象，得出一条重要原理："如果一些质点在它们自身重力的作用下开始运动，则它们的公共中心不可能上升到高于运动开始时该公共中心的位置。"根据这一原理和自由落体定律，他得出了确定复摆中心的方法："给定一个由任意数目的质点构成的复摆，以每一质点的重量乘以它到摆动轴线的距离的平方，如果这些乘积之和除以各质点的重量与其共同重心到同一摆动轴线的距离的乘积，就得到与给定复摆同周期的摆长，或者说摆动轴与复摆的摆动中心间的距离。"用公式表示即为 $l=\sum m_i r_i^2/\sum m_i r_i$。后来，欧拉（Leonhard Euler，1707—1783）称 $\sum m_i r_i^2$ 为转动惯量。在这本书的最后，惠更斯在伽利略和笛卡儿研究的基础上，提出了离心力定律。他在书中指出，一个做匀速直线运动的物体如果改作匀速圆周运动，外界必须对这个物体施加一个沿着半径指向圆心的力。他证明，这个力的大小与物体的速度平方成正比，与圆的半径成反比。他写道："设两个等重的运动物体在大小不同的圆周上作等速运动，则该二物体的离心力之比等于圆周直径的反比；""设两个等重的运动物体在大小相同的圆周上以不同速度做匀速运动……则运动较快的物体的离心力与运动较慢的物体的离心力之比等于其速度的平方比。"

鉴于碰撞运动的重要性及其研究的不足，1668年英国皇家学会鼓励人们研究这类问题。1669年1月，惠更斯向英国皇家学会提交了自己的研究论文，此即1703年出版的《论物体运动的碰撞》。在论文中，他提出了5个公理，其中第三公理说："两个相同的物体，如果以大小相等、方向相反的速度发生碰撞，那么将以相同的速度弹回。"根据这些公理，惠更斯研究了弹性碰撞问题，推导出13个定理。其中定理二指出："如果两个相同的物体以不等的速度碰撞，那么它们碰撞后将以互换的速度运动；"定理十一指出："在两个物体碰撞时，它们的质量和各自速度平方的乘积之和在碰撞前后保持相同。"后来德国科学家莱布尼兹（G. W. Leibniz，1646—1716）称物体的质量与速度平方的乘积为"活力"。这是活力守恒原理，也是弹性碰撞的动能守恒原理的第一次表述。惠更斯还强调了动量的方向性。他指出："两个物体所具有的运动量在碰撞中可以增多或减少，但是它的量值在同一方向上保持不变，如果我们减去反方向的运动量"；"两个、三个或任意多个物体的共同重心，在碰撞前后总是朝着同一方向做匀速直线运动。”[①]这是对动量守恒原理的重要发展。

二、牛顿《原理》的公理化力学体系

1687 年，《自然哲学的数学原理》的出版，标志着牛顿力学体系的建立。

在《原理》第一版序言中，牛顿说明了自己的研究方法和该书的体系结构。他写道："我将在本书中致力于发展与哲学相关的数学。古代人从两方面考察力学，其一是理性的，讲究精确地演算，再就是实用的。"牛顿在自己著作中所说的"哲学"一般都是指自然科学。力学有理论研究和实用研究两种传统，牛顿强调理论研究传统。理论研究需要运用几何学的逻辑证明方法。牛顿已经认识到这种方法的重要性，他指出，"几何学的荣耀在于，它从别处借用少的原理，就能产生如此众多的成就。"牛顿接着写道："理性的力学是一门精确地提出问题并加以演示的科学，旨在研究某种力所产生的运动，以及某种运动所需要的力。""我的这部著作论述哲学的数学原理，因为哲学的全部困难在于：由运动现象去研究自然力，再由这些力去推演其他现象；为此，我在本书第一和第二篇中推导出若干普适命题；在第三篇中，我示范了把它们应用于宇宙体系，用前两篇中数学证明的命题由天文现象推演出使物体倾向于太阳和行星的重力。再用其他数学命题由这些力推算出行星、彗星、月球和海洋的运动。我希望其他的自然现象也同样能由力学原理推导出来……"[②]

《原理》由逻辑公理部分和第一、第二、第三篇四个部分组成。逻辑公理部分包括"定义"和"运动的公理和定律"两节内容，前者给出了质量、动量、惯性、力、向心力、加速度等 8 个定义以及关于时间、空间和运动的 4 个附注；后者给出了 3 个运动基本定律和 5 个关于力的合成与分解、运动叠加原理、物体系统重心的惯性运动等内容的推论。3 个运动定律是："定律 1：每个物体都保持其静止或匀速直线运动的状态，除非有外力作用迫使它改变那个状态；定律 2：运动的变化正比于外力，变化的方向沿外力作用的直线方向；定律 3：每一种作用都有一个相等的反作用，或者，两个物体间的相互作用总是相等的，而且指向相反。"关于第一定律，在牛顿之前已有不少人有所认识，而第二和第三定律则都是牛顿独立发现的。第二定律包含两层意思，一是物体惯性运动状态的变化与作用力的关系，二是作用力与惯性质量和加速度的定量关系。这个定律是牛顿在推导引力定律过程中发现的[③]。在笛

---

① 潘永祥，王锦光. 物理学简史. 长沙：湖北教育出版社，1990：229-231.

② 牛顿. 自然哲学的数学原理. 王克迪，译. 武汉：武汉出版社，1992.

③ 阎康年. 牛顿的科学发现与科学思想. 长沙：湖南教育出版社，1989.

卡儿和惠更斯等研究工作的基础上，牛顿进一步研究了碰撞运动，从而发现了第三定律。

第一篇“物体的运动”包括14章，证明了29个引理和98个命题(其中包括50个定理和48个问题)，内容包括向心力的确定、物体的圆锥曲线运动、物体的直线上升或下降运动、物体在向心力作用下的运动、物体的摆动、物体在引力作用下的运动、球形物体和非球形物体的引力计算等。命题69(定理29)的内容是引力定律：“在若干物体 A，B，C，D 等组成的系统中，如果某一个，如 A，吸引所有其他物体 B，C，D 等，加速力反比于到吸引物体距离的平方；而另一个物体，如 B，也吸引所有其他物体 A，C，D 等，加速力也反比于到吸引物体距离的平方；则吸引物体 A 和 B 的绝对力相互间的比就等于这些力所属的物体 A 和 B 的比。”

第二篇“物体在阻滞介质中的运动”包括9章，证明了7个引理和53个命题(其中包括41个定理和12个问题)，内容包括物体在介质阻力与物体运动速度成正比和与运动速度平方成正比两种情况下的运动、物体在阻滞介质中的圆周运动、流体的密度和压力、流体静力学、物体在阻滞介质中的摆动、流体的运动、运动在流体中传播、流体的圆运动等。

第三篇“宇宙体系”将前面讨论过的定理应用于天体力学现象，提出了4条“哲学推理规则”，证明了11个引理和43个命题(其中包括22个定理和21个问题)，其中定理7的内容是：“对于一切物体存在着一种引力，它正比于各物体所包含的物质的量；”附在这个定理后的推论2指出：“指向任意物体的各个相同粒子的引力，反比于到这些粒子距离的平方。”将这个定理与推论结合起来，就给出了万有引力定律的完整表述。第三篇还讨论了行星、卫星和彗星的运动，分析了落体运动、抛体运动、岁差和潮汐现象等。

除了第一部分的定义和公理之外，《原理》还提出了3条假设，即“关于流体内部产生阻力的假设”、“关于宇宙体系的中心是不动的假设”和“关于地球绕着太阳运动的假设”。牛顿解释说：“所有的人都承认宇宙体系的中心是不动的。只不过有些人认为是地球，而另一些人认为是太阳处于这个中心。”根据这个假设，牛顿证明：“地球、太阳以及所有行星的公共重心是不动的。”在《原理》的理论体系中，这三个假设也具有逻辑前提的公理性质。牛顿认为无法严格证明它们，所以称之为假设。

以《原理》为标志，牛顿建立了科学史上第一个公理化的力学理论体系。它既吸收了前人的研究成果，也包含了牛顿自己的天才发现和创造，实现了物理学发展史上第一次大综合。

三、牛顿的时间和空间理论

在《原理》第一部分“定义”后面的 4 个附注中，牛顿提出了绝对时间和绝对空间理论。

《原理》中关于绝对时间和绝对空间定义道：“绝对的、真正的和数学的时间自身在流逝着，而且由于其本性而在均匀地，与任何其他外界事物无关地流逝着，它又可以名之为‘延续性’；”“绝对的空间，就其本性而言，与外界任何事物无关而永远是相同的和不动的。”牛顿同时也提出了相对时间和相对空间概念：“相对的、表观的和通常的时间是延续性的一种可感觉的、外部的（无论是精确的或是不均匀的）通过运动来进行的量度，我们通常就用小时、日、月、年等这种量度以代替真正的时间；”“相对空间是绝对空间的可动部分或者量度。我们的感官通过绝对空间对其他物体的位置而确定了它，并且通常把它当作不动的空间看待。”

在科学史上，亚里士多德第一个对时间和空间的性质作了较为全面的论述。牛顿对时间和空间的认识，在不少方面基本上与亚里士多德是一致的。

牛顿认为，绝对时空是真正的、科学意义上的时空，反映时空的属性和本质；相对时空是表观的、通常意义上的时空，是绝对时空的具体量度。牛顿在论证绝对时空概念的合理性时指出，人们通常的时间和空间观念是从可感知的经验事实中产生的，因而习惯于通过时空与事物的联系来认识其性质，如此形成的时空观念并未真正反映时间和空间的本质；这种时空观念可以应用于日常生活中，但不适用于科学研究，因而必须从这种经验性的时空观念中抽象出绝对的时空观念。他指出：“我们用相对的处所和运动代替绝对的处所和运动，这在日常事物中并没有什么不方便之处，但是在哲学探讨中，我们应该把它们从我们的感觉中抽出来，考虑事物本身，并把它们同只是对它们进行的可感知的量度区分开来。”牛顿说的“哲学探讨”是指科学研究。他认为，相对时空是人们在日常经验中形成的，是对时空的感性认识，并未反映时空的真实本质；只有在此基础上抽象出的绝对时空才反映了时空的真实属性和本质。

学术界经常批评牛顿的绝对时空观，因为它割裂了时空对物质的依赖关系。由前面第 11 章的内容可知，亚里士多德把空间分为共有空间和特有空间，这类似于牛顿的绝对空间和相对空间；他虽然否认虚空，认为空间充满了物质，但他认为空间象容器一样可以离开物体而独立存在，因而这种空间也具有绝对性；他认为时间同等地出现于一切地方，均匀地流逝着，这显然属于绝对时间观念；这些都表明，亚里士多德的时空观念具有明显的绝对性成分。另外，他认为时间离不开物质的运动和变化，时间本身就是物质运动过程的体现，这又表明其时间观念具有相对性;他的“特有空间”概念也具有空间的相对性思想。牛顿的绝对时空观念不仅在亚里士多德的时空理论中可以找到充分的认识基础,而且在其同时代也不乏知音。牛顿的老师巴罗(I. Barrow)就具有明显的绝对时空观念,他说:“正像世界创造以前已经有空间,甚至现在在这个世界之外也有无限的空间(上帝与之共存)一样……在这世界之前以及和这个世界一起(也许在这个世界之外),也是过去和现在都有时间……就时间的绝对的和固有的本质而言,它根本不蕴涵运动……尽管我们分辨时间的数量,并必定借助运动作为我们据以判断时间数量和把它们相互比较的一种量度。”①他并且认为:“不论事物运动还是静止,不论我们睡去还是醒来,时间总是一成不变地走着自己的路。”②巴罗的这种思想对牛顿时空观的形成有重要的影响。

关于时间和空间的基本性质,一直是科学和哲学探讨的重要问题之一。随着文明的进步和科学的发展,人类在这方面的认识在不断深化。从古希腊的亚里士多德到近代的牛顿,再到现代的爱因斯坦,人类对时空的认识,经历了由“朴素时空观”到“绝对时空观”、再到“相对时空观”这样三个历史阶段;它们各自都有其历史的合理性。爱因斯坦以相对论时空观取代了牛顿的绝对时空观,并且明确指出了绝对时空观的错误,但他仍然对牛顿提出绝对时空概念的做法给予了充分的肯定,认为牛顿所发现的认识道路,在当时“是一位具有最高思维能力和创造力的人所能发现的唯一的道路。牛顿所创造的概念,甚至今天仍然指导着我们的物理学思想,虽然我们现在知道,如果要更加深入地理解事物的各种联系,你就必须用另外一些离直接经验领域较远的概念来代替这些概念。”③亚里士多德和牛顿的时空理论都有其历史价值,这些理论不仅是日常生活和经典物理学的时空构架的基础,而且对爱因斯坦建立相对论时空观也有启发和促进作用。

四、牛顿的科学研究方法

牛顿不仅创立了经典力学理论体系,而且提出了一些科学研究的方法和原则。

在《原理》第三篇中,牛顿提出了4条“哲学推理规则”:“(1)寻求自然事物的原因,不得超出真实和足以解释其现象者。(2)对于相同的自然现象,必须尽可能地寻求相同的原因。(3)物体的特性,若其程度既不能增加也不能减少,且在实验所及范围内为所有物体所共有,则应视为一切物体的普遍属性。(4)在实验哲学中,

---

① 阎康年.牛顿的科学发现与科学思想.长沙:湖南教育出版社,1989:347.

② 威特罗.时间的本质.北京:科学出版社,1982:67.

③ 爱因斯坦文集.许良英,范岱年,编译.上海:商务印书馆,1976:15.

我们必须将由现象所归纳出的命题视为完全正确的或基本正确的，而不管想像所可能得到的与之相反的种种假说，直到出现了其他的或可排除这些命题、或可使之变得更加精确的现象之时。”牛顿所说的“哲学推理”是指科学推理，所说的“实验哲学”即指实验科学。牛顿提倡对经验事实的归纳，反对没有事实根据的假设。

在《光学》疑问31中，牛顿论述了分析和综合方法的运用：“在自然哲学中，像在数学中一样，用分析方法研究困难的事物，应当在综合方法之前。这种方法由做实验、观察和用归纳法从其中得出普遍的规律所组成，并且不得与这个结论相违背。但是，这是来自实验或其他某些真理，因为在实验哲学上，是不看重假设的。虽然从实验哲学上用归纳法进行论证，不是普遍结论的证明，可是它是用归纳法具有多少普遍性来论证事物性质所允许的最好方法，并且可以看作是很有力的。如果没有现象上的例外情况发生，就可以一般地肯定这个结论。但是，如果后来任何时候在实验上发生了某种例外，那么就可以开始肯定这种例外情况发生。由这种分析方法，我们可以从化合物到成分，从运动到产生运动的力，总之从效果到其原因和从特殊原因到更普遍的原因，进行分析，直至论证以最普遍的形式结束。这就是分析方法；而综合方法则假定原因已经找到，并且已确立为原理，再用这些原理去解释由它们发生的现象，并证明这些解释的正确性。”①

在《光学讲义》中，牛顿强调了数学的重要性：“的确，既然精确的物理学似乎是哲学所需要的一个最困难的学科，那么我希望指出(像应有的那样有例子予以说明)数学在自然哲学中是多么重要，因此献身于自然科学的人就要首先学习数学……依靠哲学方面的几何学家们和几何方面的哲学家们的帮助，真正地取代了到处宣扬的猜测性和可能性，我们就将最终地建立由最主要的证据所支持的自然科学。”②

牛顿一再说他不作假设。他在《原理》后面的“总释”中强调：“迄今为止，我尚不能够从现象上发现这些重力性质的原因，并且我不编造假设。因为凡是从现象推导不出来的东西都称为假设。并且，不论是形而上学的还是物理的、神秘的质，还是力学的质，在实验哲学上都没有地位。”凡不是从直接的事实、公理、定理和定律出发进行推导和论证的前提，都称为假设。在“总释”手稿中，牛顿也说：“因为我避免假设，不论是力学的还是神秘的质，它们是有害的，并且不会产生科学。”在《光学》疑问28中，牛顿写道：“哲学的主要任务不是去编造假说，而是从现象去讨论问题，并从结果导出其原因，直到我们找到最初始的原因为止。”牛顿反对编造没有根

---

① 牛顿. 光学. 周岳明，等译，北京：北京大学出版社，2007：258-259.

② Shapire A E. The Optical Papers of Isaac Newton. Cambridge，1984：87.

据的假说，但并不反对合理的假说。1672年，他在给奥尔登堡的信中说："进行哲学研究的最好和最可靠的方法，看来第一是勤恳地去探索事物的属性，并用实验来证明这些属性，进而建立一些假说，用以解释这些事物本身。因为，假说只应该用于解释事物的一些属性，而不能用以决定它们，除非它能为之提供一些实验。"①

牛顿的《原理》和《光学》都是用公理化方法组织材料写成的。他既运用了分析方法，也运用了综合方法；既运用演绎方法证明定理，也运用实验方法验证结论。他的力学研究，既继承了亚里士多德探讨物体运动原因的动力学传统，也继承了伽利略描述物体运动形式的运动学传统。

牛顿在临近生命的终点时对自己的工作做过这样的评价："我不知道这世界将怎样看待我，但是对于我自己来说，我只不过像是一个在大海边玩耍的小男孩，偶尔捡拾到一块比普通的更光滑一些的卵石或者更漂亮一些的贝壳而已，而对于真理的汪洋大海，我还一无所知。"②

---

① 塞耶.牛顿自然哲学著作选.上海:上海人民出版社,1974:6.

② 斯蒂芬·霍金.站在巨人的肩上.下卷.张卜天,等译.沈阳:辽宁教育出版社,2004:806.

第十四章　热力学的建立

热力学是热学的重要组成部分。热学研究物质处于热状态下的有关性质和规律,包括热力学和统计物理学两个部分。热力学是一种关于物质热运动的宏观唯象理论。从17世纪开始,欧洲人进行了关于热的本质的长期争论,形成了热质说和热动说。18世纪末和19世纪上半叶,随着蒸汽机的运用和对各种物质运动现象相互联系的逐步认识,人们发现了能量转化与守恒原理,建立了热力学第一定律。19世纪中期,在对热机效率研究的基础上建立了热力学第二定律。20世纪初,随着对物态变化与温度关系认识的深入建立了热力学第三定律。热力学从宏观上描述了物质热运动的规律性。

第一节　对于热现象的认识

热现象的本质是什么？这是人类长期探索的问题。从17世纪至19世纪中期,欧洲人用热动说和热质说解释各种热现象,前者认为热是由物质微粒的运动产生的,后者认为热是一种特殊的物质。这两种理论都能解释一些热运动现象,但也都存在一些问题。直到19世纪中期能量守恒定律被发现和分子运动理论建立后,人们才真正认识了热的本质。

一、近代初期的热动说

在18世纪以前,不少人认为热是物质微粒的激烈运动。

英国学者弗朗西斯·培根(F·Bacon)经过对大量热现象的归纳得出结论:"热的本质与要素就是运动,而别非他物";"热是一种扩张的、受到抑制的、在其斗争中作用于物体的较小分子的运动。”①

英国化学家罗伯特·波义耳(Robert Boyle,1627—1691)也认为热是由运动产生的。他举例论证说:“当一个铁匠快速地锤击一枚钉子或者类似的铁块时,被锤击的金属变得滚烫;然而,并没有看到什么东西使它变得这样,只有锤子的剧烈运动使铁的各个微小部分发生强烈的、各种强度的骚动;……在这个例子中不应当忽视,无论所用的锤子还是一块冷铁放在上面锻打的那个铁砧,都不会在锻打好以后仍旧是冷的;这表明,铁块被锻打时所获得的热并不是锤子和铁砧传给它的,而是由运动在它里面产生的,这热足以使铁块那样的小物体的各个部分发生强烈骚动。”②

罗伯特·胡克用显微镜观察了火花现象,把热同火焰区别开来。他认为火焰是空气作用于加热物体而产生的效应。胡克反对把热看作一种特殊的“火原子”,认为热是“物体的一种性质,起因于它各部分的运动或骚动”;热“是一个物体的各部分的非常活跃和极其猛烈的骚动。”③

牛顿在《光学》中讨论光的性质时问道:“物体和光是否彼此相互作用……光作用于物体使其发热,并使其各个部分处于一种热所致的振动之中?”“所有的物体是否当加热到一定程度时就会发光?这种发光是否由于物体各个部分的振动所致?”这些提问隐含着热是物体振动的表现的思想。④

俄国学者罗蒙诺索夫(M. B. Ломоносов,1711—1765)于18世纪40年发表了论文《关于热和冷的原因》,文中提出了如下的见解:热是物体内部微粒的“旋转”运动,物质微粒运动得越激烈,物体的温度越高;由于运动速度没有上限,因而温度也没有上限;但是,温度会有下限,因为在极低的温度下物质微粒处于静止状态。

以上这些学者的认识虽然包含一些正确的思想,但大多是基于一些经验事实的定性猜想,还算不上系统的科学理论。

二、18世纪兴盛的热质说

近代随着古希腊原子论的复兴,学者们习惯于用粒子图像解释各种物质现象。在这种认识背景下,一些人把热看作某种特殊的物质微粒,提出了“火原子”、“热粒子”、“燃素”等概念,并在此基础上建立了一些解释热现象的定量理论。

---

① 培根 F. 新工具. 许宝騤,译. 上海:商务印书馆,1986:151,157.

② 亚·沃尔夫. 16、17世纪科学、技术和哲学史. 周昌忠,等译. 上海:商务印书馆,1991:317.

③ 亚·沃尔夫. 16、17世纪科学、技术和哲学史. 周昌忠,等译. 上海:商务印书馆,1991:319.

④ 牛顿. 光学. 周岳明,等译. 北京:北京大学出版社,2007:221.

17世纪,法国学者伽桑狄(Pierre Gassendi,1592—1655)从原子论出发,认为热和冷都是由物体内的“热原子”和“冷原子”引起的;它们非常细微,呈球形状,非常活泼;物体燃烧时,热原子就以火焰的形式表现出来。英国科学家波义耳尽管认为热是由运动产生的,但也常常谈到“火原子”。当他发现放置于容器中的灼热铁块使器壁受热时,认为这是“热”传播的结果。当他发现焙烧后的金属重量会有所增加时,将增加的重量归因于金属加热时吸收了“火原子”。

1669年,贝歇尔(J.J.Becher,1635—1682)提出各种化合物都是由空气、水和三种“土”组成的学说。三种“土”是指“玻璃状土”、“流质土”和“油状土”,它们分别决定化合物的可溶性、挥发性和可燃性。贝歇尔的学生斯塔尔(G.E.Stahl,1660—1734)接受了这种学说。他承认原子的存在,认为原子微粒在引力作用下相互吸引而结合成各种化合物。斯塔尔把“油状土”称为“燃素”,创立了“燃素说”。他认为,燃素是一种物质,它包含在所有可燃物体内,也包含在可以烧成渣滓的金属里面;燃素从物体中快速转动而逸出就是燃烧。燃素可从一种物体转移到另一种物体,燃烧过的产物只要从其他含燃素的物质(如油、蜡、木炭等)中获得燃素,就可复原为原先的物质。[①]

1732年,荷兰化学家波尔哈夫(Hermann Boerhaave,1668—1738)出版了《化学初步》一书,其中提出了与燃素说类似的思想。他认为,火是由细小的微粒构成的物质,具有高度的可塑性和贯穿性,能钻进物体的细孔里,同时又弥漫于全部宇宙之中;这种粒子彼此之间具有排斥性,所以可以改变物质内部的结合力。波尔哈夫还把火区分为发热的火和燃烧的火。实际上,这已经把火和热作了某种区分。

1760年前后,英国化学家布莱克(J.Black,1728—1799)重复了波尔哈夫曾经做过的实验,即把等量的水银和水混合,结果发现平衡温度的数值不等于二者初始温度的平均值。布莱克在《化学原理讲义》中描述了实验过程,取等量的水银和水,前者的温度为150度,后者的温度是100度,将二者混合后的平衡温度是120度。他在书中分析道:“这就表明,同量的热物质,使水银加热的效果,比使同量水加热的效果为大。所以,如果要使水银与水的热增加到相同温度,水银所需的热量较小;”“所以,就热物质来说,水银的容量(如果我们可以用这名词的话)比水的容量小,它只需要较小的热量就可以将温度提高到同样的度数。”由此布莱克提出了“热容量”概念。他在书中写道:“某些物体所吸收的或保持的热量或热物质,将比其他物体多很多。……任何两个物体所吸收的热量或许不同,但每一物体都是按照其特定热容量或关于这方面的特殊吸引力,从而吸收和要求它自己的足以使其温度

① 杨仲耆,申先甲.物理学思想史.长沙:湖南教育出版社,1993:329.

提高20度的特定热量。或削减它自己的与邻近物体保持热平衡或同等热饱和点的特定热量。所以我们必须总结说，不同物体，虽其大小相同，重量相同，但在调整到相同温度时，其所容纳的热量可能不同”。后来布莱克发现，物质从固体变成液体和从液体变成固体时会吸收和释放一些无法用温度计测量到的热，这种现象表明“在液体的组成部分中吸收或潜伏着大量的热，它是液体流动性最必需的和最直接的原因”。他还发现，物质在汽化和凝结时也有这种现象，“热在水沸时被水吸收并在化汽时进入水汽而成为它的组成部分，如同热在冰溶化时被冰吸收并在化水时成为水的组成部分一样。”从这些物态变化过程，布莱克发现其中有“隐蔽的，或潜伏的”热量存在。他称之为“潜热”。① 显然，布莱克的热容量和潜热概念都是基于把热看作一种特殊的物质的认识而提出的。在当时，如果不把热看作是一种可流动的特殊物质，不以这种特殊的热物质守恒为前提，是不可能提出热容和潜热概念的。

18世纪80年代，法国化学家拉瓦锡（A. L. Lavoisier，1743—1794）发现了氧，并在此基础上指出燃烧是一种剧烈的氧化过程，从而否定了素燃说。尽管否定了燃素说，但他仍然认为热质说是正确的。在1789年出版的《化学纲要》一书中，拉瓦锡讨论了“热质”的性质。他认为，所有的物体都是由相互吸引的分子组成，热质是一种极易流动的物质实体，具有填充分子间的细孔、扩大分子间的距离的作用。他还认为有“自由”的热质和“束缚”的热质，前者可以在物体之间流动，后者则被束缚于物质分子上。

由于布莱克和拉瓦锡等的上述工作，使得热质说成为一种比较具有说服力的学说。

三、热质说受到挑战

18世纪末，由于伦福德和戴维等的实验研究，使得热质说受到挑战。

如果热是某种物质，那么它应该具有重量。18世纪人们做了种种努力，试图测量物体的重量随温度变化的情况，结果得出了一系列相互矛盾的结果。有些实验者发现物体受热后重量有少许增加，有些人则发现物体受热后重量有所减少，还有人测量不到温度变化对于物体重量的影响。18世纪末，伦福德伯爵（Count Rumford，原名 Benjamin Thompson，1753—1814）也试图通过实验来确定热质的重量。他经过一系列实验失败之后得出结论：“任何试图发现物体视重量会受热影响的努力都将是徒劳的。”由此使他对热质说产生了怀疑。1798年，他在慕尼黑利

① 威·弗·马吉. 物理学原著选读. 蔡宾牟，译. 上海：商务印书馆，1986：151-160.

用钻削炮膛的机械装置进行了著名的摩擦生热实验，结果证明了热的运动说。开始时他用马力驱动一架金属钻摩机械，不停地磨削一个金属圆筒的腔壁，经过很短的时间圆筒就变得非常热，而磨下的金属屑只及圆筒的1/948。他据此断言："这些实验所产生的热，或者宁可说所激发的热，不是来自金属的潜热或综合热质。"后来他把金属圆筒和钻削机械放置于装满水的封闭木箱中，用一匹马的力驱动机械进行摩削，经过2小时30分钟后，使18.77磅的冷水从60°F 升温到212°F而沸腾起来。1798年，他向皇家学会报告了自己的这一实验结果。伦福德在报告中写道："在推敲这个问题时，我们切不要忘记考虑那个最显著的事实，那就是，在这些实验中，摩擦所生的热显然是无穷无尽的。毋须补充，任何绝热物体或物体系统所能无限提供的东西，不可能是一种物质。据我看来，要想对这些实验中的既能激发又能传播热的东西形成明确的概念，即使不是绝不可能，也是极其困难的事情，除非那东西就是运动。"①

伦福德的报告，得到英国化学家汉弗莱·戴维(Sir H. Davy，1778—1829)和物理学家托马斯·杨的支持。1799年，戴维做了冰的摩擦实验。将两个温度为29°F的平行六面体冰块，用金属丝悬挂起来进行相互摩擦，几分钟后冰融化成水并升温到35°F。热质说假定，物质受到摩擦后会由于热容减小而使热质溢出，使物体的温度上升。戴维根据他的实验写道："根据上述假设，冰的热容量一定要减少。可是明显的事实是，水的热容量比冰的热容量大得多，而冰一定要加上一个绝对量的热才能变成水。所以摩擦并没有减少物体的热容量。"这种实验是无法用热质说解释的。后来戴维又将一块金属薄片与一个排气装置的外轮在真空中摩擦，产生的热很快使蜡熔化了。从这个实验中他得出了"热质或热的物质是不存在的"结论。通过各种实验，戴维认识到："物体既因摩擦而膨胀，则很明显，它们的微粒一定会运动或相互分离。既然物体微粒的运动或振动是摩擦和撞击必然产生的结果，那么，我们可以得出合理的结论说，该运动或振动就是热，或斥力。"因此他主张将热定义为"一种帮助物体微粒分离的特殊运动，或许振动。说得恰当一点，可以称它为推斥运动"。②

尽管伦福德和戴维的工作有力地证明了热是物质微粒的运动，而不是一种特殊的物质。但是，直到19世纪20年代，一些学者仍然没有放弃热质说，并且运用热质说取得了一些重要成果。1822年，法国物理学家傅立叶(J. Fourier. 1768—1830)在热质守恒思想的指导下建立了著名的热传导理论；1823年，法国物理学家

---

① 威·弗·马吉. 物理学原著选读. 蔡宾牟，译. 上海：商务印书馆，1986：175.

② 威·弗·马吉. 物理学原著选读. 蔡宾牟，译. 上海：商务印书馆，1986：179.

泊松(S. D. Poisson,1781—1840)从热质说概念出发得出了著名的气体绝热方程(pv^r = 常数);1824年,法国工程师卡诺(S. Carnot,1796—1832)基于热质守恒思想建立了卡诺定理。可以说,直到19世纪40年代末英国的焦耳精确测定热功当量之前,热质说一直在热学研究中居于重要地位。

第二节 能量转化与守恒定律的建立

能量转化和守恒定律是自然界的普遍原理。这一原理在热学中的体现就是热力学第一定律。古希腊哲学家巴门尼德说,存在就是存在,不能成为非存在。存在不能成为非存在,这种朴素的自然哲学理念在西方文化中影响深远。近代科学兴起以后,一系列守恒定律的发现都可以看作"存在不能成为非存在"的具体表现。1644年,笛卡儿在《哲学原理》中提出了动量守恒思想。1789年,拉瓦锡在《化学概要》中给出了物质守恒定律的严格表述。如前所述的热质说也认为热物质在量上是守恒的。这些守恒观念为能量守恒定律的建立提供了一个有利的思想背景。能量转化与守恒定律的发现,是一批科学家和工程师经过大约半个世纪不断努力探索的结果。

一、各种现象相互联系的发现

"耗散结构"理论的创立者、比利时著名物理学家伊里亚·普里高津在概括能量守恒定律发现之前的科学研究状况时说:"19世纪初是以前所未有的实验活动为特征的。物理学家认识到,运动不仅是引起空间中物体相对位置的变化而已。在实验中识别出来的许多新过程渐渐组成了一个网络,最终把所有这些物理学新领域与另一些更加传统的分支比如力学联系起来。……新效应的一个完整网络渐渐被揭露出来。科学的视野以一种前所未有的速度在扩展。"①从18世纪末到19世纪前半叶,人们在实践活动中发现了各种自然现象之间的相互联系和转化,由此扩大了科学家的研究视野和探索范围。②

通过摩擦取火现象,人们很早就发现机械运动可以转化成热。近代蒸汽机的

① 伊·普利高津,伊·斯唐热. 从混沌到有序. 上海:上海译文出版社,1987:147-148.

② 杨仲耆,申先甲. 物理学思想史. 长沙:湖南教育出版社,1993:385-396.

发明与使用,实现了热向机械运动的转化。但是,由于受热质说的影响,在19世纪之前人们并没有认识到机械运动与热之间的相互转化。

1800年伏打电堆的发明,为人们认识化学运动与电运动的联系提供了条件。尽管伏打(A. Volta,1745—1827)本人以不同金属的"接触"说明电运动的来源,但有不少科学家认识到了伏打电与电池内部化学反应的联系。在伏打电堆发明的当年,英国尼科尔森(W. Nicholson,1753—1815)和卡里斯尔(A. Carlisie,1768—1840)将连接电极的导线浸入水中,在二极上分别析出了氢和氧;戴维也从同一年开始了关于电解的定量研究,并由此认识到电流会消除化学亲和力,使复杂的化合物解离成简单的成分。

1820年,丹麦物理学家奥斯特(H. C. Oersted,1777—1851)发现了电流的磁效应,揭示了电可以转化成磁效应。受此启发,1831年,法拉第实现了由磁向电的转换。1820年奥斯特的发现表明,电流可以使磁针发生转动。1821年法拉第发现通电导线可以绕着磁极旋转。19世纪初,人们发现了金属的温差电效应,并由此实现了电与热之间的转化。1840年和1842年,焦耳和楞次定量地研究了电流的热效应,得到了焦耳—楞次定律。

1800年,天文学家赫歇尔(F. W. Herschel,1738—1822)发现了红外光,认识到太阳的热是由服从反射定律和折射定律的"射线"引起的,由此揭示了光与热的联系。

18世纪末,拉瓦锡发现化学反应过程中所放出的热量等于它的逆效应中所吸收的热量。拉瓦锡还证明,动物发出的热量和动物呼出的二氧化碳量之比,大致等于蜡烛火焰产生的热和二氧化碳量之比。德国化学家李比希(Justus Liebig,1803—1873)则由此认识到,动物的体热和动物进行活动的能量,可能都来自食物的化学能。1840年,俄国科学家亥斯(G. H. Hess,1802—1850)提出化学反应释放热量定律:在一组物质转变为另一组物质的化学反应中,不管反应过程是分几步完成的,释放的总热量是恒定的。

上述内容所表现的机械运动和热运动的联系与转化、化学运动与电运动的相互转化、电与热的联系和转化、电与磁之间的相互联系和转化、机械运动和电磁运动的相互转化、热和光的联系、化学作用与热的联系、光与化学作用的联系等,揭示了自然现象之间的广泛联系和转化,促使一些科学家以联系的观点去观察各种自然现象。科学家们逐渐意识到,有一种自然力把各种不同的自然现象相互联系起来。1837年,化学家摩尔(C. F. Mohr,1806—1879)在《论热的本质》中指出:"除了已知的54个化学元素外,在事物的本性中还有一个因素,那就是力。它在不同的环境中可以表现为运动、化学亲和力、内聚力、电、光、热和磁,而且从这些形式的任何一种，都可以引发出所有其他的形式。”[①]1843 年，英国物理学家格罗夫（W. R. Grove，1811—1896）在《论各种物理力的联系》一文中也指出：“我在本文力图确立的论点就是，各种不同的、不能称量的因素……即热、光、电、磁、化学亲和力和运动……其中[任何一种]作为一种力，都能产生或转化为其他那些因素；因此，热可以通过介质或不通过介质而生电，电可以生热；其他亦然。”[②]年轻的德国哲学家弗里德里希·谢林（F. W. J. Schelling，1775—1854）在 1799 年出版的《自然哲学体系初步纲要》的“导言”里也强调指出：“磁的、电的、化学的，最后甚至有机的现象都会编织成一个大综合体……它伸延到整个大自然”。“毫无疑问，只是一种力量以其各种不同的形式，出现在光、电等现象中”。

二、从“活力”到“功”

在能量转化与守恒定律建立之前，物理学家们关于运动的量度和机械能的表示曾经进行过长时间的争论。提出了“活力”和“功”等概念，为能量转化与守恒定律的建立奠定了力学基础。

1669 年，惠更斯在研究物体的弹性碰撞时提出了 mv^2 这个量，并发现在完全弹性碰撞中 $\sum m_i v_i^2$ 在碰撞前后保持不变。17 世纪末，德国莱布尼兹在与笛卡儿学派关于运动量度的争论中，称 mv^2 为“活力”，并且认为宇宙中真正守恒的量是“活力”。18 世纪初，瑞士数学家约翰·伯努利（Johann Bernoulli，1667—1748）指出，一种活力消失时必定会转变成另一种形式而存在，例如物体发生非完全弹性碰撞时，一部分活力被保存在塑性变形的体内。18 世纪中叶，数学家欧拉等已经认识到，物体在向心力作用下运动时，其活力仅与距力心的距离有关。

1738 年，丹尼尔·伯努利（Daniel Bernoulli，1700—1782）在说明“伯努利方程”时指出，活力守恒就是“实际的下降等于潜在的上升”。1743 年，法国物理学家达朗贝尔（J. R. d'Alembert，1717—1783）在《动力学论》中指出，一个物体受到力的作用会增加其活力 $\sum m_i v_i^2$ 。1782 年，法国工程师卡诺（Lazare Carnot，1752—1823）在《略论一般机器》中把力乘距离称为“潜活力”、“活性力矩”，并指出“活性力矩”在机器运转理论中起着重要作用。

1820 年代，“功”逐渐成为一个重要概念而被人们接受。法国工程师萨迪·卡诺用物体重量与其升高距离的乘积来评价机器的功效，并称之为“作用矩”。1829 年，法国物理学家科里奥利（G. G. Coriolis，1792—1843）在《对机器效率的计算》一

① 杨仲耆，申先甲．物理学思想史．长沙：湖南教育出版社，1993：389.

② Grove W R. On the Correlation of Physical Forces. London，1846：8.

书中主张把活力表示为$\frac{1}{2}mv^2$,因为这个量等于力所做的功。1829年,法国工程师彭塞利(Jean aVictor Poncelet,1788—1867)在《工程机械学导论》中明确定义了"功"这个概念,定出其单位为kg·m,并明确论述了功能原理:功的代数和二倍等于活力的和,任何时候都不能从无中产生功或活力,或活力也不能转化为无。至此,"功"概念被正式引入物理学。

三、能量转化和守恒定律的发现

能量转化和守恒定律,是在18世纪末到19世纪的前40年间关于自然界各种现象之间联系和转化的普遍发现的基础上被概括和确立起来的,它揭示了力、热、电、磁、光、化学及生命等各种运动形式之间的联系和统一。由于能量形式的多样性,人们对任何一种能量转换过程的探讨,都有可能达到对能量守恒的认识。从19世纪30年代到40年代,欧洲有十几位科学家从不同的途径出发都揭示了能量守恒定律,正说明了这一点。例如卡诺于1830年、摩尔于1837年、赛贯(M. Sequin)于1839年、法拉第于1840年、迈尔于1842年、柯尔定(L. A. Colding)和焦耳于1843年、李比希于1844年、霍尔兹曼(K. Holtzmann)和赫因(G. A. Hirn)于1845年、格罗夫(W. R. Grove)于1846年、亥姆霍兹于1847年,都在不同程度上分别达到了对能量守恒定律的认识。"能量守恒正是科学家们在19世纪前40年在实验室中先后发现的各种能量转化过程的理论概括。每个实验室发现的能量转化过程,在理论上相应于能量的一种转化形式。……总之,正是由于19世纪的一些新发现使得整个科学的那些以前彼此分离的部分结成一个联系网络,因此这些部分既可以被单独掌握,也可以从整体上去掌握,可以采取多样的方式,而仍然导致相同的最后结果。"①

如前面所述,发现各种运动形式相互转化比较容易,但要认识不同运动形式之间的等量关系则是相当困难的。仅仅发现各种能量转化现象,还不能使科学家们达到对能量守恒定律的发现。只有确定了各种自然力之间相互转化的当量关系,并能统一定量地表达这种当量时,能量守恒定律才能被确立起来。在这方面,一些从事蒸汽机研究工作的工程师作出了特殊的贡献。根据美国科学史家托马斯·库恩的统计,在定量研究能量转化方面获得部分或完全成功的九个科学家中,除迈尔和亥姆霍兹之外的其他七人都受过蒸汽机工程师的教育,或当时正在从事蒸汽机的设计工作;在各自独立地计算出热功当量数值的六个科学家中,除迈尔之外其他

---

① 托马斯·库恩.必要的张力.福州:福建人民出版社,1981:76.

五人(卡诺、塞贯、霍尔兹曼、焦耳、赫因)当时都正在从事设计蒸汽机,或者原来受过这种训练。从对热机效率的研究中,工程师们认识到热与机械功之间的当量关系。这说明技术进步对能量守恒定律的发现有重要作用。

库恩经过研究发现,"在柯尔丁、亥姆霍兹、李比希、迈尔、摩尔和塞贯那里,一个关于奠基性的形而上学力不灭的观念,看来先于科学研究而存在,而且与科学研究几乎没有什么直接联系。粗浅地说,这些先驱者仿佛先有了一个能够变成能量守恒的观念,过了一些时候才去为此寻找证据。"库恩指出,一个明显的表现是,这些人在论述能量守恒时,都存在着概念脱节和思想跳跃现象。"像这样一些思想跳跃现象的一再发生,说明能量守恒定律的许多发现者都深受一种预见所影响,即事先就认为有一种不可毁灭的力量深藏在一切自然现象的根底。"①这种现象说明了自然哲学观念对能量守恒定律建立的影响。实际上,在独立地发现能量守恒定律的先驱者中,有五个是受过康德哲学教育的德国人;此外柯尔丁和赫因等人虽然不是德国人,但也在一定程度上受到康德自然哲学思想的影响。

因此可以说,17,18 世纪科学认识领域的扩大,热力机械技术的发展,自然哲学思想的影响,这些都对能量守恒定律的建立产生了积极的影响。

在众多关于能量守恒定律的探索工作中,迈尔、焦耳和亥姆霍兹的工作具有代表性。

1. 迈尔对能量守恒定律的经验概括和哲学论证

1840 年,德国青年医生罗伯特·迈尔(R. Mayer,1814—1878)在一艘从荷兰驶往爪哇的船上做随船医生时发现,从患肺炎的船员静脉血管中抽出的血像动脉血一样鲜红。由此他推测,热带气温比较高,人体只需从食物中吸收较少的热量,因此食物的氧化程度减弱,静脉血中留下了较多的氧,血液的颜色就比在寒冷地区的鲜红。船员们说,暴风雨过后海水的温度会有所升高。据此他推测,雨滴降落时具有的活力会产生热,从而使海水升温。迈尔由这些现象得出了机械能、热和化学能可以相互转化、并且数量不灭的结论。

迈尔所认识的经验事实与其所得出的结论之间存在一个巨大的飞跃。普利高津在解释迈尔和其他几位德国学者的这种思想跳跃时说:"德国哲学传统向他们灌输了一种和实证主义立场完全不同的概念,他们全都毫不犹豫地得出结论:整个自然界,自然界的每一个细部,都服从一个原理——守恒原理。"②

1841 年 6 月,迈尔把一篇《关于力的量和质的测定》论文寄给《物理和化学年

---

① 托马斯·库恩. 必要的张力. 福州:福建人民出版社,1981:93-95.

② 伊·普利高津,伊·斯唐热. 从混沌到有序. 上海:上海译文出版社,1987:152.

鉴》,杂志主编以该文具有思辨性内容和缺少精确的实验根据而拒绝发表。后来迈尔又重新撰写了《论无机界的各种力》,该文被李比希主编的《化学和药学年刊》于1842年5月发表。在这篇论文中,迈尔一开始就提出要回答"力"是什么?如何理解自然界的各种力以及这些力之间存在怎样的相互联系?并试图"把力的概念理解得像物质概念一样确切"。迈尔以"原因等于结果"这种命题为根据,论证各种力的相互转化和守恒性。他写道:"力是原因,因此可以对它充分运用原因等于结果的基本定理。如果原因 C 产生结果 E,那么 $C=E$;倘若 E 又是另一结果 F 的原因,则 $E=F$;依此类推则可得到 $C=E=F=\cdots=C$。正如等式的性质所表明的那样,在原因和结果的这条长链中,任何一个环节或者一个环节的任何一个部分都永远不会变为零。"由此他得出一切原因具有"不可毁灭性"的结论。然后他继续论证道:"如果已知的原因 C 产生了与它相等的结果 E,那么 C 就不再存在了,它变成了 E;如果 C 在产生了 E 之后仍然全部或部分地保存着,那么这剩余下来的原因必然还会产生相应的另一些结果。这样一来,C 的总结果就会大于 E,这是与 $C=E$ 的假设相矛盾的。因此,既然 C 变成了 E,E 又变成了 F 等,我们必须把这些量看作是同一对象的不同表现形式。"由此他得出一切原因具有"能够采取不同形式的能力"的结论。把原因的"不可毁灭性"和"能够采取不同的形式"这两个特性结合起来,他得出"原因是(在量上)不灭的和(在质上)可变换的对象"这一结论。他所说的"原因",就是各种"力"。

迈尔将力与物质类比,进一步论证力的特性。他写道:"自然界存在两类原因:第一类是具有可称量性和不可入性这种性质的原因,即各种物质;第二类则是不具有上述性质的原因,这就是力。由于力缺乏前一类原因的特性,所以又可称为不可称量的原因。因此,力是不灭的、可转换的、不可称量的对象。"他用化学上的"物质"因果变化过程类比"力"的因果转化过程,认为"如果原因是物质,结果也是物质;如果原因是力,结果也是力"。

根据这种论证的逻辑,在论文的后一部分,迈尔得出下落力、运动和热这三者相等的结论。他并且根据当时已知的气体比热数据得出结论:"把一定重量的水从0℃加温到1℃与等重的物体从365米高度下落相等。"这或许是物理学史上第一个热功当量值。[①]

1845年,迈尔发表了论文《论与有机运动相联系的新陈代谢》。在文章的引言部分,他提出了一系列公理性的命题:"无不生有,有不变无";"结果等于原因。力的结果仍然是力";"已有的东西在量上的不变性是一条最高的自然法则,它同样适

① 威·弗·马吉.物理学原著选读.蔡宾牟,译.上海:商务印书馆,1986:213-218.

用于力和物质";"实际上只有唯一的一种力。在死的和活的自然界中,这个力永远处于循环变化的过程之中。任何地方,没有一个过程不是力的形式变化。"在正文部分,迈尔考察了无机界的五种自然力,即"下落力"、"运动力"、"热力"、"电磁力"和"化学力"。他用25个实验对这五种力之间的相互转化过程作出了证明。在关于"热"的论述中,他还具体计算了热功当量。这篇论文把力的守恒推广到有机界,用化学作用解释生物能的来源,探索了无机界与有机界的统一性。

德国物理学家劳厄对于迈尔的工作给出过这样的评价:"不管人们对迈尔的推论采取怎样的态度,无论如何都应当承认:因为物理学的任务是要发现普遍的自然规律,而且又因为这样的规律性的最简单的形式之一是它表示了某种物理量的不变性,所以对于守恒量的寻求不仅是合理的而且也是极为重要的研究方向。在物理学中也要经常指出这种方向,基本上,人们把能量守恒的早期信念归功于他。"①

2. *焦耳用实验方法对热功当量的测定*

焦耳(J. P. Joule,1818—1889)关于热功当量的测量工作是能量守恒定律得以确立的实验基础。

1838年,焦耳开始测量用电池驱动的电动机的效率,研究提高其效率的方法。这一工作使焦耳注意到电机中有电流流过时会产生热。1840年,他对电流的热效应进行定量研究后发现,通电导线放出的热量与导线的电阻和电流强度平方的乘积成正比——此即焦耳定律。进一步的研究使他认识到,电路中的总热量与电池中进行的化学反应产生的总热量相等。这样,他就将电、热和化学作用统一起来,从而敲开了通向能量转化与守恒定律的大门。从1841年到1843年1月,焦耳进行了一系列的实验研究,试图获得热能与化学能的当量关系,但没有得出明确的结果。

1843年8月,焦耳在论文《论磁电的热效应和热的机械值》中描述了其第一次测量热功当量的实验。他设计了一个实验,通过砝码的下落驱动一个绕在铁芯上的小线圈在一电磁体的两极间旋转,把线圈置入一盛水的容器里,用电流计测量线圈中的感应电流,用量热器测量水温的升高,由砝码的重量及下落的距离计算其下落过程所做的功。他做了13次实验,测得的平均结果是:"能够将1磅水的温度升高华氏1度的热量等于并可以变换成能将838磅的重物竖直提升1英尺高的机械力。"由此他得出结论:"由于造物主的旨意,这些伟大的天然动力都是不可毁灭的,因而无论在什么地方,只要有机械力消耗,就总能得到完全当量的热。"

此外,焦耳还做过大量的实验,通过强迫水通过活塞上的细孔生热,在水或水

---

① 劳厄. 物理学史. 范岱年,戴念祖,译. 上海:商务印书馆,1978:80-81.

银中使两个固体表面摩擦生热，把空气在汽缸中压缩生热，让高压气体慢慢逸出而使汽缸变冷，用浆轮搅动液体使其升温等。通过这些实验，对热功当量值进行精确测量，使他的工作在定量研究方面达到了确凿无疑的地步。1849 年，焦耳向英国皇家学会提交了研究论文《论热功当量》。论文总结了前人对能量守恒的认识以及自己对热功当量的测量工作，介绍了他几年来用桨叶搅拌法和铸铁摩擦法测量热功当量的实验。他说："我将不再花费时间去重复和扩展这些实验，因为我们已经满足于这样的事实，即由于创世主的决定，大自然的全部动因都是不灭的；因此有多少机械力被消耗掉，就总有完全等当量的热被得到。"最后，他给出结论："要产生使 1 磅水（在真空中称量，其温度在华氏 55°和 60°之间）增加华氏 1°的热量，需要耗用 772 磅重物下降 1 英尺所具有的机械力。"这个热功当量值为 425 kg · m/kCal 或 4.16 J/Cal，与现在使用的值 4.18 J/Cal，仅差 0.5%。

焦耳对热功当量的反复测量，不仅为能量守恒定律提供了坚实的基础，而且自己也达到了关于能量守恒的普遍认识。他在 1847 年 5 月发表的《论物质、活力和热》的文章中写道："……自然现象，不管是机械的、化学的、或是有生命的，几乎完全包括在通过空间的吸引、活力和热的相互变化之中。这就是宇宙中维持着的秩序——没有任何毁灭，未曾有任何损失；不管整部机器怎样复杂，它照常润滑而又和谐地工作。……每样东西似乎很复杂和包容在显然混乱不堪的和几乎是无穷无尽的原因、效应的变化、转变及安排的错综局面里。但那最完整的规律却保持着——这一切全都为上帝的意志所掌握。"①

3. *亥姆霍兹对能量守恒定律的数学论证*

德国学者亥姆霍兹（H. von Helmholtz，1821—1894）给出了能量守恒定律的数学表示，并从多个方面论证了这个定律在自然界的普遍适用性。他的工作为能量守恒定律的确立奠定了重要的理论基础。

亥姆霍兹是大学医学专业毕业，在生理学方面做过专门研究。通过对动物热的分析，他相信生命现象也服从物理和化学规律。与迈尔一样，他也是从动物生理学问题开始研究能量守恒定律的。亥姆霍兹早年受过良好的数学训练，对力学的进展也相当熟悉，读过牛顿、达朗贝尔、拉格朗日等的物理学著作。他的父亲是一位哲学教授，受前辈的影响，他成为康德哲学的信徒。这些学习和成长经历，对他从事能量守恒原理的研究产生了积极的作用。

1847 年 7 月，亥姆霍兹在柏林物理学会上宣读了著名论文《论力的守恒》，提出了能量转化与守恒定律的哲学基础、数学公式和实验根据，并把它演绎到物理学

① 杨仲耆，申先甲. 物理学思想史. 长沙：湖南教育出版社，1993：413.

的各个分支。在这篇论文的开头他写道:“本文的主要内容是对物理学讲的,所以我认为最好是避开形而上学的考虑,用纯粹物理前提的形式来提出有关课题的基本原理,然后展开这些原理所导致的种种结果并以其与物理学各个分支的已有经验进行比较。”在论文的“引言”部分,亥姆霍兹提出了两个公理,作为推导机械能守恒定律,进而演绎出能量守恒(即他所说的“力的守恒”)定律的出发点。他说:“本文中包含的各种命题的推导,可以以下列两个公理之一为根据:或者从不可能借助于自然物体的任何组合而获得无限量做功的力;或者假定自然界中的一切作用都可以归结为引力和斥力,而这种力的强度唯一决定于施力的质点间的距离。”接着他强调:“自然科学的任务是探求种种定律,以便把种种特定的自然过程归因于某些一般规律,并从这些一般的规律中推演出来。……我们相信这种研究是对的,因为我们确信自然界中的各种变化都一定有某个充分的原因。我们从现象推出的近似原因,它本身可能是可变的,也可能是不变的。如果是前者,上述的信念就会促使我们去追寻能够解释这种变化的原因。直到最后找到不可变的最终原因,而这个不可变的最终原因在外界条件相同的各种情形下一定能产生同样的不变的效果。因此,理论自然科学的最终目标就是去发现自然现象的终极的、不再变化的原因。”他认为,自然现象不变的终极原因就是那些不随时间而变化的基本力,也即当时人们所说的“活力”。

这篇论文的正文包含6节内容:(1)活力的守恒原理;(2)力的守恒原理;(3)这些原理在力学上的应用;(4)热的力当量;(5)电过程的力当量;(6)磁和电磁现象的力当量。

在论文的第一节中,赫姆霍兹首先讨论了永动机的不可能性,然后分析了提升重物所做的功与活力的关系。他指出,把质量为 m 的重物提升到 h 高度所消耗的功可用 mgh 表示;而为了使物体竖直升高到 h 高度,需要的速度 $v=\sqrt{2gh}$,当物体从这一高度落下时也获得同样的速度,因此有 $\frac{1}{2}mv^2=mgh$。他建议用 $mv^2/2$ 作为活力的数量表示式,这样活力就和功的量度等同了。由此 $\frac{1}{2}mv^2=mgh$ 即成为“活力守恒原理”的表示式。他指出:“如果任意数量的质点只在相互作用的力或指向固定中心的力的作用下运动,只要所有质点相互之间以及相对于那个固定中心具有相同的位置,则不论它们在各个时间间隔中经过什么途径或速度如何,一切活力的总和都是相同的。”这实际上说的是物体在中心力作用下的机械能守恒原理。

在论文的第二节中,他分析了质量为 m 的物体在力 φ 的作用下,从位置 r 运

动到位置R的过程中作功情况。根据牛顿定律,他推导出

$$\frac{1}{2}mQ^2-\frac{1}{2}mq^2=\int_r^R\Phi\mathrm{d}r,$$

式中Q和q分别表示物体m在R和r处的速度。他把$\int_r^R\Phi\mathrm{d}r$称为在r和R之间的"张力和"。由此他把能量守恒原理表述为:"一个质点在中心力作用下运动时,其活力的增加等于使其距离发生相应变化的张力的总和"。他把这个结果推广到质点系统,从而得到了更普遍的"力的守恒定律"。根据这些论证,亥姆霍兹还概括出物体在中心力作用下机械能守恒的三点结论,其中第一个结论说:"当自然界中的物体受到既与时间无关、又与速度无关的吸力和斥力的作用时,系统中的活力与张力之和是始终不变的;因此,可以获得的最大功是确定的和有限的。"

在论文的以后几个部分,亥姆霍兹讨论了能量守恒原理的应用,把它推广到其他力学现象、热现象或电磁现象。在论文的最后部分,他指出了能量守恒定律应用于生物现象的可能性。通过这篇文章,亥姆霍兹几乎概括了当时自然科学各个领域中关于能量守恒方面的重要认识,论述了能量守恒定律的普遍正确性。在论文的结尾处他强调说:"从上述内容可以证明,这一定律与自然科学中任何一个已知现象都不矛盾,而大量的现象倒很明显地证实了它。"

能量守恒是自然界的普遍原理,只能通过对大量实验现象的高度概括才能建立起来,而根据任何局部领域的实验事实所进行的归纳和推理都是有限的。尽管如此,在19世纪中期,经过焦耳的实验研究和亥姆霍兹的理论总结,能量转化与守恒定律终于被揭示出来了。

1850年,德国物理学家克劳修斯(Rudolf Clausius, 1822—1888)在《论热的动力和由此得出的热学定律》论文中,把焦耳关于热功当量的结论和卡诺关于热机效率的结论作为热学理论的基本定律,写出了在一个无限小过程中热量与做功之间的关系:$\mathrm{d}Q=\mathrm{d}U+\mathrm{d}W$,$\mathrm{d}Q$表示气体工作物质吸收的热量,$\mathrm{d}W$是对外做的功,$U$是克劳修斯引入表示气体状态的一个函数。后来人们把$U$称作内能。1851年,英国物理学家汤姆孙(William Thomson,即开尔文勋爵,Lord Kelvin, 1824—1907)把函数U称为物体所需要的机械能,这样上式就阐明了功、能和热量之间的关系。1853年,格拉斯哥大学教授兰金(W. J. M. Rankine,1820-1872)把各种力的守恒原理表述为能量守恒定律:"宇宙中所有能量,实际能和势能,它们的总和恒定不变。"能量守恒定律建立后,很快成为全部自然科学的基石。

第三节　热力学第二定律的建立

热力学第二定律揭示了自然过程进行的方向性。这一定律的发现与提高热机效率的研究有密切关系。它是在卡诺研究热机效率的基础上,经过克劳修斯和汤姆孙的发展而提出来的。

一、卡诺的热机效率理论

18世纪,蒸汽机发明以后,在工业和交通运输中发挥了重要作用。由于其效率很低,绝大部分热量都没有得到合理利用。因此,如何提高蒸汽机的效率是科学家和工程师共同关心的问题。法国工程师萨迪·卡诺(Sadi Carhot, 1796—1832)投入大量精力对这一问题进行了研究。

1824年,卡诺发表了论文《关于热的动力的思考》,这是一篇在热力学史上具有奠基意义的论文。在文章中,卡诺提出了两个重要的问题:“一是热机的效率与工作物质有无关系;二是热机效率是不是有个限度。”他认为,“为了以最普遍的形式去研究由热得到运动的原理,必须不依赖于任何机械和任何特殊的工作物质,必须使所进行的讨论不仅限于只能应用于蒸汽机,而且还要建立起能应用于一切可以想象的热机的原理,不管它们用的是什么物质,也不管它们如何运转。”基于热质说思想,卡诺认为蒸汽机的工作过程总要伴随着热质的流动和重新分布。他把热的动力与瀑布的动力类比。“瀑布的动力依赖于它的高度和水量;热的动力依赖于所用的热质的量和我们可称之为热质的下落高度,即交换热质的物体之间的温度差。”由这个类比他得出结论:正如水通过落差而带动水车做功并不改变水的总量一样,在蒸汽机的工作中,热质总量并没有损失。从高温加热器放出的热量和低温冷凝器所接收的热量是相等的。他在文中写道:“在蒸汽机内,动力的产生不是由于热素的实际消耗,而是由热体传到冷体,也就是说重建了平衡。”虽然卡诺对于热机工作过程的热质说理解是错误的,但由此使他得到了有益的见解:“凡是有温度差的地方,就能够产生动力;反之,凡是能够消耗这个动力的地方就能够形成温度差,就可能破坏热质的平衡。”蒸汽机必须工作于高温热源与低温热源之间,两个热源之间具有一定的温度差是热机产生机械功的关键因素。卡诺的这种认识是正确的。但他认为热机做功时不消耗热量则是不正确的。

在建立热机的一般原理时，卡诺提出了一个理想热机模型和一个理想循环过程。卡诺设想，热机由汽缸、活塞、气体工作物质以及温度较高的热源 A 和温度较低的热源 B 所组成。热机工作过程由四个阶段构成的循环组成：第一阶段，将热源 A 接触汽缸，汽缸内的气体吸收 A 提供的热质，在恒定温度下膨胀；第二阶段，将热源 A 撇开，汽缸内的气体在没有接受热质的情况下继续膨胀，气体的温度降至与热源 B 相等；第三阶段，将热源 B 接触汽缸，气体在恒温下被压缩，把热质输送给热源 B；第四阶段，撇去热源 B，气体继续被压缩，直到回到原来的状态。此即卡诺循环过程，它包括等温膨胀、绝热膨胀、等温压缩和绝热压缩四个阶段。卡诺指出："由于气体膨胀时的温度比它被压缩时的温度高，所以气体膨胀时的弹力较大，因而膨胀时所产生的动力量比压缩时所耗费的动力量大。这样就有动力剩余下来，可以用作其他方面的用途。"

1834 年，法国工程师克拉珀龙（clapeyron，1799—1864）提出用压强—体积图表示卡诺循环，热机所做的功由压强—体积图中曲边四边形的面积表示。他把热机的效率定义为循环所做的功与吸收热量之比。

卡诺还指出上述操作循环是可逆的："上述全部操作，可以顺序也可以逆序进行……顺序操作的结果是若干动力的产生和热质从物体 A 到物体 B 的转移；逆序操作的结果一定是所产生的动力的消耗和热质从物体 B 到物体 A 的还原；所以，在某种意义上，两个系列的操作具有相互抵消或相互平衡的意义。"

卡诺根据热质守恒思想和关于永动机不可能实现的认识，论证了他的理想循环热机获得的效率最高。他写道："如果有任何一种使用热的方法，优于我们所使用的，即如有可能用任何一种过程，使热质比上述操作顺序产生更多的动力，那就有可能使动力的一部分转化于把热质由物体 B 送到物体 A，即从冷源送回到热源，于是，起始的状态就得以复原。这样，又可以重新开始类似的操作并如此继续下去，这就不仅造成了永恒的运动，甚至还可以无限地创造出动力而不消耗热质或任何其他工作物质。这样的创造与公认的观念，与力学规律以及与健全的物理学完全矛盾，因而是不允许的。所以，我们可以得出结论：用蒸汽机获得的最大动力，也就是利用任何其他手段所能获得的最大动力。"在这篇文章中，卡诺不仅论证了理想循环热机所产生的动力最大，而且认识到"热动力的产生与所用的工作物质无关，它的量完全决定于两个热源的温度。"①这就是"卡诺定理"的初期表述。

卡诺的论证是建立在错误的热质说基础之上的。尽管如此，卡诺定理的结论还是正确的。他的研究为热机理论的形成和发展做出了开创性的贡献。1830 年，

① 威·弗·马吉. 物理学原著选读. 蔡宾牟，译. 上海：商务印书馆，1986：239-243.

卡诺接受了热的运动说,他在一份笔记中写道:“热不是别的什么东西,而是动力,或者可以说,它是改变了形式的运动,它是物体中粒子的一种运动形式。当物体的粒子的动力消失时,必定同时有热产生,其量与粒子消失的动力精确地成正比。相反的,如果热损失了,必定有动力产生。”“因此,人们可以得出一个普遍命题:在自然界中存在的动力,在量上是不变的。准确地说,它既不会创生也不会消灭;实际上,它只改变了它的形式。”[①]这些认识是正确而深刻的。

二、热力学第二定律的克劳修斯表述

德国物理学家克劳修斯对卡诺的热机理论进行了修正,给出了热力学第二定律的明确表述。

1850年,克劳修斯在《物理与化学年鉴》上发表论文《论热的动力和由此得出的热学定律》中,对卡诺的热机理论作了全面的分析。他指出,卡诺的理论有一部分是正确的,但卡诺认为热机工作“没有损失热量”则是错误的。他认为,焦耳的热功转化实验“明确无误地证明热在任何情况下不仅有增加的可能,而且还证明了一条定律:热量的增加与操作中所损耗的功成比例。”根据活力守恒原理和热功当量的研究,他认为应该把卡诺的结论修正如下:“功的产生不仅要求热的分布有所变化,而且确实耗用了热,反过来说,热也可以因功的耗损而再生。”克劳修斯对热机的工作过程作了新的分析,他写道:“和新的观点相抵触的并非卡诺基本原理本身,而只是那个热并无损失的附加部分。因为功的产生很可能伴随着两种过程,即一些热量被消耗了,另一些热量从热物体传到了冷物体,而这两部分热量和产生的功之间可能存在某一确定的关系。”

根据对热功等效和热功转化的认识。克劳修斯认为,提供给系统的热量,一部分转化为功,另一部分变为系统内部的热量。他把这个关系称为“热力学的基本原理”即“热力学第一原理”,并用微分方程的形式表示为 $\mathrm{d}Q=\mathrm{d}U+\mathrm{d}W$。式中 $\mathrm{d}Q$ 表示传递给物体的热量,$\mathrm{d}W$ 表示物体所做的功;U 是克劳修斯引进热力学的一个新函数,“它包括增加的自由能和变成内功所耗去的热。”此即能量守恒定律在热力学中的数学表示,即热力学第一定律的表示式。

克劳修斯对卡诺的热机循环过程进行重新分析后,给出了热力学第二定律的初步论证:“如果有两种物质,在一定的热量转移下一种比另一种能够产生较多的功;或者当产生一定的功时,一种比另一种需要从 A 转移到 B 的热量较少,那么我们就可以利用前一种物质通过上述过程来产生功,再将这个功作用于后一种物质

---

① 申先甲,等.物理学史简编.济南:山东教育出版社,1985:469.

使它实现相反的过程。于是,这两部分物质都回到原来的状态时,所做的正功和负功正好抵消,因而根据前一个基本定理(即热力学第一原理)则热量没有增损,不过热量的分布发生了变化,从 B 移到 A 的热量将大于从 A 移到 B 的热量。因此人们就可能通过交替利用这两个过程,在没有任何其他变化的情况下,把任意多的热量从一个冷物体转移到一个热物体,而这是与热的一般行为相矛盾的,即热总是表现出这样的趋势,它总要从较热的物体转移到较冷的物体而使温度差趋于消失。"①克劳修斯指出,以上的论证保留了卡诺假设的主要内容,可以将这种认识作为"热力学的第二原理",以与前述的"第一原理"配合使用。

1854 年,克劳修斯在《热的机械论中第二个基本理论的另一形式》中对热力学第二定律作出了更明确的表述:"热永远不能从冷的物体传向热的物体,如果没有与之联系的、同时发生的其他变化的话。"1875 年,他重新把这一定律表述为"热不可能自动地从冷的物体传到热的物体"。这是克劳修斯对热力学第二定律的最简洁的表述。

三、热力学第二定律的开尔文表述

英国物理学家威廉·汤姆孙(William Thomson)对热力学第二定律的研究几乎与克劳修斯是同时进行的。他也是基于对卡诺的热学理论的探讨,开始这方面的工作的。1848 年,他发表了《基于卡诺的热的动力论和雷诺观察的计算所得的绝对温标》论文,提出了绝对温标理论。像克劳修斯一样,汤姆孙也认识到卡诺的理论以热质说为基础是有缺陷的。1849 年,他在《关于卡诺学说的说明》一文中指出,卡诺关于热在机器中重新分配而不消耗热量的观点是不正确的;但如果抛弃卡诺关于热产生功的条件的结论,那就会碰到不可克服的困难。因此,需要运用焦耳的热功转化理论对卡诺热机理论作进一步的完善。

1851 年,汤姆孙以《论热的动力理论》为题发表了三篇论文。他在论文中写道:"全部热动力理论是建立在分别由焦耳和卡诺与克劳修斯所提出的以下两个命题基础之上:命题 I(焦耳)——当等量的机械效应以不论什么方式从纯粹热源产生或在纯粹热效应中丧失时,则有等量的热因之消耗或据此产生;命题 II(卡诺与克劳修斯):如果有这样一部机器,当它反过来运转时,它的每一部分的物理的和力学的动作全部逆转过来;那么,它将像具有相同温度的热源和冷凝器的任何热机一样,由一定量的热产生同样多的机械效应。"第一个命题是热功转换原理,第二个命题是卡诺定理。为了证明卡诺定理,他提出了一个公理:"我们不能从物质的任何

---

① 申先甲,等. 物理学史简编. 济南:山东教育出版社,1985:469-481.

部分,用冷却到低于其周围物体最冷温度的方法,借助于非生物的媒质来产生机械效应。”这个公理后来常被叙述为:“从单一热源吸取热量使之完全变为有用的功,而不产生其他影响是不可能的。”此即热力学第二定律的汤姆孙表述。这个公理强调了两个热源的必要性。如果这个公理不成立,原则上就可以设计一种永动机,它可以从单一低温热源吸取热量而无限制地对外做功。这就是所谓的第二类永动机。所以汤姆孙关于热力学第二定律的表述后来也被说成“第二类永动机是不可能制成的。”根据这个公理,汤姆孙证明了卡诺定理。

在这篇文章的最后,汤姆孙指出,他的论证所依据的公理与克劳修斯论证所依据的公理虽然形式不同,但互为因果;两个论证的推理方法都与卡诺原来的推理类似①。热力学第二定律揭示了自然界热运动进行的方向性,反映了一个基本的自然法则。

热力学第三定律的建立与人们对气体状态变化的研究有关。17 世纪末,阿蒙顿(G. Amontons)在观测空气状态变化过程时发现,温度每下降一个等量份额,气压也随之下降等量份额。由此推测,随着温度的不断降低,会达到气压为零的状态,所以温度的降低必定有一个限度。阿蒙顿认为,达到这个温度时,所有的运动都将趋于静止,因此任何物体都不可能冷却到这一温度以下。18 世纪末,查理(J. A. C. Charles,1746—1823)和盖-吕萨克(J. L. Gay-Lussac,1778—1850)建立了气体定律,从气体压缩系数 $\alpha = 1/273$,可以得到温度的极限值为 -273℃。1848 年,汤姆孙提出了绝对温标理论。在解释绝对零度时,他说:“当我们仔细考虑无限冷,相当于空气温度计零度以下的某一确定温度时,如果把温标分度的严格原理推延至足够远,我们就可以达到这样一个点,在这个点上,空气的体积将缩减到无,在刻度上可以标以 -273°。所以,空气温度计的 -273° 是这样一个点,不管温度降到多低都无法达到。”他所说的这一温度即绝对温标的零度。由此使人们形成了绝对零度无法达到的认识。1912 年,德国物理学家能斯特(W. Nerst,1864—1941)通过严格证明得出结论:“不可能通过有限的循环过程,使物体冷却到绝对零度。”这个绝对零度不可能达到的结论,即被称为热力学第三定律②。

---

① 威·弗·马吉. 物理学原著选读. 蔡宾牟,译. 上海:商务印书馆,1986:258-261.

② 郭奕玲,沈慧君. 物理学史. 北京:清华大学出版社,2005:68-69.

第十五章　经典电磁理论的建立

近代,人类对电磁现象进行了系统研究,18 世纪中叶发现了电力和磁力的平方反比定律,建立了静电学和静磁学理论。18 世纪末,电堆的发明使人类进入了研究电磁运动及揭示电磁现象相互联系的新时代,随后物理学家发现了电流的磁效应、欧姆定律、安培定律、电磁感应定律等。19 世纪中期,在总结前人认识成果的基础上,麦克斯韦建立了统一的电磁学理论。19 世纪末,随着电磁波的发现,经典电磁学作为经典物理学的一个重要分支最终确立了其牢固的地位。

第一节　库仑定律的发现

近代对于电和磁现象的研究是从英国医生吉尔伯特(William Gilbert)开始的。吉尔伯特是伊丽莎白女王的御医,对磁学研究很有兴趣。1600 年,他出版了《磁体、磁性物质和地球大磁体的新科学》一书,详细描述了自己所做的各种磁学实验及形成的一些认识。他发现各种磁石都有两个极。“像各种天体具有两极一样,磁石具有天然的两极,一个北极,一个南极。它们是磁石中的两个确定点,是一切运动和效应的发端。”他指出:“磁石的力,不是从数学上所谓的点发出的,而是从磁石各部分发出的;各部分越靠近磁极,所具有的力越强;”“磁石的两极和地球的两极对向,朝着后者运动,而且受后者支配;”“两个磁石在天然位置时相吸,在相反位置时相斥。”他认识到地球是个巨大的磁体,将铁块沿着南北方向加热或煅打,就可以使其具有磁性。吉尔伯特还研究了静电吸引现象,并把磁性质与电性质进行了比较。这些工作为后人的研究奠定了基础。

一、富兰克林和普利斯特利等的研究工作

由于无法获得大量的电荷,限制了人们对静电现象的研究。1660 年,德国马

德堡的工程师盖里克(Otto von Guericke)发明了摩擦起电机。它是一个安装在支架上可以自由转动的大硫磺球,用手或布帛触摸转动的硫磺球面,其上可产生大量电荷。尽管发明者的本意是用其探讨地球具有吸引力的原因,但客观上为人们提供了一种产生电荷的有效工具。此后,人们运用摩擦起电机进行了大量静电实验研究,发现了电传导现象,静电感应现象,导体与绝缘体的区别,储存电荷的方法,电荷有两种类型,同性电荷相斥和异性电荷相吸等性质。

18世纪中期,美国政治家富兰克林(Benjamin Franklin,1706—1790)通过摩擦起电和电荷传导现象的实验分析,提出了正电、负电概念,得出了电荷守恒的结论。1747年6月1日,他在给一位朋友的信中描述了自己所做的一个实验:"我们认为电火是一种基质,在开始摩擦玻璃管之前,A,B,C 三人各自具有该基质等量的份额。站在蜡块上摩擦玻璃管的 A 将自己身上的电火传给了玻璃管,并因所站的蜡块把他和共同的电火来源之间的交通隔断了,所以他身上不再得到新电火的及时供应。同样,站在蜡块上以指关节接触玻璃管的 B,接受了玻璃管从 A 得来的电火,由于他与共同电火之间的交通已被隔断,所以保持新接受的增量。对于站在地板上的 C 来说,A,B 两人都是带电的,因为他身上的电量介于 A 与 B 之间。所以他在接近电量多的 B 时接收一个电火花,而在接近电量少的 A 时送出一个电火花。如果 A 与 B 接触,则火花更为强烈,因为两人的电量有更大的差距。经过这样接触后,A 或 B 与 C 之间不再有电火花,因为三人所具有的电火已恢复原有的等量了。如果他们一面生电,一面接触,则该等量始终不变,电火只是循环流动着而已。因此,我们中间就出现了一些新名词。我们说,B 带了正电,A 带了负电;或者说 B 带正电,A 带负电。我们可以在日常实验中根据自己的需要使用正电或负电,只要知道要产生的是正电或负电就够了。被摩擦的玻璃管或球的部分能在摩擦时立即吸引电火,因而将它从摩擦物接收过去。该同一部分也能在停止摩擦时将所接收的电火输送给电火较少的任何物体。就这样,你可以使电火循环流动。"[①]这个实验使富兰克林认识到,电是具有某种属性的基本物质,可以在物体之间传递,但其总量不会变化。此即电荷守恒思想。富兰克林还通过实验证明闪电是一种放电现象,并由此提出了发明避雷针以防雷击的设想。

德国柏林大学教授埃皮努斯(F. U. T. Aepinus,1724—1802)是富兰克林电学理论的拥护者。18世纪50年代,他和年轻助手威尔克(J. C. Wilcke)一起进行电学研究。他们发现,将一个导体靠近一个带电体,导体上距带电体较远的部位也带上与带电体同种类的电荷,而导体上距带电体较近的部位则带上与带电体相反的

① 威·弗·马吉.物理学原著选读.蔡宾牟,译.上海:商务印书馆,1986:421-422.

电荷。这是导体的静电感应现象。为了解释这种现象,埃皮努斯假设同类电荷相互排斥,异类电荷相互吸引,电荷之间排斥力或吸引力的大小随着电荷间距离的增加而减小。埃皮努斯仅仅提出了这种合理的猜想,而没有做进一步的定量研究。

1766年,英国科学家、氧气的发现者普利斯特利(Joseph Priestley,1733—1804)收到富兰克林的一封信,信中描述了一个实验:将一个带电的金属罐放在绝缘支架上,用丝线系着一个小木球挂在带电金属罐外表面附近时,木球受到强烈的吸引;但若将木球悬挂在金属罐内,它便不受电力作用。富兰克林不理解这种现象,希望普利斯特利能够重复这个实验,并给出解释。普利斯特利重复了这个实验,除了发现富兰克林描述的现象之外,他还发现,空腔导体带电时,其内表面没有电荷。1767年,他出版了著作《电学历史与现状及其原始实验》,其中描述了这个实验,并给出了猜测性解释。他写道:"难道我们由此实验不能推论,电的引力也遵从和万有引力一样的定律,因而也遵从距离平方〔反比〕定律吗?因为很容易证明,如果地球是一个壳体,那么一个位于其内部的物体将不会被某一边吸引较强,而被另一边吸引较弱。"普利斯特利关于球体内部引力性质的描述,在牛顿《自然哲学的数学原理》第一篇第12章《球体的吸力》中有严格的证明。所以,他是受到牛顿引力理论的启发而提出了上述猜测。

二、库仑定律的建立

1751年,剑桥大学的米切尔出版了《论人工磁铁》一书。书中记述了他做的磁学实验。将一块磁体用线悬挂起来,再用另一块磁体推斥它。他从悬线的扭转程度测量磁极间的斥力大小。经过反复实验,他得出磁力遵循距离平方反比的结论。他写道:"每个磁极在一切方向上等距离处,都具有完全相等的引力或斥力。……磁引力和磁斥力彼此完全相等。……磁体的引力和斥力随距离的平方的增加而减少。"[①]这是关于磁力认识的重要发展。此外,米切尔还研究了材料的强度,特别是材料的抗扭转力性质。他用长短和粗细不同的金属丝做旋转实验,发现扭转力与扭转角度成正比,总结出了扭转力公式。

1769年,英国爱丁堡大学的罗比逊(John Robison)阅读了埃皮努斯的拉丁文著作,对其关于电荷之间作用力与距离成反比的猜测发生了兴趣。他设计了一个实验装置测量同种电荷之间的作用力。他先假设相距 r 的两个带电小球之间的电力 f 与 r 的关系用公式 $f=1/r^{2+\delta}$ 表示,然后根据反复测量的实验数据推算出 $\sigma=$

① Wolf A. A History of Science, Technology and Philosophy in the Eighteenth Century. MacMillian, 1939:270.

0.06。罗比逊认为，σ 是由实验误差引起的，事实应该是“带电球的作用力正好相对于球心之间距离的平方成反比”。罗比逊的这一工作虽然很有价值，但其论文直到 1822 年才公之于世，这时库仑定律早已建立。

1773 年，英国学者卡文迪什（Henry Cavendish，1731—1810）也通过实验证明，电力符合距离平方反比关系。米切尔曾经当过卡文迪什的老师，两人交往密切。牛顿发现万有引力定律后，对磁力和电力也做过研究，但没有得到满意的结果。受牛顿的影响，米切尔和卡文迪什都企图揭示电磁作用与距离的关系。1773 年，卡文迪什设计了一个间接测量静电力的实验。将两个同心金属球壳固定在支架上，外球壳由两个可以开合的半球壳组成。内外球壳用导线连接。合上外球壳，使整个系统带电，然后取走导线，打开外球壳。用木髓球验电器检查内外球壳带电情况，结果发现内球壳不带电。卡文迪什认为，电荷分布在金属球表面是由于电荷之间的作用力与其距离的平方成反比的结果。他设想，用一个平面将带电球分成上下两部分，上一部分小，下一部分大。如果在这个平面中心 p 点放置一个单位电荷，它既受到上半球电荷的作用力，也受到下半球电荷的作用力；它距离上半球近，但上半球电荷少；距离下半球远，但下半球电荷多。以 r 表示 p 到球上各点的距离，计算表明，如果电荷的作用力正比于 r^{-2}，则两个半球在 p 点的电力作用相互抵消，p 点电荷不受力。这意味着，静电平衡时，球壳内没有电荷。如果电荷的作用力正比于 r^{-n}，无论 $n>2$ 还是 $n<2$，两个半球在 p 点的电力作用都不会相互抵消。因此，研究了 p 点的电状态之后，即可以确定公式 $f=K/r^n$ 中的 n 值。卡文迪什根据实验情况和静电计的灵敏度，给出 $n=2\pm 1/50$，即指数有 0.02 的偏差。卡文迪什的研究已非常接近正确的结果，可惜他没有及时公布自己的结果，以至于库仑随后又重新做了类似的工作。后来，麦克斯韦整理卡文迪什的手稿时，发现了他关于这个实验的详细叙述。1879 年，卡文迪什的这些手稿经麦克斯韦整理，以《尊敬的亨利·卡文迪什的电学研究》为名正式发表。麦克斯韦用类似卡文迪什的方法，对静电作用力的平方反比关系重新做了计算，得出 $n=2\pm 1/2\,160$。

静电力的平方反比关系，是经过法国工程师库仑（C. A. Coulomb，1736—1806）的实验测定，最终被确定的。库仑在科学探索方面的工作，主要从事摩擦、扭力、材料刚性和电学方面的研究，于 1777 年发明了扭秤，1785 年对扭秤进行了改进。这种仪器有一根竖直悬起的金属丝，通过其扭转可以测量微小的力矩或力。他运用扭秤测量力矩方法，得出了电荷之间作用力的平方反比关系。

1785 年至 1789 年，库仑在法国皇家科学院备忘录中发表了四篇关于电学研究的论文。前三篇论文叙述了从实验测量得出的电力平方反比定律。

第一篇论文记述了库仑测量两个带同类电荷小球之间排斥力的实验。他将一个小球带电后与另一个不带电的同样小球接触,使得二者带有等量同类电荷,然后将其中一个小球位置固定,将另一小球安置在由扭秤悬丝悬挂的一个水平横杆的一端,观测由于两个小球的相斥作用使水平横杆发生的扭转程度。根据小球带电多少与横杆扭转角度变化的情况,库仑得出结论:“带同性电的两球之间的斥力,与该两球中心之间的距离的平方成反比。”

第二篇论文记述了库仑测量两个带异类电荷小球之间吸引力的实验。对于异类电荷,扭秤实验方法遇到了困难。因为在静电引力作用下,固定在横杆一端的小球的平衡是一种不稳定平衡,即使能达到平衡,最后“两球也往往会发生碰撞,这是因为扭秤十分灵敏,多少会出现左右摇摆的缘故”。所以,这种测量不可能得到准确的结果。论文中描述了用电摆实验方法进行的测量。电摆与万有引力作用下的单摆相似,是库仑受单摆的启发而设计的。单摆周期 T 正比于摆锤离地心的距离 R,即 $T=2\pi R\sqrt{L/GM}$,其中 G 为万有引力常数,M 和 R 分别为地球的质量和半径,L 为摆线长度。库仑将异类电荷之间的吸引力与地球对物体的吸引力类比。为了消除重力的影响,库仑用一端装有电荷的一根平衡悬挂的杆作摆锤,观测其在水平面上的小摆动。在这种情况下,由单摆周期公式可知,固定在横杆一端的摆动电荷受到外界电荷的吸引力与摆的周期的平方成反比。库仑从实验中测量出摆动周期与两个带电体之间的距离成正比关系,于是得出结论:“正电与负电的吸引力,也与距离的平方成反比”。

第二篇论文记载,库仑还用扭秤法和摆动方法测量了磁体之间的作用力,也得出了磁力大小与距离的平方成反比的结论。

根据万有引力定律,两个物体间的引力与两物体的质量乘积成正比。库仑认为,两个带电体之间的静电力也毫无疑问地与其电量的乘积成正比。当时并没有量度电量的统一单位,因此无法运用库仑定律计算两个带电体之间的作用力。1839 年,德国数学家高斯(C. F. Gauss,1777—1855)提出,应当根据库仑定律定义电荷的量度单位,即两个相距为单位长度的相等电荷之间的作用力等于单位力时,这些电荷的电量就定义为单位电荷。有了电量单位后,才能把库仑定律表示成类似万有引力定律的形式:$f=kq_1q_2/r^2$。

库仑定律在静电学中的重要性,类似于万有引力定律在牛顿力学中的重要性。由上述可以看出,这个定律的建立是受到万有引力定律启发的结果。库仑定律的建立,使电磁学研究进入了定量化阶段,从而使其开始成为一门真正的科学。

第二节　电流现象研究

18 世纪，人们在电学方面的研究主要集中在静电现象方面，研究电荷的产生、电荷的性质以及电荷之间的相互作用。从 18 世纪末到 19 世纪初，随着电池的发明，人们开始研究电荷运动即电流的性质，使电学进入了新的发展阶段。

一、电池的发明

电流的发现开始于意大利生理学教授伽伐尼（Luigi Galvani，1737—1798）的工作。伽伐尼是一位解剖学教授。1780 年 9 月的一天，他把解剖的青蛙腿放到起电机附近，一名学生用手术刀触动青蛙腿的神经时产生了痉挛现象，这时附近的摩擦起电机正在放电。他仔细研究了这一意外现象，发现当用两种金属连接而成的导体两端分别与青蛙的筋肉接触时，就会出现蛙腿痉挛现象。伽伐尼认为，这种现象是由动物身体产生的电作用引起的。1791 年，伽伐尼发表了论文《肌肉运动中的电力》，介绍了自己的新发现和研究结果。伽伐尼的发现引起了人们的广泛注意，许多人开始投入到这类实验研究之中。

意大利科学家伏打（A. Volta，1745—1827）研究了伽伐尼的发现后，认为动物肌肉不是电源，只不过起了检测电的作用，重要的是不同种类的金属接触时会产生电作用。为了找出其中的奥秘，他进行了大量的实验研究。他用验电器检测不同的金属接触时产生的电作用强弱，并根据这种作用的强弱程度把各种金属排成序列，如：锌—铅—锡—铁—铜—银—金—石墨，只要将其中任意两种金属接触，排在前面的金属必带正电，而排在后面的必带负电。由此伏打提出了金属“递次接触定律”。根据这个定律，他不但合理地解释了伽伐尼发现的所谓“生物电”现象，而且利用不同金属接触产生的电作用发明了电池——“伏打电堆”。1800 年，他在英国皇家学会《哲学学报》上发表了自己的研究成果——《关于各种传导物质仅依接触而激发的电》。他在其中写道：“我说的装置一定会使你大吃一惊，它只不过是若干不同的良导体按照一定的方式组合而已。30 块，40 块，60 块或更多块铜片（或是银会更好些），每一块与一块锡（或是锌会更好些）接触，再配以相同数目的水层或一些其他比纯水导电力更强的液体层，如盐水、碱液层，或浸过这类液体的纸板或革板，当把这些层插在两种不同金属组成的对偶或结合体中，并使三种导体总是按照相同的顺序串成交替的序列时，就构成了我的新工具。”[①]伏打把锌片和铜片夹在用盐水浸泡的纸片中，重复地垒成一堆，即形成很强的电源。这就是著名的伏打电堆。伏打还将多个锌片和铜片交替插入多个盐水杯中，形成另一种形式的电源，叫做伏打电池。

伏打电堆是一项重要发明，它提供了产生持续电流的工具，为研究电流的性质创造了重要条件。

二、电流磁效应的发现

在19世纪以前，关于电和磁的研究是各自独立进行的，人们没有发现这两种现象之间存在内在的联系。从性质上来看，电力和磁力都遵守平方反比定律，因此伏打电堆发明后，人们开始思考电和磁之间有没有某种内在的联系。

1802年，意大利学者罗曼诺西（G. D. Romagnosi）设想伏打电堆的两极与磁体的两极具有类似性，企图通过实验找出伏打电堆对磁针的影响，由于他关注的是电堆与磁体之间是否存在静力作用，所以没有意识观察电流的磁效应。1805年，德国哈切特（J. N. P. Hachetle）和笛索米斯（C. B. Desormes）用一根绝缘绳将伏打电堆悬挂起来，将其看作与磁体或磁针类似的东西，企图观察它在地磁作用下的取向变化，但没有得出实验结果。这两个实验的设计思想表明，当时人们关注的是具有正负两极的伏打电堆与具有南北两极的磁体有什么不同。这种关于电与磁关系的探讨不可能产生什么结果。直到1820年，丹麦物理学家奥斯特（H. C. Oersted，1777—1851）发现了电流具有磁效应后，才真正揭开了电与磁之间的本质联系。

奥斯特是哥本哈根大学物理学教授，思想深受康德自然哲学的影响。康德关于自然界“基本力”可以转化为其他各种具体形式的力的观点，使奥斯特形成了自然界各种现象相互联系的观点。他认为，物理学不应该是关于运动、热、空气、光、电、磁以及其他现象的零散的描述，应当把整个宇宙容纳在一个理论体系中。1812年，他发表了《关于化学力和电力的同一性的研究》，总结了他关于电、伽伐尼电流、磁、光、热及化学亲和力的研究结果。这反映了他对“基本力”统一性的探讨。

富兰克林曾经发现，莱顿瓶放电后钢针被磁化了。奥斯特据此认为电与磁之间存在必然的联系，在适当的条件下电可以转化为磁。根据直径较小的导线通过电流时会发热的现象，他推测如果通电导线的直径再小一些，就有可能发出光来；当导线的直径进一步缩小到一定程度时，电流或许就会产生磁效应。这就是他关于电流纵向磁效应的设想。他猜测，如果电流能够产生磁效应的话，这种效应很可

① 郭奕玲，沈慧君. 物理学史. 北京：清华大学出版社，2005：100.

能像电流通过导线时产生的热和光那样向四周散射，是一种侧(横)向作用，因此将小磁针放在载流导线的侧旁，有可能观察到这种作用[①]。

1820年春，他在为一个研讨班学员讲授关于电学、伽伐尼电流和磁学的课程。备课过程中他深入思考了电力和磁力的一致性问题，并企图通过实验检验自己的看法。4月的一天，奥斯特安排了一个实验：用一个小的伽伐尼电池，让电流通过直径很小的铂丝，铂丝下放置一个封闭在玻璃罩中的小磁针。他期望通过这个实验能够发现电与磁之间的某种联系。一切准备就绪，但一个意外事故使他未能立即进行实验。在当晚的课堂上，他突然感到这个实验很有可能取得成功，于是立即进行了实验。他把导线和磁针都沿着地磁子午线方向平行放置，接通电源后，发现小磁针向垂直于导线的方向偏转过去。这个发现使奥斯特非常激动。在以后的三个月中，他做了大量的相关实验，进行了深入研究。1820年7月21日，他以《关于磁体周围电冲突的实验》为题发表了研究报告，宣布了自己的实验结果。

奥斯特在实验中发现，使用不同种类的金属导体，如铂丝、金丝、银丝、铜丝、铁丝、铅丝、锡丝或水银，通电后都能使磁针偏转，但金属不同时，磁针偏转的程度有所差别；在实验中，将玻璃、金属、木头、水、树脂、陶器，琥珀和石块等非磁性物质置于导线和磁针之间，磁针偏转的效应不受影响。但若用铜针代替磁针，电流则不会引起铜针转动。奥斯特把导体中及其周围空间发生的这种效应称为"电冲突"。他得出结论说："电冲突只能对磁性粒子起作用。所有非磁性体看来都能让这种电冲突通过，但磁性物质或磁性粒子则阻抗这种电冲突通过，因而它们就为冲突所产生的冲力带动而发生运动。"

奥斯特认为，电流可以辐射出一种力，这种力碰到非磁性物质时可以顺利通过而不显示出它的作用；但当遇到磁性物质时则会由于受到阻抗而发生相互作用。他指出，"电冲突不是封闭在导体里面的，而是同时扩散到周围空间"。观察还表明，"这种冲突呈现为圆形，否则就不可能解释这种情形：当连接的导线的一段放在磁极的下面时，磁极被推向东方；而当置于磁极上面时，它则被推向西方。其原因是，只有圆才具有这样的性质，其相反部分的运动具有相反的方向。此外，沿着导线长度方向连续前进的圆形运动必然形成蜗线或螺旋线。"[②]

奥斯特的发现轰动了整个欧洲，在物理学界引起了积极的反响。这个消息首先传到德国和瑞士。当时法国物理学家阿拉果(D. F. J. Arago，1786—1853)正在瑞士的日内瓦访问，他得到这一消息后立即返回法国。在1820年9月4日法国科

---

① 杨仲耆，申先甲．物理学思想史．长沙：湖南教育出版社，1993：494．

② 威·弗·马吉．物理学原著选读．蔡宾牟，译．上海：商务印书馆，1986：460-461．

学院的例会上,阿拉果宣读了奥斯特的论文,并于9月11日又做了演示实验。这种电与磁存在联系的新发现,使法国物理学家大为震惊。安培(A,M. Ampère,1775—1836)、阿拉果、毕奥(J. B. Biot,1774—1862)、萨伐尔(F. Savart,1791—1841)等都对此作出了迅速的反应,全力以赴地投入了这方面的研究工作,从而做出了重要的新发现。

奥斯特新发现的消息传到英国的时间比到达法国迟约六周,化学家戴维(H. Davy,1778—1829)获得消息后,立刻和法拉第来到皇家研究院的实验室重复奥斯特的实验,虽然实验成功了,但是戴维认为,小磁针向导线垂直方向偏转的原因是"导线在电流通过时本身变成了磁体"。这个解释显然是错误的。法拉第当时也不能解释奥斯特的新发现。英国皇家学会会长沃拉斯顿(W. H. Wollaston,1766—1828)重复了奥斯特的实验之后,猜测导线通电时体内的电流是沿着一个螺旋式的路径从导线的一端运动到另一端,同时会在导线周围形成圆周形的电磁流,这些电磁流构成圆周力,对磁针产生作用。随后,法拉第沿着奥斯特的实验道路,在安培和沃拉斯顿理论的启发下,通过实验发现了电磁旋转现象和电磁感应现象。

三、安培定律的建立

在法国科学院1820年9月18日,9月25日和10月9日的例会上,安培连续报告了他的实验发现。

9月18日,安培在向科学院提交的第一篇论文中,提出了著名的"右手定则"。他根据奥斯特的发现推测,既然通电导线的磁力作用闭合成环形,如果把导线绕成螺旋线管状,则各圈导线的磁力应当相互叠加而形成合力。这使他想到,用螺旋形回路可以将磁力集中起来,因而通电的螺线管可以像永久磁体一样发生作用。他用实验证实,两个通电螺线管之间存在吸引和排斥作用。从圆形电流产生磁性的观念出发,安培认为磁体二极之间的差别仅仅在于一个极在圆形电流的左侧,另一个极在右侧。由此他提出了判定磁针偏转方向的右手定则。阿拉果在实验中发现,载流导线能吸引铁屑,在通电导线附近的钢针被磁化了。在安培的建议下,阿拉果用实验证实,螺线管通电后,放置于管中的钢针被磁化了。

安培猜测,既然通电导线具有磁性作用,那么两根载流导线的磁力之间是否也会发生相互作用?他用实验证实了这一猜想。9月25日,安培在向科学院提交的第二篇论文中,阐述了两根平行载流导线之间的相互作用,指出电流方向相同时两根导线相互吸引,电流方向相反时两根导线相互排斥。10月9日,安培在向科学院提交的第三篇论文中,总结了电流之间相互作用与静电作用的区别。

在10月30日的科学院会议上,毕奥和萨伐尔报告了他们通过实验发现的直线电流对磁针作用的定律，这个作用正比于电流的强度，反比于载流导线与磁针之间的距离，作用力的方向垂直于从磁针到导线的连线。此即毕奥-萨伐尔定律。

根据奥斯特的发现，安培把磁性的本质归结为电流，认为所有电磁作用都是电流与电流的作用。为了建立描述电磁作用的理论体系，安培把电流设想为无数"电流元"的集合，认为只要找到电流元之间相互作用力的关系式，就可以通过数学方法推导出电磁现象的定量表示。因此他认为，电磁理论的核心概念是与牛顿力学的质点概念相对应的"电流元"。他把这种理论称为"电动力学"。安培的这种思想，是与法国科学家拉普拉斯(P. S. M. Laplace，1749—1827)提出的关于物理学研究的"简约纲领"一致的。拉普拉斯在为法国科学院制订的物理学研究纲领中提出，应把一切物理现象都简化为粒子之间吸引力和排斥力所产生的效应。如天体的运动是组成天体的粒子之间的引力的总和所产生的效应。经过这种简化，分析数学的方法就很容易应用于物理学。拉普拉斯要求物理学家们既要用实验检验吸引力和排斥力的概念，又要用分析数学的语言来表达物理学理论。这种方法把法国的物理学研究引上实验与数学密切结合的正确道路，使法国物理学在19世纪初处于世界领先地位。

从1820年10月开始，安培花了几年时间，全力寻找"电流元"之间的作用力公式。他以高超的数学才能和实验技巧设计了四个"示零实验"。所谓"示零实验"是指两个电流同时作用于第三个电流而产生平衡的效果，从而判断电流之间相互作用力的性质。

第一个实验是"在一根固定的导体中，先让电流在一个方向通过，然后在相反方向通过，它们对方向和距离都保持不变的一个物体所产生的吸引力与排斥力绝对值相等。"在实验时安培是用一个"无定向秤"检验一个通电对折导线的作用力，得到了零结果，从而证明了电流反向时它所产生的作用也反向。这个结果使安培排除了电流产生的吸引力与排斥力不相等的可能性，简化了数学表示方法，可以用一个公式统一地表示两种力。于是他假设两个电流元 $i\mathrm{d}s$ 和 $i'\mathrm{d}s'$ 的相互作用力遵从 $\rho\dfrac{ii'\mathrm{d}s\mathrm{d}s'}{r^n}$，r 表示连接两个电流元中点的直线距离，$\rho$ 是决定于两个电流元与距离 r 的夹角 θ、θ' 和二电流元与 r 所构成的两个平面间的夹角 ω 的函数，n 为一待定常数。安培认为，表达式中的力同样遵循距离平方反比规律。但为了一般化起见，他假设这个力按距离的 n 次幂的倒数变化。

第二个实验同样用无定向秤检验一个通电对折导线的作用，对折导线的一边是直的，返回的一边则绕成螺旋线或任意波折线，实验同样得出零结果。这就证明了直导线电流与波状导线电流产生的电动力相等，因此可以把弯曲电流看成是许多小段电流组成,这个弯曲电流的作用就是各个小段电流元作用的矢量和,即电动力具有矢量性质。

第三个实验判断电动力的方向性。安培在两个通电的水银槽上放置一段与水银有良好接触的弧形导体,导体与一个可绕固定端旋转的绝缘柄联结,以保证弧形导体不发生横向移动。用其他通电线圈在附近对弧形导体产生作用,结果载流弧形导体并不沿电流方向运动。由此表明,作用于电流元上的电动力只存在于与导线垂直的方向上。

第四个实验确定电动力与电流及距离的关系。将三个单匝圆形线圈 A, B, C 摆开,使它们的圆心位于同一直线上,两头的线圈 A 和 C 固定,中间的线圈 B 可动,线圈的长度 L 之比与 AB,BC 间距之比相等,即 $L_A : L_B = L_B : L_C = m$ 及 $AB : BC = m$。则当给三个线圈通以大小相等,方向相同的电流后,中间的线圈 B 并不运动,这表明两端的线圈 A 与 C 对 B 的电动力的合力为零。这个结果说明各个电流的长度和相互距离增加同样倍数时,电动力不变。据此,安培证明,二电流元相互作用力公式中的 $n = 2$。

这样,安培就从这四个实验得出二电流元相互作用的电动力公式

$$f = \frac{i \cdot i' \cdot \mathrm{d}s \cdot \mathrm{d}s'}{r^2}[\sin\theta \cdot \sin\theta' \cdot \cos\omega + k\cos\theta \cdot \cos\theta']$$

式中,k 为一常数。1827 年,安培通过数学推导得出 $k = 1/2$。此即著名的安培定律,它是一个类似于质点引力公式的电动力平方反比关系式。

为了把磁现象归结为电流作用,安培还提出了分子电流假说。

1827 年,安培在出版的《直接由实验导出的电动力学的数学理论》中描述了自己的研究方法:“首先观察事实,尽可能地变换条件以精确的测量来实现这一步,以便推导出以经验为唯一基础的一般定律,并独立于所有关于产生现象的力的性质的假说来推导这些力的数学值,也就是获得表示它们的公式。这就是牛顿所走过的道路,也是对物理学做出重大贡献的法兰西学术界近年普遍遵循的途径。同样,它也引导着我全力投入到电动力学现象的研究中。”[①]后来,麦克斯韦赞扬安培说:“安培用以建立电流之间力学作用定律的实验研究,是科学中一项最杰出的成就。整个理论和实验似乎是从这位‘电学中的牛顿’的头脑中得到良好营养和完全发育而跳跃出来的。它在形式上是完善的,它的精确性是无懈可击的,它被总结在一个公式中,所有电磁现象都能从这个公式推导出来,它将永远是电动力学的基本公式。”[②]

---

① 宋德生.安培和他在科学上的贡献.自然杂志,1984,(4).

② 宋德生,李国栋.电磁学发展史.南宁:广西人民出版社,1996:155.

第三节　法拉第的电磁学实验研究

法拉第(Miched Faraday,1791—1867)是19世纪电磁学领域最伟大的实验物理学家。他没有受过系统的正规教育,而是通过刻苦自学成才。他通过实验研究发现了电磁旋转现象和电磁感应现象,用力线概念描述电磁作用,这些工作为麦克斯韦建立电磁场理论铺平了道路。

一、电磁旋转现象的发现

奥斯特发现电流磁效应的消息传到英国时,法拉第正忙于用乙烯和氯气制备碳的氯化物试验。不久,他收到《哲学年鉴》编辑菲利普(Richard Phillips)的一封信。菲利普在信中请求法拉第研究一下电磁学的发展状况,写一篇介绍性文章在《哲学年鉴》上发表。这使得法拉第开始关注电磁学的进展情况,并进行了一系列实验研究工作,由此导致他发现电磁旋转现象等重要成果。

沃拉斯顿根据奥斯特的发现猜测,导线通电时会在其中存在螺旋电流,当永久磁铁靠近它时,电流会受到磁体的作用力,从而使导线围绕自己的轴旋转。1821年4月,沃拉斯顿和戴维来到皇家研究院的实验室,一起做他所设想的实验,但无论怎么努力,导线都不旋转。

奥斯特的发现也吸引了法拉第,沃拉斯顿关于导线旋转的猜测和安培对载流导线作用力的分析也对他产生了影响。

从《法拉第日记》可以看出,他关于电磁旋转现象的研究可以分为三个阶段。1821年9月3日至10日,法拉第进行第一阶段的实验研究,发现了电磁旋转现象并进行了一些相关研究①;同年12月21日至25日,他对地磁和电流之间的作用进行了研究;在1823年1月23日至28日,他做了一些判决性实验,对电磁旋转中的一些特殊现象做了进一步的研究。

1821年9月3日,法拉第将一段导线与伏打电堆连接,使其中有电流通过,然后将小磁针放在导线周围不同的位置,观察其受导线作用的情况。实验发现,在导

---

① Michael Faraday. Faraday's Diary Ⅰ. Thomas Martin Ed. London: G. Bell and Sons, Ltd, 1932-1936:49-57.

线周围存在4个位置,小磁针的一极在两个位置受到导线的吸引,两个位置受到导线的排斥。法拉第由此判断:“导线围绕不同磁极或者不同磁极围绕导线在相反方向分别做圆周运动”。因此他认为,磁极与通电导线之间的作用力并不是直线式的吸引力和排斥力,而是圆周力。

9月4日,他设计了两个简单装置,分别展示通电导线围绕磁极和磁极围绕通电导线旋转的现象:“在一深容器内充满水银,把一磁体竖直固定在容器底部的石蜡上,让磁极的一端露出水银面,利用软木塞使导线一端浮在水银面上,底部浸入水银,上端放置在一个倒立的银杯里,银杯里有水银珠以便与导线的接触良好,利用毛细引力使得导线偏离磁极。”这样接通电源后,导线的一端绕着露出水银面的磁极转动。关于磁体围绕导线转动的装置,法拉第在日记中写道:“将磁体的一极利用铂块坠入到水银面以下,只留下另外一极露出水银面,连接导线使得导线一端浸入磁极附近的水银里”。通电后磁体的一极即围绕导线的一端旋转。这两个实验装置非常简单,但设计思想非常巧妙。利用水银的导电性和流动性,既能够保证电流通过导线,又能使导线自由移动,从而使通电导线能够绕磁极旋转和磁极绕通电导线旋转。

至此,法拉第完成了电磁旋转现象的发现。1821年10月,法拉第在《科学季刊》上发表了《论某些新的电磁运动兼论磁学的理论》一文,其中描述了自己的这一发现。

除了电磁旋转现象的发现,法拉第还在9月3日至10日做了其他一些实验,目的是检验安培和沃拉斯顿的理论。9月3日的实验日记中共有13条实验记录,其中第7条记录否定了沃拉斯顿关于通电导线绕其轴自转的观点。这条记录是:“倒置的银杯里含有几滴水银,电池电极连接状况如前所述。不同强度的磁体竖直靠近导线,不能使导线如沃拉斯顿博士所说的那样绕其轴自转,而是使其从一边移动到另一边。”这个实验也反映了沃拉斯顿对法拉第的影响。虽然沃拉斯顿的实验是一个失败的实验,通电导线在磁体作用下并不会自转,但是沃拉斯顿用“圆周力”概念解释实验现象,这个概念对法拉第产生了深远的影响。法拉第把圆周力作为一个基本力,认为各种电磁作用所引起的现象均是圆周力合成的结果。圆周力是一种无心力,同传统的有心力格格不入,把圆周力看作一种基本力,对于安培等传统物理学家来说是难以想像的,但是法拉第没有受到这些传统观念的束缚。他在9月4日做的又一个实验更加明确地说明了引力和斥力现象是圆周力合成的结果:“表面上好像是吸引和排斥,实质上是磁极竭力围绕每一根导线所做的两个圆周力合成的结果”。

同年12月21日至25日,法拉第对通电导线在地磁作用下的运动现象进行实验研究。通过实验，他成功地使通电导线在地磁作用下进行了旋转运动①。

二、电磁感应现象的发现

电流的磁效应说明电可以产生磁，据此安培等把所有的磁现象都归结为电的本质。不过，也有人提出相反的问题：既然电能够产生磁，那么磁能否产生电？沿着这条思路，法拉第发现了电磁感应现象，最终实现了由磁向电的转化。

1822年，安培和其助手德莱里弗（A. de la Rive，1801—1873）在一次实验中，将一个圆形线圈竖直放置，在线圈中悬起一个小的活动铜环，并且有一块马蹄形磁铁靠在附近。当线圈接通电流时，发现铜环发生偏转，然后又慢慢还原。安培当时意识到，"这个实验无疑证明了感应能够产生电流"。但同时他又认为，"尽管感应能够产生电流这一事实本身是很有趣的，但它与电动力作用的总体理论是无关的。"在这个实验中，安培本来看到了电磁感应现象，但是，由于他过分相信自己的电动力学观念，没有认真对待这个现象。②

1822年，阿拉果和德国物理学家洪堡（A. von Humboldt）在英国格林尼治一个小山上测量地磁强度时偶然发现，放在铜底座上的小磁针的摆动，比孤立放置的磁针摆动的幅度衰减的要快，而摆动的周期没有明显的改变。阿拉果由此推测，既然静止的铜片能够影响磁针的运动，那么运动的铜片可能会对静止的磁针产生作用。1824年，他做了一个实验。将一个铜圆盘装在一个垂直轴上，让其可以自由旋转，在铜盘上方悬吊一根可以自由旋转的磁针。他发现，当铜盘旋转时，磁针跟着一起旋转，但稍有滞后；反之，当磁针旋转时，铜盘也随之旋转。此即著名的"阿拉果圆盘实验"。这一实验现象公布后，引起了不少人的注意。大家都企图对这种现象给出解释。安培认为铜盘在运动中产生了电流，毕奥认为铜盘在运动中产生了磁性。其实在法拉第发现电磁感应原理之前，大家都没有理解这个现象的实质。

1825年，瑞士物理学家科拉顿（J. D. Colladon）进行过一个有趣的实验。他把磁铁插入闭合线圈，在线圈上连接一个电流计，企图通过电流计观察线圈是否产生感应电流。为了避免磁铁对电流计的影响，他把二者分开放置在两个房间里。在实验过程中，每次接通电源后，他再跑到另一个房间观察电流计的变化，结果每次看到的电流计指针都是静止不动的。很显然，科拉顿这个实验本身是正确的，遗憾的是由于操作不当而没有看到电磁感应现象。

---

① Michael Faraday. Faraday's Diary Ⅰ. Thomas Martin Ed. London：G. Bell and Sons，Ltd，1932-1936：63.

② 何克明. 为什么安培未能发现电磁感应. 物理，1991，(7)：439-441.

发现电磁旋转现象后,法拉第思考,既然电流能产生磁,磁也应该能产生电流。1823年以后,法拉第做了一系列实验,企图找到由磁生电的方法。

1824年12月28日,他在日记中写道:“期望一个强磁极接近导线时,通过导线的电流会受到影响,以便显示在导线其他部分中的某些反作用效应,但是实验未观察到任何这类效应。”

1825年1月28日,他做了3个实验。实验1:用一根直导线与伏打电池的两极连接,使另一根导线与之平行且相距很小的距离,后者两端与电流计连接,实验未看到电流计的变化。实验2:将一根螺旋线与电池两极连接,让一根直导线穿过它,后者与电流计连接,结果没有发现任何变化。实验3:将一根直导线与电池连接,在直导线上放一根螺旋线,后者与电流计连接,结果仍然没有什么变化。从这些实验中,法拉第得出结论:“不能以任何方式从这种连线中提供任何明显的效应。”

法拉第年复一年地进行各种可能设想到的实验,经历了无数次的失败,终于在1831年8月29日取得了突破性进展。他在这一天的实验日记中写道:

“1.关于磁生电的试验等。

2.用软铁做一个圆铁环,它的厚度(圆铁条直径)是7/8英寸,它的外直径(圆环直径)是6英寸。在圆铁环的一个半边绕了许多匝铜线,每匝之间用麻线和白布隔开,其中共绕有3个线圈,每个线圈都用24英尺长左右的铜线绕成。它们可以连在一起使用,也可以分别使用。这3个线圈彼此之间是绝缘的,我们把铁环的这半边称为A。中间隔开一段距离,再在圆铁环的另一半用两根铜线绕成两个线圈,铜线的总长度大约是60英尺,缠绕方向与前面的线圈相同,我们把这半边称为B。

3.把10个电池连在一起,每个电池电极板的面积是4平方英寸。把B边的线圈连成一个线圈,并将它的两个端点用一根铜线连接起来,铜线经过一段距离(离圆铁环3英尺),刚好越过一个磁针的上面一点。然后把A边的一个线圈的两端同电池接通,立即就对磁针产生了可以观察到的影响。磁针摆动着,最后又回复到原来的位置上。当切断A边线圈与电池的连线时,磁针又一次受到了扰动。

4.把A边3个线圈连成一个线圈,使电池的电流流过所有的线圈,对磁针的影响比以前强得多。”①

这是法拉第第一个成功的电磁感应实验。他进一步分析了这个实验的成功与哪些因素有关。为了检验软铁环的必要性,他用木料代替软铁,结果仍然有感应电流产生。他发现,只要回路中电流发生变化,就会有电磁感应产生。同年9月24

① 郭奕玲,沈慧君.物理学史.北京:清华大学出版社,2005:110-111.

日，他在一根铁棒上绕上线圈，将线圈与电流计连接，在铁棒两端各放一根条形磁铁。将铁棒反复拉进拉出时，电流计指针会不断摆动。10 月 17 日，他将一个螺线管与电流计连接，将一根条形磁铁插入螺线管中，当来回拉动磁铁时，指针也会左右摆动。10 月 28 日，法拉第将一根铜盘置于马蹄形磁铁之间，从铜盘的轴心和边缘各引出导线与电流计连接，使铜盘不停地转动，就会有持续的电流流过电流计。这其实是世界上第一台原始的直流发电机。

1831 年 11 月 24 日，法拉第在伦敦皇家学会宣读了他的《电学实验研究》第一辑的四篇论文："论电流的感应"、"论从磁产生电"、"论物质的一种新的电条件"、"论阿拉果的磁现象"。在这组论文中，法拉第总结了关于电磁感应的研究结果，将产生感应电流的情况分为五类：变化的电流；变化的磁场；运动的恒稳电流；运动的磁铁；运动的导线。这标志着电磁感应定律的发现。

为了解释电磁感应现象，法拉第提出了"电紧张态"概念。他在《电学实验研究》第一辑中写道："导线在经受电流的或磁电的感应时，似乎处于一种特殊的状态，如果在通常情况下要产生电流的话，这种状态抵抗导线内部电流的产生；当导线不受影响时，这种状态有引起电流的能力，而在通常环境中，导线不具有这一能力。我把物质的这种状态称为电紧张状态。"他认为，"电紧张态"是由电流或磁体产生的存在于物体和空间中的应力状态，这种状态的出现、变化和消失，都会使处于这种状态中的导体感应出电流来。

1845 年，德国物理学家纽曼（F. E. Neumann）从理论上推导出了法拉第电磁感应定律的数学表达形式。

三、电磁力线理论的提出

为了描述电磁作用，法拉第构想出"力线"图像。他认为，在电荷和磁极周围空间充满了电力线和磁力线，电力线将电荷联系在一起，磁力线将磁极联系在一起，电荷和磁极的变化会引起相应的力线变化。他并且认为，电磁感应现象是由磁力线对导体发生作用引起的。在《电学实验研究》第一辑中法拉第指出："当导线与电源接通时，磁力线向四周扩张，在它横穿过的导线中产生感应电流；在断开电源时，磁力线向着减弱的电流收缩和返回，因此在相反方向上横穿过导线运动，引起了与前一种情况相反的感应电流。"

1832 年，法拉第通过对电磁感应过程实验现象的思考，意识到了磁力线的传播是需要时间的。这一年 3 月 8 日的日记里记载，法拉第从运动导线穿过恒定均匀磁场时也能产生出感应电流的现象想到，这种效应只能是由于导线一侧与另一侧紧张状态的程度不同引起的，这就意味着产生紧张状态的力或磁力线的传播是需要时间的。或者说，从载流导线向四周散发出来的力线只能以有限的速度向空间传播。法拉第还设想，磁力的传播类似于水波或声波的传递方式。同年3月12日，法拉第写了一封密封的信给英国皇家学会，信封上写着“现在应当收藏在皇家学会档案馆的一些新观点”。这封信直到1938年才被找出来启封公布。法拉第在信中写道：“磁作用的传播需要时间，即当一个磁铁作用于另一个远处的磁铁或者一块铁时，产生作用的原因（我以为可以称之为磁）是逐渐地从磁体传播开去的；这种传播需要一定的时间，而这个时间显然是非常短暂的。我还认为：电感应也是这样传播的。我以为，磁力从磁极出发的传播类似于起波纹的水面的振动或者空气粒子的声振动，也就是说，我打算把振动理论应用于磁现象，就像对声音现象做的那样，而且这也是光现象最可能的解释。类比之下，我认为也可以把振动理论应用于电感应。我想用实验来证实这些观点。”这封信表明，法拉第已经初步具有电磁作用传播的波动性以及传播的非瞬时性思想。在这封信中，法拉第还假设电压感应（即静电感应）也像磁力线一样是一个渐进的传播过程。两个星期之后，他又引入了“电力线”的概念，设想电力也像磁力一样是通过力线传播的。

在后来的研究中，法拉第发现了磁致旋光效应、顺磁体和抗磁体等与磁性有关的现象，使他充分认识到分布于一定空间范围的磁力线是客观存在的实体。1851年，他在《磁的传导能力》论文中提出了物质的导磁性原理，认为不同的物质有不同的磁导率，顺磁体的磁导率较高，能让空间较多的磁力线通过；抗磁体的磁导率较低，阻止磁力线的通过，因而会排斥磁力线。在同年写成的《论磁力线》一文中，法拉第肯定了磁力线是真实存在的实体，它可以独立于磁体而存在，不论传播多远都不会减损、破坏、消失，磁力线不是由磁体产生的，而只能为磁体所收拢。磁力线经过磁体进入空间，又返回磁体，形成闭合的曲线。所以，在空间和磁体中磁力线的数目相等。法拉第也指出了电力线和磁力线的区别：前者是有源的、非闭合的力线，因而是有极性的，决定于介质的极化状态；后者则是无源的、闭合的力线，因而是非极性的，代表“纯空间”的一种基本力的属性。

在1852年发表的《关于磁力的物理线》一文中，法拉第强调磁力线、静电的力线、动电的力线都是物理力线，它们是通过媒介传递的近距作用力。在1855年发表的《论磁哲学的一些观点》中，法拉第论述了力线实体性的四个标志：力线的分布可以被物质所改变；力线可以独立于物体而存在；力线具有传递力的能力；力线的传播经历时间过程。在1857年发表的《论力的守恒》中，法拉第把“热力线”、“光线”、“重力线”、“电力线”和“磁力线”都列入空间力场的范围，指出力或场是独立于物体的另一种物质形态，物体的运动都是场作用的结果。①

法拉第的电磁学实验研究对电磁学的发展做出了重要贡献。法拉第的学生和朋友丁铎尔(J. Tyndall,1820—1893)在法拉第传记中写道“这位铁匠的儿子，订书商的学徒，他的一生一方面是可以得到十五万英镑的财富，一方面是完全没有报酬的学问，要在这两者之间作出选择，结果他选择了后者，终生过着穷困的日子。然而，他却使英国的科学声誉比各国都高，获得接近四十年的光荣。”

第四节　麦克斯韦电磁场理论的建立

法拉第虽然具有高超的实验技巧和丰富的想像力，提出了“力线”和“场”等重要概念，但由于数学能力的限制，未能将其成果表示为精确的定量理论。这一历史重任由英国年轻的物理学家麦克斯韦(James Clark Maxwell,1831—1879)完成了。麦克斯韦在电磁理论方面的工作可以与牛顿在力学方面的工作相媲美，如果说牛顿是“站在巨人的肩膀上”做出了自己的贡献，那么麦克斯韦也是如此。麦克斯韦所处的时代，关于电磁现象的实验研究和一些孤立的结论基本上都已做出来了，所缺少的是进行理论上的综合。

一、汤姆逊的工作

法拉第的电磁理论和力线思想吸引了汤姆孙(开尔文)，后者从法国傅立叶的热传导理论中受到启发，认为法拉第描述的电磁作用传播与热的传递具有类似性，可以用热学方法描述电磁现象。

1842年，汤姆孙发表了《论热在均匀固体中的均匀运动及其与电的数学理论的联系》。这篇论文分析了热在均匀介质中的传递与法拉第电感应力在电介质中的传递这两种现象的类似性，指出两种现象中热源与电荷、等温面与等势面、热流分布与电力分布具有对应性，热从高温地方流向低温地方，电力从高电位经介质传到低电位。通过这种类比，汤姆孙认为法拉第的电力线与热流线的性质是类似的，因而可以借助傅立叶的热分析方法和拉普拉斯的引力势概念，将法拉第的静电感应理论与泊松等的静电势理论结合起来。

---

① 杨仲耆，申先甲. 物理学思想史. 长沙：湖南教育出版社，1993：517-518.

1846年,汤姆孙研究了电磁现象与弹性现象的相似性,指出表示弹性位移的矢量分布与静电体系的电力分布相似。1847年,他发表了论文《论电力、磁力和伽伐尼力的力学表征》。在论文中,他以不可压缩流体的流线连续性为基础,论述了电磁现象与流体力学现象的类似性。在1851年发表的《磁的数学理论》一文中,他给出了磁场的定义,并把磁场强度 H 与具有通量意义的 B 区别开来,还得到了 $B=\mu H$ 的关系。1856年,汤姆孙根据光的偏振面的磁致旋转效应,认为磁具有旋转的性质。

汤姆孙采用类比方法和力图对电磁现象作出统一的和量化的描述的思想,对麦克斯韦产生了重要的影响和启迪。1850年,麦克斯韦进入剑桥大学读书,汤姆孙是该校教授。1855年,他开始学习电学,认真阅读了法拉第的著作,特别是《电学实验研究》一书,也认真学习了汤姆孙运用类比方法研究电磁现象的有关论文。大学刚毕业,他就开始研究法拉第的电磁理论,企图以严密的数学形式将法拉第描绘的电磁力线和场图像表示出来。当时关于电磁现象有两种解释,一种以安培和韦伯(Wilhelm Weber,1804—1890)为代表,用粒子图像和超距作用进行解释;一种以法拉第和汤姆孙为代表,用力线和场图像表现的接触作用进行解释。麦克斯韦概括这两种观点时指出:“法拉第心目中看到的是贯穿整个空间的力线,而数学家们在那里看到的只是超距吸引力的中心;法拉第看到的是媒质,而数学家们在那里除了看到距离还是距离;法拉第认为现象是发生在媒质内的真实作用,而数学家们则只满足于发现作用于电流体上的超距作用力。”[①]麦克斯韦所说的“数学家”,指的是安培等。他认识到以安培和法拉第所代表的两种观点都有局限性,但认为法拉第的“力线”和“场”图像是建立新的电磁理论的重要基础。虽然麦克斯韦也看到了法拉第定性表述的弱点,但是他说:“当我开始研究法拉第时,我发觉他考虑现象的方法也是数学的,尽管没有以通常的数学符号的形式来表示;我还发现,它们完全可以用一般的数学形式表示出来,而且可以和专业数学家的方法相媲美。”经过十几年的努力钻研,麦克斯韦发表了三篇重要论文,以数学形式精确地表示了法拉第的电磁场理论,建立了经典电磁学理论体系。

二、电磁场理论的第一篇论文——《论法拉第的力线》

1856年,麦克斯韦在《哲学杂志》上发表了电磁理论的第一篇论文《论法拉第的力线》。在论文的开头,麦克斯韦评论了当时电磁学的研究状况,指出虽然已经建立了许多实验定律和数学理论,但还没有揭示出各种电磁现象之间的联系,因而

---

① Maxwell J C. A Treatise on electricity and magnetism. Clarendon, London, 1904, 1: ix.

是不利于理论发展的。他认为必须把已有的研究成果"简化概括成一种思维易于领会的形式"。

这篇论文包括两部分。第一部分阐述了法拉第力线和不可压缩流体之间的类比性。关于类比方法,他写道:"为了不运用物理理论而得到物理思想,我们就应当熟悉物理类比的存在。所谓物理类比,我认为是一种科学定律与另一种科学定律之间的部分相似性,用它们中的一个去说明另一个。"法拉第把力线与不可压缩流体的流线类比,找到了静电场的势方程和热流方程之间的数学相似性。他把流体源产生的流线与点电荷产生的力线相类比。因为点电荷之间的作用力与距离的平方成反比,所以点电荷产生的电场强度与流体源在流体中产生的速度相对应,从而得出流体中的压强与静电电势相对应,流体的压力梯度与电势梯度相对应。因此由流体力学的表达式可以对应建立电磁学的表达式。通过类比,麦克斯韦认识到电磁学有两类不同性质的概念,一类相当于流体中的力,即强度 E 和 H,另一类相当于流体的流量,即通量 D 和 B;这两类量在数学上也具有不同的性质,流量遵从连续性方程,可以沿曲面积分,而力则只能沿线段积分。

在论文的第二部分,麦克斯韦试图为法拉第提出的"电紧张态"找到一种数学表述。他指出,"电紧张状态是电磁场的运动性质,它具有确定的量,数学家应当把它作为一个物理真理接受下来,从它出发得出可以用实验检验的定律。"麦克斯韦再次使用了类比方法。从电紧张状态的变化产生电磁感应现象,他想到这与力学中动量的变化产生力是很类似的,因而电紧张态也具有力学中的"动量"的特征,他把它称为"电磁场动量"。与力学中 $F=\mathrm{d}p/\mathrm{d}t$ 类似,可以把电磁感应定律表示为 $E=-\mathrm{d}A/\mathrm{d}t$,$E$ 是感生电场强度,具有力的特征,A 是"电磁场动量"。麦克斯韦很快辨明,A 就是纽曼所定义的"电动力学势"。不过在纽曼的理论中 A 不具有场的性质,而且只是运算中的一个辅助量,没有明确的物理意义。而在麦克斯韦这里,A 是个场量,是表征电磁场运动性质的一个最基本的量。从这个基本量出发,麦克斯韦推导出 6 个电磁学基本定律:

"定律Ⅰ 沿面积元边界电紧张强度的总和等于穿过该面积的磁感应或等于穿过该面积的磁力线总数",用现代的符合表示即 $\oint A\cdot\mathrm{d}l=\phi$;

"定律Ⅱ 任一点的磁(场)强度由一组叫做传导方程的线性方程与磁感应相联系",即 $B=\mu H$;

"定律Ⅲ 沿任一面积边界的磁场强度等于穿过该面积的电流",即 $\oint H\cdot\mathrm{d}l=\sum I$;

“定律Ⅳ 电流的量与强度由一系列传导方程联系”，即 $j=\sigma E$；

“定律Ⅴ 闭合电流的总电磁势等于电流量与沿同一方向围绕电路的电紧张强度的乘积”，意思是说，电磁能量等于电路中电流和感应所生磁通的乘积，即 $W=\oint j\cdot A\mathrm{d}l$；

“定律Ⅵ 任一导体元中的电动势等于该导体元上电紧张强度的瞬时变化率”，即 $E=-\partial A/\partial t$。[①]

由以上可以看出，矢量函数 A 的提出为确立普遍的电磁作用、电磁感应以及闭合电流之间相互作用的方程式提供了一个基本物理量。定律Ⅱ和Ⅳ表示了强度与通量之间的线性关系，定律Ⅰ和Ⅲ表示出矢量场中力(强度)的环路积分不再是力，而是一个通量；定律Ⅵ表示导体任意基元上的电动力用该基元上电紧张强度的变化率量度。这就使电磁感应现象的物理意义变得十分清晰：通过曲面的磁力线数的变化，决定了周界上的电动力，从而引起感应电动势。

三、电磁场理论的第二篇论文——《论物理力线》

在第一篇论文发表后不久，麦克斯韦即认识到，将力线与流线进行类比，虽然能对物理现象的共性作出几何学的抽象，但容易掩盖电磁场的特殊性质。根据流体力学，流线越密集的地方压力越小，流速越快，而按照法拉第的力线思想，力线越密，应力越大，因此这两者还是有区别的。此外，麦克斯韦还从电解质的运动认识到电的运动是平移运动，而从光偏振面的磁致旋转现象认识到磁的运动好像是介质中分子的旋转运动。因此，电磁现象与流体力学现象存在很大差别，电与磁也各有其特殊的性质。所以，麦克斯韦决定从物理的角度，而不是单纯从数学的角度去研究法拉第的力线。

1861—1862年，麦克斯韦在《哲学杂志》上分四部分发表了关于电磁理论的第二篇论文《论物理力线》。他写道：“在这篇论文中，我的目的是从研究某一种媒质的张力和运动的某些状态的力学效果来澄清在这方面(磁力线)的思考，并把这些结果与观察到的电磁现象加以比较。”[②]

麦克斯韦从1856年汤姆孙提出的磁具有旋转性质的思想受到启发，借用兰金(W.J.M.Rankine)“分子涡旋”概念，提出了一个“分子涡旋理论”模型。他假设，受磁场作用的介质具有旋转的性质，介质中有规则地排列着许多分子涡旋，它们绕

---

① 郭奕玲，沈慧君.物理学史.北京：清华大学出版社，2005：117.

② 杨仲耆，申先甲.物理学思想史.长沙：湖南教育出版社，1993：524-527.

着磁力线旋转而形成涡旋管，涡旋管转动的角速度正比于磁场强度 H，涡旋介质的密度正比于媒质的磁导率 μ。

论文的第一部分是"分子涡旋理论"在磁现象中的应用。麦克斯韦认为，涡旋管旋转的离心效应使其在横向上扩张，同时产生纵向收缩。这反映了磁力线在纵向上表现为张力，即异性磁极的吸引；在横向上表现为压力，即同性磁极的排斥。这样就很好地说明了法拉第力线的应力性质。

论文的第二部分是"分子涡旋理论"在电流中的应用。为了描述电场变化与磁场变化之间的关系。麦克斯韦设想，在相邻涡旋管之间填充着一层起滚珠轴承作用的带电微小粒子。相互邻接的涡旋管的表面是沿相反方向运动的，因而会互相妨碍对方的运动。这些微小粒子将各个涡旋管相互隔开。粒子受涡旋管的切向作用可以滚动。在均匀恒定磁场中，各个涡旋管转动速度相同，涡旋管间的粒子绕自身的轴自转。对于非均匀磁场，各个涡旋管的转速不同，各涡旋管之间的粒子产生移动。麦克斯韦认为，无论是磁场变化还是电流变化，都会引起涡旋管转动速度的不均匀变化，从而推动涡旋管之间粒子层的定向移动，这就产生了感生电流。

论文的第三部分是"分子涡旋理论"在静电情况中的应用。对于静电情况，由于磁场强度为零，所以麦克斯韦假设，介质由具有弹性的静止涡旋管和微小带电粒子层组成。当带电粒子层受到电力作用而发生位移时，就给涡旋管施加一种切向力使之发生变形，变形的涡旋管则因内部产生弹性张力而对粒子施以大小相等、方向相反的作用力。当引起粒子移动的力 E 与弹性力平衡时，粒子处于静止状态，粒子的位移量 D 与外力成正比，即 $E = kD$。这样，带电体之间的作用力即可归结为弹性变形在介质中贮存的势能，而磁力则归结为介质中贮存的转动能。

麦克斯韦假设，对于受到电力作用的绝缘介质，它的粒子将处于极化状态，虽然它的粒子不能作自由运动，但电力对整个电介质的影响是引起电在一定方向上的一个总位移 D，它意味着荷电粒子的弹性移动。"这种电位移还不是电流，因为当它达到一个确定的值时，就会保持不变。然而它却是电流的开始，它的变化可以随着位移的增减而构成正负方向的电流。"这就是麦克斯韦提出的"位移电流"假设。运用这个假设，先前得出的电流与磁力线的关系，也可以存在于绝缘体，甚至充满以太的真空中。

这样，电粒子在介质中的振动，就以涡旋磁力线的形式在介质中传播，形成电磁扰动。麦克斯韦认为这是一种横向振动产生的扰动。对介质的性质作了适当假设后，他推导出电磁扰动的传播速度 $v = \sqrt{k/\rho} = c/\sqrt{\mu}$，其中 k 和 ρ 分别是介质的弹性模量和密度，μ 是介质磁导率，c 是电量的电磁单位与静电单位的比值。

1856年,科尔劳施(R. Kohlrausch)和韦伯测得这个比值为3.11×10^8 m/s,与斐索(A. Fizeau,1819—1896)于1849年测得的光速值3.15×10^8 m/s极为接近。据此麦克斯韦断言:“我们不可避免地得出如下推论:光是产生电磁现象的同一介质的横向波动。”

在这篇论文中,麦克斯韦利用“分子涡旋理论”,说明了法拉第磁力线的性质,建立了电磁现象之间的联系,提出了“位移电流”和“电磁扰动传播”等重要概念。

四、电磁场理论的第三篇论文——《电磁场的动力学理论》

1865年,麦克斯韦发表了关于电磁理论的第三篇重要论文:《电磁场的动力学理论》。在这篇论文中,他放弃了“分子涡旋理论”假设,只以几个基本的实验事实为基础,从场的观点出发统一建立了自己的理论体系。

在论文引言中,他再次指出超距作用电磁理论的困难,认为不能把这种理论“看作是最终的定论”,而“宁肯寻求对事实的另一种解释,即把这种事实看作是由周围介质以及物体的激扰所产生出来的作用。这样,我们就不必假设超距作用力的存在就可说明远距离物体之间的作用了。”他强调指出:“我所提出的理论可以称为电磁场理论,因为它必须涉及带电体和磁性物体周围的空间;它也可以叫做动力学理论,因为它假定在该空间存在着正在运动的物质,从而才产生了我们所观察到的电磁现象。”

接着,他阐述了电磁场的含义,即“电磁场就是包含和围绕着处于电或磁状态的物体的那一部分空间,它可以被任何种物质所充满,也可以抽象成没有任何宏观物质的空间,就像在盖斯勒管或其他称为真空的情形一样”。电磁场既可存在于普通物体中,也可以存在于真空中,因而电磁现象也像光一样,是以以太作为介质的。麦克斯韦假定,以太是电磁场的物质载体,电磁场可以存储电磁扰动所产生的动能和势能。

在论文的第三部分,麦克斯韦直接根据电磁学实验事实和普遍原理,给出了电磁场的普遍方程组,这些方程表示:

“(A)电位移、真传导和由两者构成的总电流之间的关系。

(B)磁力线和由感应定律导出的电路感应系数之间的关系。

(C)按照电磁单位制算出的电流强度和它的磁效应之间的关系。

(D)由物体在场中的运动、场本身的变化以及场的一部分到另一部分的电势变化所得出的物体的电动力值。

(E)电位移和产生它的电动力之间的关系。

(F)电流和产生它的电动力之间的关系。

(G)任一点上自由电荷数与其附近电位移之间的关系。

(H)自由电荷的增减与其附近电流之间的关系。

这里总共有20个方程,包括20个变量。"

麦克斯韦方程包含了库仑定律、高斯定律、安培定律和法拉第电磁感应定律,确定了电荷、电流、电场、磁场之间的普遍联系,统一描述了电磁运动的基本规律。根据这些方程,麦克斯韦推导出了电磁干扰传播的方程,证明了电磁扰动的横波性质,并再次证明了其传播速度与光速的一致性。他写道:"这个速度与光的速度如此接近,因而我们有充分理由得出结论说,光本身(包括热辐射和其他辐射)是一种电磁扰动,它按照电磁定律以波的形式通过电磁场传播。"①

1873年,麦克斯韦出版了巨著《电磁通论》,全面系统地论述了电磁场理论。1884年和1885年,德国物理学家赫兹(H. Hertz,1857—1894)和英国物理学家亥维赛(Oliver Heaviside, 1850—1925)分别对麦克斯韦方程组进行了简化,得到了后来通用的四个矢量方程式。1886—1888年,赫兹通过实验证实了电磁波的存在,至此麦克斯韦的电磁场理论取得了决定性的胜利。由于麦克斯韦建立的电磁场理论统一描述了各种电磁现象,实现了经典电磁学的大综合,他被人们公认是继牛顿之后物理学史上第二个里程碑式的人物。

① 威·弗·马吉.物理学原著选读.蔡宾牟,译.上海:商务印书馆,1986:556-558.

第十六章　经典光学的建立

光学的起源可以追溯到远古时代，古希腊人研究过光的反射和折射现象。中世纪后期，欧洲一些艺术家出于绘画的需要而研究过光学现象和眼睛成像问题。但是，光学的发展一直比较缓慢。近代开始后，经过从 17 至 19 世纪约 300 年的探索，人们才真正认识了光的性质并形成了系统的理论。

第一节　反射定律和折射定律的建立

光的反射和折射是相当常见的现象，因此人类比较早的认识了光的反射定律和折射定律。这两个定律的建立，为光学的发展奠定了重要基础。

一、反射定律的建立

由于时代的局限性，古希腊的一批学者对自然现象的解释含有很多想像和猜测的成分。他们相信自然界以简洁、完美的方式表现自己，所有的天体以球形状态存在，天体沿着圆形轨道运动，物体沿着直线下落以便在最短的时间内到达宇宙中心，光也是沿最短的路径——直线——从一点传播到另一点。这些观念虽然没有充分的根据，但被后人证明几乎都是正确的。

在古希腊，亚里士多德等研究过颜色现象和视觉成因等问题。欧几里得对前人的认识进行了总结，以公理化方法撰写了《光学》和《反射光学》两本著作。《光学》讨论了光的传播和视觉问题。书中先给出几个定义和公设，然后证明了一些命题。他在书中写道："我们设想光是沿直线行进的，在线与线之间还留出一些空隙来。"《反射光学》讨论了各种镜面对光的反射现象，证明了反射定律。书中给出的反射定律是：光在镜面上反射时，入射光线与镜面所成的角等于反射光线与镜面所成的角。这种表述与现在的不一样。此外他还证明了光在凹面镜和凸面镜上的反射定律。

公元1世纪，亚历山大的海伦(Heron)进一步研究了光的反射现象，撰写了《反射光学》一书。他在书中指出，光线反射时，如果入射角等于反射角，则光线传播的路程最短，即光的反射过程遵循路程最短原理。

10至11世纪，阿拉伯学者阿勒·哈增(Al Hazen，本名伊本·海赛姆，Al Haytham，约965—1039)对光学现象进行了比较深入的研究，撰写了《光学》一书。该书共7卷，讨论了眼睛的光学结构、视觉和光的反射等问题。在古希腊人关于入射角等于反射角认识的基础上，阿勒·哈增进一步指出入射角和反射角都在同一平面内，从而使反射定律更加完善。他还提出了著名的"阿勒·哈增问题"，即给定发光点和眼睛的位置后，求解进入眼睛的反射光线在镜面上的反射点位置。阿勒·哈增的《光学》被译成拉丁语后在欧洲流行了几个世纪，对光学的发展产生了重要的影响。

光的反射现象比较直观，古希腊后期已基本确立了反射定律。但光的折射定律的发现则晚得多，它是在近代科学兴起过程中逐步确立的。

二、折射定律的建立

古罗马时期的天文学家托勒密(Ptolemy，约公元100—170)对光的折射现象进行了实验研究。他测量了光线从空气进入水中时产生的折射角变化，认为入射角与折射角之比是个常数。后来阿勒·哈增重复了托勒密的折射研究，指出其关于入射角与折射角之比是个常数的说法是错误的。

1611年，开普勒发表了《屈光学》著作，其中记载了自己做的两个折射实验。第一个实验是比较光线进入玻璃时的入射角与穿过玻璃后的折射角的变化。第二个实验是用一个玻璃圆柱体，让日光沿着垂直于圆柱体轴线方向射入，观测折射光线方向的变化，结果发现穿过圆柱体轴线的光线方向没有变化，而穿过圆柱体边缘的光线偏折的角度最大。开普勒根据这个实验推测，如果光线以适当的角度入射到两种介质的界面上，有可能不会进入另一种介质，而是被折回到原来的介质中。此即全反射思想的萌芽。

1621年，荷兰人斯涅耳(W. Snell，1591—1626)通过实验得出了折射定律。他做了类似开普勒的折射实验，发现在相同介质中，入射角和折射角的余切之比保持一个不变的常数。斯涅耳没有发表自己的这一研究结果。1626年，惠更斯从其遗稿中发现了这一工作。

1637年，笛卡儿出版了《方法论》一书，书后的附录之一是题目为《屈光学》的论文，其中给出了折射定律的一般表述。笛卡儿没有做实验，而是从一些设想的操作过程推论出折射定律。他用小球的运动代替光线的传播，假设光的传播速度与介质密度成正比，在相同的介质中光速对各种入射角具有相同的比率，折射时平行于折射面的光速分量保持不变。事实上，这些假设都是有问题的，但是他由此推出的结论是正确的。笛卡儿用力学方法证明光的折射定律。他将光线通过两种介质界面的传播同小球的移动相类比，认为光在平面镜上反射与小球在硬壁上的碰撞类似，光或者小球的速度沿界面的分量在反射或碰撞前后是保持不变的，只有与界面垂直的速度分量发生变化。他在书中写道："首先，我们设想一个小球，用力将其从 *A* 击向 *B*(图 16.1)，在 *B* 点碰到一块平铺的薄布 *CBE*，这块布很薄，以至于小球可以把它裂开并完全穿过，只是失去了球的一部分速度，比如失去一半速度。我们注意到，小球的运动趋向可以设想由两部分组成，其中只有从上向下的运动因与布相碰而发生变化，至于那个向右运动的趋向，则总是与以前一样，因为布并未在那个方向上与球相碰。于是我们从中心 *B* 画圆 *AFD*，并画出三条直线 *AC*，*HB* 和 *FE*，各与 *CBE* 成直角，并要求 *FE* 与 *HB* 之间的距离等于 *HB* 与 *AC* 之间距离的两倍。这样，我们看到，小球应该向 *I* 点运动。因为，既然球在穿过布 *CBE* 时失去一半速度，则它从 *B* 下降到圆周 *AFD* 上任何一点所需要的时间就应等于上述从 *A* 到 *B* 所需时间的两倍。又因为以前向右运动的趋向并未减弱，则这次在两倍于以前的时间内向同一方向所通过的距离，就应等于 *AC* 线到 *HB* 线的距离的两倍，所以小球应该在同一瞬间到达直线 *FE* 上的某一点，并同时到达圆周 *AFD* 上的某一点。这除了到达 *I* 点外，其他任何点都是不可能的，因为在布 *CBE* 的下面，只有 *I*

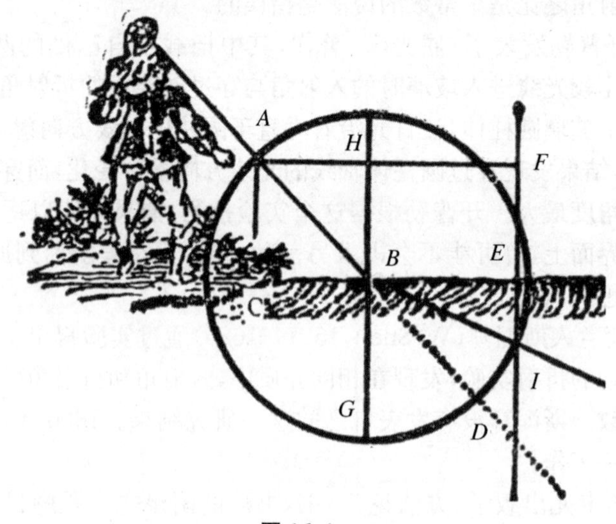

图 16.1

点是圆 AFD 和直线 FE 相交之处。”[1]然后，笛卡儿设想，布 *CBE* 的下面是水，水的表面 *CBE* 也像布一样削减了小球的一半速度，并且认为球在水中的运动路径和以前一样，因此所得出的结果也一样。经过进一步分析后，笛卡儿得出光线发生折射时，入射角对边的长度与折射角对边的长度之比保持不变的结论。此即折射定律。

虽然笛卡儿巧妙地推导出了折射定律，但他用小球的运动代替光的传播，并且认为光在密度大的介质中传播速度大于在密度小的介质中的速度，这使得一些人不能接受其关于折射定律的推导方法。

法国数学家费马(P. Fermat，1601—1665)读了笛卡儿的《屈光学》后，马上对其提出了质疑，笛卡儿则极力为自己的推导方法辩护，由此两人进行了长期的争论。1662 年，费马提出了一种取代笛卡儿的新方法。他在推导过程中运用了极值思想，用求极值的方法来解决光在折射过程中的传播路径问题。极值方法是基于这样一个原理，即一个量的值在接近极大值或极小值时，不会由于决定该值的那些量的微小变化而发生明显的变化。费马假设，密度大的介质对于光传播的阻力大于密度小的介质。设光线从密度小的介质进入密度大的介质，在两种媒质界面发生折射。如图 16.2 所示，以界面上一点 *D* 为圆心，以一定的长度为半径画圆，界面将圆周分成上下两半。一束光线从密度小的介质中圆周上的 *C* 点射到圆心 *D* 点，经过界面折射后进入密度大的介质，传播到密度大介质中的圆周上某一点 *I*。只要确定了折射点 *I* 的位置，就可知道光被折射的情况。由几何图形可知，光线在折射过程中传播的距离显然不是极小值。经过分析，费马把这个问题变成求解相应几何图形面积的最小值问题，即 *I* 点在圆周上什么位置时使得相应图形面积最小。这实际上是用数学方法球极值问题。经过证明，费马得出：从入射点 *C* 到圆心 *D* 的距离(即半径 *CD*)的水平投影长度与从圆心 *D* 到折射点 *I* 的距离(即半径 *DI*)的水平投影长度之比等于密度大介质的阻力与密度小介质的阻力之比，光线从密度小媒质进入密度大媒质时，会向两种媒质界面的垂线一侧偏转。此即费马给出的折射定律的证明情况和结论。

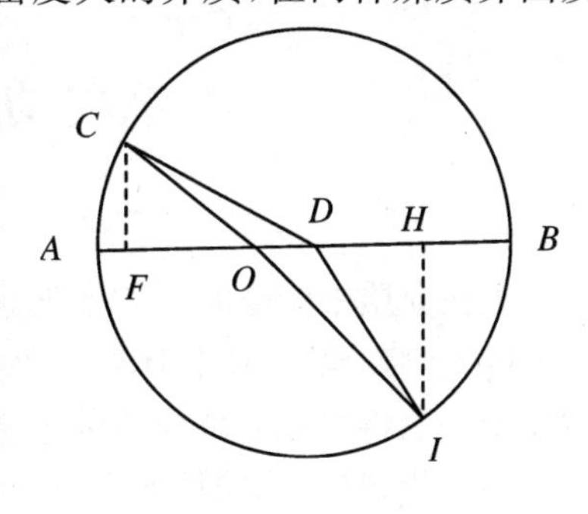

图 16.2

费马认为，光在密度大的介质中传播速度小于在密度小的介质中的速度，与笛卡儿的假设相反，后来惠更斯的光波动理论得出的结论与费马的认识是一致的。

---

[1] 威·弗·马吉. 物理学原著选读. 蔡宾牟，译. 上海：商务印书馆，1986：283-284.

费马的证明没有说明光传播的物理机制,因此被反对者批评为“形而上学的空想”。笛卡儿及其追随者质问说,光线不可能记得自己的过去,它怎么能够在遇到分界面时进行计算而选择一条时间最少的行进路径呢? 莱布尼兹则认为,从物理学的原则考虑,光线应当选择一条阻力最小的路径,而不是时间最少的路径。不过,当笛卡儿发现光在非均匀介质中传播也满足费马的条件后,改变了对费马工作的否定态度。

费马的证明并没有明确要求光传播的时间最少,他提出的最小值要求隐含有“时间最少”的本质。人们称这种极值思想为费马原理。后来莱布尼兹和莫泊丢尝试用这种最小作用思想解释其他的光学定律。经过后人的发展,最小作用原理成为物理学的一条重要法则,在物理学和数学中都发挥了重要作用。

折射定律的建立,对于天文学的发展和光学仪器的制造都有重要促进作用,是光学史上的重要成就。

第二节　色散现象研究

光在介质中传播时折射率随频率而变化的现象称为色散。色散也是一种较为常见的光学现象,透明物体对自然光的折射和雨后彩虹等都是色散现象。利用色散作用可以将白光分解成各种色彩的单色光。

在近代,笛卡儿较早地进行了色散现象的实验研究。他将自己的研究结果写成名为《陨星》的论文,附在《方法论》之后发表。为了说明虹的彩色成因,他用一个球形的透明玻璃容器盛满水,让日光穿过容器,观察其色彩变化情况。这实际上是一个模拟雨滴受日光照射而形成彩虹的实验。通过这个实验,他得出了一些认识,但没有给出彩虹的正确解释。此外,他让一束日光通过棱镜折射,将射出的光投在一张白纸上,结果在纸上显现出虹霓所具有的各种颜色。他还发现,如果让经过棱镜折射的彩色光再次进入另一块棱镜折射后,射出的光将不再具有颜色。笛卡儿虽然通过棱镜折射看到了光的色散现象,但未能作进一步的深入分析。

中世纪之后,人们已经知道日光通过棱镜可以产生彩带,但在牛顿之前没有人能对这种现象给出正确的解释。

一、牛顿的色散研究

牛顿在剑桥大学学习期间，听过数学教授巴罗(Isaac Barrow)讲授的光学课，阅读过开普勒和笛卡儿的光学著作。巴罗在光学方面很有研究。牛顿对光学课很感兴趣，喜欢做光学实验，自己动手磨制透镜，还帮助巴罗编写《光学讲义》。当时的望远镜都有色差。牛顿希望制作出没有色差的望远镜，为了找出克服色差的方法，他对光和颜色的性质进行了深入研究。笛卡儿等的棱镜分光实验对牛顿有所启发，他也用棱镜进行分光实验研究。

1666年，他磨制了一块三角形玻璃棱镜，开始进行色散实验研究，但由于发生鼠疫，其实验工作中断了两年。1671年，他把自己在这方面的研究工作加以总结，写成一封长信寄给英国皇家学会。1672年2月，这封信以《关于光和色的新理论》为题在《哲学学报》上发表。这是牛顿的第一篇科学论文。文中写道："我把房间弄暗，在窗板上开了一个小孔，让适量的日光射进来，然后把我的棱镜置于光的入口处，使光由此折射到对面的墙上。起初我看到那里产生的那些鲜艳而浓烈的颜色，颇感有趣；但经过较周密的考察之后，我惊异地发现它们是长条形的；而根据公认的折射定律，我预期它们的形状应该是圆形的。"根据棱镜色散实验情况，牛顿认识到影响望远镜完善程度的因素不是透镜的几何形状，而是光的折射现象。由于日光是由各种折射率不同的光线混合而成，其通过棱镜时会因折射情况不同而相互散开，造成成像失真。在这篇文章中，牛顿给出了关于光的性质和颜色成因的13条结论，其中主要内容有：(1)正像光线在折射率的程度上有差别一样，它们在显示这种或那种特殊颜色的性格方面也不相同。颜色不像一般人所认为的那样是从自然物体的折射或反射所导出的光的性能，而是一种原始的、天生的、在不同光线中的不同性质。(2)对于同一大小的折射程度总是只有同样一种颜色，而对于同一种颜色也总是只有同一大小的折射程度；折射得最少的光线都倾向于显示红色，折射最大的光线都倾向于显示深紫色。(3)任何一条特殊光线所固有的颜色品种和折射程度，既不会为自然物体的折射或反射所改变，也不会为迄今所观察到的任何其他原因所改变。(4)哪里有不同种类的光线混合在一起，哪里就能使颜色看起来起了变化。(5)有两类颜色，一类是原始的、单纯的，如红、黄、绿、蓝、紫色等；另一类是由这些原始颜色组成的复合色。(6)白色是由各种原始颜色按一定比例混合而成，白色是自然光的通常颜色。(7)根据日光经过棱镜折射后产生颜色的道理，可以解释彩虹的形成。(8)物体的颜色是由于它对某一种光的反射比对其他光的反射性能更强造成的。在论述了颜色是光的固有性质之后，牛顿又描述了一个判决性实验："在一个暗室里，从窗户上开一个小孔，直径大约三分之一英寸，让适量的阳光射进来，在小孔后面放置一个透明无色的棱镜，把入射光折射到室内远处，光在那里将分散成一个长条形的彩色像。然后在离小孔约四或五英尺的地方放置一个半径为三英尺的透镜，使所有那些颜色的光都能立刻通过它，并经它折射后汇聚在再相隔约十至十二英尺的地方。如果你用一张白纸在那里挡住这汇聚的光，你将看到那些颜色由于混合而又重新变为白色。”①

牛顿做了大量的光学实验研究，取得了重要的认识成果。1704 年，他出版了《光学》一书，对自己的研究结果进行了系统总结。像《自然哲学的数学原理》一样，《光学》的结构也是由公理化体系构成，内容由三篇组成。在第一篇的开头牛顿指出：“我的计划不是用假设来解释光的性质，而是用推理和实验来提出和证明它们。为此，我将先讲下列定义和公理。”②第一篇的第一部分首先给出了关于光线、折射性、反射性、入射角、反射角、单色和复合色 8 个定义，给出了反射定律和折射定律等 8 个公理，然后用 16 个实验证明了 8 个关于光的折射、色散和望远镜的性质等方面的命题。第二部分结合实验分析证明了关于颜色与折射的关系、单色光与复合光的性质、用光的性质解释棱镜的颜色、解释彩虹的颜色、解释物体的颜色等 11 个命题，比较充分地说明了色散现象的本质和颜色的性质。第二篇结合实验观察讨论了薄的透明物体对光的反射、折射和形成的颜色现象，描述了著名的“牛顿环”干涉现象。第三篇先描述了作者对一些颜色现象的观察，然后提出了 31 个“疑问”，其中反映了牛顿对于光的本质的看法——光是一种微小的物质粒子。

牛顿的这些工作，对于推动光学的发展有着重要作用。他关于光的颜色性质的研究，不仅为提高光学仪器的性能指出了方向，而且为光谱学研究奠定了基础。

二、歌德和黑格尔对牛顿颜色学说的批评

牛顿关于白光是由各种单色光混合而成的学说引起了后人的争论，其中由德国诗人歌德（J. W. von Goethe）挑起和哲学家黑格尔（G. F. W. Hegel，1770—1831）参与的争论影响最大。③

1790 年，歌德向朋友借来一块三棱镜。他透过棱镜向一面白壁观察，期望看到牛顿所说的彩带现象，但结果看到的仍是一片白壁。歌德因此断定牛顿的颜色理论完全错了。然后，他把棱镜朝向窗口，以为通过它直接观察阳光，也许会看到七色彩带。这一次仍然未能如愿。可是，他却在一根根挡住日光的窗棂两侧看到

① 塞耶. 牛顿自然哲学著作选. 上海：上海人民出版社，1974：81-96.

② 牛顿. 光学. 周岳明，等译. 北京：北京大学出版社，2007：3.

③ 关洪. 牛顿、歌德和黑格尔：关于颜色理论的争论. 自然辩证法通讯，1984，(4).

了彩色,一侧是蓝和紫,另一侧是红和黄。事实上,歌德看到的是"边界色"现象,用牛顿理论完全可以解释这种现象。从扩展光源射出的白光,遇到障碍物时,被分解开来的各种光谱色相互叠合而重新组成白光,只有在障碍物两侧边界上的部分光谱色未得到补偿而显出彩色。这也就是平常使用有色差缺陷的光学系统观察物体时所看到的颜色"镶边"现象。歌德以为这是自己重要的新发现,并且据此认定,通过棱镜所显现的颜色,不是牛顿所说的来自白光的分解,而是起源于在黑白分界处明与暗的遭遇。这件事使他对颜色现象产生了兴趣,对自然界许多相关现象进行了仔细观察,提出了自己的解释。亚里士多德在《论颜色》中说:"颜色的多样性是由于它们分有的阳光和阴影的不相等、不均匀造成的。"歌德赞同亚里士多德的观点,认为白色是原始现象,一切颜色都是由亮与暗综合而成。他认为,从亮到暗会产生"暖色"——红、橙、黄,而从暗到亮会产生"冷色"——青、蓝、紫。牛顿在与胡克关于光和颜色的争论中说:"颜色的科学是数学的,并且像光学的任何其他部分一样是可靠的。"[①]歌德反对牛顿的这种观点。他以诗人的眼光看待科学认识,提倡直觉观察,反对用数学语言描述自然现象。1791 和 1792 年,歌德发表了两篇光学论文,公开对牛顿的理论提出挑战。尽管事实上他提出的颜色理论所含正确的内容不多,但他非常自负,认为自己掌握了真理。1810 年,歌德出版了《颜色论》一书,系统地阐述了自己的观点。

在这本书中,歌德指责牛顿是顽固不化的诡辩家,其实验不精确,提出的公式也不合用;说牛顿的方法是置事实于不顾,其颜色理论完全是空想和幻觉,其光学成就统统是欺瞒和废话,简直是科学史上的无耻之尤等。歌德在书中还说物理学家们全是牛顿的喽啰,死抱着牛顿的教条不放,世界上充斥着他们的谎言。歌德对牛顿的攻击,招致物理学界的普遍反感。与歌德同时代的物理学家并不承认其颜色理论,对其《颜色论》持不屑一顾的态度。但歌德对此不以为然,他说:"让那些先生(指物理学家)们高兴怎么做就怎么做吧,他们丝毫也不会有损于这本书在物理学史中的地位。"直到晚年歌德还说:"我作为一名诗人并没有什么值得自豪的……但在我的世纪内,我是唯一的一个懂得这门艰深科学真谛的人。我说,在这方面我不仅有点得意,而且我具有超乎许多人的优越感。"

歌德对牛顿的谩骂得到了黑格尔的积极响应。黑格尔在未得志时曾受到过歌德的庇护和接济。歌德关于颜色是由明与暗相互渗透而产生的观点,符合黑格尔的哲学思想。于是他不仅支持歌德对牛顿的攻击,而且自己也对牛顿提出了激烈地批评。1817 年,黑格尔出版了《自然哲学》一书,其中极力赞颂歌德的颜色论,批

① 塞耶.牛顿自然哲学著作选.上海:上海人民出版社,1974:96.

评牛顿的学说。他在书中写道："符合于概念的颜色说明，我们应该归功于歌德……他的纯粹的、质朴的天赋智能，即诗人的首要条件，必然会对牛顿的那种粗野的反思方式产生反感；""认为光是复合的这种概念简直与一切概念相对立，是最粗糙的形而上学；""关于这套理论，我们无论怎么激烈批评都不过分。首先是关于这种未开化的观念，在这种观念中，连光也是按照最坏的反思形式、即组合加以把握的……其次是关于根据那种不纯的经验材料所作的推断、推论和证明的同样坏的性质……""歌德关于光所包含的这种黑暗的说明既是透彻的，又是清楚的，甚至于也是博学的。毫无疑问，它之所以没有被积极采纳，一个主要原因在于人们所承认的毫无思想和随心所欲的观念太严重了。"黑格尔所说的"毫无思想和随心所欲的观念"是指牛顿光学理论。他认为是牛顿理论阻碍了人们接受歌德颜色学说。黑格尔坚信："唯有数量才能从数学方面加以证明，物理的东西则不能从数学方面得到证明；在颜色方面数学是无足轻重的；""绝没有任何一位画家是牛顿派这样的傻瓜"。黑格尔在书中用了相当大的篇幅称赞歌德的颜色理论，批判牛顿的光学学说[①]。针对黑格尔对牛顿的批判，恩格斯指出："黑格尔从纯粹的思想构成光和色的理论，并且这样一来就堕入了普通市侩体验的最粗鄙的经验里去了。"[②]

歌德和黑格尔的攻击，并未影响物理学家对牛顿理论的接受，反而使黑格尔的思辨哲学在物理学家的心目中名誉扫地。进而物理学家对其他哲学也产生了反感，形成了一种"拒斥形而上学"的普遍心理。这种状况对物理学和哲学的发展都产生了不利的影响。1862年，亥姆霍兹(H. von Helmholtz)对这种状况做过这样的评述："……本来自然界的事实才是检验的标准，我们敢说黑格尔的哲学正是在这一点上完全崩溃的。他的自然体系，至少在自然哲学家[指物理学家]的眼里，乃是绝对的狂妄。和他同时代的有名科学家，没有一个人拥护他的主张。因此，黑格尔自己觉得，在物理科学的领域里为他的哲学争得像他的哲学在其他领域中十分爽快地赢得的认可，是十分重要的。于是，他就猛烈而尖刻地对自然哲学家，特别是牛顿，大肆进行攻击，因为牛顿是物理研究的第一个和最伟大的代表。哲学家指责科学家眼界狭窄；科学家反唇相讥，说哲学家发疯了。其结果，科学家开始在某种程度上强调要在自己的工作中扫除一切哲学影响，其中有些科学家，包括一些最敏锐的科学家，甚至对整个哲学都加以非难，不但说哲学无用，而且说哲学是有害的梦幻。这样一来，我们必须承认，不但黑格尔体系要使一切其他学术都服从自己的非分妄想遭到唾弃，而且，哲学的正当要求，即对于认识来源的批判和智力功能

① 黑格尔. 自然哲学. 梁志学，译. 上海：商务印书馆，1986：249-298.
② 恩格斯. 自然辩证法. 北京：人民出版社，1971：264.

的解说，也没有人加以注意了。”①

歌德的颜色理论在视觉心理学和绘画方面有一定的参考价值，但他和黑格尔对牛顿颜色学说的批判则是物理学史中的一场闹剧。事实上，歌德和黑格尔根本没有看明白牛顿的理论，或者说他们对牛顿的光学误解太深。

第三节 对于光本性的认识

光是什么？它是由什么构成的？这些关于光的本质问题，一直是人类探讨的内容。近代早期，一些人认为光是物质微粒，另一些人认为光是一种波动；近代后期，随着对光的波动性认识的深入和电磁理论的建立，人们才认识到光的电磁波本质。

一、波动说与微粒说的争论

关于光的本质，近代形成了波动说和微粒说这两种观点，二者进行了长期的争论。

笛卡儿将光类比于物质微粒，用微粒概念推导反射定律与折射定律，但他又认为光本质上是一种在以太介质中传播的压力。他没有给出关于光的本性的明确说法。

1665年，胡克出版了《放大镜下微小物体的显微术或某些生理学描述》一书，明确主张光是媒质的细微的快速振荡运动。他写道：“在一种均匀介质中，这种运动在各个方向都以相等的速度传播。所以发光体的每一个脉冲或振动都必将形成一个球面。这个球面将不断地增大，就如同把一石块投入水中后在水面一点周围的环状波膨胀为越来越大的圆圈一样(尽管肯定要快得多)。由此可知，在均匀介质中扰动起来的这些球面的一切部分与射线交成直角。”胡克用球形脉冲比喻光的传播。此外，他还研究了透明薄膜的闪光颜色，发现一定厚度的云母薄片会呈现象虹一样美丽的颜色。他认为这是由于直接从前表面反射的光和经过折射从后表面反射的光相互作用形成的。他认为颜色取决于光脉冲的形式。“一束最弱的成分领先而最强的成分随后的光脉冲的混合，在视网膜上引起蓝色的印象，一束最强的

① Helmholtz H. Popular lectures on scientific subjects, Appleton, 1900: 7-8.

成分领先而最弱的成分随后的光脉冲的混合，则引起红色的印象。其他的颜色印象都可以由两种成分的先后排列情况作出解释。”胡克的这些解释并不正确，他也没有确定薄膜的厚度与颜色的关系，但他的工作为牛顿进一步研究薄膜现象开了先河。

牛顿根据光的直线传播性质，认为光是物质微粒。他用微粒概念解释了光的直线传播和光的反射、折射定律。牛顿的理论提出后，引起了胡克的非难和争论。胡克认为，牛顿所解释的一些光学现象，用他的波动理论也可以解释，而且认为有些东西是自己先于牛顿而提出的。胡克对微粒说的质疑，促使牛顿不断完善自己的学说。为了将自己的理论与胡克的理论联系起来，1675 年 12 月 9 日，牛顿在向皇家学会提交的论文《涉及光和色的理论的假说》中写道：“以太的振动在这一假说和那一假说中都是一样有用的和不可缺的。因为假定光线是从发光物质向各方面发射出去的小的微粒的话，那么当它们碰到任何一种折射或反射表面时，就必然要在以太中引起振动，正像石块被投到水中要引起振动一样。我还假定，这些振动将按照激发它们的上述颗粒性光线的大小和速度不同而有不同的深度和厚度。”尽管如此，牛顿还是要说明自己与胡克观点的差别。1675 年 12 月 21 日，牛顿在写给皇家学会秘书奥尔登堡(Henry Oldenburg)的信中谈到他和胡克认识的不同：“除了假定以太是一种能振动的介质以外，我和他没有什么共同之点。我对这个假定有和他很不相同的看法：他认为能振动的以太就是光本身，而我则认为它不是，这是一个很大的差别。”因为，牛顿认为，如果把光设想为以太本身的振动，则无法解释光的直线传播现象。

牛顿在《光学》一书中对微粒说的合理性进行了比较充分的阐述，指出光的波动说不能很好地解释光的直线传播这种事实。他在该书后面的“疑问 28”中写道：“在有些假设中，把光描述成在某种液体介质中传播的一种压力或运动，这些假设难道会是正确的？……如果光是一种压力或运动，那么无论它是瞬时传播还是需要时间传播，它都应当朝影子内部弯曲。因为挤压力或运动不能在流体中超越障碍物沿直线传播，而将沿每种方向弯曲和扩展到障碍物后面的静止媒质中去……在静止水面上的波经过一块使其部分地受到阻挡的障碍物的侧面时，将要向后弯曲并逐渐扩展到障碍物后面的静水中去。声音的波是空气的脉动或振动显然也会发生弯曲，尽管不像水波弯曲得那样强烈。……但是，从来没有听说过光可以沿着蜿蜒曲折的通道传播，或者朝阴影内弯曲，因为当一颗行星运行到地球与另一颗不动的恒星之间时，这颗恒星就看不见了。”在“疑问 29”中牛顿明确地表述了光是微粒的观点。他指出：“难道光线不是从发光物质发射出来的微小的物体吗？因为这样的物体会沿着直线穿过均匀介质而不会弯到影子区域里去,这正是光线的本性。"①

"牛顿环"现象是牛顿的一项重要发现,它本来是光的波动性的表现,但牛顿用光微粒和以太振动相结合的观点,解释了这种现象。

荷兰物理学家惠更斯发展了胡克的波动思想,提出光是发光体中微小粒子的振动在以太中的传播现象。1678年,他向法国科学院提交了《光论》手稿,1690年该书正式出版。在书中,惠更斯驳斥了光的微粒说。他写道:"当人们考虑到光线向各个方向以极高的速度传播时,考虑到来自不同地点甚至是完全相反方向的光线能够彼此不受干扰地相互穿过时,就会清楚地认识到,当我们看到发光的物体时,光线不可能像穿过空气的子弹或箭那样由物质从发光体传递给我们。"②然后,他借助于光与声波的类比,说明光的波动性。他写道:"我们知道,声音是借助于看不见摸不着的空气向声源周围的整个空间传播的,这是空气的一部分传递到另一部分的逐步推进运动,而且这一运动的传播在各个方向是以相同速度进行的,所以必定形成球面波,它们向外越传越远,最后到达我们的耳朵。现在,光无疑也是从发光体通过某种传递媒介的运动而到达我们的,因为我们已经看到从发光体到达我们的光不可能是靠物体来传递的。正如我们即将研究的,如果光在其路径上传播需要时间,那么传给物质的这种运动就一定是逐渐的,象声音一样,它也一定是以球面或波的形式传播的;我们把它们称为波,因为它们类似于把石块扔入水中时所看到的水波,我们能看到水波好像在一圈圈逐渐向外传播出去,虽然水波的形成是由于其他原因,并且只在平面上形成。"③惠更斯设想光以球面波的形式连续传播。关于光波的形成和传播方式,他写道:"关于波的传播,还要作进一步的考虑,即传递波的每一个物质粒子不仅将运动传给从发光点开始所画直线上的下一个粒子,而且还要传递给与之接触的其他粒子。结果在每个粒子的周围,形成了以该粒子为中心的波。"④接着,他描述了子波和波阵面的形成,给出了惠更斯原理。惠更斯原理的意义在于能够确定波的传播方向。传播中波前上的每一点,都可以看成是一个新的波或子波的波源,新的波前位置就是这些小子波的包络线,这些子波是从原先波前上所有的点发出的。惠更斯运用这条原理成功地解释了反射和折射现象,并且得出光在稠密介质中传播的速度小于稀疏介质中的速度的正确结论。

---

① 牛顿.光学.周岳明,等译.北京:北京大学出版社,2007:234-239.

② 惠更斯.光论.刘岚华,译.武汉:武汉出版社,1993:2.

③ 惠更斯.光论.刘岚华,译.武汉:武汉出版社,1993:3.

④ 惠更斯.光论.刘岚华,译.武汉:武汉出版社,1993:12-13.

但是，惠更斯所说的光波是纵波。他的波动说虽然比胡克的理论有很大进步，解决了一些问题，但仍然没有正确揭示光的本质。在18世纪，由于牛顿的权威影响，光的微粒说一直居于主导地位。

二、波动说的胜利

19世纪初期，托马斯·杨和菲涅耳等的工作大大发展了光的波动理论；19世纪中叶，光的电磁理论建立后，最终确定了光的横波本质。

托马斯·杨(Thomas Young，1773—1829)是一名英国医生，年轻时认真学习过牛顿的力学和光学著作，学医时研究过眼睛的构造及其光学性质。由于眼睛的视觉与颜色有关，他对光学研究很有兴趣。1802年，托马斯·杨发表论文《论光和颜色的理论》，提出了光波的频率和波长的概念，并初步提出了干涉原理。他写道："当同一束光的两部分从不同的路径，精确地或者非常接近地沿着同一方向进入人眼，则在光线的路程差是某一长度的整数倍处，光将最强，而在干涉区之间的中间带则最弱，这一长度对于不同颜色的光是不同的。"他用这个原理解释了"牛顿环"现象，指出其明暗条纹是由不同界面反射出的光互相叠加而产生"干涉"的结果。1803年，在论文《关于物理光学的实验和计算》中，托马斯·杨更明确阐述了干涉原理，并指出光的传播速度在光密媒质中是否变小，成为检验波动说和微粒说的决定性证据。在这篇文章中，他详细描述了光的衍射实验，分析了实验结果。1807年，托马斯·杨出版了《自然哲学讲义》，描述了著名的双缝实验。他写道："使一束单色光照射一块屏，屏上面开两个小孔或狭缝，可以认为这两个孔或缝就是光的发散中心，光通过它们向各个方向衍射。在这种情况下，当新形成的两束光射到一个放置在它们前进方向上的屏上时，就会形成宽度近于相等的若干条暗带。……图形的中心则总是亮的。"接着，他指出了产生光干涉现象的条件："要使光的两部分效应可以这样地叠加，它们必定要来自同一光源，而且必须从彼此偏离不大的方向经过不同的途径到达同一点。"①

托马斯·杨提出了干涉原理，解释了光的干涉现象，并且测定了光的波长，对光的波动理论作出了重要贡献。但是，他仍然认为光是纵波。

法国工程师菲涅耳(A. J. Fresnel，1788—1872)对光学研究很感兴趣。1815年，他向法国科学院提交了关于光的衍射的第一篇论文《论光的衍射》。早在17世纪，格里马耳迪(F. M. Grimaldi)已经发现光的衍射现象。托马斯·杨企图解释衍射现象，但没有形成正确的理论。菲涅耳的这篇论文是合理解释衍射现象的理论

---

① 威·弗·马吉. 物理学原著选读. 蔡宾牟，译. 上海：商务印书馆，1986：327.

开始。当时他并不知道托马斯·杨关于干涉和衍射的论文。他根据自己的实验观察,重新发现了托马斯·杨的一些结果。例如关于光的干涉,他写道:“以极小的角度交叉的两列光振动,当一方的波节与另一方的波腹重合时,就相互削弱。”根据惠更斯的子波假设,菲涅耳以子波相干叠加的思想补充了惠更斯原理。

1817年3月,巴黎科学院决定把衍射理论研究作为1819年数理科学学部的悬赏问题。当时在巴黎科学院,光的微粒说占据主导地位。拉普拉斯和毕奥(J.B.Biot)等有影响的物理学家几乎都支持微粒说,只有阿拉果同情波动说。大家认为,只要能用微粒说解释衍射现象,就能够确定微粒说的巩固地位。这是科学院选定上述悬赏内容的用意所在。悬赏要求解决的具体问题是:(1)用精确的实验确定光的衍射效应;(2)从这个实验出发,根据数学推理,确定通过物体侧旁的光线运动。在阿拉果和安培的鼓励下,菲涅耳决定应征研究衍射问题。1818年4月,菲涅耳向科学院提交了应征论文。这篇论文运用惠更斯的波阵面作图法与杨氏干涉原理相结合,通过作图形式建立了一般的衍射理论。菲涅耳用半波带法定量地计算了圆孔、圆板等形状的障碍物产生的衍射花纹,理论计算值与实验测量值完全一致。科学院组织了有5人参加的论文评审委员会,其中包括微粒论支持者拉普拉斯、泊松和毕奥,波动论支持者阿拉果,还有持中立态度的盖·吕萨克。在审查论文时泊松发现,根据菲涅耳的理论,如果在光束的传播路径上放置一块不透明的圆板,由于光在圆板边缘的衍射,在离圆板一定距离的地方,圆板阴影的中央应当出现一个亮斑。他认为这是不可思议的,因此判定菲涅耳的波动理论是错误的。但是,阿拉果立即用实验检验了这个理论预言,被圆板遮挡的阴影中心的确出现了一个亮斑。这个亮斑后来被称之为“泊松亮斑”。这使得大家不得不接受菲涅耳的波动理论。但是,光的波动说对于晶体双折射和偏折现象仍然无能为力。

惠更斯和牛顿都研究过冰洲石晶体的双折射现象,即一束光通过冰洲石时会分裂成两束光。1808年,法国工程师马吕斯(E. L. Malus)用冰洲石晶体观看落日在玻璃上的反射现象时,惊奇地发现只出现一个太阳的像,而不是一般双折射时的两个像。这说明反射光的性质发生了某种变化。原来人们认为,光被反射或折射时,它的物理性质是不会改变的,这个偶然发现打破这一见解。马吕斯进一步用晶体观察烛光在水面上的反射现象时发现,当光束与水面成36°角反射时,在晶体中的一个像就消失了;在其他角度时,两个像的强度一般是不同的。当晶体转动时,较亮的像将会变暗,较暗的像将会变亮。利用其他物体表面反射时,也会看到类似现象,只是造成一个像消失的角度不同。马吕斯仔细分析了使反射光入射到双折射晶体中的折射情况,若入射面平行于晶体的主截面时则为寻常光,若入射面垂直于主截面时则为非寻常光。如果使经过双折射的光以52°45′的入射角射到水面上，在晶体的主截面垂直于水面时，则非寻常光线全部透过而不发生反射；如果使主截面垂直于入射面（即平行于水面）时，则寻常光线全部透过而不发生反射。马吕斯由此引入了“光的偏振”概念。他证明寻常光和非寻常光在互相垂直的平面内偏振。马吕斯认为，这种现象的发现击中了（纵波）波动论的要害，而有利于证明光的粒子说。

1811年，阿拉果使透过云母片的折射光再进入双折射晶体折射后，结果从晶体出来的光成为互补色的两种光。他由此得出结论，偏振光状态的变化因波长不同而不同。1816年，菲涅耳和阿拉果一起研究了偏振光的干涉，结果发现来自同一光源的光，通过冰洲石分裂成两条折射光后互不干涉。用光的纵波观点无法解释这一事实。这一年安培等提议，可以把光设想为媒质粒子在垂直于光传播方向上振动而形成的横波。阿拉果认为这种横波概念在力学上不合道理，因而没有采纳。当托马斯·杨知道菲涅耳和阿拉果的工作后，立即提出了横波的想法。1817年初，他写信给阿拉果说：“根据波动学说的原理，所有的波都像声波一样是通过均匀介质以同心球面单独传播，在径向方向上只有粒子的前进或后退运动，以及伴随着它们的凝聚和稀疏。虽然波动说可以解释横向振动也在径向方向并以相等速度传播，但粒子的运动是在相对于径向的某个恒定方向上，而这就是偏振。”菲涅耳从托马斯·杨给阿拉果的信中获得启发，立即以横向振动的假设解释偏振光的干涉现象。

根据来自同一光源的两条折射光互不干涉的现象，阿拉果设想：光波系统可能是由两个相互垂直的振动所组成。菲涅耳发展了这个思想，认为光波可以用垂直于其传播方向的一种位移来描述。晶体由于自身结构上的特点，能够把光束分解为相互垂直的两个光分量，这就出现了偏振现象。因为这两个分量是相互独立的，所以它们不能相互干涉。1819年，阿拉果和菲涅耳在《化学与物理学年鉴》上联名发表了题为《关于偏振光线的相互作用》的论文。论文概括了杨氏干涉实验现象，详细描述了他们所做的一系列偏振光干涉的实验，最后得出五点关于偏振光性质的结论：（1）振动方向相互垂直的偏振光不发生干涉。（2）振动方向相同的偏振光发生干涉，与自然光产生的干涉相同。（3）原来振动方向相互垂直的两束偏振光，当用某种方法使其偏振面转动到同一平面后，仍然不发生干涉。（4）原来振动方向相同的一束偏振光，当用某种光学方法分裂成相互垂直的两束偏振光后，转动偏振面使其又回到同样的偏振状态，这两束光发生干涉。（5）双折射光线的干涉条纹的位置，不只是由路程差和速度差决定，在某些情况下，还必须把半波损失考虑在内。1821年，菲涅耳正式发表了他的光的横波理论。他用这种理论合理地解释了偏振面的旋转、晶体全反射引起的消偏振等现象。这些现象都是用光的粒子说和光的纵波说无法理解的。

光的横波性质与传播光的以太介质存在矛盾,这使得菲涅耳也感到犹豫。他说:“这个假设与公认的弹性液体振动本质的概念如此矛盾,以致我长久以来不能决定采用它;甚至当全部事实和长久的思考使我相信这个假设对于说明光学现象是必要的时候……”因为,纵波可以通过气体介质传播,而横向振动只能在固体物质中产生。如果光是横波,以太就应该是固体,很难想像固态以太不对天体的运动产生阻力。托马斯·杨写道:“菲涅尔先生的这个假设,至少应当被认为是非常聪明的。利用这个假设可以进行相当满意的计算。可是,这个假设又带来了一个新问题,它的后果确实是可怕的……到目前为止,人们都认为只有固体才具有横向弹性。所以,如果承认波动理论的支持者们在自己的《讲稿》中所描述的差别,那么就可以得出结论说:充满一切空间并能穿透几乎一切物质的光以太,不仅应当是弹性的,并且应当是绝对坚硬的!”①

1845 年,法拉第发现了光的振动面在强磁场中的旋转。这表示光学现象与磁学现象之间存在内在的联系。1865 年,麦克斯韦发表了著名论文《电磁场的动力理论》,提出了电磁场方程组,表明电场和磁场以波动形式传播,并求出电磁波的传播速度恰好等于光在真空中的传播速度。由此说明光是一种横向振动的电磁波。1886 年 10 月,赫兹在实验中证明了光的电磁波本质。从此,光的横波理论被物理学家普遍接受。

第四节 光谱研究

17 世纪后期,牛顿用棱镜将白光分解成各种单色光,为光谱学研究奠定了基础,但人们对于光谱的系统研究则是在 19 世纪进行的。

一、对于光谱的早期研究

1749 年,英国的梅耳维尔(Thomas Melvill)用棱镜观察了多种材料的火焰光谱,包括钠光谱的黄线。1800 年,英国的赫歇尔(W. Herschel)在测量太阳光谱热效应时,发现红端以外的区域也具有热效应,从而发现了红外线。1801 年,里特尔

---

① 向义和.物理学基本概念和基本定律溯源.北京:高等教育出版社,1994:192.

(J. W. Ritter)发现了紫外线。红外线和紫外线的发现,把光谱的范围扩大到可见光以外的区域。

1802年,英国物理学家沃拉斯顿(W. H. Wollaston)观测到太阳光谱的不连续性,发现中间有多条黑线。1803年,托马斯·杨通过干涉实验发现了一种测量光谱波长的方法。

德国物理学家夫琅和费(J. von Fraunhofer,1787—1826)发明了衍射光栅,并利用光栅对太阳光谱进行了仔细测量。他于1815年绘制了太阳光谱图,对其中的八条黑线标以从A至H的字母名号(后称夫琅和费线),并测量了其中D线的波长。这些黑线后来成为比较不同琉璃材料色散率的标准,并为光谱精确测量奠定了基础。

1859年,德国物理学家基尔霍夫和罗伯特·威廉·本生发明了棱镜光谱仪,建立了光谱分析方法。他们分析碱金属光谱时发现了元素铯和铷。这使人们认识到运用光谱分析方法可以判定光源的化学成分。随后,科学家们运用这种方法发现了铊、铟等一系列新元素。

光谱分析需要有标准图谱作为参照才能有效地鉴别光源成分。瑞典阿普沙拉大学物理学教授埃格斯特朗多年从事光谱学研究工作,对光谱的性质、合金光谱、太阳光谱以及吸收光谱和发射光谱间的关系做过大量研究。1868年,他发表了经过多年实验观测和资料积累编制而成的《标准太阳光谱图表》,其中纪录了上千条夫琅和费线的波长,以10^{-8}cm为单位,精确到六位数字。这一成果的发表,极大地方便了光谱分析研究。为了纪念他对光谱研究的贡献,后人把10^{-8}cm命名为埃格斯特朗单位(简写作Å)。此外,埃格斯特朗还首先研究了氢原子光谱,测量了其中几条谱线的波长。

1880年,赫金斯(W. Huggins)等成功地拍摄了恒星光谱,发现其中的氢光谱具有明显的规律性。

光谱观测实验研究积累了丰富的资料,为进一步的理论研究奠定了基础。

二、巴耳末公式和里德伯公式的建立

瑞士贝塞尔女子学校的数学教师巴耳末(J. J. Balmer,1825—1898)在贝塞尔大学物理教授哈根拜希(E. Hagenbach)的影响与鼓励下,也对光谱学研究发生了兴趣。巴耳末试图从大量的光谱数据中找到一个公式,以便由它求出各谱线的波长。当时人们认为,光谱线的波长关系与声学现象的基音与谐音关系类似,因此光谱中可能存在一个共同因数,由它决定各个波长。巴耳末认为从埃格斯特朗的氢谱线精确测量结果中,有可能找到所有谱线的共同因数,并用简单的公式表示谱线间的数量关系。巴耳末在寻找公共因数过程中曾走过一段弯路，开始他找到的公共因数为 $30.38\text{mm}/10^7$，而且利用它把四条氢谱线的波长写成下列关系式

$$H_\alpha = 6^3 \times 30.38\text{mm}/10^7, H_\beta = 4^3 \times \frac{5}{2} \times 30.38\text{mm}/10^7$$

$$H_\gamma = 10^3 \times \frac{1}{7} \times 30.38\text{mm}/10^7, H_\delta = 3^3 \times 5 \times 30.38\text{mm}/10^7$$

但是，当巴耳末继续将四个系数项加以规律化时，却无法找出它们的统一规律。后来，他把寻找公共因数与数学中的几何作图方法联系起来，从而获得了突破性的进展。光谱线的排列使巴耳末想起了在透视图中圆柱体的排列情况。于是把不同的光谱线画成几何图形，成为研究这个问题取得进展的关键一步。根据光谱线的几何图形，巴耳末推测光谱满足平方反比关系；从埃格斯特朗对氢谱线的测量数据，他确定谱线的共同因子是 $b = 3\,645.6 \times 10^{-7}\text{mm}$。1884 年 6 月，巴耳末向瑞士巴塞尔科学协会报告了自己发现的氢光谱波长公式

$$\lambda = b\frac{m^2}{m^2 - n^2}$$

式中 m, n 是与光谱有关的两个正整数。

1885 年，巴耳末在《物理与化学年鉴》上发表了论文《论氢光谱系》，介绍了自己的发现过程及研究结果。他在论文中写道："埃格斯特朗对氢光谱线的精确测量使我有可能为这些谱线的波长确定一个共同因子，由此以最简便的方式表示这些波长的数量关系。于是，我逐渐达到了一个公式，至少可以对氢光谱这四根谱线以惊人的精度得到它们的波长"；"根据埃格斯特朗的测定，可以推出这个公式的共同因子是 $3\,645.6 \times 10^{-7}\text{mm}$，这个数字可以称为氢光谱的基数……氢光谱前四根谱线的波长可以从这一共同因子相继乘以系数 9/5，4/3，25/21 和 9/8 获得。初看起来，这四个系数似乎没有形成有规律的数列，但是，如果把第二项与第四项的分子与分母分别乘以 4，就会发现其中一致的规律性，其系数的分子是 $3^2, 4^2, 5^2$ 和 6^2，而相应的各个分母是比分子小 4 的一个数。由于上述原因，使我相信这四个系数是属于两个数列，而且第二个数列包含有第一个数列。因此，我终于提出了一个更普遍的系数公式，即 $m^2/(m^2 - n^2)$，其中 m, n 为正整数。"[①]由这个公式，取 $m = 3,4,5,6$，$n = 2$，即得出氢光谱的上述四条谱线。

巴耳末公式的发现，为研究光谱的规律性奠定了重要的基础，也为人们探索原子的结构提供了重要依据。

① 威·弗·马吉.物理学原著选读.蔡宾牟，译.上海：商务印书馆，1986：378-379.

19世纪70年代,有人用波长的倒数代替波长来表示谱线。这样做的优点是可以将光谱线系表示成等距间隔。这样描绘光谱,比埃格斯特朗的经典光谱图中用波长尺度描绘更接近于从光谱仪直接看到的情景。人们称波长的倒数为“波数”。1883年,哈特莱(W. N. Hartrey)用波数表示法取得了重要进展。他发现,如果用波数表示,同一光谱系中各组三重线的间距总是相等的。后来,其他人发现双线中也有类似的情况。

瑞典物理学家里德伯(J. R. Rydberg,1854—1919)通过整理大量的光谱数据,总结出了化学元素线光谱的规律性。为了研究元素的周期性,他收集和整理了大量光谱资料。锂、钠、钾、镁、锌、镉、汞、铝等元素的谱线波长数据,为他总结光谱公式提供了重要依据。1890年,他在《哲学杂志》上发表了论文《论化学元素线光谱的结构》。文章总结出光谱的各项谱系是相继整数的函数,各个谱系可近似地用公式表示

$$n = n_0 - \frac{N_0}{(m+\mu)^2}$$

式中,n 是波数,m 是正整数,$N_0 = 109\,721.6$,是对所有谱系都适用的常数,相当于巴耳末公式中的共同因子,n_0 与 μ 是不同谱系的特有常数。里德伯在不知道巴耳末公式的情况下得出了自己的这一结果。后来他将巴耳末公式用波数表示,结果发现它只不过是自己发现的公式的一个特例。

1908年,瑞士物理学家里兹(W. Ritz)在进行谱系整理研究的基础上提出了著名的组合原理,他把谱线表示为两个光谱项之差

$$\bar{\nu} = \frac{1}{\lambda} = T_1 - T_2,$$

其中光谱项为

$$T = \frac{N_0}{(m+\mu+\beta/m^2)^2},$$

式中,μ,β 都是不同谱系的特有常数。里兹组合原理说明,任何两条谱线之差都可以得到一个新的谱线。

19世纪末,光谱学的研究取得了很大成就,形成了一个专门研究领域。但是,所取得的认识结果都是经验性规律,无论是巴耳末公式,还是里德伯和里兹的公式,都是经验性总结。至于这些规律说明了什么?如何从理论上加以解释?则成为物理学家们面临的新课题。20世纪初期量子力学建立之后,这些问题才逐步获得解决。

第十七章　相对论的建立

阿尔伯特·爱因斯坦(Albert Einstein,1879—1955)是20世纪最杰出的物理学家,狭义相对论和广义相对论的创立者,量子力学的波动理论之父,现代宇宙学的奠基人和统一场论的开拓者,而且也是一位富有哲学探索精神的思想家和具有强烈社会责任感的和平主义者。

爱因斯坦1905年创立了狭义相对论和提出了光量子理论,1915年创立了广义相对论,1917年开创了相对论宇宙学,1921年以后致力于研究统一场论。在这些重要工作中,创立狭义相对论和广义相对论是其最重要的贡献。

第一节　狭义相对论的建立

1905年9月,爱因斯坦在德国《物理学杂志》上发表了《论动体的电动力学》一文,由此建立了狭义相对论。在狭义相对论建立之前,洛伦兹和彭加勒的一些工作已经接近狭义相对论的部分内容。1955年,爱因斯坦在给一位朋友的信中说:"毫无疑问,如果我们回顾狭义相对论的发展,那么它在1905年发现的时机已经成熟。洛伦兹已经看到为了分析麦克斯韦方程,那些后来以他的名字命名的变换方程是必不可少的,彭加勒甚至已经识破这些联系。"①前人的工作对于爱因斯坦创立狭义相对论有一定的启发作用,但这种作用并非是决定性的。

一、测量以太的实验

以太(ether)是人们想像中存在于宇宙空间的某种媒质。古希腊亚里士多德称它为宇宙中的第五种元素,近代笛卡儿用以太漩涡假说解释太阳系的起源,惠更

---

① 玻恩.我这一代的物理学.上海:商务印书馆,1964:232.

斯把以太看作光振动传播的介质。光的电磁本性发现以后，为了解释光的传播，人们赋予以太各种特性，它无处不在，充满宇宙空间和有形之物，绝对静止，对物体运动不产生阻力等。

1728年，英国天文学家布拉德雷(James Bradley)发现，恒星的视位置以一年为周期在天顶上画出一个小椭圆，这种现象叫作光行差。他意识到这是由于地球绕太阳作椭圆轨道运动和光的传播速度有限所致。布拉德雷把光的传播和地球的运动看作相互独立的，用速度合成方法解释了光行差现象，并测算出光速 $c=3.04\times10^{8}$ m/s。从光的波动性来看，光行差现象说明以太介质相对于地球是静止不动的。如果以太和地球一起运动，就不会产生光行差。为了解释光行差现象，物理学家提出了各种说法，进行了一系列的光学实验。

人们推测，由于光在透明物质中的传播速度与空气中不同，因而通过透明物质观测恒星时，应当发现光行差有所变化。1810年，阿拉果用一架半边视场加有消色差棱镜的望远镜观测恒星，结果发现经过棱镜和不经过棱镜的光行差相同。1818年，菲涅耳假设，真空中的以太是绝对静止的，透明物质中的以太密度与物质折射率 n 的平方成正比；当透明物体运动时，会带动内部多于真空的那一部分以太一道运动。由此得出，透明物体以速度 v 相对于以太运动时，其内部以太移动的速度为 $(-1/n^{2})v$。$(1-1/n^{2})$ 称为菲涅耳曳引系数。如果透明物体的运动速度 v 与光的传播方向一致，则透明物体内光的绝对速度为 $c/n+(1-1/n^{2})v$。当 $n=1$ 时，光的传播速度仍然是 c，以太完全不被拖动。菲涅耳的理论既解释了光行差现象，也解释了阿拉果的实验。

1851年，法国科学家斐索(A. H. L. Fizeau，1819—1896)做了一个实验。他让一个大的"U"型玻璃管中充满沿着一个方向流动的水，让来自同一光源的两束光分别顺着和逆着水流方向通过"U"型管后相遇，观测干涉条文的移动情况。实验结果证实了菲涅耳的上述理论。菲涅耳的理论支持以太在宇宙空间中静止、地球相对于以太运动的观点。如果是这样，地球在以太中穿行时应能感觉到"以太风"。由此人们开始了探索以太存在的实验。

1887年，美国的迈克尔逊(A. A. Michelson，1852—1931)和莫雷(E. W. Moley，1838—1923)利用自己设计的干涉仪进行了以太测量实验。实验原理是，将一束光分成两束，让其中一束沿着与地球运动平行的方向传播并被反射回来，让另一束沿着与地球运动垂直的方向传播并被反射回来，使这两束光相遇，二者如果存在光程差，就会产生干涉条纹的移动。根据实验条件计算，应该有0.4个条纹间距的位移。但是，实验结果几乎没有看到条纹的移动。这一结果与人们的以太静止观念矛盾，因此引起了物理学界的震惊。尽管实验没有看到预期的结果，但大家毫不怀疑以太的存在，而是提出各种假设对实验结果进行解释。

1889 年，爱尔兰物理学家菲茨杰拉德（G. F. Fitzgerald，1851—1901）给英国《科学》杂志寄去一封信，其中提出了解释迈克尔逊—莫雷实验的收缩假说。他认为，物体相对于以太运动时，沿运动方向的长度会缩短；缩短的程度“和物体穿过以太的速度与光速之比的平方成正比”。由于这种收缩效应，结果不会看到干涉条纹的移动。物体长度缩短的原因是由于其运动时改变了内部带电粒子之间的平衡间隔。菲茨杰拉德的这种假说未为人们广泛知晓。

1892 年，荷兰物理学家洛伦兹（H. A. Lorentz，1853—1928）又独立地提出了收缩假说。他在《论地球对以太的相对运动》中写道：“迈克尔逊—莫雷实验长期使我迷惑。我终于想出了一个唯一的办法来协调它的结论和菲涅耳的理论。这个办法就是：假设固体上两点的连线，如果开始平行于地球运动的方向，当它转 90°时就不再保持相同的长度。”[①]根据牛顿力学速度合成法则，他推出只要物体长度收缩系数为 $v^2/2c^2$，即可在 $(v/c)^2$ 数量级上解释迈克尔逊—莫雷实验的零结果。1895 年，他在《运动物体中的电和光现象的理论》一文中更精确地推出，长度为 L 的物体以速度 v 相对于以太运动时，其长度收缩为 $L' = L(1-v^2/c^2)^{1/2}$。他认为，物体收缩是由于分子力引起的，并假定分子力也像电力和磁力一样通过以太而传递。

1922 年 12 月 4 日，爱因斯坦在日本京都大学所作的题为《我是怎样创立相对论的》讲演中说：“还是学生的时候，我就知道了迈克尔逊实验的那个不能解释的结果。那时，我凭直觉意识到，如果把实验结果当作事实，那么，我们思想的错误可能就在于考虑地球相对于以太的运动。事实上，这是使我通向现在被称为狭义相对论原理的第一条道路……我偶然读了洛伦兹 1895 年的专题论文，在这篇文章中，他在一阶近似下，换句话说，在忽略运动物体的速度与光速之比的高于二阶量的情况下，成功地给出了电动力学问题的一个综合解。在这种背景下，我考虑了斐索实验……”[②]这说明，斐索实验和迈克尔逊实验对爱因斯坦创建狭义相对论是有一定影响的。

二、洛伦兹变换

洛伦兹在建立自己的电子理论过程中，提出了一种坐标变换式，它与爱因斯坦狭义相对论推导出的坐标变换形式上完全相同，因此爱因斯坦说洛伦兹的工作已接近了相对论。

---

① 郭奕玲，沈慧君. 物理学史. 北京：清华大学出版社，2005：171.

② Einstein A . How I created the theory of relativity . Physics Today，1982：45.

1892年，洛伦兹发表了《麦克斯韦的电磁理论及其对运动物体的应用》一文。他在文章中认为，静止以太充满整个宇宙空间，以太是电磁场的载体，空间每一点的以太状态由麦克斯韦电磁场方程描述；物体中的带电粒子与以太有相互作用，物质粒子所带的电荷使以太的电磁状态发生变化，以太的电磁状态使带电粒子受到力的作用。他并且推导出了菲涅耳曳引系数。1895年，在《运动物体中的电和光现象的理论》一文中，为了从静止坐标系中的麦克斯韦方程推导出运动坐标系中的相应方程，洛伦兹提出了"状态对应原理"。这个原理认为，如果在静止坐标系中存在以 x,y,z,t 的函数 D,E,H 所表示的电磁状态，那么当该坐标系以速度 v 运动时，存在着与静止坐标系同样形式的函数 D',E',H' 所表示的电磁状态，而其中的独立变量是运动坐标 x',y',z',t'。洛伦兹称 t' 为"地方时间"。他认为，状态对应原理回答了在一阶精确（v/c）程度上，地球运动对光学现象没有影响。此后，他力图扩大状态对应原理的适应范围。1904年，洛伦兹在《在一个速度小于光速的运动系统中的电磁现象》一文中，把静止坐标系中的电磁场方程变换到运动坐标系时，给出了两个坐标系之间的变换式

$$x' = \gamma(x-vt),\ y' = y,\ z' = z,\ t' = \gamma(t-vx/c^2)$$
$$\gamma = (1-v^2/c^2)^{-1/2}。$$

根据这种坐标变换，对于不同的惯性坐标系，电磁场方程将保持形式不变。由这组坐标变换可以证明，无论在怎样高的精确度上都无法观测到物体相对于以太的运动。1905年，彭加勒对洛伦兹的电磁理论做了一些小的完善，正式称上述坐标变换为"洛伦兹变换"。其实，早在1895年，英国物理学家拉莫尔（Joseph Larmor）在《以太和物质》一文中已经提出了与洛伦兹相同的坐标变换式，而且也推出了长度收缩假设。只是拉摩的工作没有为人们广泛知晓。

洛伦兹关于运动物体的电动力学理论是以存在绝对静止的以太为出发点的。他认为，以太对于地球或者物体运动的影响是理所当然存在的，只是产生了几种相反的效应，结果相互抵消，未在表观上显示出来。洛伦兹将自己提出的坐标变换仅仅看作是数学辅助手段，没有意识到它有什么物理学意义。因此，尽管他给出了与狭义相对论同样的坐标变换，但其物理思想与爱因斯坦有着本质的区别。

三、彭加勒的猜测

法国数学家和物理学家彭加勒（Henri Poincaré，1854—1912）根据各种以太测量实验的失败以及人们提出的种种解释，认为物体相对于以太的运动是无法证明的。他猜测将有一门新的力学产生，它在一些方面与牛顿力学有本质的不同。彭加勒所预言的新力学，就是爱因斯坦创立的狭义相对论。

1895 年，彭加勒在研究拉莫尔电磁理论的论文中即指出："从各种经验事实得出的结论能够概括为下述断言：要证明物质的绝对运动，或者更确切地讲，要证明可称量物质相对于以太的运动是不可能的。"1898 年，彭加勒在《时间的测量》一文中指出："我们没有关于两个时间间隔相等的直觉。相信有这种直觉的人是受了假象的欺骗"。他还指出："很难将同时性的定性问题与时间测量的定量问题分离开来；不论我们用计时计还是考虑像光那样的传播速度，因为没有时间的测量，就不能够测量这个速度。"在讨论了牛顿力学同时性定义的不恰当性后，彭加勒写道："两个事件的同时性，或者它们的发生次序以及两个时间间隔的相等，都必须以这样的方式来定义：使自然规律的表述尽可能简单。"①

1899 年，彭加勒在巴黎大学作了一次讲演。他在分析了各种测量地球相对于以太运动的实验的失败结果后说："我认为光学现象很可能只取决于物体、光源和所涉及的仪器的相对运动，不只是到二阶的量，而且到更加精确的量也是如此。"②1900 年，他在巴黎大学国际物理学会议报告中说："我们的以太真的存在吗？我不相信更精确的观察能够揭示出比相对位移更多的东西；""对于考虑到二阶项所获得的负结果，寻找一个共同的解释是必要的。有理由假定这种共同的解释适用于更高阶的项，这些项的相消是严格的和绝对的，于是某种新的原理必定引入物理学。这一新原理很像热力学第二定律，它断言某些事情是不可能的。在这里，就是确定地球相对于以太的运动速度是不可能的。"③彭加勒意识到，无法观测到地球相对于以太的运动这件事实隐含着某种自然法则。

1902 年，彭加勒出版了《科学与假设》一书，书中对牛顿的绝对时空理论提出了质疑。他写道："(1)没有绝对空间，我们能够设想的只是相对运动；可是通常阐明力学事实时，就好像绝对空间存在一样，而把力学事实归诸于绝对空间。(2)没有绝对时间；说两个持续时间相等是一种本身毫无意义的主张，只有通过约定才能得到这一主张。(3)我们不仅对两个持续时间相等没有直接的直觉，而且我们甚至对发生在不同地点的两个事件的同时性也没有直接的直觉。(4)力学事实是根据非欧几里得空间陈述的，非欧几里得空间虽然说是一种不怎么方便的向导，但它却像我们通常的空间一样合理。"④

1904 年，彭加勒在美国圣路易斯科学和艺术会议演讲中，首次使用了"相对性

① 派斯. 爱因斯坦传. 方在庆，等译. 上海：商务印书馆，2004：181-182.

② Whittaker E. T. A History of the Theories of Aether and Electricity. Edinburgh，1953：30-31.

③ 向义和. 物理学基本概念和基本定律溯源. 北京：高等教育出版社，1994：238-239.

④ 彭加勒. 科学的价值. 李醒民，译. 北京：光明日报出版社，1988：73-74.

原理”概念。他说:“按照相对性原理,物理现象的规律对于一个固定的观察者就像对于一个相对于他作匀速平移运动的观察者一样是相同的。所以我们没有也不可能有任何方法来辨别我们是不是处于这样一个匀速运动系统中。”在这次讲演中,他还预见到将有一门新的力学出现。他猜测说:“也许我们应该建立一门新的力学,对这门力学我们只能窥见它的一鳞半爪,在这门新力学中,惯性随着速度增加,光速将会成为一个不可逾越的极限。”①

在1905年之前,爱因斯坦读过彭加勒的《时间的测量》论文②。1900年彭加勒在巴黎大学的讲演被收入1902年出版的《科学与假设》之中。在1902年至1905年,爱因斯坦与哈比希特和索洛文组成的“奥林匹亚科学院”读书活动期间,他们认真阅读过休谟、彭加勒和马赫等的哲学著作,其中《科学与假设》是重点研读对象。这本书使他们“度过了无比紧张的几个星期”,给他们“留下了深刻的印象”。所以,在狭义相对论建立之前,爱因斯坦知道彭加勒对于绝对时间和绝对空间的批判,了解其关于同时性的看法和地球相对于以太运动不可观测的见解。彭加勒在美国圣路易斯的讲演稿被收入其1905年出版的《科学的价值》一书中,因此爱因斯坦创立狭义相对论时并不知道彭加勒关于相对性原理和新力学的观点。

四、有关思想认识的启发

19世纪末,关于以太问题的研究是物理学的热门话题。年轻的爱因斯坦也在思考这个问题。1895年,他将一份题为《对磁场中以太状态的考察》的手稿寄给自己的舅舅审查。在这篇没有发表的论文中,作者讨论的主要问题是磁场对以太的影响。同年,他在阿劳读中学时想到一个追随光波运动的悖论:“如果我以速度c(真空中的光速)追随一条光线运动,那么我就应当看到,这样一条光线就好像一个在空间里振荡着而停滞不前的电磁场。可是,无论是依据经验,还是按照麦克斯韦方程,看来都不会有这样的事情。从一开始我凭直觉就很清楚,从这样一个观察者来判断,一切都应当像一个相对于地球是静止的观察者所看到的那样按照同样一些定律进行。”爱因斯坦说,“这是同狭义相对论有关的第一个朴素的思想实验。”③按照牛顿力学的速度加法法则,一个人以光速运动时,他看到的光波应当是静止的;但是麦克斯韦电磁理论则告诉我们,光的传播速度是个常数,与光源的相对运动无关,一个人即使以光速运动,他看到光的传播情况仍然与他静止时看到的一

① 彭加勒.科学的价值.李醒民,译.北京:光明日报出版社,1988:288,308.

② 派斯.爱因斯坦传.方在庆,等译.上海:商务印书馆,2004:191.

③ 爱因斯坦文集.第一卷.许良英,范岱年,编译.上海:商务印书馆,1976:24,44.

样。这个悖论揭示了麦克斯韦电磁理论与牛顿力学之间存在着矛盾。这个矛盾一方面体现在牛顿速度加法法则与光速不变的矛盾，另一方面体现在牛顿力学方程在伽利略坐标变换下是协变的，而麦克斯韦电磁场方程在伽利略坐标变换下则不是协变的这种矛盾。经过十年沉思之后，爱因斯坦提出了狭义相对性原理，建立了狭义相对论，才解决了这个矛盾。1946年，爱因斯坦在《自述》中回忆1895年想到的追光悖论后说："这个悖论已经包含着狭义相对论的萌芽。今天，当然谁都知道，只要时间的绝对性或同时性的绝对性这条公理不知不觉地留在潜意识里，那么任何想要令人满意地澄清这个悖论的尝试，都是注定要失败的。清楚地认识这条公理以及它的任意性，实际上就意味着问题的解决。对于发现这个中心点所需要的批判思想，就我的情况来说特别是由于阅读了戴维·休谟和恩斯特·马赫的哲学著作而得到决定性的进展。"①休谟和马赫以及彭加勒都对牛顿的时间和空间理论提出过批判，爱因斯坦在"奥林匹亚科学院"读书活动期间认真学习过这些人的相关著作。在这些人思想的启发下，爱因斯坦认识到，牛顿力学和伽利略坐标变换是建立在时间和空间任意假定的基础上的，特别是建立在同时性的定义与参考系无关的基础上的。

在大学二年级，爱因斯坦思考过光、以太和地球运动问题，曾企图制造一种仪器测量地球相对于以太的运动。1901年，大学毕业后他仍然在思考以太漂移实验，他在给大学同学格罗斯曼的一封信中说自己"想到一种新的、简单得多的考察物质相对于光以太运动的方法"。这些情况说明，光的传播和以太问题一直在困扰着年轻的爱因斯坦。

1919年，爱因斯坦在《相对论发展中的基本思想和方法》一文中说："在狭义相对论建立过程中，对法拉第电磁感应实验的思考，对我起着向导的作用。按照法拉第定律，在磁铁相对于导体环路的运动中，在导体环路中有感应电流出现。无论是磁铁在运动或者是导体在运动，这一结果是完全相同的，按照麦克斯韦-洛伦兹理论只与相对运动有关。然而，对这一现象的理论解释在两种情形下是完全不同的……我不能接受这是两种基本不同情形的思想。我深信这两种情形之间的差别不是实质性的差别，宁可说只不过是参考点选择的差别，从磁铁参考系来看，一定没有电场，而从导体参考系来看，一定有电场。因此电场的存在是相对的，依赖于所选用的坐标系的运动状态。唯一可以接受的客观事实是完全与观察者或坐标系的相对运动状态无关的联合在一起的电磁场。这个电磁感应现象迫使我假设了狭义

① 爱因斯坦文集.第一卷，许良英，范岱年，编译.上海：商务印书馆，1976：44.

相对论原理。”①爱因斯坦这里指出的是麦克斯韦电磁理论应用到运动物体上时引起了不对称性，这也是启发他建立狭义相对论的一种因素。在1905年狭义相对论的第一篇论文的开头他就强调了这个问题。

1922年，爱因斯坦在京都大学演讲中回忆狭义相对论创立过程时说：“我考虑了斐索实验，然后试图在如下的假设基础上解决这个问题：关于电子的洛伦兹方程，在我们将坐标系定义在运动物体的情况下也应该成立，就像坐标系定义在真空中那样。总之，我那时确信，电动力学中的麦克斯韦-洛伦兹方程是正确的。而且这些方程在运动参考系中也要成立，这便格外向我们展现出所谓光速不变性的关系。然而，光速不变性是与我们在力学中熟悉的速度加法法则相矛盾的。”爱因斯坦接着说：“为什么这两件事情彼此矛盾，我感到这个问题难以解决。我怀着修正洛伦兹某些思想的希望，差不多考虑了一年，毫无结果。这时候我才认识到，它真是一个难解之谜。这时，伯尔尼的一个朋友（贝索）意外地帮助了我。那是一个阳光明媚的日子，我去访问他，与他进行了如下的谈话：‘最近我有个难以解决的问题，所以今天我把问题带到这里来想与你讨论。’我们谈了很多，我突然明白了。第二天我又去看他，开口就说：‘太感谢你了！我已经完全解决了这个问题。’我解决的实际上就是时间概念，也就是说，时间不是绝对确定的，而是在时间与信号速度之间有着不可分割的联系。有了这个概念，前面的疑难也就迎刃而解了。在认识这一点5周后，现在的狭义相对论就完成了。”②

美国物理学家和物理学史家派斯认为，促使爱因斯坦走向狭义相对论的主要动力是美学追求，也就是简单性追求。这种执著的信念伴随爱因斯坦一生，不仅导致他创立狭义相对论，而且还继续引导他走向广义相对论的巨大成功，晚年也将他引向统一场论的巨大失败③。派斯所说的简单性，其实指的是物理学理论的统一性。派斯是从物理学理论发展的逻辑进程而言的。具体来说，19世纪末人们关于以太的测量实验和提出的种种解释，牛顿力学与麦克斯韦电磁理论之间的矛盾，麦克斯韦电磁理论描述运动物体电磁现象时存在的不对称性，休谟、马赫和彭加勒对牛顿时空理论的批判，这些因素对于爱因斯坦创立狭义相对论都有一定的启发性。

五、1905年两篇狭义相对论文章

狭义相对论的建立是以爱因斯坦于1905年6月和9月发表的两篇论文为标

---

① 向义和. 物理学基本概念和基本定律溯源. 北京：高等教育出版社，1994：246.

② 派斯. 爱因斯坦传. 方在庆，等译. 上海：商务印书馆，2004：199-200.

③ 派斯. 爱因斯坦传. 方在庆，等译. 上海：商务印书馆，2004：202.

志的。

第一篇论文《论动体的电动力学》分为运动学和电动力学两个部分。在论文开头，爱因斯坦描述了麦克斯韦电动力学应用到运动物体上时引起的不对称性：设想一个磁体与一个导体之间的电动力相互作用。如果是磁体在运动，导体静止，那么在磁体附近就会产生一个电场，它在导体中会产生一股电流；但是如果磁体静止，而导体在运动，那么磁体附近就没有电场，可是在导体中却形成一个电动势，它会引起电流。尽管两种情况导体中都有电流，但前一种情况有电场，后一种情况无电场。爱因斯坦认为，这种不对称似乎不是现象所固有的。爱因斯坦接着写道："诸如此类的例子以及企图证实地球相对于光媒质（以太）运动的实验的失败，引起了这样一种猜想：绝对静止这个概念，不仅在力学中，而且在电动力学中也不符合现象的特性，倒是应当认为，凡是对力学方程适用的一切坐标系，对于上述电动力学和光学的定律也一样适用，对于第一级微量来说，这是已经证明了的。我们要把这个猜想（它的内容以后称之为'相对性原理'）提升为公设，并且还要引进另一条在表面上看来同它不相容的公设：光在空虚空间里总是以一确定的速度 v 传播着，这速度同发射体的运动状态无关。由这两条公设，根据静体的麦克斯韦理论，就足以得到一个简单而又不自相矛盾的动体电动力学。'光以太'的引用将被证明是多余的，因为按照这里所要阐明的见解，既不需要引进一个具有特殊性质的'绝对静止的空间'，也不需要给发生电磁过程的空虚空间中的每一点规定一个速度矢量。"[①] 这其中的"两个公设"就是狭义相对论的两个基本原理：狭义相对性原理和光速不变原理。

在论文的"运动学部分"，作者首先运用理想实验操作方法定义了两只处于不同地点的时钟的同步性，然后根据狭义相对性原理和光速不变原理论证了长度和时间的相对性。文章指出，"我们不能给予同时性这个概念以任何绝对的意义；两个事件，从一个坐标系看来是同时的，而从另一个相对于这个坐标系运动着的坐标系看来，它们就不能再被认为是同时的事件了。"爱因斯坦考虑一球面光波在两个相对做匀速直线运动的惯性坐标系里的传播，根据狭义相对性原理和光速不变原理，两个坐标系中的光波传播方程应当具有相同的形式，从这两个方程经过简单推导就得出了两个坐标系之间的变换关系式，其形式与洛伦兹变换完全相同。将这组坐标变换式代入光波传播方程，求出运动坐标系的长度和时间，即得出运动物体的长度缩短（$L = L_0(1-v^2/c^2)^{1/2}$）和运动的时间变慢（$t = t_0/(1-v^2/c^2)^{1/2}$）的结论。从这组坐标变换式出发，爱因斯坦推导出了新的速度加法定理。

① 爱因斯坦文集. 第二卷. 范岱年，等编译. 上海：商务印书馆，1983：83-84.

论文的第二部分是将第一部分推导出的结论在电动力学中付诸应用。爱因斯坦根据狭义相对性原理和光速不变原理，证明不同坐标系中的麦克斯韦电磁场方程在洛伦兹坐标变换下具有协变性，得出不同坐标系中电磁场量的变换方程，从而消除了论文开头所说的由磁体和导体的相对运动而出现的不对称性。在论文的其余部分，爱因斯坦运用电磁场变换方程和洛伦兹变换说明了多普勒效应及光行差现象，得出了光的频率变换定律和光压公式，还导出了电子运动方程及其质能关系式。

在同年9月发表的论文《物体的惯性同它所含的能量有关吗》中，爱因斯坦在6月论文研究结果的基础上，推导出了著名的质能关系式：$E=mc^2$，其中 m 是质量，c是真空中的光速。这篇文章得出结论："物体的质量是它所含能量的量度；如果能量改变了$\triangle E$，那么质量也就相应地改变$\triangle E/c^2$。"①

1948年，爱因斯坦在为《美国人民百科全书》撰写"相对论"的条目时，对狭义相对论的意义进行了总结："狭义相对论导致了对空间和时间的物理概念的清楚理解，并且由此认识到运动着的量杆和时钟的行为。它在原则上取消了绝对同时性概念，从而也取消了牛顿所理解的那个即时超距概念。它指出，在处理同光速相比不是小到可忽略的运动时，运动定律必须加以怎样的修改。它导致了麦克斯韦电磁场方程形式上的澄清；特别是导致了对电场和磁场本质上的同一性的理解。它把动量守恒和能量守恒这两条定律统一成一条定律，并且指出了质量同能量的等效性。从形式的观点来看，狭义相对论的成就可以表征如下：它一般地指出普适常数c(光速)在自然规律中所起的作用，并且表明以时间作为一方，空间坐标作为另一方，两者进入自然规律的形式之间存在着密切的联系。"②

第二节　广义相对论的建立

狭义相对论不仅解决了物理学中一些旧的矛盾，而且得出了一些新的结果，在各方面都取得很大成功。但是，这种理论无法合理地描述引力现象。这使得爱因

① 爱因斯坦文集.第二卷.范岱年，等编译.上海：商务印书馆，1983：116-118.

② 爱因斯坦文集.第一卷.许良英，范岱年，编译.上海：商务印书馆，1976：458.

斯坦认识到,“狭义相对论不过是必然发展过程的第一步。”[①]企图克服狭义相对论的局限性,合理地描述引力现象,这促使爱因斯坦继续探索,并于 1915 年建立了广义相对论。广义相对论以其物理原理简明,数学形式优美,科学预言精确而著称。

一、狭义相对论的局限性

狭义相对论存在两个方面的局限性。

其一,它给予惯性坐标系特别优越的地位,却无法说明其优越的理由。狭义相对论只适用于惯性参考系,它把惯性系的适用范围从力学扩大到物理学的各个方面,但并没有说明为什么惯性系比其他参考系优越。爱因斯坦认为这是这种理论隐含的一种局限性。马赫在批判牛顿力学的绝对时空框架时,就对惯性系的优越性提出过质疑。牛顿力学无法回答马赫的质疑。狭义相对论同样回答不了马赫的问题:“为什么惯性系在物理上比其他坐标系都特殊?”[②]1922 年,爱因斯坦在京都大学的讲演中说:“我对广义相对论的最初想法出现在 1907 年。这种思想是突然产生的。我对狭义相对论并不满意,因为它被严格地限制在相互做匀速运动的参考系中,它不适用于作任意运动的参考系。于是我努力把这一限制取消,使得这一理论能在更为一般的情况下讨论。”[③]取消惯性参考系的优越地位,就意味着所有的参考系都可以用来描述物理现象。

其二,狭义相对论无法正确描述引力现象。1907 年,德国《放射学和电子学年鉴》邀请爱因斯坦撰写一篇关于狭义相对论的综述文章。由此使爱因斯坦尝试修正牛顿的引力理论以满足狭义相对论,结果使爱因斯坦认识到,“在狭义相对论的框架里,是不可能建立令人满意的引力理论的”。[④] 1919 年,爱因斯坦在为《自然》杂志撰写的题为《相对论发展中的基本思想和方法》一文中,回忆了自己的认识变化情况:“事情是这样的:引力场只有相对的存在性,就像磁感应产生电场一样。因为对一个从房顶自由下落的观测者而言——至少在离他很近的环境中——不存在引力场。事实上,如果这个观察者让物体下落,那么物体相对于他的状态是静止的或是匀速运动的,而与物体特殊的化学和物理性质无关。从而,这个观察者有理由说他的状态是静止的。由于这个想法,引力场中所有物体以相同加速度下落这一极不寻常的实验定律,立刻就获得了深刻的物理意义。……于是,这种在实验上众

① 爱因斯坦文集. 第一卷. 许良英,范岱年,编译. 上海:商务印书馆,1976:28.
② 爱因斯坦文集. 第一卷. 许良英,范岱年,编译. 上海:商务印书馆,1976:28.
③ Einstein A . How I created the theory of relativity . Physics Today,1982:47.
④ 爱因斯坦文集. 第一卷. 许良英,范岱年,编译. 上海:商务印书馆,1976:29.

所周知的落体加速度的独立特性,最终为将相对性假设推广到彼此相对以非均匀速度运动的坐标系提供了有力的根据。"[1]1922 年,爱因斯坦在京都演讲中也回忆了当年的情况。他说:"有一天,我正坐在伯尔尼专利局办公室的椅子上,忽然闪现出一个念头:'如果一个人自由下落,那他就不会感觉到自己的重量了。'我惊呆了,这个简单的想法给我留下了深刻的印象,它把我引向了引力理论。我继续想下去:下落的人正在作加速运动,可是在这个加速参考系中,他如何判断面前发生的事情?于是我决定把相对性原理推广到加速参考系。"[2]在引力场中所有物体都以相同的加速度下落,实际上也就是物体的惯性质量与引力质量相等。1933 年,爱因斯坦在《广义相对论的来源》一文中写道:"在引力场中一切物体都具有同一加速度,这条定律也可以表述为惯性质量与引力质量相等的定律,它当时就使我认识到它的全部重要性。我为它的存在感到极为惊奇,并猜想其中必定有一把可以更加深入地了解惯性和引力的钥匙。"[3]

正是狭义相对论的理论局限性和惯性质量与引力质量相等的实验事实,引导爱因斯坦由狭义相对论进一步创立了广义相对论。

二、两个基本原理的提出

广义相对论的理论基础是广义相对性原理和等效原理,前者认为所有的参考系对于描述物理定律都是等价的,后者认为引力场同相应的加速参考系在物理上完全等价。在爱因斯坦建立广义相对论过程中,这两个原理的提出,都经历了一个认识变化过程。

物理学中有三个相对性原理:伽利略相对性原理认为所有的惯性参考系对于描述力学现象都是等价的;狭义相对性原理认为所有的惯性参考系不仅对于描述力学现象是等价的,而且对于描述包括电磁现象在内的所有物理现象都是等价的;广义相对性原理认为,不仅惯性坐标系对于描述所有的物理现象是等价的,而且非惯性坐标系对于描述物理现象也是等价的。广义相对性原理实际上是取消了惯性参考系在物理学中的优越地位。这三个原理之间有逻辑继承关系,是将参考系的适用范围逐步扩大的结果。

物体的惯性质量与引力质量相等,或者说在引力场中所有的物体都以相同的加速度下落,这是人们司空见惯的物理事实。像在狭义相对论中爱因斯坦将光速

---

① 派斯.爱因斯坦传.方在庆,等译.上海:商务印书馆,2004:259.

② Einstein A. How I created the theory of relativity . Physics Today,1982:45.

③ 爱因斯坦文集.第一卷.许良英,范岱年,编译.上海:商务印书馆,1976:320.

不变的实验事实提升为物理学的基本原理一样，在广义相对论中，爱因斯坦将惯性质量与引力质量相等这一实验事实也提升为基本原理，以此作为广义相对论的物理事实基础。

1907年，德国《放射学和电子学年鉴》发表了爱因斯坦关于狭义相对论的综述文章——《关于相对性原理和由此得出的结论》。在文章的第五部分"相对性原理和引力"中，爱因斯坦简单讨论了相对性原理、等效原理、引力红移、光线弯曲和引力能量等问题。在这一部分内容的开头，他写道："迄今为止，我们只把相对性原理，即认为自然规律同参考系的状态无关这一假设应用于非加速参考系。是否可以设想，相对性原理对于相互相对作加速运动的参考系也仍然成立?"这实际上是初步提出了广义相对性原理。接着爱因斯坦运用一个理想实验对这种想法进行了论证。考察两个参考系 Σ_1 和 Σ_2，Σ_1 以加速度 γ 沿着 x 轴方向运动，Σ_2 静止在一个均匀的引力场中。这个引力场给所有的物体施加一个沿负 x 轴方向的加速度 γ。爱因斯坦分析说："就我们所知，无法把参照于 Σ_1 的物理定律与参照于 Σ_2 的物理定律区别开来；这是由于一切物体在引力场中都被同样地加速。因此，根据我们现有的知识，我们没有理由认为 Σ_1 和 Σ_2 彼此有什么区别，所以我们在下面将假设：引力场同对应的加速参考系在物理上完全等价。这个假设把相对性原理扩展到参考系作均匀加速平移运动的情况。这个假设的启发意义在于，它允许用一个均匀加速参考系代替一个均匀引力场。"[①]这是爱因斯坦关于等效原理的首次表述。根据等效原理，在均匀的引力场里，物体的一切运动都像不存在引力场时对于一个均匀加速的参考系发生的一样，也即物体在均匀引力场中相对于惯性参考系的运动，可以用该物体在引力场不存在时相对于一个非惯性参考系的运动所取代。这样就取消了惯性系在物理学中的优越地位。这正是广义相对性原理所要求的。1933年，爱因斯坦在英国格拉斯哥大学作关于广义相对论起源的演讲时说："如果这条原理(等效原理)对于无论哪种事件都成立，那么就表明：如果我们要得到一种关于引力场的自然的理论，就需要把相对性原理推广到彼此相对作非匀速运动的参考系上去。这些想法使我从1908年忙到1911年，我试图从这些想法推出特殊的结论来……当时一个重要的事是发现了：合理的引力理论只能希望从推广相对性原理而得到。"[②]

1913年，爱因斯坦与大学同学格罗斯曼(Marcel Grossmann，1878—1936)合作撰写了论文《广义相对论纲要和引力论》。论文的第一部分"物理学"由爱因斯坦

① 爱因斯坦文集. 第二卷. 范岱年，等编译. 上海：商务印书馆，1983：198-199.

② 爱因斯坦文集. 第一卷. 许良英，范岱年，编译. 上海：商务印书馆，1976：320.

执笔,第二部分“数学”由格罗斯曼执笔。作者在第一部分的开头指出:“产生这个理论的基础是这样一种信念,即相信惯性质量同引力质量成正比是准确的自然规律,它应当在物理理论的原理中找到它自身的反映。我在以往的一些试图把引力质量归结为惯性质量的论文中,力图表达出这种信念。这种意图引导我做出这样的假说:在物理学上,(在无限小的体积中均匀的)引力场完全可以代替加速运动的参考系。显然,这个假说也可以表述如下:在一个封闭箱中的观测者,不管用什么方法也不能确定,究竟箱是静止在一个均匀的引力场中呢,还是处在没有引力场但却作加速运动的空间中呢。”①这是关于等效原理最充分的表达。在这篇文章中,爱因斯坦也再次强调了将相对性原理扩展到非惯性参考系的必要性。

1915年,爱因斯坦提出了广义相对论的引力场方程。次年,他发表了《广义相对论的基础》一文,对广义相对论进行了完整而系统的论述。他在论文的第二节“所以要扩充相对性公设的缘由”中,从“认识论”和“等效原理”两个方面说明了扩充相对性原理的理由。文章指出,牛顿力学和狭义相对论都存在“认识论上的缺点”,即假定绝对空间的存在,给予惯性参考系以特殊的地位。要消除这种认识论上的缺陷,就应承认没有一个参考系“可以先验地被看成是特殊的”。“物理学的定律必须具有这样的性质,它们对于以无论哪种方式运动着的参照系都是成立的。”②爱因斯坦认为,“广义相对论使物理学没有必要引进惯性系,这是它的根本成就。”

三、引力场方程的建立

广义相对性原理和等效原理的提出,奠定了广义相对论的理论基础,但要建立引力场方程,需要运用适当的数学工具。与伽利略相对性原理对应,牛顿力学方程在伽利略坐标变换下保持协变性。与狭义相对性原理对应,力学和电磁学方程在洛伦兹坐标变换下具有协变性。爱因斯坦认为,与广义相对性原理对应,“普遍的自然规律是由那些对一切坐标系都有效的方程来表示的,也就是说,它们对于无论哪种坐标变换都是协变的(广义协变性)。”③在不同坐标变换下,物理学方程保持协变性是对自然规律数学表示的一种形式化要求。

爱因斯坦认识到,要建立既反映惯性质量与引力质量相等的本质,又具有广义协变性的引力理论,需要采用坐标的非线性变换。这件事耗费了爱因斯坦几年的

---

① 爱因斯坦文集.第二卷.范岱年,等编译.上海:商务印书馆,1983:224.

② 爱因斯坦文集.第二卷.范岱年,等编译.上海:商务印书馆,1983:280-281.

③ 爱因斯坦文集.第二卷.范岱年,等编译.上海:商务印书馆,1983:284-285.

精力。他在《自述》中回忆道:“这发生在1908年。为什么建立广义相对论还需要7年时间呢?其主要原因在于,要使人们从坐标必须具有直接的度规意义这一观念中解放出来,可不是那么容易的。”①所谓直接的度规意义,指坐标差表示可量度的长度或时间。欧几里得几何学表示的空间坐标具有这种性质。闵科夫斯基把狭义相对论用四维时空几何学表示后,四维时空中的线元 ds 的平方表示为 $ds^2 = c^2dt^2 - (dx^2 + dy^2 + dz^2)$,其中$(x, y, z, t)$是四维时空的坐标,$ds^2$在洛伦兹坐标变换下具有不变性。在这种准欧几里得空间里,坐标差直接与可量度的空间间隔或时间间隔联系起来,它对应于线性洛伦兹变换。对于非线性坐标变换,空间各点的度规性质不同,坐标差不具有直接的可量度意义。对于这种几何性质,爱因斯坦开始时也不了解。

1912年初,爱因斯坦认识到,要引入普遍有效的坐标变换,物理学方程也会相应地更加复杂;在引力场中,欧几里得几何并不严格有效;引力场源不仅是有重物质,也可能是场能;要把引力场能作为一种场源包含在理论中,引力场方程必然是非线性的。

爱因斯坦在京都大学演讲中回忆说:“如果所有的参考系都是等价的,那么欧几里得几何就不能对它们都成立。抛弃几何而保留物理定律,就像表达思想而不用语言。我们在表达思想以前必须寻找语言,那么,现在的情况下我们应该寻找什么语言呢?这个问题,直到1912年我才发现是可以解决的。那时,我突然意识到高斯的曲面理论为解开这个迷提供了钥匙。我感觉他的曲面坐标系具有深刻的意义。然而,我还不知道那时黎曼(B. Riemann)已经用更深刻的方法研究过它的几何基础。我忽然回想起,我当学生时,盖泽尔教的几何课程里包含了高斯的理论……我感到几何基础有物理意义。当我从布拉格回到苏黎世时,我亲爱的朋友、数学家格罗斯曼也在那里。从他那里我先学了里奇的几何,然后又学习了黎曼几何。于是,我问我的朋友,我的问题能不能用黎曼理论来解决,也就是说,线元不变量能不能决定那些我正在寻求的量?”②在格罗斯曼的帮助下,爱因斯坦用黎曼几何的度规函数 $ds^2 = g_{\mu\nu}dx^\mu dx^\nu$ 表示非线性坐标变换下的空间性质,式中 μ 和 ν 分别取1,2,3,4,$g_{\mu\nu}$为四维度规张量,是四个坐标的函数。这样一来,引力问题即变成了几何学问题。

经过进一步探索后,爱因斯坦认识到,所要建立的引力场方程是由度规张量$g_{\mu\nu}$关于坐标的二阶导数的线性组合所构成的二秩张量方程,它对任何连续的坐标

---

① 爱因斯坦文集.第一卷许良英,范岱年,编译.上海:商务印书馆,1976:30.

② 派斯.爱因斯坦传.方在庆,等译.上海:商务印书馆,2004:309-310.

变换都应当是协变的。另外,新的引力理论应当把以前的静止引力场理论包括进去。

1913年,爱因斯坦与格罗斯曼合作撰写了《广义相对论纲要和引力论》一文,提出了引力的度规场理论。爱因斯坦撰写物理学部分,格罗斯曼撰写数学部分,文中第一次提出了引力场方程。文章根据牛顿引力理论的泊松方程($\Delta\varphi = 4\pi\kappa\rho$)猜测,新的引力场方程应当具有如下形式,即 $\kappa\Theta_{\mu\nu} = \Gamma_{\mu\nu}$,式中 κ 是引力常数,$\Theta_{\mu\nu}$ 是物质系统的能量张量,$\Gamma_{\mu\nu}$ 是由度规张量 $g_{\mu\nu}$ 的导数构成的二秩抗变张量。文章对这个方程进行了推导论证,但爱因斯坦还不能断定这样的引力场方程是不是广义协变的。他说:"关于引力场方程的广义协变性,我们还没有任何根据。"不久,爱因斯坦发现这个方程不满足广义协变性要求。又经过一年多探索,爱因斯坦终于找到了满足广义协变性的引力场方程。1915年11月4日、11日、18日和25日,他连续向普鲁士科学院提交了4篇关于广义相对论的论文。第一和第二篇论文给出了满足守恒定律和广义协变性的引力场方程,但加了一个不必要的限制条件。第三篇论文用广义相对论计算出了水星的剩余进动值。第四篇论文《引力场方程》建立了真正广义协变的引力场方程,宣告了广义相对论的最终建立。爱因斯坦给出的引力场方程的完整形式是

$$R_{\mu\nu} = -\kappa(T_{\mu\nu} - 1/2 \cdot g_{\mu\nu}T)$$

式中,$R_{\mu\nu}$ 是黎曼曲率张量,$T_{\mu\nu}$ 是物质系统的能量动量张量,T 是物质系统的能量动量标量。这个等式的一端描述了一定空间范围的物质和能量存在状况,等式的另一端描述了空间的弯曲情况。由此把引力理论变成了黎曼空间的几何学。

1916年春天,爱因斯坦发表了《广义相对论的基础》一文,对新的引力理论进行了全面的论证和总结。在该文中,他证明牛顿引力理论可以作为相对论引力理论的一级近似,并从引力场方程出发推导出引力场中量杆和时钟的性质、谱线红移、光线弯曲和行星轨道近日点进动等具体结论。

四、广义相对论的验证

广义相对论预言,在引力场中,光行进的路径会发生弯曲,光谱线会发生红移。根据广义相对论计算的行星轨道进动值也与牛顿引力理论计算的结果不同。这些预言都被实验观测精确地证实了。

天文观测发现,水星近日点相对于空间固定方位在不断发生缓慢的变化,每运行一周其轨道的长半轴转过 φ 角,这种现象称为行星轨道进动。行星的进动一般都很小,在太阳系的行星中,水星的进动是比较大的。水星轨道每100年转过 $5\,599.74'' \pm 0.41''$(角秒)。根据牛顿引力理论计算,在这个数值中影响最大的是地

球相对于天文坐标的旋转，大约是5 025.62″±0.50″；其他行星引力摄动的贡献是531.54″±0.68″。剩下42.56″±0.94″尚有待于理论解释。这个牛顿理论无法解释的43″被叫做剩余进动。1915年，爱因斯坦在《用广义相对论解释水星近日点运动》中推出行星进动公式为 $\phi=24\pi^3a^2/T^2c^2(1-e^2)$，式中 a 是行星轨道长半轴，T 是运转周期，c 是光速，e 是椭圆轨道偏心率。由此计算出水星近日点的剩余进动恰恰是每100年43″，完全符合天文观测数值。

1801年，索尔顿根据光的微粒说和牛顿引力定律推测，光线经过太阳附近时，其行进方向会发生向太阳中心的偏转。1911年，爱因斯坦在《关于引力对光传播的影响》一文中采用经典理论推出光线经过太阳附近的偏转角度是 $\delta=0.83''$。1916年，爱因斯坦在《广义相对论的基础》中对光线在引力场中的偏转进行了重新推算，得出向引力中心的偏转角 $\delta=4GM/c^2R_0$，式中 G 为引力常数，M 为天体的质量，c 为光速，R_0为光线至天体中心的距离。由此计算出光线经过太阳附近会发生1.7″的偏转。1919年5月日全食期间，英国皇家学会和皇家天文学会派出两个观测组分赴西非几内亚湾的普林西比（Principe）岛和巴西的索布腊尔（Sobral）进行光线偏转角度的观测。两地观测结果分别为1.61″±0.30″和1.98″±0.12″，在观测误差范围内，这一结果与广义相对论的预言基本符合。这个消息公布后，轰动了全球。以后，每逢日全食都进行了观测。但由于种种不确定的因素，光学观测精度的提高受到了限制。20世纪60年代末，由于射电天文学的发展，使人们能够观测射电信号经过太阳附近的偏转，大大提高了观测精度。1975年，利用射电方法观测到的偏转结果与广义相对论计算值的偏差仅为1%。这表明天文观测值与广义相对论的理论值已很一致。

广义相对论指出，在强引力场中，时间的流逝速度会减慢，因此从大质量天体发射出的光谱会向红端移动。这就是光谱线的引力红移现象。1911年，爱因斯坦在《关于引力对光传播的影响》一文中指出，“日光谱线同地球上光源的对应谱线相比较，必定稍向红端移动。”他推算出太阳光谱移动的相对总量是 $(\nu_0-\nu)/\nu_0=-\phi/c^2=2\times10^{-6}$，式中 ν_0和 ν 分别表示光线在太阳表面和到达地球时的频率，φ 是太阳与地球之间的引力势差，c 是光速。1925年，美国威尔逊山天文台的亚当斯（W.S. Adams）观测了天狼星的伴星谱线红移情况，结果与广义相对论的预计值基本相符。由于天体退行产生的多普勒红移与引力红移同时存在，而且后者比前者还小，使得对于引力红移的观测相当困难。20世纪50年代，穆斯堡尔效应发现后，人们开始利用这种效应检测引力红移现象。20世纪60年代，美国庞德（R. v. Pound）等的穆斯堡尔效应实验观测结果与广义相对论的理论值相比，偏差小于1%。70年代，人们对于雷达回波延迟实验的观测结果也证实了引力红移现象。

广义相对论建立后，1917 年爱因斯坦将其应用于宇宙学，由此开创了相对论宇宙学，引出了大爆炸宇宙论等一系列重要结果。1918 年，爱因斯坦发表论文《论引力波》，对广义相对论引力场方程进行弱场近似处理后，选取适当的坐标系后可以形成一个线性微分方程，与经典电动力学的达兰贝尔方程类似。由于经典电动力学的达兰贝尔方程存在波动解，对应于电磁波的存在。因此引力场方程的弱场近似方程也应存在波动解，也对应一种波的存在。据此爱因斯坦预言有引力波存在，并以光速传播。此后，人们开展了关于引力波的研究，形成了引力波物理学。从 20 世纪 20 年代起，爱因斯坦开始研究物理现象的统一理论，企图在广义相对论基础上把引力场与电磁场用统一的理论描述。尽管爱因斯坦在这方面付出了巨大的心血而没有获得实质性的成果，但追求物理学统一性的研究方向已经成为这门学科的重要领域。随着 20 世纪 60 年代末弱作用与电磁作用统一理论获得成功，人们正在向着大统一理论目标迈进。

爱因斯坦在为《美国人民百科全书》撰写“相对论”条目总结广义相对论时说：“这些方程以近似定律的形式得出了牛顿引力力学方程，还得出一些已为观察所证实的微小的效应(光线受到星体引力场的偏转，引力势对于发射光频率的影响，行星椭圆轨道的缓慢转动——水星近日点的运动)。它们还进一步解释了各个银河系的膨胀运动，这运动是由那些银河系所发出的光的红移表现出来的。可是广义相对论还不完备，因为广义相对性原理只能满意地用于引力场，而不能用于总场。”[①]爱因斯坦所说的总场，是指他所追求的统一描述各种物理现象的场理论。他所说的各个银河系的膨胀运动是指宇宙膨胀现象。

① 爱因斯坦文集.第一卷.许良英，范岱年，编译.上海：商务印书馆，1976：460.

第十八章　相对论宇宙学和爱因斯坦的科学思想

相对论建立后，物理学家以其为理论基础建立了一系列物理学的分支学科，如相对论电动力学、相对论天体物理、相对论宇宙学等，其中相对论宇宙学是现代宇宙学的主要理论。另外，爱因斯坦不仅对物理学的发展做出了巨大贡献，而且提出了一系列对人类科学认识活动富有启发性的科学思想。这是一笔宝贵的精神财富。

第一节　相对论宇宙学的建立

宇宙学是从整体上研究宇宙的结构和演化的一门科学。人类对宇宙的探索由来已久。中国战国时期屈原在《天问》中就提出了宇宙的结构和演化问题，后来人们提出了关于宇宙结构的盖天说、浑天说和宣夜说。古希腊毕达哥拉斯学派认为宇宙中各种天体都是球形的。亚里士多德给出了大地是球形的证据：月食时地球在月亮上的投影总是圆形的；在南方看到的星空与北方看到的有所不同；在大海上先看到远处的船帆后看到船身。1543年，哥白尼继古希腊阿里斯塔克之后重新提出了日心宇宙体系。根据日心说，开普勒发现了行星运动三定律。牛顿根据开普勒定律证明了万有引力定律。这些理论为人们正确认识宇宙天体的运动提供了科学工具。根据万有引力定律，宇宙要保持人们所看到的这种准静止状态，其在空间范围上应该是无限的。因为，如果宇宙是有限的，就存在一个引力中心，各种天体都会被吸引汇聚于这个中心，宇宙就不会是现在这个样子。1928年，德国天文学家奥伯斯(Olbers)指出，如果宇宙是静止、均匀、无限的，则从任何一个方向观看天空，视线都会遇到一颗恒星，因而整个天空就会亮的像太阳一样，而实际情况并非如此。此即著名的奥伯斯佯谬。奥伯斯佯谬揭示了建立在经典力学基础上的宇宙学的局限性。要合理地解释这个佯谬，需要运用相对论宇宙学的大爆炸宇宙模型。

所谓宇宙模型，是对于观测可及的宇宙大尺度空间结构和物质演化的统一理论描述。

广义相对论建立后，科学家们以这一理论为基础提出了一系列相对论性宇宙模型，例如大爆炸宇宙模型、勒梅特宇宙模型、恒稳态宇宙模型、等级式宇宙模型等，由此形成了现代宇宙学的一个主要学科——相对论宇宙学。在各种相对论宇宙学模型中，大爆炸宇宙模型能够系统地预言和说明宇宙整体演化的一些重要特征，因此被称为相对论宇宙学的标准模型。

一、大爆炸宇宙模型的提出

1915 年，爱因斯坦建立了广义相对论的引力场方程。1917 年，爱因斯坦首次将广义相对论应用于宇宙学研究，在《普鲁士科学院会议报告》上发表了论文《根据广义相对论对宇宙所做的考查》。在论文中，爱因斯坦认为，用泊松方程（$\Delta\varphi = 4\pi\kappa\rho$）描述牛顿的宇宙模型，存在一些原则性困难。为了从根本上解决这些困难，可以用广义相对论引力场方程描述宇宙。为了在有限的宇宙图景中克服单纯引力的作用，而使宇宙物质的准静态分布成为可能，他在引力场方程中加入了一个宇宙常数项“$-\lambda g_{\mu\nu}$”，给出宇宙方程

$$R_{\mu\nu} - \lambda g_{\mu\nu} = -\kappa(T_{\mu\nu} - 1/2 \cdot g_{\mu\nu}T)$$

爱因斯坦认为，这个方程描述的是一个静态的、有限的、封闭的宇宙。

1922 年，苏联天文学家弗里德曼（Friedmann）求解广义相对论引力场方程，得出一个均匀各向同性的演化宇宙模型。他写道：宇宙的变化“一个可能的情况是，宇宙曲率半径从某一值开始，随时间流逝而一直增大；更可能的情况是，曲率半径周期性地改变：宇宙收缩到一点（成为无），然后，从一点重新达到某一数值的半径，进而再减小其半径返回一点，等等。”为了对宇宙的状况进行必要的简化，便于描述，弗里德曼还提出假设：从任何方向上看宇宙都是相同的，在任何地方观看宇宙都是相同的，即宇宙在大尺度上是均匀的、各向同性的。这种假设后来被称为宇宙学原理。弗里德曼没有像爱因斯坦那样引入宇宙项，而是直接从爱因斯坦引力场方程得出宇宙动态演化的结论。根据弗里德曼的理论推测，宇宙的演化有两种形式，一种是膨胀宇宙，即从某个时刻开始宇宙永远膨胀下去；另一种是振荡宇宙，即宇宙呈周期性的膨胀和收缩状态，宇宙空间一段时间膨胀，一段时间收缩，永远交替变化。我们生活的宇宙以哪种方式存在，取决于宇宙中物质的密度。

1927 年，比利时天文学家勒梅特（G . Lemaitre）通过求解广义相对论引力场方程，也得到了一个动态宇宙模型。他把当时已观测到的河外星云普遍退行现象解释为宇宙膨胀的结果。他在《考虑河外星云视向速度的常质量增半径均匀宇宙》

论文中指出:“河外星云的退行速度是宇宙膨胀的一种效应,”但是,“宇宙膨胀的原因尚待寻找。”

弗里德曼和勒梅特发现,爱因斯坦的宇宙模型是不稳定的,只要出现扰动,就会破坏平衡,宇宙会一直膨胀下去。因此,根据广义相对论建立的宇宙学模型表明宇宙是膨胀的,而不是静态的。基于这些认识,爱因斯坦很快承认自己引入的“宇宙常数项”是错误的。爱因斯坦引入“宇宙常数项”,与其受马赫思想的影响有关。1880年,奥地利物理学家恩斯特·马赫(Ernst Mach,1838—1916)出版了《力学发展史》,书中对牛顿力学的绝对时空观提出了批评。马赫指出:“如果我们立足于事实的基础上,就会发现自己只知道相对空间和运动,绝对空间是个没有用处的形而上学概念。”马赫反对牛顿把惯性参考系、惯性质量和惯性力与绝对空间联系起来,认为一切运动都是相对的,根本不存在绝对空间和绝对运动。牛顿认为,物体相对于绝对空间作加速运动就即产生惯性。马赫则认为,物体的惯性起源于其相对于周围物体的加速运动。他把惯性归结为物体的相互作用。爱因斯坦非常赞同马赫的这种观点,将马赫关于惯性起源的思想称为“马赫原理”。受马赫原理的影响,1917年爱因斯坦在《根据广义相对论对宇宙所做的考查》的引力场方程中加入了“宇宙常数项”。

宇宙中恒星的视亮度取决于其发光强度及距我们的距离,而恒星的发光强度可以间接测定。因此根据恒星的视亮度可以求出它离我们的距离。1842年,奥地利物理学家多普勒(C. Doppler)发现了波动现象的多普勒效应。利用光谱分析方法,可以准确地测定恒星的多普勒红移情况。根据这些知识和天文观测数据,1929年美国天文学家哈勃(P. Hubble)发现了恒星光谱红移现象,这说明宇宙中的恒星在背离地球而退行,并且发现恒星背离地球退行的速度与其离地球的距离成正比。这个结论被称为哈勃定律。哈勃的发现揭示了一个重要现象——宇宙正在不断地膨胀。

基于哈勃的发现和广义相对论宇宙学的推论,1932年勒梅特提出一种假设:人们现在生活的宇宙是由一个极端高热和极端压缩状态的“原始原子”大爆炸而产生的。他并且根据宇宙中引力与斥力的平衡关系,推测宇宙的膨胀经历了快速、慢速和加速三个阶段。尽管这一假说过于粗略,存在不少问题,但还是引起了人们的思考。

1948年,美籍俄裔物理学家伽莫夫(G. Gamov)发表了《宇宙的演化》一文,随后他又与美国的阿尔弗(R. A. Alpher)和贝特等共同发表论文《化学元素的起源》。他们进一步发展了勒梅特的宇宙爆炸思想,提出了大爆炸宇宙学说,并对早期宇宙中元素的合成作了猜测。伽莫夫预言,现今宇宙应有大爆炸残留下来的背景辐射。

阿尔弗与赫曼(R. C. Herman)进一步推测,早期宇宙遗留下来的背景辐射相当于温度为 5 K 的黑体辐射。1956 年,伽莫夫又发表了《膨胀宇宙的热物理学》,更清晰地描绘了宇宙从原始高密状态演化和膨胀的概貌。他指出:“可以认为,各种化学元素的相对丰度,至少部分地是由在宇宙膨胀的很早阶段、以很高的速率发生的热核反应来决定的。”

1965 年,美国贝尔实验室工程师彭齐亚斯(A. Penzias)和威尔逊(R. W. Wilson)用一套喇叭形天线装置测量银河系外围气体的射电波强度时,发现天空存在着无法消除的背景辐射,它以波长 7.35 cm 的微波噪声形式存在,相当于 3.5 K 的黑体辐射。这种微波背景辐射是各向同性的,非偏振的,且没有季节的变化。他们的这一发现也得到了其他人的进一步证实。1975 年,美国伯克利加州大学伍迪(D. P. Woody)领导的研究小组观测发现,宇宙中从 0.25 cm 到 0.06 cm 的短波段背景辐射也处于 2.99 K 温度。宇宙背景辐射的发现,验证了伽莫夫等的预言,为大爆炸宇宙论提供了有力的证据。从此大爆炸宇宙论得到了越来越多人的赞同。1978 年,彭齐亚斯和威尔逊因发现微波背景辐射而获得诺贝尔物理学奖。

在伽莫夫等宇宙爆炸理论基础上,经过人们不断完善和发展,建立了现代宇宙学的大爆炸宇宙模型。这种模型对宇宙演化过程的解释是:宇宙大爆炸开始于约 150 亿年前,在大爆炸时刻,宇宙的大小为零,密度无限大,处于无限高温状态;大爆炸后 10^{-43} s,宇宙从量子背景中产生;大爆炸后 10^{-35} s,宇宙统一场分解为强力、电弱力和引力;爆炸后 10^{-5} s,质子和中子形成;爆炸后 1 s,温度下降到 100 亿度,产生光子、电子和中微子,以及它们的反粒子,有少量质子和中子存在;爆炸后 100 s,宇宙温度下降到 10 亿度,质子和中子结合成氘原子核,氘与质子和中子结合生成氦核,也可生成锂和铍;大爆炸 30 万年后,温度下降至 3 000 ℃,化学结合作用使中性原子形成,宇宙主要成分为气态物质,并逐步在自引力作用下凝聚成密度较高的气体云块;大爆炸后 10^{16} s,星系、恒星和行星开始形成。大爆炸后,大约有四分之一的质子和中子转变成氦核,同时还有少量的重氢和其他元素,剩下的中子会衰变为质子,即氢原子核。

二、大爆炸宇宙模型的检验和面临的问题

大爆炸宇宙模型提出后,逐步得到下列观测事实的检验。

(1) 河外天体谱线红移的进一步发现。从哈勃定律建立以来,大量的天文观测事实进一步证明了天体谱线红移的存在,说明宇宙正在继续膨胀着。

(2) 宇宙背景辐射的发现。对于证实大爆炸宇宙论来说,宇宙背景辐射的发现与天体退行(天体谱线红移)的作用不同。天体退行现象,既可以认为天体随着

空间膨胀而退行，也可以认为先有静止不动的空间存在，宇宙原始物质在空间中爆炸，然后生成的物质向四面八方飞散出去(退行)。微波背景辐射的存在说明，宇宙的膨胀只可能是前一种情况。如果是后一种情况，则看不到宇宙背景辐射。因为辐射会比物质更快地向外飞散，物质周围不会有辐射存在。所以，宇宙大爆炸不是一团原始物质在已有空间中的爆炸，而是空间自身的膨胀，物体随着空间的膨胀而飞散。

(3) 宇宙年龄的测算。根据大爆炸理论推测，我们生活的宇宙年龄上限约在150亿年左右，而宇宙所有的天体都是在宇宙爆炸后经历一段时间后才产生的，因此任何天体的年龄都应小于这个年龄。各种天体年龄的实际测量结果证实了这一推论。

(4) 氦丰度的测定。元素丰度是宇宙中各种元素重量的百分比。宇宙观测发现，各种天体的氦丰度都是25%左右，而大爆炸宇宙论推测宇宙初期形成的氦丰度也是这个数值。

近年来，大爆炸宇宙论与粒子物理学的电弱统一理论、量子色动力学和大统一理论相结合，对于宇宙早期的物质粒子生成过程作出了不少有意义的解释和预言。

虽然大爆炸宇宙论取得了很大成功，但也存在一些难以克服的困难。其中宇宙奇点问题是大爆炸宇宙论遇到的困难之一。宇宙膨胀有一个开端，在开端处宇宙的时间和空间缩为一点，物质密度为无限大，温度为无限高，这一点在数学上称为奇点。关于宇宙的最初状态，爱因斯坦曾说过："人们不可能假定这些(引力场)方程对于很高的场密度和物质密度仍然有效，也不可下结论说'膨胀的起始'就必定意味着数学上的奇点。总之，我们必须明白，这些方程不可能推广到那样的一些区域中去。"也就是说，广义相对论引力场方程不适用于描述宇宙大爆炸最初的状态。20世纪60年代，英国科学家霍金(S. W. Hawking)和彭罗斯(R. Penrose)经过严格证明后得出结论：在广义相对论的引力场理论内，宇宙奇点是不可避免的。这被称为奇点定理。奇点定理实际上揭示了在宇宙奇点处广义相对论是无效的。20世纪80年代，霍金将量子场论引入宇宙学，试图把量子力学与广义相对论结合起来说明宇宙的开端情况。根据量子理论，人类原则上不能测量比普朗克长度(10^{-35} m)更小的空间范围，也不能测量比普朗克时间(10^{-43} s)更小的时间间隔，即小于这个限度的长度和时间是没有意义的。尽管普朗克长度和普朗克时间出奇的小，但它们并非为零。因此，根据量子理论，即使我们把大爆炸模型推到宇宙开始时最极端的极限，仍然必须接受宇宙在创生时已经具有了相对于普朗克时间的年龄和相对于普朗克长度的空间大小。它们虽然极小，但不是零。从这种意义上说，宇宙奇点也就不存在了。当然，这种理论尽管可以避免宇宙奇点问题，但也存在一些新的困难。

大爆炸宇宙论还面临着宇宙暗物质问题。所谓暗物质,指的是无法直接观测的物质。多年来,暗物质的存在及其特性一直是天体物理学和宇宙学的一个难解之谜。早在20世纪30年代,荷兰天体物理学家奥尔特(LH. Oort)就曾指出:为了说明恒星的运动,需要假定在太阳附近存在着看不见的物质。1933年,兹维基(F. Zwicky)根据观测数据推测,宇宙星系团中存在大量看不见的物质。人们把这一现象称为"质量短缺"。1978年,在华盛顿卡内基研究所工作的鲁宾(V. Rubin)等经过研究推测,在一些星系晕中存在大量看不见的暗物质。1983年,天文观测发现,距银河系中心20万光年距离的R_{15}星的视向退行速度高达465 km/s。要产生这样大的速度,银河系的总质量至少要比现在知道的质量大10倍,这一事实表明银河系及其周围存在大量的暗物质。1987年,天体物理学家研究分析了红外天文学人造卫星(IRAS)对2 400个星系的观测数据,并结合对银河系所受合引力的分析,也得出宇宙中至少有90%或更多的暗物质存在的结论。2003年,美国国家航空航天局(NASA)根据威尔金森微波各向异性探测器的观测数据,第一次清晰地绘制了一张宇宙早期(大爆炸后不到38万年)的图像。精确的数据表明,宇宙中普通物质只占4%,23%的物质为暗物质,还有73%是暗能量。这是迄今为止,关于暗物质存在的最有力的证明。如此巨大数量的暗物质是如何形成的,其基本构成基元是什么,这些也是大爆炸宇宙演化理论无法解释的。

近年来,天文学家对遥远的超新星进行的大量观测表明,宇宙在加速膨胀。根据爱因斯坦引力场方程推论,宇宙加速膨胀表明其中存在着压强为负的暗能量。暗物质和暗能量都具有一些不为我们所知的性质,它们是目前宇宙学研究的热门领域,但已有的科学理论在它们面前都显得苍白无力。这说明,继20世纪早期相对论和量子力学带来的科学革命之后,物理学可能面临着一次新的突破。

第二节 爱因斯坦的科学思想

科学史表明,几乎所有那些代表一个时代的大科学家都有一个共同的特点:在自然科学定律发现方面和对于自然科学问题的哲学思考方面都做出了重要的贡献,在他们身上充分体现了这两方面成就的有机结合。爱因斯坦堪称这类科学家的典范。他对科学与哲学的关系、科学活动的本质、科学理论的特点、科学研究的方法、科学与宗教的关系等都进行过深入思考，形成了一系列富有启发性的科学思想。

一、科学需要哲学的帮助

在近代科学建立之前，人类关于自然事物的认识长期存在两种传统：工匠传统和哲学家传统。前者为了解决实际问题而重视经验积累，后者为了满足求知欲望而注重理论思考。随着近代科学的建立，这两种传统都被吸收到科学活动之中，成为科学研究的基础和灵魂。

1950年，爱因斯坦在国际外科医学院做了题为《物理学、哲学和科学的进步》的演讲，他说："如果把哲学理解为在最普遍和最广泛的形式中对知识的追求，那么，显然，哲学就可以被认为是全部科学研究之母。可是，科学的各个领域对那些研究哲学的学者们也发生强烈的影响，此外，还强烈地影响着每一代的哲学思想。"[①]爱因斯坦认为，本来意义上的哲学就是"在最普遍和最广泛的形式中对知识的追求"，由此"哲学就可以被认为是全部科学研究之母"。求知是人类的天性。人类文明早期的求知活动集中体现在哲学之中。就此而论，古代哲学，严格意义上说是古代自然哲学孕育了自然科学。许多古代自然哲学命题，经过实证研究和定量化表述后就成为自然科学内容。近代科学产生之后，仍然需要哲学在认识论和方法论等方面提供帮助；同时，正如爱因斯坦所指出的那样，科学也在"强烈地影响着每一代的哲学思想"。因此，科学与哲学的关系是互助互进的。

爱因斯坦把关于科学问题的哲学思考叫做"认识论"。他指出，"认识论同科学的相互关系是值得注意的。它们互为依存。认识论要是不同科学接触，就会成为一个空架子。科学要是没有认识论——只要这真是可以设想的——就是原始的混乱的东西。"由于认识论与科学可以相互帮助，因此他提倡科学家应当关心认识论问题，应当乐于进行关于科学研究的方法、科学理论的性质、科学认识的目的等方面的讨论和思考，尤其是当学术界对于这些问题的理解出现分歧时更应如此。1936年，爱因斯坦在《物理学和实在》一文中强调，当物理学家有一个由一些基本定律和基本概念组成的严密理论体系可供自己使用，而且这些概念和定律都确立得如此之好，以致怀疑的风浪不能波及它们时，他可以不关心认识论问题，而让哲学家去对一些科学内容做哲学分析；但当物理学的基础本身（即基本概念和基本原理）成为问题的时候，"物理学家就不可以简单地放弃对理论基础作批判性的思考，而听任哲学家去做；因为他自己最晓得，也最确切地感觉到鞋子究竟是在哪里夹脚

① 本章以下所引爱因斯坦言论均来自爱因斯坦文集.第一卷.许良英，等译.上海：商务印书馆，1976.

的”。物理学家自己最清楚他所面临的问题的症结所在,最了解需要怎样的哲学帮助,如果自己具有哲学分析能力,他对问题的解决会比哲学家更有力。物理学如此,其他科学莫不如此。要做到像爱因斯坦所说的这样,科学家就必须认真提高自己的哲学修养,至少成为一个爱因斯坦所称的“蹩脚的哲学家”。

科学家如何正确对待和运用哲学观点或理论?对此,爱因斯坦有自己的看法。1949年,他给纪念自己70岁生日的文集所写的评论(题目为《对批评的回答》)中,表达了自己对于各种哲学观点的态度。他写道:“寻求一个明确体系的认识论者,一旦他要力求贯彻这样的体系,他就会倾向于按照他的体系的意义来解释科学的思想内容,同时排斥那些不适合于他的体系的东西。然而,科学家对认识论体系的追求却没有可能走得那么远。他感激地接受认识论的概念分析;但是,经验事实给他规定的外部条件,不允许他在构造他的概念世界时过分拘泥于一种认识论体系。因而,从一个有体系的认识论者看来,他必定像一个肆无忌惮的机会主义者:就他力求描述一个独立于知觉作用以外的世界而论,他像一个实在论者;就他把概念和理论看成是人的精神的自由发明(不能从经验所给的东西中逻辑地推导出来)而论,他像一个唯心论者;就他认为他的概念和理论只有在它们对感觉经验之间的关系提供出逻辑表示的限度内才能站得住脚而论,他像一个实证论者;就他认为逻辑简单性的观点是他的研究工作所不可缺少的一个有效工具而论,他甚至还可以像一个柏拉图主义者或者毕达哥拉斯主义者。”哲学家有自己的观点和理论体系,他要坚持自己的观点,就会倾向于按照自己的体系去解释科学的思想内容,同时排斥那些不适合于他的体系的东西。科学家对认识论体系的追求不可能像哲学家一样走得那么远,他的目的是要使自己的理论符合客观实际,而不是要把一种认识论体系贯彻始终。因此爱因斯坦认为科学家对于哲学观点所应采取的态度,类似于“肆无忌惮的机会主义者”。在爱因斯坦看来,科学家的使命是创造出符合客观实际的科学理论,为了达到这一目的,哪种哲学观点对自己的研究工作有帮助,就采用哪种观点。

科学认识活动需要哲学的帮助,科学活动也会推动哲学认识的发展;科学家应当关心认识论问题,应当有能力对自己的研究对象进行必要的哲学分析;科学家对哲学观点的运用不应局限于一种体系,而应以有利于解决科学的实际问题为目的。这些思想认识既是爱因斯坦自己科学认识活动的经验总结,也是对科学家的忠告。

二、直觉和演绎是创建科学理论的有效方法

传统观点一直认为,科学认识过程包含从特殊到一般和从一般到特殊这样两个阶段,前者是归纳过程,后者是演绎过程。但是,爱因斯坦则不然,他认为,“从特

殊到一般的道路是直觉性的，而从一般到特殊的道路则是逻辑性的”。在他看来，在科学原理和经验事实之间不存在任何必然的逻辑联系，只有一种不是必然的直觉的联系。1918 年，他在普朗克 60 岁生日庆祝会上的讲话中说，“物理学家的最高使命是要得到那些普遍的基本定律，由此世界体系就能用单纯的演绎法建立起来。而要通向这些定律，并没有逻辑的道路；只有通过那种以对经验的共鸣的理解为依据的直觉，才能得到这些定律。” 显然，爱因斯坦认为直觉和演绎是建立科学理论的有效方法。

爱因斯坦并不否认归纳法的作用，但他认为这种方法只适用于科学的幼年时代，经验科学的发展过程就是不断的归纳过程；科学一旦从原始阶段脱胎出来之后，仅仅依靠对经验事实的归纳已经不能使理论获得发展。他指出：“理论越向前发展，以下情况就越清楚：从经验事实中是不能归纳出基本规律来的；”“从经验材料到逻辑演绎以之为基础的普遍原理，在这两者之间并没有一条逻辑的道路。”爱因斯坦之所以坚持这种观点，是因为他认为，从经验事实获得科学概念和基本原理的过程是科学家大胆猜测、大胆思辨和“自由创造”的过程，而不是一个经验归纳过程；由于这些概念和原理与经验事实符合的程度很高，使得人们把它们的产生看得如此必然和自然，以至于相信“事实本身就能够而且应该为我们提供科学知识”。他指出，正是由于对这一事实的不了解，才导致了 19 世纪许多科学家在认识上的根本错误——“相信理论是从经验归纳出来的”。1952 年，爱因斯坦给好友贝索的信中说：“从经验材料到逻辑演绎以之为基础的普遍原理，在这两者之间并没有一条逻辑的道路。因此，我不相信存在通过归纳达到认识的道路，至少作为逻辑方法是不存在的；”“理论越向前发展，以下情况就越清楚：从经验事实中是不能归纳出基本规律来的。”爱因斯坦认为，在感觉经验的世界与科学概念和命题的世界之间存在一条逻辑上不可逾越的鸿沟，归纳法无法跨越这条鸿沟。

爱因斯坦十分推崇直觉认识方法，认为科学创造中“真正可贵的因素是直觉”，“只有直觉才有真正的价值”。他所说的直觉认识，就是对事物的本质进行大胆的思辨和猜测，由此作出直接判断的思维过程。他主张用“以直觉为基础的思辨方法”完成从特殊到一般的认识飞跃，即根据对经验事实的直觉理解去猜测事物的本质，在此基础上创造出表示事物本质的基本概念和原理，由此进行演绎推理，从而得出可供实践检验的具体结论。爱因斯坦称自己提倡的这种研究方法为“探索性的演绎法”。

爱因斯坦强调直觉和演绎方法的重要性，其方法论思想突出了认识主体的主观能动性和积极创造性。直觉认识以一定的经验事实为依据，但又不像归纳法那样拘泥于经验事实，而是以有限的事实为基础充分发挥思维的洞察力和创造性，进行大胆的猜测，力求揭示事物的本质。

在近代科学史上，笛卡儿大力提倡直觉认识和演绎法，认为除了通过自明性的直觉和必然性的演绎以外，人类没有其他途径可以获得可靠的知识。爱因斯坦以其科学创造实践发展了笛卡儿的方法论思想。狭义相对论和广义相对论的创立，都是基于对少数经验事实所隐含的自然规律的直觉性猜测，提出一些原理性假设(狭义相对论和广义相对论各有两个基本假设)，然后以这些假设为前提进行演绎推理，得出一系列可用观测事实检验的具体结论。爱因斯坦的科学方法论思想是他对自己科学创造实践经验的思考和总结的结果。

三、真实的东西一定是逻辑上简单的

人类在长期的科学探索过程中认识到，虽然自然现象是复杂多样的，但其本质是简单的、统一的，其所遵循的规律具有统一性。这种统一性在科学理论中的表现就是理论的"逻辑简单性"。哥白尼、牛顿和拉普拉斯等许多著名物理学家都相信自然规律的统一性和物理学理论的逻辑简单性。这种观念在爱因斯坦的科学认识思想中表现得尤为突出。他坚信："逻辑简单的东西，当然不一定就是物理上真实的东西。但是，物理上真实的东西一定是逻辑上简单的东西，也就是说，它在基础上具有统一性。"正是物理规律的统一性使物理理论具有逻辑简单性。

1932 年，爱因斯坦在哥伦比亚大学讲话时说，"我们在寻求一个能把观察到的事实联结在一起的理论体系，它将具有最大可能的简单性；我们所说的简单性，并不是指学生在精通这种体系时产生的困难最小，而是指这个体系所包含的彼此独立的假设或公理最少。"次年，他在牛津大学讲话时也说，"一切科学理论的崇高目标，就在于使这些不能简化的元素(基本概念和基本原理)尽可能简单，并且在数目上尽可能少，同时又不至于放弃对任何经验内容的适当表示。"爱因斯坦认为，科学研究的目的，一方面是尽可能完备地理解全部感觉经验之间的关系，另一方面是通过最少个数的原始概念和原始关系的使用来达到这个目的；也就是说，要求所建立的科学理论中逻辑上独立的元素，即不下定义的概念和推导不出的公理在数量上要尽可能的少。此即爱因斯坦的逻辑简单性思想。他所说的逻辑简单性，不是指理论内容的难易程度，而是指作为科学理论体系逻辑前提的独立假设或原理的数目应尽可能的少，是对理论体系的逻辑结构的一种限制性要求，要求用尽可能少的基本理论对事物作出尽可能完备的描述。这是爱因斯坦提倡的一条重要方法论原则。

逻辑简单性的方法论意义在于，它要求科学家建立理论体系时，在保证完备地描述客观内容的前提下，应使支撑理论体系的基本概念和基本假设的数目尽可能地少。在爱因斯坦的倡导下，逻辑简单性已经成为现代科学研究和评价科学理论的一个普遍方法论原则。早在2000多年前，亚里士多德就指出："最精确的学术是那些特别重视基本原理的学术；而所包含原理越少的学术又比那些包含更多附加原理的学术更为精确。"[①]追求科学理论的逻辑简单性，既能促使科学理论更好地反映事物的本质，也会促使理论更加精确、思维更加经济。

爱因斯坦之所以强调科学理论中逻辑上独立的元素越少越好，一方面是他坚信物理上真实的东西一定是逻辑上简单的，另一方面是他认识到这些作为理论基础的基本概念和原理是理性尚未理解的东西，它们体现了理论基础的"虚构特征"。

四、科学理论基础具有"虚构特征"

科学理论体系是由基本概念和基本原理以及由此推导出的结论所构成。爱因斯坦认为，作为理论基础的基本概念和基本原理都是"人类理智的自由发明"，它们组成了理论的根本部分，但却是尚未理解的东西。1932年他在哥伦比亚大学的讲话中指出，"这些逻辑上彼此独立的公理的内容，正是那种尚未理解的东西的残余。"1933年，他在牛津大学所作的《关于理论物理学的方法》的演讲中也指出，科学理论的基本概念和基本原理都是人类理智的自由发明，人们既不能用这种理智的本性，也不能以其他任何先验的方式来证明它们是正确的；"这些不能在逻辑上进一步简化的基本概念和基本假设，组成了理论的根本部分，它们不是理性所能触动的。……科学理论基础具有纯粹虚构的特征"。在爱因斯坦看来，科学认识活动是以理论形式对事物进行后验重建的过程；科学家在建立理论时免不了要自由地创造概念，而这些概念的适用性需要后验地用经验方法来检验。爱因斯坦大力提倡科学理论的逻辑简单性，目的之一就是要尽量减少理论中"尚未理解的东西"。

从公理化方法来看，任何一个理论体系的逻辑前提都是被假定绝对正确，而不说明其为什么正确，只有等到由前提推出的结论被事实检验之后，才能明确其逻辑前提正确与否。1931年，爱因斯坦在《论科学》一文中指出："在任何论题和任何证明的底层，都留着绝对正确的教条的痕迹"。"绝对正确的教条的痕迹"，就是指理论逻辑前提的假设性。他认为，科学理论的逻辑前提是科学家在有限的经验事实启发下创造出来的，其中含有猜测和假设的成分，在具体结论未被事实检验之前，无法判定它是否一定正确；但是，科学家为了构建理论体系，只能预先假定它是正确的，否则就无法构建出理论来。这也就是爱因斯坦所说的科学理论的"虚构特征"。因此，爱因斯坦所说的科学理论基础"虚构特征"，绝不是说科学理论是毫无

---

① 亚里士多德.形而上学.吴寿彭，译.上海：商务印书馆，1983：4.

事实根据的瞎编乱造，而是有其深刻的特定内涵。另外，即使科学理论的具体结论得到了客观事物的证实，在这个理论体系内仍然无法从逻辑上证明作为演绎前提的基本假设或基本原理为什么是正确的。正如在欧几里得几何学体系内无法证明为什么其“第五公设”是正确的，在狭义相对论框架内无法说明为什么光速是不变的一样。一个理论体系对其逻辑前提只知其然，而不知其所以然；只承认其正确，而无法说明其为什么正确。这正是爱因斯坦所说的科学理论基础是“尚未理解的东西”，是“理性所无法触动的”。

显然，爱因斯坦所说的科学理论“虚构特征”和“尚未理解”是有条件的和相对的。从一种理论发展到高一级的理论之后，原来理论中的“虚构性”就会暴露出来，“未理解的东西”就会成为可理解的东西。正是在非欧几何学中理解了欧几里得“第五公设”的局限性，在广义相对论中认识到光速不变是有条件的。一个理论体系的逻辑前提要等到建立了更高一级的理论之后，才能得到真正的理解；人们才能对其不仅知其然，而且知其所以然。

指出科学理论基础的虚构性特征，对于正确认识科学理论的本质及其局限性具有重要的启发意义。既然科学理论基础具有虚构特征，就意味着科学理论会有一定程度的自由创造和主观假设成分，而且在一定的认识阶段这种做法有其相对的合理性，这就为充分发挥认识主体的理论创造能力开拓了空间；既然科学理论基础具有虚构特征，就意味着理论具有某种程度的局限性，这就提醒科学家如何自觉地减少和消除科学理论的这种缺陷，推动科学向前发展。

五、物理学发展的目标之一是追求理论的统一性

从近代开始，物理学逐渐形成了两种研究纲领，一是以牛顿为代表的用粒子图像描述物理现象，另一是以麦克斯韦为代表的用场图像描述物理现象，爱因斯坦分别称它们为粒子纲领和场纲领。20 世纪初，物理学家发现，单独使用粒子纲领或场纲领已无法合理描述微观物理现象。量子力学采用了场纲领与粒子纲领相结合的方法描述微观客体的波粒二象性。量子力学建立后，爱因斯坦始终对其持谨慎的批判态度。他承认这种理论在解决实际问题时的有效性，但却不认为它是一种完备的理论。爱因斯坦坚信“上帝不会在掷骰子”，自然规律应当是决定论的。因此他无论如何也难以接受量子力学的概率特征。在他看来，量子力学的非决定论性是其理论不完备的表现，它不可能为整个物理学提供一个可靠的基础。如何消除量子力学的概率性特征和两种物理图像混合使用的“二元论”做法，这是爱因斯坦后半生长期思考的重要问题。

另外，爱因斯坦创立的狭义相对论把牛顿力学和麦克斯韦电磁理论很好地统

一在一个体系之下，但它无法合理地描述引力现象，由此促使爱因斯坦创立了广义相对论。广义相对论把引力作用看作空间弯曲的结果，发现了一些牛顿引力理论预想不到的新结果。广义相对论获得的巨大成功和量子力学所存在的“不足”，促使爱因斯坦试图建立一种以场纲领为基础的统一场理论。他希望这种理论不仅能统一描述引力和电磁现象，而且也应能克服他所认为的量子力学存在的缺陷，为合理地描述微观现象提供一个可靠的基础。1952 年，爱因斯坦在祝贺德布罗意 60 岁生日的赠文中写道：“我通过引力场方程的推广，使广义相对论趋于完善，这种努力起始于这样的设想：合理的广义相对论性场论，也许能为完备的量子理论提供一个解决办法。”1953 年，爱因斯坦在为一本书所写的序言中说：“我努力完成广义相对论，……部分是由于推测一个灵敏的广义相对论性场论或许可提供一个更完全的量子理论的钥匙。”诸如此类的言论都反映了他通过扩充广义相对论的场纲领而企图解决量子力学问题的努力。

广义相对论建立后，爱因斯坦将其全部精力投入统一场理论的研究工作。1955 年 3 月，他在逝世前一个月所作的自传中写道：“自从引力理论这项工作结束以来，到现在 40 年过去了。这些岁月我几乎全部用来为了从引力场理论推广到一个可以构成整个物理学基础的场论而绞尽脑汁。”由于种种原因，他在有生之年并未实现预期的目标。对于这种失败，爱因斯坦并不感到遗憾。他认为，“为寻求真理所付出代价，总比不担风险地占有它要高贵得多”。爱因斯坦相信，追求科学理论的统一性是科学研究的最高境界。

虽然爱因斯坦对统一场论的探索未获成功，但他所倡导的这一研究方向已经成为现代物理学研究的重要领域，并且取得了重大成果。事实正如杨振宁所指出的那样：爱因斯坦的统一场论思想是关于理论物理学的基本结构应该是怎样的一个有洞察力的见解，这种洞察力是当代物理学中经常出现的主题。尽管今天的统一场论与爱因斯坦当年追求的经典统一场论已有很大差别，但它们所追求的基本目标仍然是一致的。

爱因斯坦说，十分有力地吸引他的特殊目标是物理学领域中的逻辑的统一。可以说，爱因斯坦毕生的科学研究活动都是在追求物理学理论的统一。从狭义相对论到广义相对论，再到统一场论，他就是企图建立一个能够统一描述多种物理现象的宏大理论体系。1940 年，爱因斯坦在第八届美国科学会议上所作的《关于理论物理学基础的考查》中说：“从一开始就一直存在着这样的企图，即要寻找一个关于所有这些学科的统一的理论基础，它由最少数的概念和基本关系所组成，从它那里，可用逻辑方法推导出各个分科的一切概念和一切关系。这就是我们所以要探求整个物理学的基础的用意所在。认为这个终极目标是可以达到的，这样一个坚定的信念,是经常鼓舞着研究者的强烈热情的主要源泉。”这充分反映了爱因斯坦科学活动的指导思想和基本追求。

重视运用理性演绎方法,热衷于构造理论体系,强调理论体系的逻辑统一性和完备性,追求理论体系的宏大、精致、严谨,力求包罗万象、说明一切。这些特点在爱因斯坦的物理学研究活动中表现得都很突出。这是唯理论型科学家的典型特征。

六、科学家的宇宙宗教感情

科学和宗教是影响人类社会发展的两种重要力量。关于这二者之间的关系,爱因斯坦说过一句名言:“没有宗教的科学是跛子,没有科学的宗教是瞎子。”爱因斯坦认为,真正的科学家是那些具有强烈的宇宙宗教感情的人。1930 年,他在《科学与宗教》一文中说:“我认为宇宙宗教感情是科学研究的最强有力、最高尚的动机。只有那些做了巨大努力,尤其是表现出热忱献身的人,才会理解这样一种感情的力量,唯有这种力量,才能作出那种确实是远离直接现实生活的工作。”爱因斯坦所说的科学家的宇宙宗教感情,是指科学家对自然界显示出的规律性的敬畏和赞赏以及对自然规律的坚定信念和执著追求。

爱因斯坦说,最不可思议的事情是,世界是可以理解的。世界之所以是可以理解的,是因为自然界各种事物的运动变化具有规律性。科学研究就是在不断地揭示事物的规律性。事物为什么具有规律性?自然规律说明了什么?在自然规律面前,人类显得十分渺小。思考这些问题,会使科学家产生一种对宇宙法则或自然规律所显示出的宇宙和谐性的敬畏心理。爱因斯坦认为,“每一个严肃地从事科学研究工作的人开始确信,有一种精神体现了自然规律——一种远远超越于人的精神,与这种精神相比,我们人的力量就小得可怜。这样,研究科学就产生了某种特殊的宗教感,这种宗教感完全不同于某些人的幼稚的宗教观。”他还说:“你很难在造诣较深的科学家中间找到一个没有自己宗教感情的人,但是这种宗教感情同普通人的不一样。在后者看来,上帝是这样的一种神,人们希望得到他的保佑……可是科学家却一心一意相信普遍的因果关系。在他看来,未来同过去一样,它的每一细节都是必然的和确定的。……他的宗教感情所采取的形式是对自然规律的和谐所感到的狂喜的惊奇,因为这种和谐显示出这样一种高超的理性,同它相比,人类一切有系统的思想和行动都只是它的一种微不足道的反映。”

科学家在从事研究工作中,都会坚信自己探索的对象是有规律可寻的,这种信念是支持科学家为达到自己的目的而付出不懈努力的力量源泉。1929 年,爱因斯坦在回答一位日本学者的问题时说:“在一切比较高级的科学工作的背后,必定有一种关于世界的合理性或者可理解性的信念，这有点像宗教的感情。同深挚的感情结合在一起的、对经验世界中所显示出来的高超的理性的坚定信仰，这就是我的上帝概念。"经验世界显示出的"高超理性"就是自然界的规律性。1931年，他在《论科学》一文中写道："相信宇宙在本质上是有秩序的和可认识的这一信念，是一切科学工作的基础。这种信念是建立在宗教感情上的。我的宗教感情就是对我们软弱的理性所能达到的不大一部分实在中占优势的那种秩序怀着尊敬的赞赏心情。"1936年，爱因斯坦在回答一个小女孩的询问时说："我们对自然规律的实际了解的还很不够，很不全面，因此，实际上，相信基本上无所不包的自然规律存在，也带有某种信仰的色彩。科学研究迄今为止所取得的成就，也同样大大地证明了这种信仰的正确性。"

1940年，爱因斯坦为在纽约犹太神学院召开的"科学、哲学和宗教会议"而写的报告中说："科学只能由那些满怀追求真理和知识热望的人创造出来。然而，这种感情又源于宗教领域。同样属于这个来源的是如下信念：相信那些在现存世界中有效的规律是理性的，即能用理性来理解的。我不能想像哪个真正的科学家会没有这种深沉的信念。可以用一个比喻来表示这一情形：没有宗教的科学是跛子，没有科学的宗教是瞎子。"①

1954年，爱因斯坦明确表述了自己的宇宙宗教感情："我不相信一个人格化的神，我从来没有否认这一点……如果我表现了什么可以称之为信仰宗教的热诚的话，那么这就是：在我们的科学所能了解的范围内，我对世界结构的无限赞赏。"

爱因斯坦的科学思想内容相当丰富，以上所述仅是其中的几个方面。当然，他的思想认识并非都是完全正确的，其中也有片面之处。但是他所提出的许多科学思想对人类科学认识活动所具有的启发意义则是显而易见的。

① 爱因斯坦晚年文集.方在庆，等译.海口：海南出版社，2000：28.

第十九章　量子力学建立之前的基础研究工作

文艺复兴之后，16至19世纪经过许多人的不懈努力，经典物理学的宏伟大厦得以建立。包括力学、热学、光学、电磁学、理论力学、统计力学等分支学科在内的经典物理学，描述的是宏观、低速和弱引力状态的物理现象，运用的数学工具主要是解析几何、微积分和常微分方程等，用于描述物理现象的图像是相互独立的粒子图像和场图像。20世纪初期建立的以相对论和量子力学为代表的现代物理学，描述的是微观、高速和强引力状态的物理现象，运用的数学工具主要是微分几何、张量、群论和拓扑学等，既使用了粒子图像和场图像，也使用了粒子与场相结合的图像。当然，尽管现代物理学与经典物理学有很大差别，但二者之间仍有联系，前者将后者作为近似情况包含在自己的体系中。

量子力学包含波动力学和矩阵力学两部分内容，与之相应，理论的建立过程也沿着两条逻辑主线：一是在普朗克量子假说的启发下，爱因斯坦提出了光量子理论，后者启发德布罗意提出物质波理论，由此导致薛定谔建立了波动力学；二是在普朗克量子假说的启发下，玻尔提出了原子理论，在后者的启发下海森堡和波恩建立了矩阵力学。从1900年普朗克提出量子假说到20世纪20年代量子力学建立之前，人们用量子假说解释相关物理现象，普朗克、爱因斯坦、玻尔和德布罗意在这方面都做出了重要贡献。他们的工作为量子力学的建立奠定了重要基础。

第一节　普朗克的能量子假说

1900年，德国物理学家普朗克(Max Planck，1858—1947)为了解释黑体辐射问题，提出了能量子假说，由此开创了物理学发展的新时代。

一、前人关于辐射现象的研究

1800 年,英国天文学家赫歇尔在观测太阳光谱的热效应时发现了红外线。后来,意大利的诺比利(L. Nobili)等发明了测量热辐射的仪器,英国的丁铎尔(J. Tyndall)和美国的克罗瓦(A. P. P. Crova)等测量了热辐射的能量分布曲线。在实验研究的基础上,一些人对热辐射现象进行了理论探讨。1859 年,德国物理学家基尔霍夫(G. R. Kirchhoff)提出了热辐射定律,即任何物体的热辐射发射本领和吸收本领的比值与物体的特性无关,是一个由波长和温度决定的普适函数。1862 年,基尔霍夫把吸收能力为百分之百的理想物体定义为"绝对黑体"。1879 年,德国物理学家斯特藩(Joseph Stefan)总结出黑体单位表面积在单位时间内辐射的总能量 W 与其绝对温度 T 的四次方成正比,即 $W=\sigma T^4$。1884 年,奥地利物理学家玻尔兹曼(L. Boltzman)根据电磁理论和热力学证明了这个关系式。1893 年德国物理学家维恩(W. Wien)发现,绝对黑体强度最大的辐射波长 λ_m 与黑体温度 T 之间存在简单的关系:$\lambda_m T=$常数。选择理想的绝对黑体进行实验测量,对于热辐射的研究非常重要。1895 年,维恩等建议用加热的辐射空腔作为绝对黑体。此后人们用专门设计的空腔炉进行实验,这使得热辐射的研究大为进步。

1896 年,维恩假设温度为 T 的黑体辐射能量随波长的分布遵循麦克斯韦速度分布律,从而得出一个黑体辐射能量表达式:$u=a\lambda^{-5}\exp(-b/\lambda T)$,其中 a 和 b 为常数,λ 为波长。不久,德国物理学家帕邢(F. Paschen)也得到了一个与维恩公式类似的结果,因此,这个公式被称为维恩-帕邢辐射定律。1897 年,德国帝国技术研究所卢梅尔(O. R. Lummer)利用辐射空腔作为绝对黑体,对能量分布进行了测量,结果发现维恩-帕邢定律在波长较短、温度较低时才与实验值相符合,而对长波则有较大的偏差。英国物理学家瑞利(T. B. Rayleigh)得知维恩辐射定律的这一缺陷后,进行了认真研究。他假定,辐射空腔处于热平衡时,电磁谐振的能量可以用能量均分定理来处理,每个自由度都具有能量 kT,并由此导出辐射能量函数 $u(\nu,T)$的表达式。1900 年 6 月,他在英国《哲学杂志》上发现场采访了《关于完全辐射定律的评论》一文,公布了自己的研究结果。经过德国帝国技术研究所鲁本斯(H. Rubens)的实验证明,瑞利提出的能量函数在长波情况下是正确的。瑞利在推导自己的能量表达式时,为了防止在高频情况下出现发散困难,人为地引入了一个"截断因子",这被认为是不自然的。因此,后来他重新推导和修正了自己的公式,于 1905 年 5 月在《自然》杂志上发表了《气体和辐射的动力学理论》一文,再次给出了 5 年前的公式。不久,金斯(J. H. Jeans)发现瑞利公式中的比例常数有错误,随即给《自然》杂志写信予以纠正,最后得出 $u(v,T)=8\pi kTv^2/c^3$。因此,这个公式被称为瑞利-金斯公式。这个公式虽然在低频情况下与实验相符,但由于辐射能量与频率的平方成正比,所以能量将随着频率的增大而单调地增加,在高频情况下与实验结果完全不符。

1900 年 4 月 27 日,开尔文在英国皇家研究所发表了一篇题为《在热和光动力理论上空的 19 世纪乌云》的讲演。他开头就说:"动力学理论断言热和光都是运动的方式,现在这一理论的优美性和明晰性被两朵乌云遮蔽得黯然失色了。"接着他描述了"两朵乌云",一朵是由于光的波动理论引起的对其传播介质以太测量的失败,另一朵是由热的运动理论得出的能量均分原理对于高频热辐射现象的失败。这"两朵乌云"暴露出经典物理学的局限性,预示着物理学将面临着新的突破。爱因斯坦狭义相对论的建立,消除了第一朵"乌云"。普朗克量子假说的提出和量子力学的建立,则消除了第二朵"乌云"。

二、普朗克提出能量子假说

德国柏林大学普朗克被基尔霍夫辐射函数的普适性所吸引,从 1894 年起开始研究黑体辐射问题。他后来回忆当时的情况时说:"这个所谓的正常能量分布代表着某种绝对的东西,既然在我看来,对绝对的东西所作的探求是研究的最高形式,因此我就劲头十足地致力于解决这个问题。"①

1899 年,普朗克把辐射空腔的热平衡看作线性赫兹振子与辐射场之间的平衡,根据基尔霍夫定律和维恩定律,推导出一个辐射能量关系式

$$u(\nu,T)=U(\nu,T)\cdot 8\pi\nu^2$$

式中,$u(\nu,T)$表示空腔辐射能,$U(\nu,T)$表示赫兹振子的平均能。当他得知维恩公式只适用于高频率辐射和瑞利公式只适用于低频率辐射后,意识到这两个公式都有合理的成分。普朗克试图采用内插法将这两个公式统一起来。他认为应该把振子系统的熵 S 与振子的能量 U 联系起来。如果找到了熵与振子能量的函数关系,就可以找到热辐射能量的分布规律。根据热力学第二定律,他认为 S 和 U 满足关系 $\mathrm{d}S=\mathrm{d}U/T$。利用瑞利公式中的 $\mathrm{U=kT}$ 关系代入此式,进行微分。然后将他 1899 年得到的上述公式与维恩公式 $U=B\nu^3\mathrm{e}^{-a\nu/T}$ 对比,得到 $U=a'\nu\mathrm{e}^{-a\nu/T}$。将其代入微分式求解,最后得出一个新的辐射公式

$$U(\nu,T)=\frac{c\lambda^{-5}}{\mathrm{e}^{c'/\lambda T}-1}\text{ 或 }U(\nu,T)=\frac{c_1\nu^3}{\mathrm{e}^{c_2\nu/T}-1}$$

式中,c 和c'或c_1和 c_2是已知的常数值。1900 年 10 月 19 日,普朗克在德国物理学

① 普朗克.科学自传.科学史译丛,1988.

会的会议上以《对维恩辐射定律的一点修正》为题，宣布了这一研究结果。当天晚上，德国实验物理学家鲁本斯就把自己的实验数据与普朗克的辐射公式作了仔细的比较，发现无论在高频率情况还是在低频率情况都与实验数据保持着惊人的一致性。辐射公式与实验结果完全一致的事实，大大地鼓舞了普朗克的信心。

既然这个公式与事实一致，就说明它具有内在的合理性。如何解释它的合理性？这是普朗克需要面对的问题。他后来回忆说："即使这个新的辐射公式竟然被证明是绝对精确的，但是如果仅仅把它看作是一个侥幸揣测出来的内插公式，那么它的价值也是有限的。正是由于这个缘故，从它于 10 月 19 日被提出之日起，我就致力于找出这个等式的真正物理意义。这个问题使我直接去考虑熵和概率之间的关系，也就是说，把我引到了玻尔兹曼的思想。"①

普朗克说的熵与概率间的关系是指玻尔兹曼对热力学第二定律所作的统计解释。1877 年，玻尔兹曼发表了论文《论热力学第二定律和概率论之间的关系》，其中提出一个系统的任意状态的熵 S 与该系统的热力学概率 W 的对数成正比，即 $S \propto \ln W$。玻尔兹曼所说的热力学概率，指的是对应于宏观状态的微观状态数。普朗克当初并不赞同玻尔兹曼的这种统计理论，经历了其他尝试失败以后，他决定用玻尔兹曼的统计方法探索热辐射的能量分布规律。经过两个多月的努力，他于 1900 年 12 月 14 日提出了题为《正常光谱辐射能的分布理论》的研究报告。报告中具体介绍了他是如何利用熵与几率的关系，经过适当的运算而得到热辐射的普遍公式的。他把每个振子在稳定振动情况下的能量 U 看作是时间的平均值，对在稳定辐射场中的 N 个共振子来说，它们的总能量也为平均值。由 N 个共振子组成的系统的总能量是 $U_N = NU$，与其对应存在的熵 $S_N = NS$，S 表示每个共振子的平均熵，S_N表示由总能量 U_N分配给每个共振子而产生的无序程度。然后普朗克假定，系统的熵 S_N与 N 个共振子所具有的几率 W 的对数成比例。为了求得几率 W，他假设总能量 U_N分配给 N 个共振子的方式是划分为不连续的有限整数个相等的单元，并把这样一个能量单元用 ε 表示，即 $U_N = P\varepsilon$，其中 P 是一个比较大的整数。然后，他根据排列组合法则求出了几率 W 的表达式，将其代入玻尔兹曼的熵与几率关系式($S = \ln W$)，经过推导得出

$$U = \frac{\varepsilon}{e^{\varepsilon/RT} - 1}$$

接着，普朗克写道："如果将维恩定律和此处关于熵的方程一起考虑，就会发现能量单元 ε 一定和频率 ν 成正比，即 $\varepsilon = h\nu$，这里 h 是普适常数。"于是得到

① 赫尔曼. 量子论初期史. 周昌忠，译. 上海：商务印书馆，1980：19.

$$U=\frac{h\nu}{e^{h\nu/kT}-1}$$

因而黑体辐射公式应为

$$u(\nu,T)=\frac{8\pi h}{c^3}\cdot\frac{\nu^3}{e^{h\nu/kT}-1}$$

在 $h\nu$ 远小于 kT 的极限情况下，上式化为瑞利一金斯公式，在 $h\nu$ 远大于 kT 极限情况下，它化为维思公式。由于 $h\nu$ 的引入，使得普朗克黑体辐射公式具有普遍性。普朗克还根据黑体辐射的测量数据，计算出普适常数 $h=6.55\times10^{-27}$ erp · s。后来人们把 h 称为“普朗克常数”，也叫做“基本作用量子”，把 $h\nu$ 称为“能量子”。继引力常数 G 和真空光速 c 之后，h 是第三个重要的物理学基本常数。它的问世，标志着物理学研究进入了一个新的领域——微观世界。

普朗克能量子假说的提出，具有划时代的重要意义。它不仅解决了黑体辐射问题，而且引发出一系列新的理论。

第二节　爱因斯坦的光量子理论

光电效应一直是经典物理学无法解释的现象。1905 年，爱因斯坦运用普朗克的能量子假设提出了光量子理论，从而很好地解释了这种现象。

一、前人关于光电效应的研究

1887 年，德国物理学家赫兹(H. Hertz)在做电磁波实验时偶然发现，发射回路的电火花照射到接收回路时，会对它的接收火花产生影响。经过多次实验，他进一步发现，火花光中的紫外线照到接收回路的负极时，效果最为明显。赫兹将自己的发现写成论文《紫外线对放电的影响》公之于世。次年，德国物理学家霍尔瓦克斯(W. Hallwachs)做了验证赫兹结论的实验。他用电弧光代替电火花，用带负电的锌板代替负电极，结果发现锌板迅速失去更多的负电荷。当他在弧光与锌板之间放置一块玻璃板时，现象消失了，这即说明起作用的是紫外光线。

1888 年，俄国物理学家斯托列托夫(A. G. Staletov)也对光电效应现象进行了实验研究。1889 年，他发表了研究论文《光电研究》，其中得出了几项重要结论：(1)电弧光照射在带阴电导体平面时，就驱走带电体上的电荷。(2)光被金属物体所吸收,吸收的光愈多,其放电作用愈明显。(3)在极短时间的照射中也可发现光的放电作用,从光照射时间到放电时间之间没有明显的时间间隔。(4)在其他条件相同的情况下,放电作用与照射到放电物体表面上的光能量成正比例。(5)无论放电结构如何,将其看作某种电流是正确的。(6)这种光化电的作用,随着温度的提高而加强。

1899 年,约瑟夫·汤姆孙测量出了光电流的荷质比 e/m,它与阴极射线的荷质比相近。这说明光电流是与阴极射线相同的高速运动电子流。1900 年,赫兹的助手勒纳德(P. Lenard)用磁偏转法测量了光电流的荷质比,得到了与汤姆孙同样的结果。经过进一步的研究,勒纳德发现,电子离开金属放电板的最大速度与照射光的强度无关。这是关于光电效应特性的重要发现。1902 年,他发表了自己的研究结果,并提出触发假说以解释光电效应现象。他认为,在电子的发射过程中,光只起一种触发作用;电子本来就在原子内部运动,当照射光的频率与电子的振动频率一致时,就产生共振,使得该电子从原子内部逸出。其实,这种解释是错误的。1905 年,勒纳德因为阴极射线的研究获得了诺贝尔物理学奖。

1905 年之前,人们关于光电效应的研究,得出了三点结论:(1)照射光的频率具有一个临界值。对于各种金属,照射光的频率低于某一临界值时,无论光的强度多大,都不会产生光电效应。(2)光电效应是瞬时的。光照射到金属表面时,立即有光电流产生。(3)在单位时间内,单位金属表面积上发射的光子数与照射光的强度成正比,与照射光的频率无关。对于这三条性质,用光的电磁波理论无法给出合理的解释。根据经典电磁理论,光波传递给电子的能量有一个累积过程,因此电子的逸出应当滞后一段时间,而且电子的逸出也应当与光的频率无关。事实上,要合理地解释光电效应,就必须突破传统的光波动理论。爱因斯坦完成了这一历史性的突破。

二、爱因斯坦提出光量子假说

1905 年 3 月,爱因斯坦在德国《物理学杂志》上发表了论文《关于光的产生和转化的一个试探性观点》,文章提出了光量子假说,用其合理地解释了光电效应。在文章中,爱因斯坦首先指出光的波动理论的困难:"按照麦克斯韦的理论,对于一切纯电磁现象因而也对于光来说,应当把能量看作是连续的空间函数……当人们把用连续空间函数进行运算的光的理论应用到光的产生和转化的现象上去时,这个理论会导致和经验相矛盾。"然后,他提出了能量子假说。他写道:"确实,现在在我看来,关于黑体辐射,光致发光,紫外光产生阴极射线,以及其他一些有关光的产生和转化的现象的观察,如果用能量在空间中不是连续分布的这种假说来解释似乎就更好理解。按照这里所设想的假设,从点光源发射出来的光束的能量在传播中不是连续分布在越来越大的空间之中，而是由个数有限的、局限在空间各点的能量子所组成，这些能量子能够运动，但不能再分割，而只能整个地被吸收或产生出来。”光的能量是由有限个数的能量子组成的，光的发射、传播以及被物体吸收过程都是以能量子为单元进行的。此即爱因斯坦的光量子假设。接下来，爱因斯坦分析了黑体辐射理论的困难、普朗克对基本常数的确定和辐射系统熵的变化等，最后讨论了光电效应问题。在分析了维恩定律和玻尔兹曼熵的表达式之后，爱因斯坦得出结论：“能量密度小的单色辐射，从热学方面来看，就好像它是由一些互不相关的、大小为 $R\beta\nu/N$ 的能量子所组成的。”这里 R/N 就是玻尔兹曼常数 k，β 就是 h/k，因此 $R\beta/N$ 就是普朗克常数 h，$R\beta\nu$ 就是 $h\nu$。接着爱因斯坦指出：“如果现在(密度足够小的)单色辐射，就其熵对体积的相依关系来说，好像辐射是由大小为 $R\beta\nu/N$ 的能量子所组成的不连续的媒质一样，那么，接着就会使人想到去研究是否光的产生和转化的定律也具有这样的性质，就像光是由这样一种能量子所组成的一样。”然后，从勒纳德的研究出发，爱因斯坦给出了光电效应的合理解释。他写道：“关于光的能量连续地分布在被照射的空间之中的这种通常的见解，当试图解释光电现象时，遇到了特别大的困难，勒纳德先生已在一篇开创性的论文中说明了这一点。按照激发光由能量为 $R\beta\nu/N$ 的能量子所组成的见解，用光来产生阴极射线可以用如下方式来解释。能量子钻进物体的表面层，并且它的能量至少有一部分转换为电子的动能。最简单的设想是，一个光量子把它的全部能量给予了单个电子，我们要假设这就是实际上可能发生的情况。可是，这不应当排除，电子只从光量子那里接收部分的能量。一个在物体内部具有动能的电子当它到达物体表面时已经失去了它的一部分动能。此外，还必须假设，每个电子在离开物体时还必须为它脱离物体做一定量的功 P(这是该物体的特性值)。那些在表面上朝着垂直方向被激发的电子将以最大的法线速度离开物体。这样一些电子的动能是 $R\beta\nu/N - P$。如果使物体充电到具有正电势 Π，并为零电势所包围，又如果 Π 正好大到足以阻止物体损失电荷，那么，必定得到

$$\Pi\varepsilon = R\beta\nu/N - P$$

式中，ε 表示电子电荷；或者 $\Pi E = R\beta\nu - P'$，这里 E 是克当量单价离子的电荷，而 P' 是这一负电量对于物体的电势。”

上述方程式就是著名的爱因斯坦光电效应方程。接着，爱因斯坦又进一步讨论了方程的物理意义。“如果所导出的公式是正确的，那么 Π 作为激发光频率的函数，用笛卡儿坐标来表示时，必定是一条直线，它的斜率同所研究的物质的性质无关。……如果激发光的每一个能量子独立地(同一切其他能量子无关)把它的能量给予电子，那么，电子的速度分布即所产生的阴极射线的性质就同激发光的强度无关；另一

方面，在其他条件都相同的情况下，离开物体的电子数同激发光的强度成正比。”①

1906年3月，爱因斯坦在《论光的产生和吸收》一文中，进一步讨论了引起光电效应的光的最小频率问题，推导出了计算最小频率的表达式。

1909年9月21日，爱因斯坦在德国自然科学家协会第81次大会上做了《论我们关于辐射的本性和组成的观点的发展》的报告，其中再次论述了光量子理论。他先总结了光的波动理论存在的困难：“如果不更深入地进行理论上的考虑，我们的光学理论还不能解释光学现象的某些基本特征。为什么一个特定的光化学反应的发生与否，只取决于光的颜色，而不取决于光的强度？为什么短波射线在促进化学反应方面一般比长波射线更为有效？为什么光电效应所产生的阴极射线的速度同光的强度无关？为什么为了使物体发射的辐射中包含有短波的部分，就要求有较高的温度，也就是要较高的分子能量呢？对于所有这些问题，现代形式的光的波动论都不能作出回答。特别是它怎么也不能解释，为什么光电效应或伦琴射线产生的阴极射线具有那么明显地同射线强度无关的速度。”然后他指出，普朗克开创的量子理论可以解决这些问题。在介绍了普朗克辐射理论的形成过程之后，他强调：“普朗克的理论引起如下的推测：如果辐射振子的能量确实只能为 $h\nu$ 的整数倍时，那么自然会得出这样的假设：在辐射的发射和吸收（过程）中，只有这样大小的能量子才会出现。根据这个假说——光量子假说，可以回答上面提出的关于辐射的吸收和发射的问题。”②

关于光的本性的认识经历了漫长的过程。17，18世纪，一部分人认为光是粒子，一部分人则认为它是波动。19世纪电磁场理论建立后，光被证明是电磁波。爱因斯坦的光量子理论重新确定了光的粒子特性，由此使人们认识到光既具有波动性质，也具有粒子性质。1921年，爱因斯坦“由于在理论物理方面的贡献和关于光电效应的研究工作”获得诺贝尔物理奖。光量子理论和狭义相对论进一步启发德布罗意提出了物质波理论。

第三节　玻尔的原子理论

为了解释卢瑟福有核原子模型的稳定性问题，玻尔运用普朗克的能量子概念

---

① 爱因斯坦全集.第二卷.郑州：河南科技出版社，2002：132-144.

② 爱因斯坦全集.第二卷.郑州：河南科技出版社，2002：495-507.

提出了量子化的原子理论。玻尔的原子理论不仅解决了原子的稳定性问题和原子光谱的一些问题，而且对海森堡建立矩阵力学有重要启发。

一、原子模型的历史发展

从古希腊哲学家留基伯和德莫克利特提出原子概念，直到经典物理学建立，人们一直认为原子是不可分割的最小物质单元。但是，19 世纪末的一系列新发现，使人们改变了这种认识。1895 年，伦琴（W. K. Röntgen）发现了 X 射线；1896 年，贝克勒尔（A. H. Becquerel）发现了放射性现象；1897 年，汤姆孙（Joseph John Thomson）发现了电子；1898 年，卢瑟福（Ernest Rutherford）发现了 α 射线和 β 射线，同年居里（Joliot Curie）夫妇发现了放射性元素 Po 和 Ra。这些发现说明原子具有内部结构。由此启发物理学家提出一系列关于原子结构的猜测，形成了不同的原子模型。

1902 年，勒纳德根据他和赫兹做的阴极射线穿透金属箔的实验结果分析，金属中的原子并非是充实的物质球，其中有大量的空隙。据此他设想，原子内部的各个电子与相应的正电荷组成一个个中性微粒，取名为“动力子”。这些动力子浮游于原子内部的空间中。同年，开尔文提出了实心带电球原子模型，认为原子由带正电的均匀球体组成，负电荷以分立电子的形式分布在原子里面。

1904 年，日本东京大学教授长冈半太郎（Hantaro Nagaoka）受到麦克斯韦的土星卫星环绕理论的启发，推测原子具有类似土星系统的结构。他在论文《用粒子系统的运动学阐明线光谱、带光谱和放射性》中写道：“我要讨论的系统，是由很多质量相同的质点，以相等的间隔和角度连接成圆，各个质点之间以与距离的平方成反比的力相互排斥。在圆心有一大质量的质点对其他质点以同样定律的力吸引。如果这些相互排斥的质点以几乎相同的速度围绕吸引中心旋转，只要吸引力足够大，即使有小的干扰，这系统一般保持稳定。”①这里，长冈实际上提出了一个有核原子模型，尽管这种理论还很不完善。

1904 年，汤姆孙发表了论文《论原子的构造：关于沿一圆周等距离分布的一些粒子的稳定性和振荡周期的研究》，发展了开尔文的实心带电球原子模型。他假设原子的正电均匀分布于整个球形原子体积内，负电荷则镶嵌在球体的一些固定位置上。他用经典力学和库仑定律计算了电荷的分布状态，各个电子既受到正电荷的吸引，又相互排斥，结果处于一种平衡状态下。他证明，这些电子必然排列成环形结构，每个环上的电子数目多于 6 个就破坏了稳定性。当原子的电子数目多于 6

---

① 郭奕玲，沈慧君. 物理学史. 北京：清华大学出版社，2005：225.

时就会组成两个以上的环。汤姆孙还用模拟实验证明自己的理论。他仿照 1878 年梅尼做过的实验,以小磁针代替电子,让许多小磁针漂浮在水盆里,在垂直于水面方向加上磁场,结果小磁针在水面上排列成一个个圆环。为了探测原子内电子的数量,汤姆孙进行了 X 射线和 β 射线散射实验,但未能得出明确一致的结论。

1910 年,奥地利物理学家哈斯(A. E. Haas)发表论文,将量子假说应用于汤姆孙原子模型,企图得出普朗克常数 h 的数值。在汤姆孙模型的基础上,他设想电子在原子内部做旋转运动,其频率为 ν。根据原子的半径及库仑作用计算电子的总能量,并令电子总能量等于 $h\nu$,即可算出 h 值。由于当时无法准确知道原子的半径,因此无法计算出最终结果。

汤姆孙的学生卢瑟福在曼彻斯特大学领导一个实验室进行放射性和物质结构方面的研究。1908 年,卢瑟福的助手盖革(H. Geiger)用闪烁法观测 α 粒子穿过金箔散射时,在显示屏上发现了不正常的闪光。卢瑟福建议让 α 粒子从金属表面上直接散射,结果发现了 α 粒子大角度散射现象。1909 年,他们报道研究结果时说:"α 粒子的漫反射取得了判决性证据。一部分落到金属板上的 α 粒子方向改变到这样的地步,以至于重现在入射的一边。"实验统计结果表明,"在入射的 α 粒子中,每 8 000 个将有一个要反射回来。"这种现象无法用汤姆孙的原子模型予以解释。1911 年,卢瑟福在《哲学杂志》上发表了论文《物质对 α,β 粒子的散射和原子构造》,其中写道:"α 粒子和 β 粒子与物质原子发生碰撞而偏离其直线轨道的现象是人所共知的。由于 α 粒子比 β 粒子具有较大的动量和能量,它的散射效果也颇为明显。而且把这种高速粒子通过原子时发生偏离轨道的现象,看作是由于原子内部强电场所引起的理论,也是无可怀疑的。"大角度散射,可以是一次碰撞产生的,也可以是复合碰撞产生的。卢瑟福认为,用汤姆孙的复合散射理论无法解释 α 粒子散射现象。他进一步讨论道:"首先要从理论上研究,哪种原子结构能使 α 粒子经过一次碰撞就会产生大角度偏折,而且还要用理论结论与实验数据相比较。要把原子看作是由中心具有 ± Ne 电荷和周围含有等量相反电荷 Ne 的一个半径为 R 的球体,球体内的电荷分布是均匀的。……假定中心电荷和 α 粒子电荷都集中于比 10^{-12} cm 还要小的范围内。"在论文中,卢瑟福从理论上探讨了能够产生 α 粒子大角度散射的原子模型,并推导出与实验数据一致的结果①。后来,卢瑟福回忆说:"经过思考,我认为反向散射必定是一次碰撞的结果,而当我作出计算时看到,除非采取一个原子的大部分质量集中在一个微小的核内系统,否则是无法得到这种数量级的任何结果的,这就是我后来提出原子具有很小而质量很大的核心的想法。"

---

① Rutherford E. Phil. Mag. 1911,(21):669.

1913 年,卢瑟福在《原子构造》一文中明确表述了自己的原子有核结构模型:"原子的全部正电荷集中在原子中心的一个非常小的区域内,电子则像行星一样围绕着原子核作椭圆运动。"①

根据经典电磁理论,卢瑟福的行星原子模型存在两个矛盾,其一,电子围绕带正电的原子核做椭圆轨道运动时,在加速运动过程中会不断辐射能量,从而使其能量逐渐减少,因而轨道半径也将逐渐减小,大约经过一亿分之一秒后电子就会落到原子核上,发生原子坍缩,而实际上并未发生这种现象。其二,在原子坍缩之前,电子运动的轨道是连续的,频率的变化也是连续的,因此辐射的光谱应该是连续光谱,而实际的光谱则是线状光谱——非连续谱。是卢瑟福的原子模型有问题,还是经典电磁学有问题?如何将二者统一起来?尼尔斯·玻尔的工作解决了这个问题。

二、玻尔提出原子理论

尼尔斯·玻尔(N. H. D. Bohr,1885—1962)1903 年进入哥本哈根大学学习物理学,1909 年 7 月和 1911 年 5 月分别获得硕士和博士学位。他的硕士和博士论文都是关于金属电子论的研究。1911 年 9 月,玻尔去剑桥大学汤姆孙主持的卡文迪什实验室进修。1912 年 3 月,他赴曼彻斯特大学卢瑟福领导的实验室学习。当时卢瑟福刚刚提出有核原子模型,并且继续进行相关实验研究以支持这个模型。玻尔与卢瑟福共同做 α 散射实验,一起讨论原子结构问题,对于有核模型的优点及其面临的困难十分清楚。1912 年夏天,玻尔从曼彻斯特回国后在哥本哈根大学工作。他继续进行原子结构方面的研究,企图建立一种更加合理的原子理论。

玻尔坚信卢瑟福的有核模型是正确的,认为要克服其面临的理论困难,就必须运用普朗克的量子理论为这个模型提出新的解释。1913 年 7 月、9 月和 11 月,他在《哲学杂志》上连续发表了三篇题目为《论原子和分子的结构》的论文,提出了量子化的原子理论。

运用量子理论解释原子问题,并非始于玻尔。除了前述 1910 年奥地利物理学家哈斯将量子假说应用于汤姆孙原子模型之外,剑桥大学尼科尔森(J. W. Nicholson)也运用量子理论解释原子的结构。1912 年 6 月,他根据法国物理学家佩兰(J. B. Perrin)和日本长冈半太郎的有核原子模型,利用普朗克量子假说,提出原子中电子绕核运动的轨道角动量是 $h / 2\pi$ 的整数倍。尼科尔森的理论对玻尔产生了一定的影响,玻尔提出的理论在某些方面与尼科尔森的理论具有相似性。

玻尔企图在卢瑟福原子模型和普朗克量子理论的基础上说明原子和分子的构

---

① 谢邦同. 世界近代物理学史. 沈阳辽宁教育出版社,1988,157.

造，这时前人关于原子光谱的研究为他提供了帮助。玻尔曾经不止一次的说过："我一看见巴耳末公式，整个问题对我来说就立刻清楚了。"[①]1913年2月，玻尔曾经与光谱学家汉森(H. M. Hansen)讨论光谱学问题。汉森支持玻尔按照自己的理论来说明光谱的规律性。当时玻尔对光谱学缺乏研究，而且没有兴趣，因为他认为光谱太复杂了，不能在原子体系的结构方面提供什么线索。汉森反驳了玻尔的这种看法，并且提醒他注意里德伯和巴耳末的工作对光谱现象的简洁表示及其显示出来的规律性。玻尔从德国物理学家斯塔克(J. Stark)于1911年出版的《原子动力学原理》一书中找到了氢原子的巴耳末公式，并且斯塔克在书中系统阐述了其关于光谱形成的猜测。斯塔克认为，线光谱和带光谱可以由同一种原子结构发出。当原子中的束缚电子受到能量激发时，会从一种状态向另一种状态跃迁，在此过程中发出的辐射就形成线光谱；当一个价电子被从原子中完全取走，然后又回到原来的状态时，就会产生带光谱。斯塔克关于线光谱形成机理的猜测，实际上含有分立的状态和电子跃迁的模糊思想。巴耳末的光谱公式和斯塔克的电子跃迁产生辐射的思想使玻尔受到启发。

1913年，玻尔分三部分发表的《论原子构造和分子结构》，是原子物理学的划时代文献，被物理学界誉为"三部曲"，其中提出了电子角动量的量子化条件和量子跃迁理论，从而解决了原子的稳定性问题和光谱规律与原子结构的本质联系问题[②]。

玻尔的这三篇论文，第一篇讨论了单电子原子及其线光谱理论，第二篇讨论单个原子核的体系，第三篇讨论由多个原子核组成的(分子)体系。在论文序言中，玻尔强调需要引入普朗克作用量子来解决原子的稳定性问题。他写道："为了解释关于物质对α射线的散射的实验结果，卢瑟福教授曾经提出了一种原子结构理论。按照这一理论，原子包括一个带正电的核，由一组电子围绕着，各个电子被来自核的吸引力保持在一起；各电子的总负电荷等于核的正电荷。而且，核被假设为原子质量的主要部分所在之处，核的线度远小于整个原子的线度。经推测，原子中的电子数近似地等于原子量的一半。这种原子模型应该引起我们巨大兴趣。因为，正如卢瑟福已经证明的，关于存在这里所说的原子核的假设，对于解释有关α射线大角度散射的实验结果来看是必要的。但是，在企图以这种模型解释物质的某些性质时，我们却遇到由于电子系表现的不稳定性引起的严重困难。……不管电子的运动定律有何变化，看来非常有必要引进一个与经典电动力学完全不同的量到这些定律中来。这个量就叫做普朗克常数，或者如通常所说的基本作用量子。引入

---

① 梅拉，霍琴堡. 量子理论的初期发展. 革戈，等译. 上海：科学出版社，1990：276.

② 以下引文见尼尔斯·玻尔集. 第二卷. 革戈，译. 上海：商务印书馆，1989：159-232.

这个量之后,原子中的电子的稳定组态这个问题就会发生本质的变化。”

在论文第一部分的第一节中,玻尔首先谈到了考察对象和条件:“在卢瑟福原子模型基础上,对原子若干性质予以说明时,经典电动力学已经不适用了。如果考虑一个简单的体系,带正电的非常小的核以及在闭合轨道上绕它运动的是一个电子时,问题是非常清楚的。为了简单起见,我们假定电子质量与核相比小到可以忽略的程度,电子的运动速度与光速相比要小得多。”然后他在假设运动电子不辐射能量的条件下,给出了电子轨道运动频率 ω 与能量 W 的关系式

$$\omega = \frac{\sqrt{2}}{\pi}\cdot\frac{W^{3/2}}{eE\sqrt{m}},\quad 2a = \frac{eE}{W}$$

式中,W 是把电子移到离核无限远处所需要的能量,e 和 E 是电子与核的电荷,m 是电子质量,a 是电子轨道的长半轴。

接着玻尔在普朗克辐射理论的基础上,引入基本作用量子,并给出了电子沿着定态轨道运动时的能量。论文写道:“从普朗克的辐射理论可以获得如下重要的结论。这就是原子体系辐射能量,并不是按照电动力学假定的那样以连续的方式进行的。正相反,是以不连续的方式,原子振子一次辐射能等于 $\tau h\nu$,这里 ν 为原子振子的频率,τ 为正整数,h 为普适常数。”如果放出的光为单色光,并且电子原来的轨道频率为零,那么辐射频率将遵守关系 $W=\tau h\omega/2$,代入上面的式子可得

$$W = \frac{2\pi^2 me^2E^2}{\tau^2h^2},\omega = \frac{4\pi^2 me^2E^2}{\tau^3h^3},2a = \frac{\tau^2h^2}{2\pi meE}$$

在这些表达式中,对应着一系列 τ 值,就会有一系列的 W,e 和 a 值,相应于不同的系统组态。

在论文第一部分的第二节中,玻尔以氢原子光谱为例,假定 $E=e$,推导出电子从 τ_2 状态过渡到 τ_1 状态时,辐射出的能量 W 与频率 ν 之间的关系以及辐射频率的计算公式

$$W_{\tau_2} - W_{\tau_1} = \frac{2\pi^2 me^4}{h^2}\left(\frac{1}{\tau_2^2}-\frac{1}{\tau_1^2}\right)$$

如果假定辐射能量为 $h\nu$,则有 $W_{\tau_2}-W_{\tau_1}=h\nu$,此可得频率

$$\nu = \frac{2\pi^2 me^4}{h^3}\left(\frac{1}{\tau_2^2}-\frac{1}{\tau_1^2}\right)$$

这个表达式说明了氢光谱线的规律性。如取 $\tau_2=2$,并令 τ_1 是可变的,则可得到普通的巴耳末光谱系。取 $\tau_2=3$,则可得到帕邢在红外区观测到的、里兹早先曾预言过的谱系。接着,玻尔从里兹组合原理推导出了里德伯光谱公式。

在论文第一部分的第三节中,玻尔利用前面得出的公式讨论原子体系辐射能

量与电子绕核运动频率之间的关系，推出体系的辐射频率公式

$$\nu = \frac{\pi^2 m E^2 e^2}{2h^3 c^2} \cdot \frac{2N-1}{N^2(N-1)^2}$$

式中，N 是表示不同定态的自然数。当电子在 N 和 $N-1$ 两个相邻定态之间过渡时，体系将发出辐射。当 N 很大时，体系发出辐射前后的频率之比将近似等于 1。玻尔认为，按照经典电动力学，当 N 很大时，原子体系辐射的频率与电子绕核运转的频率之比也将近似等于 1。这种认为大量子数状态下量子论结果与经典物理学结果趋于一致的假定，后来称为"对应原理"。玻尔假定："(1)辐射是以 $h\nu$ 量子的形式；(2)系统连续不断地在稳定状态间的转移，所辐射光波的频率，在低频范围内应与电子旋转频率相一致。"这里体现了对应原理思想的萌芽，玻尔后来反复论述了对应原理思想，并多次强调了这一原理的重要性。通过这种大量子数极限对应方法，玻尔证明了角动量 P 量子化的条件：$P = \tau h/2\pi$。他指出，"原子体系处于一个定态中，电子绕核运动的角动量等于一个普适常数的整数倍，而不依赖于核上的电荷。"

在论文第一部分的最后两节，玻尔以量子论观点讨论了辐射的吸收问题和原子体系的稳定性。他把角动量的量子化条件推广到一般情况："在任何由正核和电子构成的各个核相对静止而电子沿圆形轨道运动的分子体系中，每一电子绕其轨道中心的角动量在体系的持久状态中等于 $h/2\pi$，h 是普朗克常数。我们假定，满足这一条件的组态是稳定的。"

在论文第二部分，玻尔从角动量量子化条件出发，讨论了单原子核体系的组态和稳定性，得到了体系的能量、轨道频率和轨道半径的量子表示式，并将其应用于氢和氦等元素的光谱分析。

在论文第三部分的结论中，玻尔总结了论文中使用的五个主要假设：

"（Ⅰ）能量的辐射，并不像通常电动力学所假设的那样，以连续的方式放射(或吸收)的，而是只有当体系在不同'定态'之间进行转移(或过渡)时才会发生。

（Ⅱ）体系在定态中的力学平衡服从普通的力学定律，但这些力学定律对体系在不同定态之间的转移则不适用。

（Ⅲ）体系发生两个定态之间的转移时将辐射单色光，辐射的频率 ν 与发射出的能量 E 有 $E = h\nu$ 的关系，其中 h 为普朗克常数。

（Ⅳ）由一个带正电的核与绕核运动的一个电子所构成的简单系统，其不同定态由如下条件决定：在形成组态时不同定态之间发射的总能量与电子的旋转频率之比为 $h/2$ 的整数倍。这一假定条件，是与电子绕核沿圆形轨道运动时，它们的角动量是 $h/(2\pi)$的整数倍这一假定等价的。

（Ⅴ）任何原子系统的'持久'状态，即发射的能量最大的状态，将由每一电子

绕其轨道中心的角动量等于 $h/(2\pi)$ 这一条件来决定。”

这些假设提出了三个重要概念：“定态”、不同定态之间的“转移”（后来称为“量子跃迁”）和“角动量量子化”。它们是使玻尔的原子理论有别于经典理论而体现量子论思想的关键。

玻尔的原子理论虽然取得了很大成功，但有一些明显不足，例如它无法计算光谱的强度，对于一些比较复杂的光谱无法得出与实验一致的结果。在玻尔理论中，电子轨道运动的量子条件是角动量 P 等于 $h/2\pi$ 的整数倍，可以表示为

$$\oint p_{\varphi}\mathrm{d}\varphi = nh$$

这个公式只适用于电子做圆形轨道运动的情况。1915 年，德国慕尼黑大学索末菲(A. Sommerfeld)教授发表论文推广了玻尔的轨道量子化条件。他提出了轨道量子化的普遍法则

$$\oint p_k \mathrm{d}q_k = n_k h$$

p_k 和 q_k 是正则共轭变量。对于电子的椭圆轨道，有两个自由度，需要两个坐标参量 r 和 φ，与之对应的有角动量 p_{φ} 和径动量 p_r，相应的可以写出两个量子化条件

$$\oint p_{\varphi}\mathrm{d}\varphi = n_{\varphi}h,\quad \oint p_r \mathrm{d}r = n_r h$$

式中，n_{φ} 和 n_r 分别为角量子数和径量子数，均为整数；$n = n_{\varphi} + n_r$，为主量子数。原子的定态能量由主量子数决定。对于立体轨道，有三个自由度，也可以给出其角动量量子化条件。所以，索末菲的量子化条件具有普遍的适用性。

玻尔的“三部曲”把量子概念引入原子理论，成功地解释了经典物理学无法解释的原子的稳定性问题，对原子光谱的规律性给予了系统的论证。这是玻尔对原子物理学做出的历史性贡献。但是，玻尔的原子理论实际上是经典物理理论与量子概念的混合物，其中残存着经典物理学的痕迹。玻尔在提出新理论时，自觉地运用了经典物理概念，企图找到新旧理论之间过渡的桥梁。正是这种思想使他后来提出了对应原理。

第四节 德布罗意物质波理论的提出

路易斯·德布罗意(Louis de Broglie，1892—1987)出生于法国贵族家庭，在巴

黎大学学习历史，专攻法学史和中世纪政治史，1910 年获文学学士学位。后来，他对科学产生了兴趣，集中精力学习物理学，1913 年获得理学学士学位。第一次世界大战结束后，他开始研究物理学。路易斯的兄长莫里斯·德布罗意是研究 X 射线的专家，对路易斯的科学研究生涯有很大影响。路易斯开始物理学研究时，能够紧跟前沿领域。他熟悉普朗克、爱因斯坦和玻尔等的研究工作，思想活跃，富于创新精神，于 1922—1924 年间提出了物质波理论，为量子波动力学的建立奠定了重要基础[①]。

一、前人相关工作的影响

路易斯·德布罗意后来在回忆自己早期的物理学研究历程时写道："在我年轻时代，也就是在 1911—1919 年间，我满腔热情地钻研了那个时期理论物理的一切最新成果。我了解彭加勒、洛伦兹、郎之万……的著作，也了解玻耳兹曼和吉布斯关于统计力学方面的著作。但是，特别引起我注意的是普朗克、爱因斯坦、玻尔论述量子的著作。我注意到爱因斯坦 1905 年在光量子理论中提出的辐射中波和粒子共存是自然界的一个本质现象。在随我哥哥莫里斯作了 X 射线谱的研究后，我觉察到电磁辐射的这种二重性具有十分重要的意义。在研究了力学中的哈密顿-雅可比理论后，我进一步在其中发现了一种波粒统一的初期理论。最后，在深入地研究了相对论后，我深信它一定是一切新的假设的基础。"[②]这段回忆简单概括了他的早期科学探索之路。

1895 年伦琴发现 X 射线以后，关于 X 射线性质的研究成了一个热门课题。当时形成了两种对立的观点，一部分人认为 X 射线是一种物质粒子，另一部分人则认为它是一种波动。1911 年，英国物理学家布拉格(W. H. Bragg)在一篇题为《γ 射线、X 射线粒子假设的结论和 β 射线的种类》的论文中写道："一束 X 射线为一束 β 射线提供能量；同样，在 X 射线管中，一束 β 射线激发一束 X 射线……次级 β 射线的速率与 X 射线通过的距离无关，因此 X 射线的能量在运动中不会扩散。这就是说，它是一种粒子。"1912—1914 年，莫塞莱(H. G. J. Moseley)利用 X 射线波谱验证了玻尔原子模型，又发现了 X 射线谱的频率正比于原子序数的平方，再一次揭示了 X 射线的粒子性。1912 年，德国物理学家劳厄(M. T. F. von Laue)提出如果 X 射线是波长极短的电磁波，它通过晶体会产生衍射现象。这一设想被弗里

① 以下内容参考向义和. 物理学基本概念和基本定律溯源. 第十三章. 北京：高等教育出版社，1994.

② Louis de Broglie. The Beginnings of Wave Mechanics, William, Wave Mechanics, The First fifty Years. Butterwrths, London, 1973: 12-13.

德里希(Friedrich)和克尼平(Knipping)通过实验所证实。当X射线通过晶体时,发现了明显的衍射现象,有力地显示了X射线的波动性。X射线时而像波,时而像粒子,使得物理学家感到困惑。能否寻求一种理论把它的两种性质都表示出来,这是物理学面临的新任务。布拉格和莫里斯·德布罗意等都把X射线看作波和粒子的一种结合,但没有人能提出合适的理论来描述它。莫里斯把几次国际物理学会议上关于X射线的讨论资料带回家给弟弟德布罗意阅读,使他了解这方面的研究动态。1919年第一次世界大战结束后,德布罗意与兄长莫里斯合作进行X射线和光电效应方面的实验研究,同时在巴黎大学跟随朗之万(P. Langevin)攻读博士学位。后来,德布罗意在一篇自传性的短文中写道:"我曾长期同我的哥哥讨论如何解释关于光电效应和粒子谱的漂亮实验。……同他进行有关X射线性质的长时间的讨论……使我陷入波和粒子必定总是结合在一起的沉思中。"[①]

由X射线的研究所引起的对波粒二象性的思索,只是引导德布罗意前进的一个因素。此外,普朗克的量子论、爱因斯坦的相对论和光量子学说对德布罗意物质波概念的形成起着更大的作用。他后来回忆道:"我怀着年轻人特有的热情对这些问题产生了浓厚的兴趣,我决心致力于探究普朗克早在10年前就已引入理论物理的、但还不理解其深刻意义的奇异的量子。"郎之万的相对论讲演和对时间概念的分析,也对德布罗意产生了影响。德布罗意曾写道:"时钟频率的相对论性变化及波的频率之间的差异是基本的,它极大地引起了我的注意,仔细地考虑这个差异,决定了我的整个研究方向。"德布罗意很早就读过爱因斯坦关于光量子假说的文章。这些文章和对X射线的研究使他接受了光的波粒二象性思想。

1922年1月,德布罗意发表了《黑体辐射和光量子》论文。在论文中,他把光子当作具有能量 $h\nu$ 和动量 $h\nu/\nu$ 的光量子来处理,引进了光量子静止质量 m_0 概念,并且运用狭义相对论的质能关系式将光的波动性与粒子性联系起来,给出关系式

$$W = h\nu = \frac{m_0 c^2}{\sqrt{1 - v^2/c^2}}$$

其中v是光量子的速度,它低于但又无限接近于真空中的光速c。同年11月,他发表了《干涉与光量子》一文。在此文中,他认为可以用光量子假设来解释干涉现象。"从光量子的观点来看,干涉现象与光原子的集合有关。这些光原子的运动不仅不是独立的,而且是相干的。因此,如果有一天光量子理论能够解释干涉现象,那么采用这种量子集合的假定是十分自然的。"光的干涉现象反映了波动性,德布罗意

① 向义和. 物理学基本概念和基本定律溯源. 北京:高等教育出版社,1994:279.

认为它也可以用光量子的集合效应来解释。这实际上是企图用粒子性解释波动现象。

1964年,德布罗意在致一位朋友的信中写道:"在1922—1923年期间,当我开始获得波动力学的基本想法时,我的意图把爱因斯坦发现的光的波粒共存现象推广到所有粒子,因此我开始用爱因斯坦建立的光量子公式 $W = h\nu$ 和 $p = h\nu/c = h/\lambda$。我把这些公式应用到光子以外的其他粒子上。"①

19世纪30年代,英国物理学家哈密顿(W. R. Hamilton)发展了达朗贝尔和拉格朗日(J. L. Largrange)等建立的分析力学,用具有动力学意义的正则变量代替只有运动学意义的广义速度和广义坐标,将拉格朗日函数和拉格朗日方程变换为哈密顿函数和哈密顿正则方程,提出了哈密顿原理。由这个原理可以推导出力学所有的基本定理和运动方程。在正则方程基础上建立的哈密顿-雅可比方程,提供了一种解决动力学问题的新方法,具有广泛的适用性。1834年,哈密顿指出,力学运动方程和几何光学方程具有相似的数学结构,在力场中质点的运动与光射线的传播受同一形式的规律支配。由此启发人们思考,与几何光学对应有波动光学,那么与描述物质粒子运动的力学方程相对应,有没有一种描述物质波动性质的方程呢?哈密顿的光学与力学类比的思想给予德布罗意很大的启发。几十年后,他回忆物质波思想的产生过程时说:"突然间,我萌发了把光的二象性推广到物质粒子,尤其是电子的想法。我不能给出确切的日子,但一定是在1923年夏天。我认识到,一方面,哈密顿在某种程度上指出了这点,因为它能适用于粒子,同时又表示一种几何光学;另一方面,在量子现象中得到的量子数很少在力学中被找到,但却常常出现在波动现象以及与波动运动有关的所有问题中。于是,我自信有一种与量子现象相联系的波。"②

1913年,玻尔提出了原子中电子运动的量子化条件。但是,玻尔关于电子绕核运动的角动量等于 $h/2\pi$ 的整数倍的假设,让人难以理解。1919—1922年,法国物理学家布里渊(M. Brillouin)发表了一系列文章,提出了一种解释玻尔量子化条件的理论。布里渊设想,原子核周围存在着以太,电子在以太中运动会激发一种波,这种波相互干涉,当电子绕核运动的轨道半径适当时,会形成环绕原子核的驻波,因而电子轨道半径是量子化的。德布罗意从布里渊的这种见解中得到启发。

① Jagdish Mehra, Helmut Rechenberg. The Historical Development of Quantum Theory. Vol. 1 Part 2, New york, Springer-Verlag, 1982:586.

② Jagdish Mehra, Helmut Rechenberg. The Historical Development of Quantum Theory. Vol. 1 Part 2, New york, Springer-Verlag, 1982:587.

他吸收了布里渊的驻波思想。不过，他不认为驻波是由以太形成的，而认为是电子自身的波动性形成了驻波。

以上这些因素，对德布罗意提出物质波理论都产生了一定的促进作用。

二、德布罗意提出物质波理论

1923 年 9—10 月，德布罗意在《法国科学院导报》上连续发表三篇论文，提出了“相波”理论，也就是后来薛定谔所说的物质波理论。

第一篇论文《辐射——波和量子》提出了实物粒子具有波动性，其中描述说：“一个在静止的观察者看来。速度为 $v=\beta c(\beta<1)$，静质量为 m_0 的运动质点，一方面，根据能量的惯性原理，它具有一个等于 m_0c^2 的内在能量，另一方面，根据量子原理又把这一内能看作是一种频率为 ν_0 的简单周期性现象，即 $h\nu_0=m_0c^2$。这里 c 为真空中的光速，h 为普朗克常数。”“对于静止的观察者来说，动点的总能量 $m_0c^2/\sqrt{1-\beta^2}$ 对应于频率 ν，有 $\nu=m_0c^2/h\sqrt{1-\beta^2}=\nu_0/\sqrt{1-\beta^2}$。然而，如果这一静止的观测者观察动点的内在周期性现象时，(按照相对论给出的运动时钟变慢效应)他就会认为这一现象变缓慢了，即将它看成频率 $\nu_1-\nu_0\sqrt{1-\beta^2}$ 的周期性现象，这种内在周期性现象按 $\sin 2\pi\nu_1 t$ 的形式变化。”在分析了 ν 和 ν_1 的差别后，德布罗意指出：“现在假定在时刻 $t=0$ 时，这一动点在空间中与一个波相互重合。这波的频率就是前面的 ν，速度 c/β，沿着与质点相同的运动方向传播。这种速度大于 c 的波不可能引起能量的转移。我们把它视为一种与质点运动相结合的假想波。”然后，他论证了动点与假想波之间相位的一致性：“我认为，如果在 $t=0$ 时，波点和动点内在现象之间在相位上是一致的，那么，在任何时刻，这种相位的一致性将保持下去。如果在时刻 t，动点与原点的距离为 $x=vt$，动点内在的周期性运动按 $\sin 2\pi\nu_1(x/v)$ 变化，而在同一点上与动点相联系的波可以表示为 $\sin 2\pi\nu(t-\dfrac{x}{c/\beta})=\sin 2\pi x(\dfrac{1}{V}-\dfrac{\beta}{c})$。由前面定义的 ν_1 和 ν 可知 $\nu_1=\nu(1-\beta^2)$。所以表示动点内在运动的正弦函数与表示波的正弦函数相等，所以两者在相位上保持一致。”

第二篇论文是《光学——光量子、衍射和干涉》，其中称上述与动点相位一致的“假想波”为“相波”(phase wave)，并说明了相波与粒子运动的一致性。德布罗意写道：“在自由质点动力学基础上，我们提出如下假设：对于轨道上的每一点，自由动点沿着与其相波的射线方向，即(在各向同性的介质中)沿着垂直于等相面的方向运动。”德布罗意并且设想了光原子的衍射实验：“让我们研究杨氏小孔实验：有些光原子穿过小孔，沿着环绕这些光原子的那部分相波的射线发生衍射。在屏后面的空间里，随着穿过二小孔而发生衍射的两列相波，在每一点上产生的不同干涉，能得到不同的光电效应，不论光的强度小到何种程度，正如波动理论所预见的那样，将出现明暗的条纹。"这里的光原子是德布罗意假设的一种类似于光量子的粒子。由此他作出预言："从很小的孔穿过的电子束能够呈现衍射现象，这或许就是人们能借以寻找关于我们的想法的实验证据的方向。"

第三篇论文是《量子、气体运动理论以及费马原理》。在这篇文章中，德布罗意更加明确地阐述了他的相波概念。他假定，与任何粒子相联系的相波在空间任何点与粒子同相位，相波的频率与速度由粒子的能量和速度所决定，"相波的射线应当与动力学上粒子的可能轨迹相一致。"他认为，相波的射线应当用光学的费马原理来描述，粒子的运动轨迹可以由莫伯丢最小作用原理来描述，这两者在形式上完全一致。这就表明空间两点之间粒子的实际路径，与其相波射线的实际路径是完全一致的。由此"连接了几何光学和动力学两大原理的基本关系"。

1924 年，德布罗意在其博士论文《量子理论研究》中对相波理论进行了系统阐述和全面总结。作者在论文提要中概述了光学理论的不一致性："光学理论的历史表明，科学思想曾有好长一段时间徘徊于光的动力学解说和波动学解说之间，这两种解说毫无疑问并不像人们曾经认为是彼此对立的那样，量子理论的发展似乎证实了这一结论。"然后，作者给出了论文研究的结论："考虑到频率和能量的概念之间存在着一个总的关系，在本文中我们认为存在着一个其性质有待进一步说明的周期现象，它与每一个孤立的能量块相联系，它与其静止质量的关系可用普朗克-爱因斯坦方程表示。这种相对论理论将所有质点的匀速运动与某种波的传播联系了起来，而这种波的相位在空间的运动比光速还要快。"博士论文的第一章介绍了相波概念；第二章通过引入粒子的四维动量，得出费马原理应用于相波与莫泊丢原理应用于粒子是等同的结论；第三章和第四章讨论了定态量子条件，将相波理论应用于氢原子；第五章阐述了光量子理论；第六章讨论了 X 射线和 γ 射线与物质粒子的作用；第七章给出了著名的德布罗意波长公式

$$\lambda = \frac{c^2/v}{m_0 c^2/b} = \frac{h}{m_0 v}$$

在博士论文的结尾，他特别说明："我特意将相波和周期现象说得比较含糊，就像光量子的定义一样，可以说只是一种解释。因此，最后将这一理论看成是物理内容尚未说清楚的一种表达方式，而不能看成是最后定论的一种学说。"德布罗意知道自己的理论是不完备的，"相波"只是一种权宜的称呼，他自己并没有称其为物质波。薛定谔建立波动方程后，始称其为物质波。

德布罗意的博士论文得到了答辩委员会的高度评价，认为其思想具有独创性。

由于当时物质波理论还没有任何实验证据的支持，所以答辩委员对其真实性存在疑虑。答辩委员会主席佩兰(Perrin)问道："这些波怎样用实验来证明？"德布罗意回答说："用晶体对电子的衍射实验是可以做到的。"

德布罗意的物质波理论，最初并未受到物理学界的重视。郎之万将论文的复印本寄给了爱因斯坦。1924年12月，爱因斯坦在给郎之万的复信中对德布罗意的工作给予了高度的评价，称其"揭开了大幕的一角"。同年12月26日，爱因斯坦写信给洛伦兹，非常详细地谈到德布罗意的工作："我们熟知的莫里斯·德布罗意的弟弟已经对于解释玻尔和索末菲的量子规则作了非常有趣的解释。我相信这对于揭示我们物理学中最难以捉摸的谜，开始露出了一线微弱的光芒，我还发现了支持他的解释的一些东西。"爱因斯坦在给玻恩的信中说："您一定要读它，虽然看起来有点荒唐，但很可能是有道理的。"玻恩在1925年7月15日给爱因斯坦的信中写道："随后我读了德布罗意的论文，并逐渐明白他们搞的是什么名堂，我现在相信物质波理论可能是非常重要的。"经过爱因斯坦的推荐，德布罗意的理论引起了物理学界的广泛关注。奥地利的薛定谔也是在爱因斯坦的促使下阅读了德布罗意的论文，他在1926年4月23日给爱因斯坦的信中说："如果不是你的关于气体简并的第二篇论文硬是把德布罗意的想法的重要性摆到了我的鼻子底下，整个波动力学根本就建立不起来，并且恐怕永远也搞不出来(我指的是光靠我自己)。"①

美国的戴维孙(C. J. Davisson)和革末(Germer)通过电子衍射实验证实了德布罗意预言的物质波现象。1927年4月，他们在《自然》杂志上发表了实验研究结果。同时，汤姆孙(George Paget Thomson)也完成了电子衍射实验。他们的工作令人信服地证实了电子的波粒二象性。1929年，德布罗意因预言了电子的波动性而获诺贝尔物理学奖。戴维孙和汤姆孙也因电子衍射实验共同获得1937年的诺贝尔物理奖。

① 梅迪卡斯. 物质波五十年. 科学史译丛，1982，第一辑.

第二十章 量子力学的建立

从1900年至1924年,普朗克、爱因斯坦和玻尔等一批著名物理学家的开创性工作为量子力学的建立奠定了必要的基础。在此基础上,海森堡和薛定谔等在1925—1926年间建立了量子力学的矩阵力学和波动力学。量子力学描述的是微观现象的物理性质。由于微观现象与宏观现象在物理性质方面存在着巨大的差异,使得这门学科建立后有不少物理学家难以理解和接受其中的一些思想内容。由此引发了关于量子力学解释的长期争论,并形成了哥本哈根学派。

第一节 矩阵力学的创立

量子力学的矩阵力学理论是由德国年轻的物理学家海森堡(W. K. Heisenberg,1901—1976)首先提出,并由海森堡、玻恩(Max Born,1882—1970)和约当(Jordan)共同完成的。

1920年,海森堡进入德国慕尼黑大学跟随索末菲(Arnold Sommerfeld,1868—1951)和维恩学习理论物理。1922年6月,玻尔应邀到哥廷根讲学,索末菲带领海森堡和泡利(W. E. Pauli,1900—1958)去听演讲。在演讲后的讨论过程中,海森堡发表的意见引起玻尔的注意。玻尔表示欢迎海森堡和泡利去哥本哈根物理研究所做研究工作。此后海森堡去玻尔研究所学习了半年。1924年,他又去哥本哈根跟随玻尔和克拉默斯(H. A. Kramers)合作研究光的散射问题。这是引导他创建矩阵力学的契机。

海森堡在建立矩阵力学过程中,玻尔的对应原理,爱因斯坦的可观察量思想、克拉默斯的色散理论以及玻恩的经典公式与量子公式的转换规则等都发挥了一定的启发作用,其中对应原理所发挥的作用最大。玻尔指出:“简单地说,量子力学的整个工具，可以认为是包含在对应原理中的那些倾向的一种精确陈述。”[1]海森堡自己也承认：“矩阵力学可以看成用定量关系来代替玻尔对应原理的定性关系的一种成功的尝试。”[2]

一、玻尔提出的对应原理

1913 年，玻尔在考察自己提出的量子理论与经典理论之间的关系时发现，随着量子数不断增大，按照两种理论求得的谱线频率将趋于一致，这表明量子理论与经典理论之间有某种程度的对应性或渐近一致性。这使得玻尔产生了对应原理思想的最初萌芽。1914 年至 1916 年，玻尔在英国作访问研究期间进一步发展了对应原理的思想。1918 年，玻尔发表了《论线光谱的量子论》一文，明确提出量子理论与经典理论之间有某种程度的类比性，较系统地阐述了他的对应原理思想，但当时他是用“对应论证”和“类比论证”等名称表述自己新思想的。直到 1920 年玻尔访问柏林物理学会时，才在题为《元素的线系谱》的演讲中正式使用了“对应原理”这一名称，此后，这一概念在玻尔的论著中经常出现，成为指导其研究工作的重要方法论思想。利用对应原理，玻尔较好地处理了一系列原子结构和光谱问题。长期的科学实践使玻尔深化了关于对应原理的认识。1923 年，他在一篇论文中指出：“利用关于各元素光谱的研究和关于电场和磁场对谱线效应的研究中得来的例子，证明了这条对应原理已经怎样得到了足够的支持，以致我们似乎在更加复杂的情况中也有理由用它作为一种指南。”[3]后来玻尔进一步认为，运用经典理论和量子理论处理原子光谱问题时所具有的极限对应性，不但存在于谱线频率之间，而且也存在于谱线强度之间；不但对单周期体系成立，而且对多周期体系也成立。这些认识使玻尔逐步扩展了对应原理的思想内涵。

关于对应原理的涵义，玻尔从未作过明确而充分的阐述。归纳其有关论述，这一原理大致有以下三层意思。(1)对应原理表明，“在大量子数的极限下，在量子的统计结果和经典辐射理论之间得到一种联系的可能性”[4]，亦即“在作用量子可以忽略不计的那种边缘区域中，量子力学的描述要和常见的经典描述直接汇合起来”[5]。这是玻尔关于对应原理的早期思想。玻尔的助手罗森菲尔德(Rosenfeld)也说：“对应原理的一个实质性的部分就是，对于大量子数，新理论应该将按照经典

---

① 玻尔. 原子论和自然的描述. 郁韬，译. 上海：商务印书馆，1964，37.

② 海森堡. 20 世纪物理学中概念的发展//现代物理学参考资料. 第三集. 北京：科学出版社，1978：24.

③ 罗森菲尔德. 尼耳斯・玻尔集. 第三卷. 革戈，译. 北京：科学出版社，1990：5.

④ 罗森菲尔德. 尼耳斯・玻尔集. 第三卷. 革戈，译. 北京：科学出版社，1990：26.

⑤ 玻尔. 原子论和自然的描述. 郁韬，译，上海：商务印书馆，1964：79.

概念对运动所作的更详尽的描述作为一种极限情况包括在内。"[①](2)"对应原理表现着一种倾向，当系统地发展量子论时，要在一种合理改写的形式下利用经典理论的一切特征"[②]；也即"把量子论看成经典理论的合理推广的那种企图，导致了所谓对应原理的陈述"[③]。根据玻尔的这种表述可以认为，对应原理揭示了面对微观物理事实，类比有关经典理论特征建立量子理论的可能性。(3)"所谓对应原理，表现了我们通过赋予经典概念的适当的量子论再诠释来利用这些概念的那种努力"[④]，即"在量子论中应用经过再诠释的每一经典概念的那种努力，在所谓对应原理中得到了表现"[⑤]。对应原理的这一层含义指出了运用经过再诠释的经典物理语言描述微观量子现象的可能性。当物理学家无法创立一种专用于描述微观现象的特殊语言时，经典概念在描述量子现象过程中就是不可缺少的。为了避免产生歧义，这时需要对经典概念加以新的诠释和界定。

海森堡认为："玻尔提出来的对应原理，是假定量子理论可以和经典理论作详细的类比，而后者适合我们心目中使用的图像。这个类比不仅可以引导我们去发现形式定律，其特殊价值还在于，对于所发现的定律，它能用我们心目中使用的图像作出诠释。"[⑥]这是关于对应原理的极好阐释。在海森伯看来，这一原理不仅指出了由经典理论建立量子理论的道路，而且指出了运用经过改造的经典语言诠释量子图像的可能性。

玻尔认为，对应原理是"20 世纪 20 年代早期量子论进展的主要指南，而且后来也被纳入了量子力学之中"。但是，应当承认，对应原理远远不是一种现成的、逻辑必然的程序，其应用的有效性依赖于一定的经验和技巧，包含许多试探性的猜测和直觉的判断。严格地说，它不是一种人人都可套用的研究方法，而是一种富有启发性的物理学思想。

二、矩阵力学的建立

1924 年，为了用波动理论解释康普顿散射现象，玻尔和荷兰物理学家克拉默斯(H. A. Kramers)等提出了一种"虚振子"理论，认为在原子周围存在一种辐射场，其中具有能吸收和发射辐射的"虚振子"。尽管这种理论很快被实验证明是错

---

① 罗森菲尔德. 尼耳斯·玻尔集. 第三卷. 革戈，译，北京：科学出版社，1990：38.
② 玻尔. 原子论和自然的描述. 郁韬，译. 上海：商务印书馆，1964：28.
③ 玻尔. 原子论和自然的描述. 郁韬，译. 上海：商务印书馆，1964：51.
④ 玻尔. 原子论和自然的描述. 郁韬，译. 上海：商务印书馆，1964：8.
⑤ 玻尔. 原子论和自然的描述. 郁韬，译. 上海：商务印书馆，1964：79.
⑥ 海森伯. 量子论的物理原理. 王正行，等译. 北京：科学出版社，1983：83.

误的，但其基本思想却被克拉默斯保留下来，继续用于色散研究。1921 年，拉登堡(Ladenburg)运用玻尔的原子理论提出了一个色散公式

$$P = E\sum_{i}\frac{e^{2}}{4\pi^{2}m}\frac{f_{i}}{v_{i}^{2}-v^{2}}$$

这个式子虽然得到了实验的支持，但在克拉默斯看来，它并不令人满意。因为公式只反映了外场与原子之间的吸收作用，而根据“虚振子”理论，它还应反映发射作用。所以他认为有必要重新构造色散公式。受玻尔对应原理的启发，克拉默斯认为所建立的新公式在大量子数时应当趋近于拉登堡色散公式的要求。基于这些考虑，他提出了新的色散公式

$$P = E\frac{e^{2}}{4\pi^{2}m}\left(\sum_{i}\frac{f_{i}}{v_{i}^{2}-v^{2}}-\sum_{i}\frac{f_{j}}{v_{j}^{2}-v^{2}}\right)$$

式中两项分别表示“虚振子”的吸收和发射作用。

哥廷根大学的玻恩(Max Born)当时一直在探讨如何从色散的经典理论过渡到相应的量子理论的方法。受玻尔等“虚振子”思想和克拉默斯色散公式的启发，他认为，要从经典公式过渡到相应的量子公式，重要的步骤是把经典公式中的微分项代之以差分项，这是一条经验性规则。运用这条规则，玻恩成功地推导出了克拉默斯的量子色散公式。

海森堡对玻恩等的上述工作十分熟悉。1925 年 4 月，海森堡开始用克拉默斯等的方法研究氢光谱强度问题，但不久就遇到难以克服的数学困难。这使他意识到，在未给出氢原子运动方程之前，要合理计算其光谱强度似乎是不可能的。如何才能建立正确的原子运动方程？选择哪些量才能有效地描述微观客体的运动状况？这时，爱因斯创立狭义相对论时所提倡的物理量可观察性思想对他有很大启发。海森堡发现，玻尔等的量子理论所依赖的多是电子的轨道和绕行周期等一些不可观察的量，这或许正是已有的量子理论遇到重重困难的根本原因。因此，他认为，应当以原子辐射频率和辐射强度等可直接观测的物理量为基础，建立新的量子理论。

1925 年 7 月，海森堡完成了第一篇开创性的量子力学论文《关于运动学和动力学关系的量子论新解释》。在文章开头海森堡说明：“本文试图仅仅根据那些原则上可观察的量之间的关系来建立量子力学理论基础。”接着，他解释道：“众所周知，在量子论中用来计算可观察量(例如氢原子能量)的形式法则是可以严厉批判的。其理由是这些形式法则，作为基本的要素包含着一些在原则上显然是不可观察的量之间的关系。例如包含着电子的位置及绕转周期。因此，这些法则缺乏一个明显的物理基础。”海森堡指出，代替已有法则的“更合理的做法似乎是，设法建立起一个理论的量子力学，它与经典力学相类似，而在这种量子力学中，只有可观

察量之间的关系出现。我们可以把频率条件、克拉默斯的色散理论及其在最近一些文章中的推广,看作是通向这样的量子力学的最重要的第一步。”

海森堡的上述论文由“运动学”、“动力学”和“应用举例”三部分组成。在每一部分中,他都根据对应原理,从经典的电子描述出发导向量子论的描述。

在第一部分中,根据对应原理,他假定电子运动的经典公式在量子论中经过适当改造后仍然有效。问题在于如何从经典表示式中引出与辐射频率和强度有关的量子表示式,而且频率必须满足光谱的并合原则。考虑到原子中电子跃迁时,其辐射频率与两个定态能量有关,他认为量子论中的频率应是两个变量的函数。由于经典的频率组合关系满足

$$v(n,\alpha) + v(n,\beta) = v(n,\alpha+\beta)$$

根据对应原理,海森堡假定,量子论的频率组合关系为

$$v(n,n-\alpha) + v(n-\alpha,n-\alpha-\beta) = v(n,n-\alpha-\beta)$$

要合理地描述原子的辐射,不但要有频率,而且还要有振幅。在经典理论中,运动方程

$$\frac{\mathrm{d}^2 x}{\mathrm{d}t^2} + f(x) = 0$$

的解 x 可展开成傅氏级数,即

$$x = \sum u_\alpha(n)\mathrm{e}^{i\omega(n)\alpha t}$$

式中,$u_\alpha(n)$表示振幅。相应地 x^2可表示为

$$x^2 = u_\beta(n)\mathrm{e}^{i\omega(n)\beta t} = \sum u_\alpha u_{\beta-\alpha}\mathrm{e}^{i\omega(n)(\alpha+\beta-\alpha)t}$$

根据对应原理,海森堡假定,在量子论中 x^2也有类似的形式;考虑到频率组合关系式,振幅和强度也应是双变量函数。因此,他认为“最简单和最自然的假定”是将量子论中的 x^2表示为

$$\begin{aligned} x^2 &= B(n,n-\beta)\mathrm{e}^{i\omega(n,n-\beta)t} \\ &= \sum u(n,n-\alpha)u(n-\alpha,n-\beta)\cdot\mathrm{e}^{i\omega(n,n-\alpha)t}\mathrm{e}^{i\omega(n-\alpha,n-\beta)t} \end{aligned}$$

也即由振幅平方所表示的辐射强度是两个两维数乘积的集合形式

$$B(n,n-\beta) = \sum u(n,n-\alpha)u(n-\alpha,n-\beta)$$

这意味着量子论中这种乘积的次序是不可交换的。所以,推导出上式后海森堡指出:“虽然在经典理论中 $x(t)y(t)$总是等于 $y(t)x(t)$,而在量子论中未必是这种情况。”这正是海森堡发现的乘法不可交换规则。

在论文第二部分,海森堡根据对应原理将玻尔等的量子条件进行了改写。从索末菲的角动量量子化公式

$$\oint p\mathrm{d}q = \oint m\frac{\mathrm{d}x}{\mathrm{d}t}\mathrm{d}x = nh$$

出发(式中 h 是普朗克常数),将其中的 x 作傅立叶级数展开后代入即得

$$nh = 2\pi m\sum|a_{\alpha}(n)|^2 a^2\omega_n$$

海森堡认为,这个量子条件在对应原理的意义上呈现出任意性,不适合用于动力学的计算。更自然的做法是在形式上对上式求 n 的微分,从而有

$$h = 2\pi m\sum a\frac{\mathrm{d}}{\mathrm{d}n}(a\omega_n\cdot|a_{\alpha}(n)|^2)$$

由此仿照克拉默斯的色散理论和玻恩的微分——差分转换规则,海森堡将上式进一步改写成

$$h = 4\pi m\sum\{|a(n,n+\alpha)|^2\omega(n,n+\alpha)-|a(n,n-\alpha)|^2\omega(n,n-\alpha)\}$$

海森堡认为,若上式可解,它不仅可给出完全确定的频率和能量,而且也给出完全确定的量子论的跃迁概率。但对于上式在多大程度上可解,他并无把握。

在论文的第三部分,海森堡研究了非谐振子的具体例子。

海森堡将这篇论文的手稿送给导师玻恩审查,玻恩立刻看出了其中的价值。他一方面将论文推荐给《物理学年鉴》发表,一方面邀请数学家约当合作,决心为海森堡的新理论建立一套严格的数学基础。在约当的协作下,他们于 1925 年 9 月完成了《关于量子力学》一文。该文的开头就表示:"本文借助矩阵数学方法,把最近发展的海森堡的理论探讨发展成一门系统的量子力学理论。在对矩阵方法作简要的考察之后,就能由变分原理推出运动的力学方程,并且当采用海森堡的量子条件时,能量守恒定律以及玻尔频率条件就能从这些力学方程中得到。"论文一方面指出海森堡的工作"具有重大的潜在意义",另一方面也指出"海森堡的理论在数学处理方面只是处于开始阶段,……尚未发展成一种普遍的理论"。论文同时强调:"海森堡方法的数学基础是量子论的乘法律,这是由于他巧妙地考虑了对应原理的一些道理后而得到的"。[①] 他们以海森堡的乘法规则为根据,将正则方程的坐标 q 和动量 p 看成两个独立矩阵,从量子条件出发,根据对应原理,推导出了 p 和 q 的对易关系

$$pq - qp = \frac{h}{2\pi i}I$$

式中,I 为单位矩阵。以这一关系式为理论的出发点去处理谐振子和非谐振子问题,很自然地得出了海森堡的结果。

---

① 谢邦同. 世界近代物理学史. 沈阳:辽宁教育出版社,1988:245-250.

1925年11月，海森堡、玻恩和约当三人合作完成了《关于量子力学II》一文，全面阐述了矩阵力学的原理和方法，引进了正则变换，建立了定态微扰和含时微扰理论的基础，讨论了原子角动量、谱线强度和选择定则，推广了矩阵力学的应用。至此，新的矩阵力学诞生了。

1925年8月，剑桥大学的狄拉克(P. A. M. Dirac，1902—1984)阅读了海森堡的《关于运动学和动力学关系的量子论新解释》论文后，很快发现其中的量子力学量的非对易性具有重要意义。同年11月，他在《量子力学的基本方程》一文中，利用经典力学的哈密顿-雅可比形式，发现矩阵力学中作为量子化条件的动量 p 和坐标 q 所满足的对易关系在形式上与经典力学的"泊松括号"相当。运用对应原理，他很简洁地把经典力学方程改造成量子力学方程。1926年1月，他又发表了《量子力学和氢原子的初步研究》，把量子力学中不可对易的变量称为"q 数"，以区别于经典力学中总是满足交换律的"c 数"，由此建立了一套独特的"量子代数"，并以氢原子为例，推出了巴耳末公式。

奥地利物理学家泡利对矩阵力学的发展也作出了贡献。他在《从新量子力学的观点看氢光谱》一文中，用矩阵力学方法完整地解出了氢原子的能级，推导出了巴耳末公式的光谱项，并解出了斯塔克效应，从而有力地证明了矩阵力学的有效性。

第二节　波动力学的创立

量子力学的波动力学理论是在德布罗意物质波理论的启发下，由奥地利物理学家薛定谔(Erwin Schrödinger，1887—1961)建立的。

1906年至1910年，薛定谔在维也纳大学物理系学习。这期间，他深入研究了连续介质物理的本征值问题，这对其以后创立波动力学有很大帮助。1910年获得博士学位后，他在维也纳大学第二物理研究所从事实验物理研究工作。1921至1927年，薛定谔受聘到瑞士苏黎世大学任数学物理教授，从事热力学和统计力学研究。正是在苏黎世大学工作期间，他创立了波动力学。

一、物理思想背景

英国物理学家狄拉克在谈到薛定谔创立波动力学的背景时曾说："他(薛定谔)曾经告诉我他是如何作出他的伟大发现的。无疑，在他关于光谱的研究中要用到玻尔的轨道理论，但他总是感到这个理论中的量子化条件是不能令人满意的。原子光谱实际上应当由某种本征值问题所决定。”①这说明玻尔的原子理论不仅对海森堡创建矩阵力学有重要帮助，而且对薛定谔创建波动力学也有重要影响。薛定谔赞成玻尔的原子能级量子化条件，但认为能量的量子化应当能够从原子运动方程中求解出来，而不应当是一种人为的设定。

1924 年夏天，爱因斯坦收到印度年轻学者玻色（S. N. Bose）寄给他的论文《普朗克定律和光量子假说》，文中提出了一种新的统计方法。爱因斯坦支持玻色的这一工作，并用这种方法研究单原子气体。1924 年 9 月和 1925 年 2 月，爱因斯坦在普鲁士科学院院刊上相继发表论文《单原子理想气体的量子理论》Ⅰ和Ⅱ，推广了玻色的统计方法，建立了一个普遍适用的量子统计理论——玻色-爱因斯坦统计。爱因斯坦在第二篇论文中引用了德布罗意的物质波理论，并强调了其重要性。这一阶段，薛定谔也在研究量子统计问题，他从爱因斯坦的文章中注意到了德布罗意的工作。1925 年 11 月 3 日，薛定谔在给爱因斯坦的回信中说：“几天前，我怀着极大的兴趣拜读了德布罗意的独创性论文，并且终于掌握了它。有了这篇论文，我就第一次清楚地理解了您的论文中第八节的内容。……按我个人的意见，德布罗意在数学技巧上的处理和我过去的工作也差不多，只是稍为正规些，却并不那么优美，更没有从普遍性上加以说明。德布罗意能从一个巨大理论的框架上全面地思考问题，这一点确实比我高明，那是我过去所不知道的。”②

1925 年 12 月 15 日，薛定谔发表了《论爱因斯坦的气体理论》一文。在文章一开头，作者就指出如果不考虑德布罗意-爱因斯坦的运动粒子波动理论，解决问题的其他途径是没有的。在这篇论文中，薛定谔第一次运用德布罗意的相波思想，把理想气体作为相波谐波系统来处理。他指出，不仅把玻色方法应用于光量子可以得到普朗克公式，而且把玻耳兹曼方法应用于德布罗意相波，同样可以得到普朗克公式。关键是对物质本性的理解。这篇文章表明薛定谔不仅已经接受了德布罗意的理论，而且已经将这一理论用来研究自由粒子的运动③。1926 年，薛定谔连续发表了四篇建立波动力学的论文，文中反复强调了德布罗意相波理论对他的启发。在第一篇论文中他指出：“首先，我想说最初引导我走向这些思考的，是德布罗意的启发性论文。”在第二篇论文中他写道：“这里，我们再一次发现了关于电子的相波的定理，这是由德布罗意借助于相对论推导出来的。他的这些杰出研究对于我的

---

① 狄拉克. 纪念英国皇家学会外籍会员埃尔温·薛定谔教授. 自然科学哲学问题，1987.

② 向义和. 物理学基本概念和基本定律溯源. 北京：高等教育出版社，1994：304.

③ 向义和. 物理学基本概念和基本定律溯源. 北京：高等教育出版社，1994：305.

这一工作有很大的启示。”

薛定谔任教的苏黎世大学与苏黎世理工学院联合定期举行学术讨论会，会议由化学物理学家德拜(Debye)主持。在一次讨论会后，德拜要求薛定谔下次介绍一下受到物理学家广泛关注的德布罗意的工作。在下一次讨论会上，薛定谔全面介绍了德布罗意的物质波理论。在薛定谔做完报告后，德拜评论说，讨论波动现象而没有一个波动方程，这太幼稚了。受德拜的刺激，薛定谔决定为物质波理论建立一个波动方程。几个星期后薛定谔又作了一次报告，他开头就说：“我的同事德拜提议要有一个波动方程，好，我已经找到了一个。”①

哈密顿关于经典力学与几何光学的数学表示相似性的理论，对薛定谔建立波动力学也有重要影响。1928年，薛定谔在英国皇家学院连续作了四次关于他的波动力学的演讲，其中强调了经典力学与几何光学类比的重要性。他说：“在用波动力学描述代替通常的力学描述时，我们的目的是要得到这样一种理论，它既能处理量子条件在其中不起显著作用的通常的力学现象，而且另一方面，也能处理典型的量子现象。实现这个目的的希望就在下面的类比当中。”他所说的类比就是：“光线对应于力学路径，而信号就像质点一样地运动。”接着他更明确地说：“从通常的力学走向波动力学的一步，就像光学中用惠更斯理论代替牛顿理论所迈进的一步相类似。我们可以构成这种象征性的比例式：通常力学∶波动力学=几何光学∶波动光学。典型的量子现象就类比于衍射和干涉等典型的波动现象。”②薛定谔建立波动力学时，正是采用了这种方法。

二、波动方程的建立

1926年1—6月，薛定谔在德国《物理学年鉴》上发表了四篇题目均为《量子化是本征值问题》(Ⅰ，Ⅱ，Ⅲ，Ⅳ)的论文。论文用波函数描述微观客体的各种性质，建立了波动方程，求解方程得出的本征值就是量子化假设中的分立能级，同时也给出了其他一些与实验一致的理论结果③。

在论文Ⅰ中，薛定谔开头写道：“通常的量子化条件可以为另一个假设所取代，在这一假设中，无须再专门引入像‘整数’这样的概念。而当整数的确出现时，其出现的方式就像一根振动弦上的节点数出现时那样自然。我相信，这种新的观念是

① Felix Bloch. Reminiscences of Hersenderg and the early days of quantum mechanics, Physics Today, 1975:293.

② 薛定谔讲演录. 范岱年，胡新和，译. 北京：北京大学出版社，2007:7-8.

③ 薛定谔讲演录. 范岱年，胡新和，译. 北京：北京大学出版社，2007:31-108.

可以普遍化的,并且深刻地触及了量子规则的真正本质。”薛定谔引入函数 ψ,由经典力学哈密顿-雅可比方程和变分原理建立了氢原子的定态波动方程

$$\nabla^2\psi + \frac{2m}{K^2}(E - \frac{e^2}{r})\psi = 0$$

式中,E 是氢原子的能量,解方程得出的能量是量子化的,即由本征值反映了氢原子能量的量子化。解出本征值之后,薛定谔讨论了函数 ψ 的意义:“应当尝试把函数 ψ 与原子中的某些振动过程相联系,这将比今日已遭到相当质疑的电子轨道更趋近于实在。起初,我想以这种更直接的方式发现新的量子化条件,但最终还是以上述更为中性的数学形式给出了它们,因为它揭示出了真正本质性的东西。在我看来,真正本质性的东西在于‘整数’假设无须再神秘地进入量子化规则,而是通过进一步回溯问题,从而发现‘整数性’植根于某个空间函数的有限性和单值性。”

在论文Ⅱ中,薛定谔从经典力学保守系统的哈密顿-雅可比方程出发,采用力学与光学类比方法,建立了含时间的波动方程。作为实例,薛定谔求解了普朗克谐振子的能级和定态波函数,得出的结果与海森堡矩阵力学的结果相同。为了描述波与物质粒子的对应关系,薛定谔提出了“波群”概念。他写道:“我们能够在波的传播和代表点运动之间,建立一种比以前所可能的更加内在的联系。我们可以尝试构造一个在各个方向上尺度都相当小的波群(波包),假定这个波群所服从的运动规律与代表力学体系的一个假想点的运动规律相同。只要我们能把波群看作是近似地限定在一个点上,即只要和体系轨道的尺度相比能忽略波群的扩散,那么,波群就和代表力学体系运动的点是等价的。这只有当系统路径的尺度,特别是轨道的曲率半径比波长大得多时才适用。”

根据波动理论,薛定谔对德布罗意的“相波”给出了新的解释。德布罗意的相波伴随着电子的运动路径。薛定谔指出,波动力学“不能赋予电子路径自身以特定的含义,更不能给电子在此路径上的位置以任何意义;”“首先,必须否认原子中电子运动具有真实的意义;其次,我们绝不能断言在一个确定的瞬间,电子会在量子路径的任何确定的地方被发现;第三,量子力学的真正定律不包含单一路径的确定规则,而是通过一些方程式,把一个体系的各种各样的路径都结合起来,因此在不同的路径之间,明显的存在某种相互制约的作用。”由此他得出结论:“所有这些断言都一致要求我们放弃‘电子的位置’和‘电子的路径’这样的概念。”

在论文Ⅲ中,薛定谔阐述了定态微扰理论,并用波函数计算了氢原子的斯塔克效应,结果与实验数据一致。

在论文Ⅳ中,薛定谔阐述了含时间的微扰理论,并讨论了色散、谐振等现象。

薛定谔的这四篇论文,建立了非相对论性波动力学的完整体系,构成了量子力

学的重要内容。薛定谔的论文发表后，得到物理学家的高度赞扬。1926 年 4 月普朗克在收到波动力学第一篇文章后给薛定谔写信说："我像一个好奇的儿童听人讲解他久久苦思的谜语那样聚精会神地拜读您的论文，并为我眼前展现的美丽而感到高兴。"爱因斯坦也去信大加赞赏："我相信你以那些量子条件的公式取得了决定性的进展"，"你的文章的思想表现出真正的独创性。"玻恩赞扬说："在理论物理学中，还有什么比薛定谔的波动力学方面的最初几篇论文更出色的呢？"

在 1926 年以前，矩阵力学与波动力学是平行地发展起来的，只是在证明了两者的联系以后，才统一为量子力学。1926 年 4 月，薛定谔发表了《关于海森堡-玻恩-约当的量子力学与我的波动力学之间的关系》的论文。在论文中，薛定谔证明了矩阵力学和波动力学的等价性，指出可以通过数学变换从一种理论转换到另一种理论。

在波动力学中，波函数 ψ 是个重要概念，其物理意义是什么？薛定谔并未给出一致的表述。在波动力学的第一篇论文中，他认为函数 ψ 是实在的，反映原子中的振动过程，比电子轨道更接近于真实情况。在第二篇论文中，他认为，波函数表示的是德布罗意的"相波"，试图以彻底的波动概念来建立物理图像，把粒子看作是波群中的"波包"，但是波包在传播过程中会扩散，不符合真实粒子的稳定性。他在阐述 ψ 函数的另一篇文章中把 $\psi\psi^*$ 解释为位形空间的权函数，表示电荷在空间出现的密度，即 $\rho = e\psi\psi^*$。但是，位形空间是多维相空间，不是真实的三维空间，所以位形空间的波无法直接代表物理实在。

1926 年 6 月，玻恩在《散射过程的量子力学》一文中提出了波函数 ψ 的概率解释。玻恩指出："迄今为止，海森堡创立的量子力学仅用于计算定态以及与跃迁相关的振幅"，而对于散射问题，"在各种不同的形式中，仅有薛定谔的形式看来能够胜任"。尽管薛定谔的波动力学是正确的，但玻恩认为不能像薛定谔那样放弃粒子概念，用"波群"代替粒子，而是要坚持微观客体的波粒二象性。在论文中，他分析了自由粒子散射现象。爱因斯坦关于波场与光量子关系的看法使玻恩受到启发。爱因斯坦认为，光量子是能量和动量的承担者，而波场将决定光量子选择某个路径的几率。受此启发，玻恩认为波函数 ψ 表示一种场，这种场按照薛定谔的微分方程式进行传播，它决定粒子的运动，粒子是能量和动量的承担者，粒子的轨道和路径遵照由这种场决定的几率法则，即粒子在空间某处出现的概率与波函数 ψ 的平方成正比。这就是波函数的概率解释。后来，玻恩在《我这一代的物理学》一文中回忆其形成波函数概率解释的过程时写道："爱因斯坦的观点又一次引导了我。他曾经把光波振幅解释为光子出现的概率密度，从而使粒子（光量子或光子）和波的二象性成为可以理解的。这个观念马上可以推广到 ψ 函数上：$\psi\psi^*$ 必须是电子（或其他粒子)的概率密度。”[①]玻恩认为,波函数描述的是单个粒子行为,在微观领域中概率是第一性的。他说:“我本人倾向于在原子世界中放弃决定论,但这是个哲学问题,对此有判断权威的不光是物理学上的论据。”

玻恩对波函数的概率解释很快得到了哥本哈根学派的赞同,不久也得到了绝大多数物理家的认可。爱因斯坦则坚决反对量子力学的概率解释。1926 年 12 月 4 日他在给玻恩的信中说:“量子力学固然是堂皇的,可是有一种内在的声音告诉我,它还不是那真实的东西。这理论说得很多,但是一点也没有真正使我更加接近‘上帝’的秘密。我深信无论如何上帝不是在掷骰子。”[②]爱因斯坦认为,波函数描述的不是单个体系,而是体系的系统,量子力学是一种统计性理论;单个粒子的运动状态必然是决定论的,而不能是统计性的。薛定谔也反对量子力学的概率解释,认为玻恩误解了他的理论。他觉得如果电子像跳蚤一样跳来跳去,那真是令人毛骨悚然。量子力学建立之后,就如何理解其本质问题,形成了观点鲜明的两派,一方是以玻尔为首的哥本哈根学派,另一方是以爱因斯坦和薛定谔为代表。尽管当年开展争论的两派物理学家都已经过世,但这两派争论的问题至今仍然无法作出最后的结论。

第三节 测不准原理和互补原理的提出

量子力学建立之后,海森堡提出了测不准原理,玻尔提出了互补原理,这两个原理都进一步说明了微观客体的波粒二象性特征以及量子力学与经典理论的本质差别。

一、海森堡提出测不准原理

海森堡建立矩阵力学后,于 1927 年提出了“测不准关系”这一量子力学的重要原理。后来,他在回忆提出测不准原理的思想认识过程时说:“1927 年最初几周,我独自在哥本哈根,玻尔已去挪威度滑雪节去了。这时我把我的努力集中于这样一个问题:一个电子在云雾室中的轨迹怎样表示成量子力学的数学方案呢? 在我

---

① 玻恩.我这一代的物理学.上海:商务印书馆,1964.

② 爱因斯坦文集.第一卷.许良英,范岱年,编译.上海:商务印书馆,1976:221.

的努力归于无益而绝望时我想起了同爱因斯坦的讨论以及他的意见:‘正是理论决定能够观测到什么’。因此,我试图转向这个问题。在自然界中或者在实验室中,只出现量子力学方案所描述的情况,这也许是真的吗?这意味着在云雾室里没有真实的电子轨道,有的是一连串的微小水珠。根据这些微小的水珠可以推定电子的速度,而不能准确地确定电子的位置。并且可以用数学方案来表示这样一种实际情况。”[①]正是用量子力学描述云雾室中电子运动的企图,引导海森堡提出了测不准原理。

1927 年,海森堡发表了论文《量子论中运动学和动力学的形象化内容》。他在论文序言中写道:“量子力学的基本方程式的直接结论,就是告诉我们改变运动学和动力学的某些概念是十分必要的。用原来的观点来看,具有一定质量 m 的物体,它的重心位置和速度具有单一的、直观的意义。然而,在量子力学中物质的位置与速度之间,却存在着 $pq-qp=hI/2\pi i$ 这种关系。根据这种关系,我们有理由怀疑在量子力学中不加考虑地使用‘位置’和‘速度’这些概念的合理性。”在论文的第一节,海森堡根据康普顿效应和矩阵力学的对易关系,提出了测不准原理。论文分析了光电效应实验,其中写道:“一个光量子与电子发生碰撞时,就产生光电效应,为了精确地确定电子的位置,应该使用波长短的光照射,而波长越短,光量子的动量则越大,从而引起电子的动量有较大的变化。因此,得知电子的准确位置的同时,很难确定动量的准确数值。反之,使用波长较长的光照射,由于光量子的动量较小,对电子的动量影响不大,但由于衍射增强而无法准确确定电子的位置。我发现这种关系可以由 $pq-qp=hI/2\pi i$ 给予形象化的说明。如设已知 q 值的精确度为 q_1,确定 p 值的精确度为 p_1。这时 q_1,p_1 分别为光的波长和康普顿效应引起的动量变化。这样一来,由康普顿效应的基本公式,有

$$p_1q_1\approx h$$

这样的关系。”式中,h 是普朗克常数。此即测不准原理的最初表示形式。

测不准原理指出了用经典力学方法描述微观粒子状态的准确性是有限度的,对其位置测量越精确,对其速度的测量就越不精确,反之亦然。这个原理说明,微观粒子既不是经典的粒子,也不是经典的波,微观粒子具有波粒二象性,需要用量子力学方法加以描述。海森堡认为,测不准原理还反映了观测仪器对微观粒子行为干涉的不可避免性,用宏观仪器观测微观粒子时,仪器对被测量对象的行为产生干扰,使得人们无法准确掌握微观粒子的原来面貌。而且,这种干扰是无法控制和避免的,就像盲人想知道雪花的形状和构造,就必须用手指或舌头去接触它,可这

① 谢邦同. 世界近代物理学简史. 沈阳:辽宁教育出版社,1988:274.

样做时就把雪花溶化了一样。对于微观客体,要同时测量成对的两个经典物理量在原则上所能达到的准确度受到由作用量子 h 定下的限制,得此失彼。测不准关系指出了宏观世界与微观世界的区别,宏观仪器和经典概念的局限性;反映了微观客体的波粒二象性和描述微观客体物理量的概率性质。

二、玻尔提出互补原理

量子力学揭示了微观客体的波粒二象性,而如何解释这种二象性,则成了物理学家众说纷纭的话题。测不准原理虽然对波粒二象性给予了很好的解释,但这个原理本身也让人感到难以理解。海森堡提出测不准原理后,玻尔虽然同意其结论,却不同意这一原理的思想基础。海森堡认为,测不准原理指出了运用经典物理学的位置和动量、能量和时间等概念描述微观现象的局限性。玻尔则认为,这个原理并不表示粒子概念和波动概念的不适用性,而是表明同时使用它们是不可能的,只有把它们结合起来才能完备地描述微观物理图像。

1927年9月,为纪念意大利物理学家伏打逝世100周年,在意大利科摩市举行了国际物理学会议。玻尔在会上作了题为《量子公设和原子理论的晚近发展》的演讲,其中提出了互补原理[①]。玻尔说:“量子理论的特征就在于承认,将经典物理概念应用于原子现象时具有一种根本的局限性。这样造成的形势有一种奇特的性质,因为我们对实验资料的诠释在本质上是以经典概念为基础的。尽管因此就在量子理论的陈述中引起了一些困难,但是,我们将看到,理论的精髓似乎可以用所谓量子公设表现出来;这种公设赋予任一原子过程以一种本质上的不连续性,或者说是一种个体性,这种性质完全超出于经典理论之外,而是用普朗克作用量子来表示的。”“量子公设意味着,对原子现象的任何观察,都将涉及一种不可忽视的与观察手段之间的相互作用。因此既不能赋予现象也不能赋予观测手段以一种通常物理意义下的独立实在性了。”玻尔继续说:“这种局势有一些深远的后果。一方面,正如通常所理解的,一个物理体系状态的定义,要求消除一切外来的干扰;但是,按照量子公设,这样一来就不会有任何观察,而且更重要的是,空间和时间概念也将不再有直接的意义了。另一方面,如果我们为了使观察成为可能,而允许体系与适当的观测手段发生某些相互作用,体系状态的无歧义定义就很自然地不再是可能的,因而通常意义下的因果性就不复存在了。就这样,量子理论的本性使我们不得不承认时空标示和因果要求具有一些互补而又互斥的描述特性,它们分别代表着观察的理想化和定义的理想化,而时空标示和因果要求的结合则是经典理论的特

① 尼尔斯·玻尔集.第六卷.北京:科学出版社,1991:162-188.

征。正如相对论曾经告诉我们的，截然区分空间和时间的适当性是仅仅建立在通常遇到的速度远小于光速这一事实上的那样，量子理论告诉我们，通常的因果性和时空描述的适当性是完全建立在作用量子远小于在普通感官知觉中所涉及的作用量这一事实上的。事实上，在原子现象的描述中，量子公设向我们提出了发展一种'互补性理论'的任务，这种理论的自洽性只能通过权衡定义和观察的可能性来加以判断。"接着，玻尔分析了关于光的性质和物质粒子性质的描述。然后他指出，"只要我们坚持经典概念，我们在物质的本性这一问题中就必然要面对一种两难局面，而这种两难局面又必须认为是实验证据的表示本身。事实上，我们这里所处理的并不是现象的一些矛盾的图像，而是一些互补的图像；只有这些互补图像的全部才能提供经典描述方式的一种自然的推广。"在演讲的最后，玻尔说："我希望，互补性这一概念是适于表征目前形势的，这种形势和人类概念形成中的一般困难极为相似，这种困难是主观和客观的区分中所固有的。"玻尔所说的"量子公设"是指微观现象在本质上的不连续性。他认为，要合理地描述微观客体的本质特征，就必须把相互矛盾的经典概念结合起来使用，两个概念既相互排斥又相互补充，二者缺一不可。这就是互补原理的基本含义。在玻尔看来，海森堡的测不准关系是互补原理的一种定量表示。

互补原理是哥本哈根量子力学学派的基本哲学观点，号称哥本哈根精神。玻尔认为，由于作用量子 h 的存在，对于微观现象来说，经典物理学中确定物体的运动状态和对这个物体的观察测量这两个基本概念就变得互不相容了。客体状态能够确定时，观察测量就变得不可能，因为状态的确定要求隔离客体，消除一切外来干扰，而观察测量则必然要使环境同客体之间发生作用。可是，如果不完全脱离经典概念，状态确定和观察测量这两者在量子现象的全面描述中又都是必要的，因而这两者就必须被认为是同一现象的相互排斥；但它们又是彼此补充的两个方面。这样一来，准确观察与明确确定既相互排斥又相互补充，两者不能同时兼得，但合并起来却又是用经典概念描述微观客体性质所必需的。出于这种基本认识，玻尔认为量子物理学具有互补性的特征。这个互补性指的是两大类经典概念用于量子论中既互相排斥、又彼此补充的关系。

海森堡测不准原理是互补原理的一种定量表示。同时测量成对的两个经典物理量在原则上所能达到的准确度受到由作用量量子 h 定下的限制，得此失彼。测量一个量之后立刻测量另一个量就使第一个测量的结果在一定程度上失效。因此，经典动力学中任一对正则共轭概念及与之对应的两大类实验安排的测量仪器都是相互排斥的，得此失彼，但又必须看成是对同一微观行动各有所得，彼此补充的描述。玻尔说过："一些经典概念的任何确切应用，将排除另一些经典概念的同时应用，而这另一些经典概念在另一种条件下却是阐明现象所同样不可缺乏的。”玻尔还认为，海森堡测不准关系是人们不得不使用经典描述所必须付出的代价。

以玻尔为首的哥本哈根学派认为，运用互补原理可以消除人们根据经典概念对量子理论产生的理解矛盾。例如关于微观客体的波粒二重性问题。以电子为例，云雾室照相径迹表现它像个粒子，但晶体衍射实验又表现它像一列波。通常理解，粒子是实物的集中形态，波场可以是实物的散开形态，但实物不能同时既是个粒子又是个波。玻尔等认为，这个矛盾是我们的日常语言受到限制而引起的。根据互补原理判断，电子既不是粒子，也不是波，因为粒子和波都是经典概念，在原则上并不能确切地用到微观客体上，波和粒子是两个不相容的概念，是两个相互排斥的经典描述方式。在给定条件下，用某一类仪器观测微观客体，其结果表现出客体像粒子；而用另一类仪器观测，其结果表现出客体又像波，这两类仪器和这两种结果都是相互排斥的，但它们又都是对同一微观客体给出的观测结果，是彼此补充的。

科摩会议之后，玻尔在论著和演讲中多次反复阐述互补原理的内涵和重要性，把它作为一种哲学理念加以推广。1932 年，在哥本哈根举行的国际光疗会议开幕式上，玻尔将互补原理推广到生物学中去。他说：“如果我们想研究某种动物的器官以及描绘单个原子在生命机能中起什么作用，那么我们就非得杀死这个生物。……这样看来，在生物学中，就必须把生命的存在看作是一个无法加以说明的基本事实，就如同从经典物理学的观点看来，原子物理学的基础就是由不合理的作用量子与基本粒子的存在联合起来构成的一样。”[①]1938 年，在哥本哈根召开的人类学及人种学国际会议上，玻尔又把互补原理推广到研究人类学中去。互补原理是玻尔提出的一种重要科学思想，随着理解的深入，绝大多数物理学家都接受了这种思想，都承认它是量子力学的正统解释。与此同时，其他一些学科领域也都承认了互补原理的适用性。

第四节　哥本哈根学派的量子力学思想

哥本哈根学派是以玻尔为首的、对量子力学的诠释持有基本相同观点的物理

① Bohr. Light and life. Nature，1933，131：421-423.

学家组成的学术派别。1913年,玻尔提出量子论的原子理论,接着又提出对应原理。这使得其在物理学界的影响逐渐扩大。为了使哥本哈根大学成为原子物理学的研究中心,在玻尔的倡导下,1921年成立了哥本哈根大学理论物理研究所,玻尔任所长。研究所吸引了许多不同国家的年轻学者前来工作。早期来研究所工作的有匈牙利人赫维西(G. Hevesy),德国人弗兰克(J. Franck)和海森堡,荷兰人克拉默斯和爱伦菲斯特(P. Ehrenfest),瑞典人克莱因(O. Klein),挪威人罗西兰(S. Rosseland),奥地利人泡利,英国人达尔文(C. Darwin)、狄拉克(P. Dirac)、福勒(R. Fowler)、哈特里(D. R. Hartree)和莫特(N. F. Mott),法国人布里渊(L. M. Brillorin),俄国人朗道(L. D. Landau)和伽莫夫(G. Gamov)等。玻尔不仅是研究所所长,也是学术上的精神领袖。来研究所工作的年轻人在学术思想上都受到玻尔的影响,并且离开后仍然与之保持密切的联系。量子力学建立以后,海森堡提出了测不准原理,玻恩提出了波函数的概率解释,玻尔提出了互补原理,狄拉克和泡利也做了一些重要工作,这些学者对量子力学有着基本一致的认识,而且始终坚持自己的观点。他们的量子力学思想逐步得到了世界多数物理学家的承认。从20世纪30年代开始,物理学界把这个以玻尔为精神领袖的学术共同体称为"哥本哈根学派"。这个学派并不是以是否曾在哥本哈根跟随玻尔工作过而划分的,例如玻恩从未在玻尔研究所工作过,但他被公认是哥本哈根学派的主要成员。①

量子公设和量子跃迁概念是量子力学的基本概念,哥本哈根学派对量子力学的解释基本上都是以它们为基础而展开的。海森堡的测不准原理,玻恩的概率解释和玻尔的互补原理都是对量子公设和量子跃迁的诠释。

由于人们对原子现象的认识只能依赖于仪器的观测结果,而仪器对被观测对象具有本质上不可避免的干扰作用,并且这种干涉作用也被融合在观测结果中,因此所观测到的结果就既有客观要素,也有主观要素。此即波尔所说"我们既是观众,又是演员"的意思。原子现象是我们观察到的自然界的表演,但也是我们想出办法使用手段强迫自然界呈现出来的。因此,哥本哈根学派相信,量子物理学同经典物理学的根本区别在于:前者只同由人工安排的实验仪器观察到的宏观现象打交道,而这些仪器不同于经典物理学中的仪器,它们并不是人们感官知觉的直接延伸。例如,在闪烁屏上,在照相乳胶上,在阴极射线示波仪上,在气泡室或多丝正比室中,人们观测到的现象并不是人们认定的微观客体本身的行动。人们不能直接观察到原子、电子、光子……的行动。这些所谓微观客体并不是自然界作为时间空间上的东西呈现给我们的,而只不过是从发生在宏观仪器上多种多样现象的实验

① 以下参考卢鹤紱.哥本哈根学派量子论考释.上海:复旦大学出版社,1984:3-9.

观测结果推断出来的结论。对这类微观客体的描述,仍然使用像粒子、位置、大小、速度、动量、能量、波长、相位、振幅等经典概念,就可能是不适当的和不确切的。

玻尔和海森堡都强调,对微观客体的描述需要崭新的语言,它只能是超出日常经验的某种适当的抽象的数学语言。但是,实验安排和观测结果又都必须用经典概念来描写,因而为了形象地说明宏观仪器上所呈现的结果,人们又不能把经典概念完全抛弃不用。作用量子 h 在原子理论中的普遍出现正表达出经典语言适用程度的局限性,测不准关系给这种应用确定了原则性的限度。

哥本哈根学派认为,量子力学只反映人们对微观世界的观察和认识,并不直接反映微观世界的任何真实客观的特征。量子论的数学形式不再是自然界本身的描述,而只是人们关于自然界知识的描述。它只描写在人们创造的条件下呈现出的现象,反映的是人和自然界相互作用的结果。玻尔说过:"不存在一个量子世界,只存在一个量子物理学的抽象描述。说物理学的任务是去发现自然界怎样行动是错的。物理学处理的只是关于自然界我们能说些什么。"

量子公设指出,在任何原子现象的背后都有个不可分割、不能再分的整体过程,称之为量子过程。这个量子过程总是由作用量子 h 来表示的。玻尔常说,量子物理学的本质特征只在于物理现象的可分性有其最终限度。据此哥本哈根学派认为,作用量子 h 不可再分导致了原子现象的根本过程是个不可再分的量子过程。因此,玻尔等强调,原子中的量子跃迁过程是个抗拒任何描述的不连续过程,其所发射出的光子不能进一步分割,光子是个整体,不存在过程在时间上的连续性发展。量子公设同经典物理学是完全冲突的,它使得对微观物理过程作经典式的描述在原则上是不可能的。

为了说明量子物理学同经典物理学的基本差别,哥本哈根学派强调了在这两种理论中测量仪器同受测客体之间作用关系的不同。在经典物理学中,仪器对被测客体的干扰作用或者是小到可以被忽视,或者可以通过理论处理加以消除。但在量子物理学中,按照量子公设,仪器与被观测客体之间的相互作用是个不可再分的量子过程,它既不可避免,又不能描述。这个相互作用被认为通过某种不可逆放大作用导致呈现在观测仪器上的宏观效应,而对于这个放大过程人们还远远没有真正地理解。

关于哥本哈根学派的量子力学思想,概括起来,包含以下几方面内容:

(1) 对微观现象观测存在主体与客体的不可区分性。在量子力学中,离开观察手段谈论原子客体的行为在原则上是不可能的。经典力学和相对论都是不依赖于观察手段的理论表述,理论本身不必谈论观察,可以离开观察来表述。但是,量子力学则不然。它描述的是观测结果之间的几率性联系。而观测结果在原则上必然包括人为的实验安排，因为只是在这个实验安排下人们才能够迫使自然界呈现这个结果。在观测结果中，无法区分客观性质和主观影响。微观客体必须被认为是整个实验安排的一个组成部分，而由这个实验安排所观测到的现象既包括必须制备些什么，又包括在宏观尺度上观察到什么。总之，量子公设给讨论微观客体行动不依赖于观察手段的可能性定下一个绝对的限度。运用观测仪器对微观客体测量的结果，既包含客观要素，也有主观因素，量子现象具有主体与客体的不可区分性。

(2) 微观现象不存在传统意义的因果律和决定论。对微观客体来说，因果性的确切定律不再存在，除非把因果关系的定义加以修改。这是因为，每次测量都会由于仪器与被测客体之间的不可控制的相互作用而引入新的初始条件，使结果无法预测；也即在同样的实验观测条件下，能够发生多种多样的不能预定的个体量子过程，因而就导致在宏观仪器上观测到各种不同的现象。这些观测结果只能有统计上的关系。因此，对微观客体的个体行为来说，不存在通常意义的因果律和决定论描述。这个本质上的统计性在原则上是不可避免的。因此，哥本哈根学派认为，量子力学的统计性在根本上不同于经典统计力学。在经典统计力学中，通过准确规定所考察的体系中所有成员的起始条件，就可在原则上使其统计性消失，因而这种理论本质上仍然遵循因果决定论。量子力学虽然是非决定论的，但它在原则上已经揭示了微观客体的基本性质。量子力学对单个原子客体已经给出完备而又合理的描述。

(3) 人类对微观客体的认识存在一个极限。测量仪器与微观客体之间的互相作用存在一个以作用量子 h 为最小单元的极限。它导致人们对微观客体认识的不连续性，形成对微观客体认识的极限。玻尔认为，有限大小的微观客体的存在，只是作用量子 h 普遍存在的后果。他说："只是由于作用量子的存在，才阻止了电子和原子核聚合成实际上无限小的中性重粒子。"

(4) 用经典物理语言描述微观物理现象存在一种限制性。对于实验观测到的微观现象，人们只能用描述宏观现象的经典语言进行描述，这样会产生一些难以理解的矛盾概念。微观客体的粒子性和波动性的二重性佯谬，就是使用经典物理学语言描述的结果。要完整地描述实验所观测到的微观现象，就必须采用在经典物理学看来相互排斥的两种图像和概念，它们对于微观现象具有互补性。[①]

量子力学建立后，围绕着理论的完备性和微观客体的基本性质等问题，哥本哈根学派与爱因斯坦、薛定谔和德布罗意等展开了长期地争论。爱因斯坦认为量子

---

① 潘永祥，等. 物理学简史. 长沙：湖北教育出版社，1990：538-539.

力学的概率论特征是理论不够完备的反映，坚信因果律具有普遍的意义。薛定谔也反对波函数的几率解释，不接受量子跃迁概念，主张用波动图像说明微观物理行为。针对爱因斯坦等的质疑，玻尔等给予了睿智地反驳，从而有力地捍卫了哥本哈根学派的思想。尽管有些争论的问题至今尚未解决，但物理学界已普遍承认哥本哈根学派的观点代表了关于量子力学的正统解释。